Rudolf Kippenhahn  Atom

Rudolf Kippenhahn

# Atom

## Forschung zwischen Faszination und Schrecken

Deutsche Verlags-Anstalt · Stuttgart

Deutsche Bibliothek – CIP-Titelaufnahme

*Kippenhahn, Rudolf:*
Atom : Forschung zwischen Faszination und Schrecken /
Rudolf Kippenhahn. –
Stuttgart : Deutsche Verlags-Anstalt, 1994
ISBN 3-421-02766-8

© 1994 Deutsche Verlags-Anstalt GmbH, Stuttgart
Alle Rechte vorbehalten
Lektorat: Margot Adrion und Wolfram Knapp
Typographische Gestaltung: Günter Saur
Satz: Steffen Hahn GmbH, Kornwestheim
Druck und Bindearbeit: Friedrich Pustet, Regensburg
Printed in Germany

In memoriam

ALFRED WEIGERT

(1927–1992)

# Inhalt

# Vorwort

Die Idee zu diesem Buch entstand in der Zeit, als sich am Zaun des Geländes der damals geplanten Wiederaufarbeitungsanlage von Wakkersdorf Polizei und Demonstranten massiv gegenübertraten. Damals fragte ich mich, wie viele Menschen auf beiden Seiten des Zaunes wirklich wüßten, worum es eigentlich geht. Wie viele von ihnen wußten vom Plutonium mehr, als daß es etwas Gefährliches ist? Wie viele kannten wohl den Unterschied zwischen $^{239}$Pu und $^{240}$Pu? Wer war sich bewußt, daß er allein wegen des Kaliums, das er in seinem Körper mit sich trägt, selbst radioaktiv ist und daß jedes Kilogramm, das er auf die Waage bringt, mit 50 Becquerel strahlt? Wer in eine Diskussion über die zweifellos vorhandenen Gefahren der Radioaktivität ein Schlagwort von der Art »Jedes Becquerel ist zuviel!« einwirft, weiß nicht oder will nicht wissen, daß beispielweise jeder Ehemann neben sich im Doppelbett etwa 2500 Becquerel liegen hat und dieser Strahlungsquelle mindestens eine ebenso große Menge eigener Radioaktivität noch hinzufügt.

Ich wollte ein Buch schreiben, aus dem der Laie möglichst viel über die physikalischen Vorgänge bei atomaren Prozessen erfährt, um sich eine eigene Meinung bilden zu können. Von einer Ideologie kann man sich treiben lassen. Sie sagt einem, welchen Weg man einschlagen soll, ohne daß man selbst tiefer darüber nachdenken muß. Sachliches Entscheiden dagegen erfordert Wissen und eigenes Abwägen, was ungleich schwieriger ist. Es sind die Bürger unseres Landes, die letztlich entscheiden werden, ob überhaupt oder wieviel der Energie, die wir in der Zukunft aus der Steckdose beziehen, Kernenergie sein wird. Alle Entscheidungen darüber sollten mit dem Kopf und nicht aus dem Bauch heraus gefällt werden. Nicht emotionelle Aufheizung soll die Meinung nach der einen oder anderen Richtung ausschlagen lassen, sondern kühle Überlegungen, die sich auf Kenntnis der Vor- und Nachteile der Atomtechnik begründen. Dieses Buch suggeriert niemandem, wie er sich am Ende entscheiden soll. Ich hoffe aber, daß es dem Leser etwas hilft, wenn er versucht, sich seine eigene Meinung zu bilden.

Bei den Arbeiten zu diesem Buch haben mir viele Kollegen, Freunde, aber auch Menschen geholfen, denen ich erst bei meiner Suche nach Informationen begegnet bin. Sie haben geduldig meine Fragen beantwortet, haben mich mit Datenmaterial beliefert oder haben Teile des Textes gelesen und verbessert. Ich danke Alvo von Alvensleben, Friedrich-Karl Baum, Josef Fleckenstein, Detlef Fuchs, Klaus Gottstein, Dietrich Harder, Dieter Kind, Volker Meyer, Volker Honerkamp, Peter Kafka, Wolfgang Kraemer, Jörg-Dieter Peters, Thomas Reddmann, Jürgen Schaper und Gerd Schatz. Wolfgang Duschl, Wolfgang Hillebrandt und Hans-Heinrich Voigt haben nahezu den gesamten Text kritisch gelesen. Mein Freund Hans-Ludwig de Vries ist, wie schon bei mehreren meiner früheren Bücher, mit mir den gesamten Wortlaut Satz für Satz durchgegangen und hat mich an vielen Stellen angeregt, Verbesserungen anzubringen. Ich danke allen meinen Helfern. Im Kapitel 17 habe ich Teile eines Artikels übernommen, den ich für den 23. Internationalen Raiffeisen Jugendwettbewerb der Volksbanken und Raiffeisenbanken zum Thema Kernfusion geschrieben habe.

Ich danke dem Lektorat und der Herstellungsabteilung der Deutschen Verlags-Anstalt für die hilfreiche und angenehme Zusammenarbeit beim nunmehr fünften Buch, das wir gemeinsam machten.

Göttingen, im März 1994                    Rudolf Kippenhahn

# 1. Einleitung

» . . . sie starben, weil sie einem anderen Staat angehörten und es daher offiziell nicht als Mord galt, sie zu töten . . .«

*Richard Rhodes*[1]

Der alte Mann, dessen Namen niemand erfahren wird, hat auf seinem Weg durch die morgendliche Stadt eine Ruhepause eingelegt. Von einer Steinbank aus wirft er seinen Blick zum Himmel, nur wenige Wolken bedecken das sommerliche Blau. Ein Flugzeug zieht seine gerade Bahn. Nun dreht es eine scharfe Kurve. Der Alte wundert sich über das unerwartete Manöver – er ahnt nicht, daß er nur noch 40 Sekunden zu leben hat.

Major Thomas Ferebee aus Mocksville in Nord-Carolina, der Bombenschütze, preßt sein linkes Auge gegen die Zielvorrichtung. »Wir haben sie«, ruft er, als er die Brücke sieht. Oberst Tibbets schaut auf die Uhr. Es ist 9 Uhr 14 Minuten und 17 Sekunden. Er blickt nach unten auf die Stadt. Dort mußte es eine Stunde früher sein, denn sie hatten beim Anflug die Zeitgrenze von Osten nach Westen überflogen. Ferebee schaltet auf Automatik um. Ein gleichförmiger Pfeifton erklingt in den Kopfhörern. Auch die drei Wetterflugzeuge, mehr als 300 Kilometer entfernt und bereits auf dem Heimflug, hören den Ton. Nach 60 Sekunden verstummt er. Der Bombenschacht geht auf, »Little Boy« taumelt nach unten. Tibbets reißt die Maschine scharf nach rechts. Er riskiert eine Schräglage von 60 Grad – so darf man eigentlich nur ein Jagdflugzeug fliegen, nicht aber eine B29. Doch damit erreicht Tibbets eine Kursänderung von 155 Grad. Während der Drehung verlieren sie mehr als 500 Meter an Höhe. Die Motoren laufen auf vollen Touren. Die Maschine muß so rasch wie möglich weg von der Abwurfstelle.

Ferebee sieht die Bombe fallen. Er weiß, daß sich auch in einem der Begleitflugzeuge Bombenschächte geöffnet haben. Drei Pakete mit Instrumenten gleiten an Fallschirmen zu Boden. Sie werden per Funk Meßwerte über die Strahlung und über die Druckwelle an die Flug-

13

zeuge weitergeben. Genau 43 Sekunden lang fällt die Bombe. Oberst Tibbets, der die Nase der Maschine von der Abwurfstelle weggedreht hatte, sieht die Explosion nicht, er schmeckt sie. Plötzlich hat er den Geschmack von Blei auf der Zunge. Später wird man ihm sagen, daß die starke radioaktive Strahlung einen chemischen Prozeß an seinen Zahnplomben ausgelöst hatte.[2] Stabsfeldwebel George Caron dagegen, der Heckschütze, sieht durch seine starke Schutzbrille zuerst ein rotes Licht, einen glühenden Stecknadelkopf. Doch im Nu wird daraus eine riesige Feuerkugel von vielleicht 800 Metern Durchmesser. Dann explodiert der riesige Feuerball. Wirbelnde Flammen und rote Wolken treten hervor. Konzentrische Nebelringe entströmen dem Inferno.

Zu dieser Zeit ist von dem alten Mann auf der Bank in Hiroshima nichts mehr übrig. Die Hitze hat seinen Körper verdampft. Der Granit der Bank ist an der Oberfläche geschmolzen. Nur dort, wohin der Schatten des Mannes gefallen war, ist der Stein noch unverändert. Die Umrisse von Rumpf und Beinen sind in den Stein eingebrannt.[3]

Alle Menschen, die weniger als 800 Meter entfernt von der Explosionsstelle im Freien waren, starben im Bruchteil einer Sekunde. Menschen in größerem Abstand traf zuerst die Hitzestrahlung des Blitzes. Sofort bildeten sich Brandblasen unter der Haut. Als dann die Druckwelle mit einer Geschwindigkeit von drei Kilometern in der Sekunde angerast kam, riß sie die lose auf den Körpern liegende Haut in Fetzen herunter.

Eine Schülerin berichtete: »Auf beiden Seiten der Straße hatte man Bettzeug und Kleidungsstücke herausgebracht; darauf lagen Menschen mit rötlich-schwarzen Verbrennungen, deren ganze Körper furchtbar geschwollen waren. Drei Mittelschülerinnen, die aussahen, als wären sie von unserer Schule, gingen zwischen ihnen hindurch; ihre Gesichter und alles waren völlig verbrannt, und sie hielten die Arme vor der Brust wie Känguruhs, nur die Hände zeigten nach unten; von ihrem ganzen Körper hing etwas wie dünnes Papier herunter – es war ihre abgeschälte Haut, die da hing; die nicht verbrannten Reste ihrer Wickelgamaschen schleiften sie hinter sich her; sie wankten genau wie Schlafwandler.«[4] Die mich am meisten ergreifende Schilderung der Vorgänge um das Ereignis von Hiroshima fand ich bei Erwin Wickert.[5]

In der Maschine übergibt Oberst Tibbets seinem Funker eine kurze Erfolgsmeldung an die Basis in Tinian, von dort wird General Groves in Washington informiert, der die militärische Aufsicht über die Entwicklung der Atombombe hatte. Groves ruft sofort J. Robert Oppenheimer an, den wissenschaftlichen Leiter des Projektes in Los Alamos:

*Groves:* »Ich bin sehr stolz auf Sie und Ihre Leute.«
*Oppenheimer:* »Ist alles gut gelaufen?«
*Groves:* »Anscheinend ging es mit einem gewaltigen Knall los.«
*Oppenheimer:* »Wann war das, war es nach Sonnenuntergang?«
*Groves:* »Nein, leider mußte es wegen der Sicherheit für das Flugzeug tagsüber geschehen, und das war dem kommandierenden General drüben überlassen.«
*Oppenheimer:* »Richtig. Alle haben wir ein einigermaßen gutes Gefühl dabei, und ich gratuliere herzlichst. Es war ein langer Weg.«[6]

Nordwestlich von Cambridge in England im Dorf Godmanchester liegt das Gut Farmhall. Dort hatten die Siegermächte eine Gruppe führender deutscher Atomwissenschaftler interniert. Die Nobelpreisträger Werner Heisenberg und Max von Laue waren unter ihnen, ferner Carl Friedrich von Weizsäcker. Zur Gruppe zählte auch Otto Hahn, der zusammen mit seinem Mitarbeiter Fritz Straßmann sieben Jahre zuvor als erster erkannt hatte, daß das Uranatom in zwei etwa gleich große Teile gespalten werden kann. Obwohl er sich weder an der Entwicklung von Kernreaktoren noch an der von Atombomben beteiligt hatte, beruhte die nun gegen Menschen angewandte Bombe auf seiner Entdeckung. Etwa 20 Stunden, nachdem »Little Boy« explodiert war, berichtet der für die Gruppe verantwortliche englische Major dem gefangenen Chemiker vom Abwurf der Bombe auf Hiroshima und von ihrer verheerenden Wirkung. Noch spricht man von nur etwa 100 000 Toten. Heute wissen wir, daß es etwa doppelt so viele waren. Otto Hahn schreibt in seinen Erinnerungen:

»Ich weigerte mich zunächst, diese Meldung zu glauben, mußte mich aber schließlich doch davon überzeugen, daß eine amtliche Nachricht des Präsidenten der Vereinigten Staaten vorlag. Ich war unsagbar erschrocken und niedergeschlagen; der Gedanke an das große Elend unzähliger unschuldiger Frauen und Kinder war fast unerträglich ... Die Nachricht wurde zunächst in ihrem Ausmaß angezweifelt, aber die gemeinsame Erklärung Trumans und Churchills im Radio ließ keine Zweifel mehr zu. Nach einem langen Abend voller Diskussionen, Erklärungsversuche und Selbstvorwürfe war ich so aufgeregt, daß sich Max von Laue und die anderen ernstlich um mich sorgten.«[7]

Otto Hahn hatte seine Entdeckung kurz vor Beginn des Zweiten Weltkrieges gemacht. Er war wahrscheinlich der letzte große Gelehrte, der unbefangen über Atome nachdenken konnte. – Der Anfang lag mehr als zwei Jahrtausende zurück, als griechische Philosophen sich anschickten, die Welt zu erklären.

## Atome, rauh und kantig, rund und glatt

Wenn wir heute ihren Gedanken folgen wollen, dann müssen wir zuerst
unser Wissen über Atome – haben wir es nun in der Schule mitbekommen, hat man es uns später nahegebracht – über Bord werfen. Wir
sehen die Natur, erkennen, daß es feste, flüssige und gasförmige Körper
gibt, die sich in Farbe, Geruch und Form unterscheiden. Woraus
bestehen sie eigentlich? Der erste, von dem überliefert ist, daß er
darüber nachdachte, wie die Stoffe in der Natur im Kleinen beschaffen
sind, in so kleinen Bereichen, daß sie unser Auge nicht mehr wahrnehmen kann, lebte in Milet an der Ostküste Kleinasiens. Die Lebensdaten
des griechischen Denkers Leukipp sind uns nur ungenau erhalten. Er
wirkte mehr als vier Jahrhunderte vor Christus, von seinen Schriften
sind uns nur wenige Bruchstücke geblieben. Mehr wissen wir von
seinem Schüler Demokrit. Der wohlhabende Bürger der Stadt Abdera
in Thrakien wurde um 470 v. Chr. geboren und lebte 90 Jahre. Auch von
seinen Werken findet man nur Fragmente. Ein Verzeichnis, das wahrscheinlich zur berühmten, später zerstörten Bibliothek von Alexandria
gehörte, enthält über 60 Titel aus seiner Feder. Mehr über die Lehren
des Leukipp und des Demokrit aber wissen wir von Aristoteles, der die
Atomlehre der beiden kritisierte und zu widerlegen versuchte. Aristoteles mochte die Atome nicht.

Bei Demokrit war die Welt leerer Raum, in dem unendlich viele
kleinste Bausteine der Materie herumschwirrten, Bausteine, die sich
nicht mehr in kleinere Teile spalten ließen, die Atome. Der Name
kommt vom Griechischen: *atomos,* das Unteilbare. Die Atome des
Leukipp und des Demokrit waren so klein, daß sie das Auge nicht
einzeln erkennen kann. Deshalb mußten die griechischen Philosophen
die Eigenschaften der Atome aus dem Verhalten der Materie des
täglichen Lebens, die ja aus Atomen besteht, zu erkennen versuchen.
Dabei ließen sie sich vom Prinzip der Einfachheit leiten. Der Sinn der
Lehre von den Atomen war, die materielle Welt, so vielfältig sie auch ist,
auf einfache, möglichst gleichartige Bausteine zurückzuführen. Deshalb nahmen sie an, daß alle Atome aus dem gleichen Material
bestehen, daß sie kompakt sind, keine Hohlräume oder Poren aufwei-
sen und daher nicht noch dichter zusammengepreßt werden können.
Sie unterscheiden sich voneinander nur durch ihre Größe und ihre
Form. So bestehen die Atome des Wassers und die des Eisens aus dem
gleichen, nicht weiter teilbaren Stoff, die des Wassers aber sind glatt
und kugelförmig, so daß sie aneinander vorbeirollen können und dem

Wasser die leichte Beweglichkeit einer Flüssigkeit geben. Demgegenüber sind die Atome des Eisens rauh und kantig, deshalb bleiben sie aneinander haften und machen das Eisen hart und fest. Auch die Farbe eines Körpers wird von Demokrit mit Hilfe der Atome erklärt. Weiße Körper bestehen aus Atomen, die glatt und so flach sind, daß sie keinen Schatten werfen. Die Atome der schwarzen Körper aber besitzen rauhe Oberflächen. Was süß schmeckt, besteht aus runden und nicht übermäßig großen Atomen, bittere Stoffe sind aus eckigen Atomen zusammengesetzt. Zwischen den Atomen aber ist der leere Raum, der zweite wichtige Bestandteil der materiellen Welt. Alle Atome fallen bei Demokrit im leeren Raum nach unten, die großen rascher als die kleinen. Leicht und Schwer stößt zusammen, und das Leichtere wird dabei nach oben getrieben.[8]

Eigentlich hatte man sich die Atome nur ausgedacht, um die erdrückkende Fülle der Erscheinungen, die wir in der unbelebten Natur wahrnehmen, auf einige wenige Eigenschaften einfacher, gedachter Bausteine der Materie zurückzuführen. »Der gebräuchlichen Redeweise nach gibt es Farbe, Süßes und Bitteres, in Wahrheit aber nur Atome und Leeres«, schrieb Demokrit. Atome aber waren Bausteine, die niemand sehen konnte und für deren Existenz es auch sonst keinen Hinweis gab.

Inzwischen sind mehr als zwei Jahrtausende vergangen. Heute wissen wir, daß es die Atome des Leukipp und des Demokrit wirklich gibt. Moderne Rastertunnelmikroskope können Bilder von ihnen zeichnen, man kann einzelne Atome isolieren und tagelang in elektrischen Fallen in Einzelhaft halten und studieren. Sie sind nicht ganz so einfach, wie es sich ihre Erfinder gedacht hatten. Sie lassen sich in weitere Bestandteile zerlegen, manchmal zerfallen sie ganz von selbst in kleinere Bruchstücke. Doch das lernte man erst am Ende des letzten Jahrhunderts. Demokrit hatte recht, wenn er annahm, die Atome bestünden alle aus der gleichen Art von Materie, denn letztlich besteht der Kern jedes Atoms aus einem Gemisch zweier Teilchenarten, den Protonen und den Neutronen. Die Atome bewegen sich wirklich im leeren Raum, wenn sie auch – anders, als Demokrit glaubte – alle gleich schnell nach unten fallen. Zwar sind es nicht einerseits glatte und runde Oberflächen und andrerseits rauhe und kantige, die den Unterschied von der Flüssigkeit zum festen, harten Körper ausmachen, doch es sind tatsächlich Eigenschaften der Atome, die den Aggregatzustand eines Stoffes bestimmen. Auch der Geschmack wird durch chemische Prozesse festgelegt, die von den äußersten Schichten der Atome bestimmt werden. Doch um das zu erfahren, bedurfte es modernster Experimentierkunst. Die alten Griechen waren keine Atomphysiker, sie waren Atomphilosophen. Um so eindrucksvoller ist es, daß man im Prinzip schon damals, als man keine anderen Hilfsmittel hatte als ein kluges Gehirn, einige der wichtigsten Eigenschaften der Materie erkannt hatte.

Heute blicken wir auf Jahrhunderte systematischer Untersuchung der Materie zurück, auf eine Zeit, während der man die verschiedensten Stoffe mischte, verdampfte, verbrannte, aufeinander einwirken ließ und all diese Vorgänge messend verfolgte. Die griechischen Gelehrten wußten aber in erster Linie nur von dem, was sie mit ihren Sinnesorganen aufnehmen konnten. Die Materie der Welt zeigte ihnen schon auf den ersten Blick Eigenschaften, die uns zwar selbstverständlich sind, die aber zum Nachdenken Anlaß geben. Mehr über das Verhalten der Stoffe wußten die Schmiede, Töpfer und Gerber. Das Eisen verliert seine Härte, wenn es heiß wird und zu leuchten beginnt. Der harte Stein kann heiß oder kalt sein, wie auch das flüssige Wasser verschiedene Temperaturen besitzen kann. Beim Verbrennen verwandeln sich Stoffe in andere Materiearten, aus Holz wird Asche. Dabei erscheint etwas, was die alten Denker für einen neuen Stoff gehalten haben, das Feuer. Wie paßt das alles zusammen?

## Warum Aristoteles nicht an Atome glaubte

Atome, diese Gedankengebilde, die niemand wahrnehmen kann und die nur erfunden worden sind, um die Vielfalt der Erscheinungen auf einige wenige Eigenschaften zurückführen zu können, schienen Aristoteles für das Denken entbehrlich zu sein. Er ersetzte die Atomtheorie durch ein Bild, das er selbst geschaffen hatte. In diesem unterschied er zwischen der himmlischen und der irdischen Welt.

Die himmlische Welt enthält die Sterne und die Planeten, zu denen Aristoteles auch Sonne und Mond zählt. Ihre natürliche Bewegung verläuft in Kreisen, auf denen sie durch die himmlischen Sphären geführt werden. Dieser unwandelbaren regelmäßigen himmlischen Welt steht die vergängliche irdische gegenüber. Sie besteht aus Materie, der die geradlinige Bewegung eigen ist. Die irdische Welt ist aus vier Elementen zusammengesetzt. Erde, deren natürliche Bewegung es ist, geradlinig nach unten zu fallen, ist das schwere Element. Ihr gegenüber steht das Element Feuer, das sich geradlinig nach oben bewegt. Zwischen diesen beiden entgegengesetzten Elementen findet man die beiden anderen: Wasser und Luft. In der Natur kommen die vier Elemente nirgends rein vor, sondern nur gemischt. Die Erde, auf der wir stehen, das Wasser, das wir trinken, und die Luft, die wir atmen, bestehen nicht ausschließlich aus den Elementen gleichen Namens, auch die Flamme ist nicht der Feuerstoff selbst. Die Elemente können ineinander umgewandelt werden. Wenn man das Wasser erwärmt, entsteht Luft – man unterschied damals noch nicht zwischen Wasserdampf und Atemluft. Wenn Körpern die Feuchtigkeit genommen wird, kann sich Feuer bilden. So wandeln sich in der Natur die vier Elemente ineinander um. Es war ein in sich geschlossenes Weltbild, das Aristoteles der Atomistik entgegensetzte.[9]

Die Art, wie Aristoteles über die Atome argumentierte, blieb noch lange typisch. Die Atomisten mußten Gegenstände diskutieren, die sie nicht wahrnehmen konnten, deren Eigenschaften sie sich ausdenken mußten, um die Welt im Großen zu erklären. Sie konnten die Strukturen im Bereich der kleinsten Teile eines Stoffes nicht erkunden, sie erforschten statt dessen das Denkmögliche in ihren Köpfen.

Das blieb so bis zum Mittelalter. Während das Denken über die Zusammenhänge der materiellen Welt stagnierte, hatte sich inzwischen das Christentum über das Abendland ausgebreitet. Doch die Kirchenväter hatten für den Atombegriff nichts übrig. Dionysius Alexandrinus (200–264), der Bischof von Alexandria, spricht von den »Verirrungen ihres Verstandes«, wenn er die Atomisten erwähnt, und der heilige Augustinus (354–430) ruft aus: »Es wäre mir besser, ich hätte den Namen des Demokrit nie vernommen.« Im ersten Jahrtausend nach Christus und noch mehrere Jahrhunderte danach hielten die großen Gelehrten der Zeit vom Nachdenken über die unbelebte Welt überhaupt nichts. Thomas von Aquin (1225–1274) erklärte noch das Streben nach Erkenntnis der Dinge für Sünde, soweit es nicht auf die Erkenntnis Gottes zielt. Die Natur war nicht Sache der Philosophen, sie gehörte den Ärzten. Deshalb nannte man sie *physici,* also Physiker. Die englische Bezeichnung *physician* für Arzt ist noch ein Überbleibsel von damals.

## Vom Söldner zum Philosophen

Erst als man sich in der Renaissance vom Denken des Aristoteles befreite, etwa als sich mit Kopernikus das Wissen um die richtige Bewegung der Himmelskörper durchzusetzen begann, dachte man über die kleinsten Bestandteile der Materie neu nach. Dies tat zum Beispiel René Descartes (1596–1650).

In der Touraine geboren, dem »Garten Frankreichs«, studiert der junge Jesuitenzögling und Landedelmann Jura. Man findet ihn zu Beginn des Dreißigjährigen Krieges in den Heeren Moritz' von Nassau und Maximilians von Bayern. Den größten Teil seines Lebens verbringt er in Holland. Angeblich war es ein Traum, den der damals Dreiundzwanzigjährige in Neuburg an der Donau während drei aufeinanderfolgender Nächte hatte, der ihn im November des Jahres 1619 bewog, eine wissenschaftlich-philosophische Laufbahn einzuschlagen. Sein philosophisches Denken sollte eine bahnbrechende Wirkung haben, bis in die Gegenwart hinein. Auch das kartesische Koordinatensystem, jedem aus der Schule bekannt, geht auf ihn zurück. Gegen Ende seines Lebens folgt er einer Einladung, am Hofe der Königin Christine von Schweden seine Arbeiten fortzusetzen. Im Jahre 1650 stirbt er in Stockholm an einer Lungenentzündung.

Auch Descartes steht noch stark im Bann des Aristoteles. Zwar glaubt er, daß es Atome gibt, doch hält er sie nicht für unteilbar. Es ist amüsant, der Schlußweise des gläubigen Gelehrten zu folgen. Er argumentiert so: »Wenn Gott habe bewirken wollen, daß ein gewisser Teil des Stoffes nicht weiter geteilt werden könne, so würde man diesen darum nicht eigentlich unteilbar nennen dürfen. Denn wenn Gott auch bewirkt hätte, daß jener von keinem seiner Geschöpfe geteilt werden könnte, so könnte er sicherlich doch sich selbst diese Macht zu teilen nicht nehmen, weil es ganz unmöglich ist, daß er seine eigene Macht vermindere.«[10] Wir lächeln heute über diesen Schluß, erinnert er uns doch an die Frage, ob der allmächtige Gott in der Lage ist, einen so schweren Stein zu erschaffen, daß er ihn selbst nicht heben kann. Da er allmächtig ist, muß er den Stein erschaffen können. Wenn er ihn aber dann nicht heben kann, ist er auch nicht allmächtig.

Die Atome sind also bei Descartes beliebig teilbar. Ursprünglich, so meint Descartes, bestand der Stoff der materiellen Welt aus nahezu gleich großen Partikeln, jedes für sich rotierte um seinen Mittelpunkt und beschrieb innerhalb des Körpers eine Kreisbahn. Die Teilchen, die anfangs vielleicht eine unregelmäßige Form hatten, haben sich im Laufe der Zeit gegenseitig abgerieben und sind rund geworden. Die abgeschliffenen Kügelchen bilden das Element der Luft. Die Splitter, die beim Abschleifen entstanden, sind klein und bewegen sich mit großer Geschwindigkeit. Sie bilden das Element des Feuers. Wenn sich bei der Bewegung Teilchen zusammenklumpen und größere Bausteine bilden, so entstehen die Atome des Erdelements, des Stoffes, aus dem unser Planet besteht. Die Atome des Feuers sind die schnellsten, die der Erde bewegen sich langsam. Das Wasser ist bei Descartes ein Gemisch aus Luft- und Erdteilchen. Sind die Atome des Luftstoffes kugelrund, so sind die des Erdenstoffes und des Feuers von vielfältiger Gestalt. Da gibt es Teilchen, die baumartig verästelt sind, andere haben Ecken, einige sind glatte Stäbchen.

Wie bei Aristoteles, gibt es bei Descartes keinen leeren Raum. Luft- und Erdatome, in welcher Mischung sie auch immer vorkommen, bewegen sich nicht im Vakuum, sondern im Medium der beliebig kleinen Feuerteilchen. Die Ideen zu seiner Atomtheorie scheint Descartes in den Jahren zwischen 1625 und 1628 in Paris gewonnen zu haben, wo er vielen Verteidigern dieser Lehre begegnet sein muß. Aber er schreibt nichts darüber, denn es war nicht empfehlenswert, sich mit den Pariser Atomphilosophen in Verbindung bringen zu lassen. Diese waren nämlich bei ihrem Versuch, der Atomtheorie zu einem Durch-bruch zu verhelfen, politisch in Schwierigkeiten geraten.

Im August 1624 wollte man in Paris eine öffentliche Diskussion über mehrere Thesen des Aristoteles und des Arztes, Chemikers und Philo-sophen Paracelsus (1493–1541) abhalten. Dabei sollte auch Aristoteles' Ablehnung der Atomtheorie behandelt werden. Doch die Atomgegner ließen die Disputation, die im Königspalast stattfinden sollte und zu der sich fast tausend Personen versammelt hatten, verbieten. Die Organisa-toren wurden verhaftet, später verbannt, schließlich wurde alles Lehren und Diskutieren über Atome mit der Todesstrafe belegt[11], weil nach der Atomtheorie die Substanz von Brot und Wein sich in der heiligen Eucharistie nicht in den Leib und in das Blut Christi verwandeln kann. Descartes wurde trotz seiner Vorsicht nicht verschont: 1663 wurden seine philosophischen Werke auf den Index gesetzt, 1667 wurde ihm ein Denkmal in Paris verweigert, und noch 1690 – Descartes lag schon seit vierzig Jahren unter der Erde – durfte ein Buch über Atomistik erst erscheinen, nachdem Descartes' Name vom Titel getilgt war.

## Wie mißt man die Angst vor dem leeren Raum?

Descartes' Zeitgenosse Pierre Gassendi (1592–1655) in Paris ging noch einen Schritt über Aristoteles hinaus. Er nahm an, daß sich die Atome im *leeren Raum* bewegen. Seit Aristoteles galt der leere Raum als eine Fiktion. Jede vernünftige Naturbeschreibung sollte ohne ihn auskommen, zeigt doch die Natur selbst, daß sie, wo immer sich ein leerer Raum bildet, dafür sorgt, daß er wieder gefüllt wird. Taucht man einen Strohhalm in Wasser und versucht, die Luft herauszusaugen, so kann man den Hohlraum nicht leeren, denn das Wasser steigt gleichzeitig von unten auf und füllt das Innere des Halmes wieder. Die Natur scheint sich vor dem leeren Raum zu fürchten. Man sprach vom *horror vacui*, der Angst vor dem Vakuum, die der Natur innewohnt. Schon Galileo Galilei (1564–1642) wollte herausfinden, wie groß die Angst eigentlich ist. Er versuchte, ein nach unten offenes, mit Luft gefülltes Gefäß mit einem Kolben abzuschließen, an den er Gewichte hängte, um die Kraft zu messen, mit der die Natur der Verdünnung der eingeschlossenen Luft entgegenarbeitet. Aber erst sein Schüler Evangelista Torricelli (1608–1647) konnte die Größe der Angst experimentell bestimmen. Er nahm statt des nach unten geöffneten Gefäßes eine an einer Seite geschlossene, mit Quecksilber gefüllte Glasröhre, hielt die offene Seite mit dem Finger zu und drehte das Rohr so, daß die nunmehr verschlossene Seite nach unten wies. Dann tauchte er sie vorsichtig in ein mit Quecksilber gefülltes Gefäß und gab das untere Ende frei (Abb. 1.1). Durch ihr Gewicht sank die Quecksilbersäule in der Röhre, der obere Teil des Glasrohres enthielt kein Quecksilber mehr. Aber Luft konnte dort auch nicht sein, denn das Rohr war oben zugeschmolzen, also war er leer: Dort herrschte Vakuum! Die Angst der Natur vor dem Vakuum war aber nicht beliebig groß. Wenn nur das schwere Quecksilber genügend stark nach unten zog, dann bildete sich zwar ein leerer Raum, doch irgend etwas verhinderte, daß die Säule im Rohr völlig nach unten sank. Ein bißchen Angst herrschte offensichtlich doch.

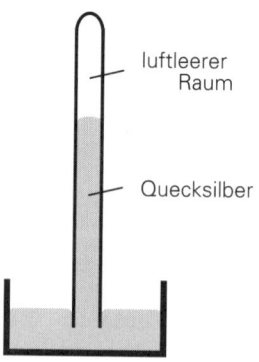

luftleerer
Raum

Quecksilber

**Abb. 1.1:** Beim Versuch von Toricelli sinkt die Quecksilbersäule im Glasrohr ab und hinterläßt im oberen Teil des Rohres einen (nahezu) luftleeren Raum.

Damals war es ein bahnbrechendes Experiment, heute führt der Lehrer diesen Versuch in der Schule vor. Wir wissen, nicht die Angst vor dem Vakuum verhindert, daß das Quecksilber ganz nach unten sinkt. Es ist der Luftdruck, der von außen her das Quecksilber in die Röhre drückt und bei einer bestimmten Höhe hält, einer Höhe, an der man beim Quecksilberbarometer den Luftdruck ablesen kann. Anfangs konnten sich viele Gelehrte nicht mit dem Vakuum über der Quecksilbersäule anfreunden. Man bezweifelte, daß der Raum dort wirklich leer war. Es kam sogar der Vorschlag, kleine Tiere darin einzuschließen. Wenn sie überlebten, wäre das der Beweis, daß doch noch Luft im Rohr war. Man hat den Tierversuch nicht ausgeführt. Gassendi hatte keine Angst vor dem leeren Raum, er hielt es sogar für möglich, daß das Weltall oberhalb der Erdatmosphäre bis zu den Sternen leer ist. Daß Licht durch leeren Raum gehen kann, wußte er ja schon vom Vakuum über der Quecksilbersäule.

## Die Atome im Essig

Vor 400 Jahren schien es, als könne man die Atome sichtbar machen. Etwa zur gleichen Zeit, als in Holland das Fernrohr erfunden wurde, benutzten holländische Optiker die vergrößernde Wirkung von Linsen auch, um Mikroskope zu konstruieren. Der Holländer Antoni van Leeuwenhoek (1632–1723) wandte es mit Erfolg auf wissenschaftliche Fragestellungen an. So wie Galilei 70 Jahre vor ihm als erster ein Fernrohr zum Himmel gerichtet hatte und große Überraschungen erlebte, so entdeckte Leeuwenhoek in den Stoffen, die uns täglich umgeben, eine neue Welt ungeahnten Formenreichtums.

Im Jahre 1674 sah er im Blickfeld seines selbstgebauten Mikroskops Objekte, die sich bewegten, und er schloß richtig, daß es sich um kleine Tiere handeln muß – Leeuwenhoek hatte die ersten Mikroorganismen entdeckt. Ihm gelang es, aus dem Studium tierischer Sperma- und Eizellen die Vorgänge bei der geschlechtlichen Fortpflanzung zu erkennen. Er glaubte auch, die Atome sehen zu können, denn sein Mikroskop zeigte im Essig neben zahllosen »Würmchen« auch Teilchen von verschiedener Form und Farbe, einige waren nach zwei Seiten hin zugespitzt. Als er dann Kreide in den Essig warf, stumpften die Ecken ab. Da sich gleichzeitig der Geschmack änderte, glaubte er, wie schon Leukipp und Demokrit etwa 2000 Jahre zuvor, daß die Form der Teilchen den Geschmack bestimmen würde. Leeuwenhoek hatte nicht

Atome, sondern Kristalle gesehen, die sich bei der Änderung der chemischen Zusammensetzung der sie umgebenden Flüssigkeit auflösten. Sein Mikroskop, das höchstens eine Vergrößerung im Bereich von etwas mehr als dem Hundertfachen besaß, konnte ihm keine Atome zeigen.

Haben die Experimente des Galilei und seines Schülers Torricelli wesentliche Anregungen geliefert, und hatten Descartes und Gassendi schon geahnt, daß Wärme Bewegung der Atome ist, was schließlich erst im 19. Jahrhundert streng gezeigt wurde, so waren es doch weder Philosophen noch Physiker, die den nächsten Schritt machten, sondern Chemiker.

# 2. Ganze Zahlen

Die ganzen Zahlen hat der liebe Gott gemacht,
alles andere ist Menschenwerk.

*Leopold Kronecker*

In der Jungsteinzeit, etwa acht Jahrtausende vor Christus, begann man, Werkzeuge aus Kupfer herzustellen. Die ersten Metallurgen gewannen aus Erzen Metalle für Werkzeuge und Waffen. Kupfer ist weich, man erfand daher die harte Bronze, ein Gemisch aus Kupfer und Zinn. Silber und Gold wurden zu Gefäßen geformt. In Ägypten entdeckte man das flüssige Metall Quecksilber. Schwefel bildete sich bei der Gewinnung der Metalle aus den Erzen. Im Mittelalter wußte man von der korrodierenden Wirkung verschiedener Salze. Man kannte die Schwefelsäure, im 13. Jahrhundert dann die Salpetersäure. Man mischte, kochte, destillierte, löste in Wasser und verdampfte alle chemischen Materialien, derer man habhaft werden konnte. Wenn es giftige Stoffe gibt, die den Tod herbeiführen können, sollte man dann nicht auch nach einer Substanz Ausschau halten, die den Tod verhindert? In Indien und China hatte man versucht, die geheimnisvolle Droge zu finden, die den Menschen unsterblich macht, etwa eine Art Gold, das man trinken kann. Die ersten griechischen Chemiker stellten Farben her. Doch ihr Hauptziel war es, Gold und Silber aus unedlen Stoffen zu machen. Die Alchimie war geboren, ein erfolgloser Zweig der Chemie, wie man später lernen sollte. Doch im 17. Jahrhundert versuchte ein deutscher Alchimist, aus dem beim Eindampfen großer Mengen Urins zurückbleibenden festen Stoff Gold zu machen. Gold entstand zwar keines, aber der erfolglose Alchimist gewann als erster reinen Phosphor.

## Was geschieht bei der Verbrennung?

In der zweiten Hälfte des 16. Jahrhunderts, zu der Zeit, als sich die Niederlande von der spanischen Herrschaft befreiten und William Shakespeare seine Stücke schrieb, freundeten sich immer mehr Gelehrte mit dem Gedanken an, daß die Materie letztlich aus kleineren, wahrscheinlich unteilbaren Bausteinen zusammengesetzt ist. Doch niemand hatte einen direkten Hinweis auf die Atome, schon gar nicht auf die vielen Eigenschaften, die man ihnen zuschrieb, die Ecken und Spitzen, die rauhen Oberflächen oder gar die Häkchen, mit denen sie sich angeblich miteinander zu einem festen Körper verketten. Gleichzeitig lernten die Chemiker, auf wie vielfältige Art die Stoffe miteinander reagieren können. Da mischen sich farblose Flüssigkeiten und werden farbig, andere brennen mit greller Stichflamme ab, Gas entweicht aus Säuren, in die man Marmorstückchen geworfen hat. Die Kunst, Stoffe voneinander zu trennen, galt als die Hauptaufgabe der Chemiker, man sprach von der *Scheidekunst*. Sie trennten aber nicht nur, sie fügten auch zusammen. Es gelang, die vereinigten Stoffe danach wieder voneinander zu lösen. Das sprach dafür, daß die Bestandteile der beiden Substanzen in dem bei der Vermengung entstandenen neuen Stoff erhalten geblieben sind. Es gab aber auch Materialien, bei denen die Scheidekunst versagte, sie ließen sich nicht in einfachere Bestandteile trennen. Der englische Physiker Henry Cavendish (1731–1810) fand den Wasserstoff, ein Gas, das sich nicht weiter zerlegen läßt. Dann entdeckten 1774 Joseph Priestley (1733–1804) in England und Carl Wilhelm Scheele (1742–1786) in Deutschland den Sauerstoff.

Am 8. Mai 1794 tagte in Paris wieder einmal das Revolutionstribunal. Die Anklagepunkte waren lächerlich, doch nach kurzer Verhandlung wurden 28 Angeklagte zum Tode verurteilt. Einer der Abgeurteilten soll um einen Aufschub gebeten haben, da er noch rasch einige wissenschaftliche Arbeiten beenden wollte, worauf der Richter antwortete: »Die Republik braucht keine Wissenschaftler!« Noch am gleichen Tag mußten die Männer die Guillotine am Platz der Revolution, der heute Place de la Concorde heißt, besteigen. An diesem Nachmittag wurde einer der klügsten Köpfe Frankreichs abgetrennt.

Der Mann, dem man den Aufschub verweigert hatte, war der Franzose Antoine Laurent Lavoisier (1743–1794). Mit 23 Jahren hatte er bereits eine Goldmedaille der französischen Akademie der Wissenschaften gewonnen, für eine Arbeit über das bestmögliche Beleuchtungssystem einer Großstadt. Mit 29 Jahren legte er der Akademie eine

Arbeit vor, in der er den Vorgang der Verbrennung erklärte. Wenn ein Stoff, sei es Schwefel oder Phosphor, verbrennt, so entweicht ihm nicht etwa der Feuerstoff, an den man damals noch glaubte, nein, dann nimmt er einen Teil der Luft auf. Deshalb ist das Gewicht der Rückstände oft größer als das des Ausgangsstoffes, da das Gewicht der aufgenommenen Luft hinzukommt. Zwei Jahre später entdeckte Priestley den Sauerstoff als einen Bestandteil der Luft, und Lavoisier erkannte, daß es genau dieser Teil der Luft war, der sich beim Verbrennen mit dem Brennstoff vereinigt. Lavoisier hatte auch bemerkt, daß nicht nur Wasserstoff und Sauerstoff unzerlegbare Grundstoffe der Natur sind, sondern auch Schwefel, Phosphor, Kohlenstoff, und daß auch alle Metalle dazu zählen.

Wahrscheinlich wäre Lavoisier das Revolutionstribunal erspart geblieben, hätte er nicht auch zahlreiche öffentliche Ämter innegehabt. So war er für die Herstellung und Überwachung des Schießpulvers verantwortlich, arbeitete in einer Kommission zur Verbesserung der Landwirtschaft und war Mitglied der für die Erhebung von Steuern zuständigen Kommission. Möglicherweise war es die Mitgliedschaft in diesem allseits verhaßten Gremium, die ihn während der Französischen Revolution aufs Schafott brachte.

Lavoisier hatte aber nicht nur den Verbrennungsvorgang erklärt, er konnte auch nachweisen, daß bei allen chemischen Umwandlungen Materie weder zerstört noch neu gebildet wird. Nimmt man alle an dem chemischen Vorgang beteiligten Stoffe zusammen, so ist ihr Gesamtgewicht vor und nach dem chemischen Prozeß dasselbe. Die Stoffe wandeln sich ineinander um, die Stoffmenge aber, ausgedrückt durch das Gesamtgewicht, ändert sich nicht. Das ist das wichtige Naturgesetz von der Erhaltung der Masse.

Die beginnende Industrialisierung im 19. Jahrhundert und der Anfang der Eisenverarbeitung gaben der Scheidekunst neuen Auftrieb. Wer Textilien fertigt und färbt, benötigt Säuren, Soda und Chlor. Der Aufschwung der Chemie in dieser Zeit erweiterte die Liste der unzerlegbaren Stoffe, die man nunmehr allgemein *chemische Elemente* nannte. Neben dem schon erwähnten Sauerstoff wartete – ebenfalls im Jahr 1774 – Carl Wilhelm Scheele mit der Entdeckung der Elemente Chlor, Mangan und Barium auf und bald danach mit Molybdän und Wolfram. Die Zahl der bekannten chemischen Elemente wuchs zusehends. Immer mehr von ihnen ließen sich aus verschiedenen chemischen Stoffen isolieren.

## Atome, auf der Briefwaage gewogen

Im Jahre 1657 hatte Otto von Guericke (1601–1686), der Bürgermeister von Magdeburg, mit der von ihm erfundenen Luftpumpe sein berühmtes Experiment mit den »Magdeburger Halbkugeln« ausgeführt. Zwischen zwei hohlen Halbkugeln von dreiviertel Ellen Durchmesser wurde ein mit Wachs und Terpentin getränkter Lederring gelegt. Durch einen Hahn, der mit einem Pumpstutzen verschlossen war, wurde die Luft aus dem Hohlraum herausgepumpt. Nun preßte der äußere Luftdruck die beiden Halbkugeln zusammen. Danach mußte man acht Pferde zu Hilfe nehmen, um mit ihrer Kraft die Kugeln auseinanderzureißen. Bei einem zweiten, größeren Versuch schafften es erst 34 Pferde. Es war der Druck der Erdatmosphäre, der die beiden Halbkugeln zusammenpreßte.

Hat man eine Luftpumpe und eine Waage zur Hand, ist es kein Problem, ein verschlossenes, mit Luft gefülltes Gefäß zu wägen, dann noch mehr Luft hineinzupumpen, es wieder zu verschließen und zum zweiten Mal auf die Waage zu legen. Das Gewicht der hineingepumpten Luft ergibt sich aus der Differenz der beiden Wägungen. Will man wissen, wieviel Luft man in die Flasche gepreßt hat, so braucht man das Gefäß nur unter Wasser zu öffnen und die aufsteigenden Gasblasen mit einem Meßgefäß, wie in der Abbildung 2.1 gezeigt, aufzufangen. Man kennt dann Gewicht und Volumen der zusätzlich in die Flasche gepreßten Luft, das sie unter normalen Bedingungen einnimmt. Ist es auf diese Weise gelungen, in die Flasche einen Liter Luft zu pumpen, so ist sie etwa 1.3 Gramm schwerer als vorher. Bezieht man das Gewicht eines Stoffes auf den Raum, den er einnimmt, so spricht man vom spezifischen Gewicht oder von der Dichte. Sie beträgt für Luft unter normalen Bedingungen 0.00129 Gramm pro Kubikzentimeter.

Feste Stoffe und Flüssigkeiten zu wägen, war einfacher als Gase. Wenn man die bei chemischen Reaktionen beteiligten Stoffmengen abwog, ergaben sich merkwürdige Gesetzmäßigkeiten, die man nicht verstehen konnte. Neben Schwefel-, Salpeter- und Salzsäure kannten die Chemiker auch Basen wie die Lauge, die man erhält, wenn man Pottasche* in Wasser löst. Säuren erkennt man daran, daß sie an bestimmten Stoffen Farbwirkungen hervorrufen. Taucht man zum Beispiel ein mit Lackmus getränktes Papier in eine Säure, färbt es sich rot,

---

\* Heute heißt diese Verbindung, die bei der Herstellung des Schießpulvers eine wichtige Rolle spielte, Kaliumkarbonat.

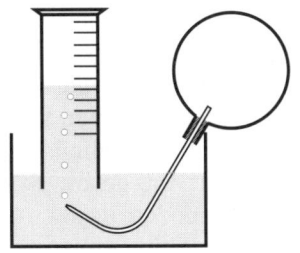

**Abb. 2.1:** Pumpt man eine Gasmenge in ein (im Bild kugelförmiges) Gefäß, das man danach verschließt, so kann man, wie in der Abbildung gezeigt, das Volumen des aus dem Gefäß unter Wasser wieder austretenden Gases mit einem Meßbecher bestimmen.

taucht man es in eine Base, wird es blau. Man kann Säure und Base so mischen, daß sie sich gegenseitig neutralisieren, daß die Säurewirkung gerade aufgehoben wird. Das Lackmuspapier behält dann seine Farbe bei.

Der Ire Richard Kirwan (1733–1812) entdeckte, daß 100 Gramm Schwefelsäure gerade von 215 Gramm in Wasser gelöster Pottasche neutralisiert werden. Das Verblüffende ist, daß auch 100 Gramm Salpetersäure der gleichen Säurestärke von der gleichen Menge Pottasche neutralisiert werden, und das gleiche stellte er fest, als er Salzsäure nahm. Auf den ersten Blick haben die drei Säuren wenig miteinander zu tun. An der einen ist Schwefel, an der anderen Stickstoff und an der dritten Chlor beteiligt. Trotzdem bedarf es genau der gleichen Menge Pottasche, um ihrer Säurekraft entgegenzuwirken.

Je mehr man die chemischen Reaktionen messend verfolgte, um so mehr Gesetzmäßigkeiten tauchten auf. Quecksilber und Sauerstoff verbinden sich zu Quecksilberoxid. Es ist ein gelbes, oft auch rotes Pulver. Man verwendet es heute in Trockenbatterien, bei Schiffsanstrichen und in Porzellanfarben. Quecksilber und Sauerstoff verbinden sich in einem festen Mengenverhältnis miteinander. Man kann nicht aus 50 Gramm Quecksilber und 50 Gramm Sauerstoff 100 Gramm Quecksilberoxid erzeugen. 50 Gramm Quecksilber benötigen nur 4 Gramm Sauerstoff, nicht mehr und nicht weniger, die restlichen 46 Gramm beteiligen sich nicht an der Reaktion.

Nun muß ich aber gestehen, daß ich den Sachverhalt vereinfacht habe. Bereicherten sich in dem eben beschriebenen Fall 50 Gramm Quecksilber mit 4 Gramm Sauerstoff, um Quecksilberoxid zu bilden, so gibt es noch einen ärmeren Bruder des Quecksilberoxids. Heute spricht man bei dem oben erwähnten Stoff von Quecksilber-II-Oxid, während man den armen Bruder Quecksilber-I-Oxid nennt. Er verwandelt sich bei Licht in Quecksilber-II-Oxid. Wenn er entsteht, dann verbinden sich 50 Gramm Quecksilber mit halb soviel Sauerstoff wie bei der Bildung des anderen, also mit 2 Gramm. Welche geheimnisvollen Regeln sind das, nach denen ein und dieselbe Gewichtsmenge Quecksilber in dem einen Fall genau die zweifache Menge Sauerstoff an sich bindet wie im anderen? Warum nicht das 2.3- oder das 1.9fache? Die im Quecksilber-II-Oxid gebundene Sauerstoffmenge ist genau das Zweifache der Sauerstoffmenge im Quecksilber-I-Oxid.

Die Bedeutung dieses Ergebnisses, das sich bei allen chemischen Reaktionen zeigt, erkannte zuerst der zweite Sohn einer Quäkerfamilie in Cumberland, John Dalton (1766–1844). Schon mit 12 Jahren versuchte er, die Quäkerschule seines Heimatortes zu leiten, mit 15 Jahren wurde er Lehrer an einer benachbarten Internatsschule. Später lehrte und arbeitete er in Manchester. Anfangs galten seine Interessen vor allem der Meteorologie. Sein meteorologisches Tagebuch sollte am Ende seines Lebens 200 000 Eintragungen enthalten. Er entdeckte, daß Regen durch Abkühlung der Luft zustande kommt, als erster brachte er Nordlichter mit dem Magnetfeld der Erde in Verbindung. Er versuchte aber auch, die Farbenblindheit, an der er und sein Bruder litten, wissenschaftlich zu erklären. Die Leistung aber, die seinen Namen in die Geschichte der Naturwissenschaften eingehen ließ, lag auf dem Gebiet der Chemie. Er wollte die merkwürdige Erscheinung aufklären, wonach sich Stoffe nur in festen Mengenverhältnissen chemisch verbinden und dabei oft ganze Zahlen eine Rolle spielen.

Das brachte ihn auf die alte Atomtheorie zurück. Wenn es die Atome gibt, und die chemischen Elemente, die wir ja nicht mehr zerlegen können, jeweils aus individuellen Atomen bestehen, das Quecksilber also aus Quecksilberatomen, der Sauerstoff aus Sauerstoffatomen, dann verbinden sich im Quecksilber-II-Oxid ein Sauerstoffatom mit einem Quecksilberatom, im Quecksilber-I-Oxid aber zwei Quecksilberatome mit einem Sauerstoffatom (vgl. Abb. 2.2). Wenn das stimmt, so erhält man sogleich das Verhältnis der Gewichte der Sauerstoffatome zu den Quecksilberatomen. Wenn im Oxid ein Quecksilberatom mit einem Sauerstoffatom gepaart ist, dann müssen in 50 Gramm Quecksilber genauso viele Atome stecken wie in 4 Gramm Sauerstoff, also muß das Quecksilberatom so schwer sein wie $12^1/_2$ Sauerstoffatome. Das stimmt tatsächlich recht gut mit unseren heutigen Werten überein. Zwar konnte Dalton nicht beweisen, daß die Atome wirklich existieren, falls es sie aber geben sollte, so konnte er etwas über ihre Gewichte aussagen.

Der chemische Zahlenzauber geht noch weiter. Quecksilber verbindet sich nicht nur mit Sauerstoff, sondern auch mit vielen anderen Stoffen, zum Beispiel mit Schwefel. Dann wird aus dem flüssigem Metall und dem gelben Schwefel der rote Zinnober. Dabei verbinden sich 50 Gramm Quecksilber mit 8 Gramm Schwefel. Ich muß es genauer sagen: sie vereinigen sich zu Quecksilber-II-Sulfid. Wenn sich dabei die Atome so verbinden, daß auf je ein Quecksilberatom ein Schwefelatom kommt, bedeutet das, daß das Quecksilberatom $50/8 = 6.25$ mal soviel wiegt wie das Schwefelatom. Wir wissen bereits, daß das Quecksilberatom das 12.5fache Gewicht des Sauerstoffatoms besitzt. Daraus folgt, daß das Schwefelatom doppelt so schwer ist wie das Sauerstoffatom.

Auch der Zinnober hat einen armen Bruder, das Quecksilber-I-Sulfid, ein schwarzes, unscheinbares Pulver. Zu seiner Bildung benötigt man für 50 Gramm Quecksilber nur 4 Gramm Schwefel. Ähnlich wie bei den Quecksilberoxiden können wir daraus schließen, daß sich in ihm je zwei Quecksilberatome in ein Schwefelatom teilen.

Chemische Reaktionen und die daran beteiligten Stoffmengen verrieten Dalton etwas über die relativen Gewichte der Atome, ohne daß er Atome einzeln auf die Waage legen mußte. Er konnte handliche Stoffmengen benutzen und sich mit einer Meßgenauigkeit begnügen, für die heute eine Briefwaage ausreicht.

Dalton hatte in seiner ersten Liste sechs Elemente, für die er etwas über die Gewichte ihrer Atome aussagen konnte. Da er nach der oben

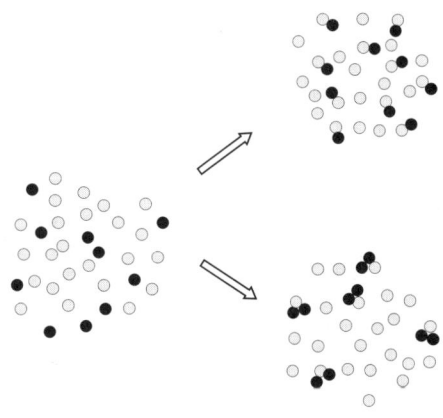

**Abb. 2.2:** Zwei chemische Elemente (im Bild durch 24 graue und 10 schwarze »Atome« dargestellt) reagieren miteinander. Verbinden sie sich paarweise, so daß jeweils grau-schwarze Paare entstehen (rechts oben), werden 10 graue Atome mit 10 schwarzen gebunden, während 14 graue Atome übrigbleiben. Wenn sich aber *zwei* schwarze mit einem grauem vereinigen, werden nur halb so viele graue Atome gebunden und 19 bleiben übrig. In den im Text angeführten Beispielen sind die schwarzen Atome Quecksilber, die grauen einmal die des Sauerstoffs, das andere Mal die des Schwefels.

beschriebenen Methode nur die Gewichtsverhältnisse bestimmen konnte, gab er dem leichtesten, dem Atom des Wasserstoffs, das Gewicht 1. Kohlenstoff und Schwefel lagen bei 4.3 und 14.4. Daltons Atomgewichte lagen weit neben den heute als richtig erkannten Werten. Lange Zeit legten die Chemiker die Skala der Atomgewichte so fest, daß sie das Wasserstoffatom als Einheit benutzten.* Daltons Atomgewichtstabelle von 1810 enthält bereits 23 Elemente, aber nur vier hatten annähernd richtige Werte. Meist lagen sie bei der Hälfte, in einigen Fällen bei einem Drittel der richtigen Gewichte. Der Grund dafür war, daß er nicht wissen konnte, ob sich etwa ein Wasserstoffatom mit einem Sauerstoffatom zu Wasser vereinigt, oder ob – wie wir heute wissen – zwei Wasserstoffatome mit einem Atom des Sauerstoffs zu Wasser werden. Erst ab 1828 hatte man einigermaßen verläßliche Werte für die Atomgewichte der damals bekannten Elemente, wobei man sich allerdings erst Ende der sechziger Jahre des vorigen Jahrhunderts dem richtigen Wert für das Uran näherte.

Welch großer Fortschritt, den die Erkenntnis der Mengenverhältnisse bei chemischen Reaktionen brachte! Die Atome waren ursprünglich nur erfunden worden, weil man sich irgendwie vorstellen wollte, was zum Beispiel geschieht, wenn man ein Stück Holzkohle zerkleinert und in immer kleinere Stücke zerreibt, bis die Kohle so fein ist, daß man die Teilchen einzeln nicht mehr sehen kann. Wenn man in Gedanken diesen Prozeß immer weiter fortsetzt, gibt es dann ein Ende? Allein diese Überlegung und der Augenschein, daß die Stoffe, so verschieden sie auch sind, viele ähnliche Eigenschaften haben, warm und kalt, trocken und feucht, fest und flüssig, hat dem menschlichen Denken das Bild der Atome aufgedrängt. In den Zahlenverhältnissen, mit denen sich die Stoffe vereinigen, hatte man nun eine neue, meßbare Eigenschaft der Materie gefunden. Sie war mit dem Bild der Atome zu verstehen, wenn man annahm, daß die chemischen Elemente jeweils aus der gleichen Atomart zusammengesetzt sind.

So vage der Atombegriff am Anfang des 19. Jahrhunderts auch war, ein Mann schickte sich an, die Atome ganz konkret zu beschreiben. Der englische Arzt William Prout (1785–1850) behauptete, die Atome der einzelnen chemischen Elemente seien alle aus Wasserstoffatomen zusammengesetzt. Fügt man mehrere Wasserstoffatome zusammen, so

---

* Obwohl man lange den Wasserstoff als Maßeinheit für das Atomgewicht genommen hat, ist die Skala der Atomgewichte heute so festgelegt, daß man dem Kohlenstoff den Wert 12.00 gibt. Wasserstoff hat dann das Atomgewicht 1.008.

meinte er, dann erhält man das Atom eines neuen Elements. Werden weitere Wasserstoffatome hinzugefügt, entstehen der Reihe nach alle chemischen Elemente, die in der Natur vorkommen. Der Wasserstoff, das leichteste Atom, ist bei Prout der Baustein aller Atome. Die Überlegung war kühn, wenn Prout recht hatte, mußten die Gewichte der Atome alle Vielfache des Atomgewichts des Wasserstoffs sein. Wenn man das Wasserstoffatom als Einheitsgewicht nimmt, dann müßten die anderen Atomgewichte ganze Zahlen sein. Das waren sie aber nicht. Das wurde immer deutlicher, je genauer man die Atomgewichte zu ermitteln lernte. Daß Prout im Grunde genommen doch recht hatte, obwohl die Atomgewichte nicht ganzzahlig sind, werden wir später erkennen.

### Das Gesetz der vollen Fässer

Mit Daltons Atomtheorie zogen die ganzen Zahlen in das Denken der Chemiker ein. Auch die Proutsche Idee, wonach jedes Atom aus einer Anzahl von Wasserstoffatomen zusammengesetzt ist, brachte ganze Zahlen ins Spiel.

Im gleichen Jahr, als Dalton seine Atomtheorie aufstellte, entdeckte der französische Physiker und Chemiker Joseph Louis Gay-Lussac (1778–1850) eine neue Gesetzmäßigkeit, bei der ganze Zahlen eine Rolle spielen. Zu Gay-Lussacs Freunden zählte auch der berühmteste Forschungsreisende der damaligen Zeit, Alexander von Humboldt (1769–1859), der sich zwischen seinen Reisen meist in Paris aufhielt. Auch von Humboldt war an der Entdeckung beteiligt, die öfters in der Literatur auch als Gay-Lussac-Humboldtsches Gesetz bezeichnet wird. Es handelt von Gasen, die miteinander reagieren, wie etwa Wasserstoff mit Chlor.

Jeder Amateurchemiker kann diese Reaktion, wenn er es vorsichtig angeht, nachvollziehen. Ich gebe hier eine kurze Anleitung aus einem Experimentierbuch[12] wieder, wie man den Versuch nachvollziehen kann, nicht um den Leser zu animieren, das Experiment zu machen – dazu müßte ich auch eine Anleitung zur Herstellung von Wasserstoff und Chlorgas geben. Der Leser soll nur das Gefühl bekommen, wie einfach das Experiment ist: »Stelle einen kleinen mit Wasserstoff gefüllten Zylinder mit der Mündung nach unten auf einen gleich großen Chlorgaszylinder, entferne die Glasplatten und mische die Gase durch mehrfaches Umschwenken! Hernach schiebt man rasch zwei

Glasplatten zwischen die Zylinder und hält sie mit der Mündung nach unten über eine Flamme – die Hand ist sicherheitshalber mit einem Tuch umwickelt. Das Gasgemisch explodiert mit heftigem Knall! Da die Reaktion bereits bei heller Lichteinstrahlung eintritt, ist der Versuch im Halbdunkel auszuführen.« Das Gemisch von zwei Gasen, dem leichten Wasserstoff (der entweichen würde, wenn die Öffnung seines Gefäßes oben wäre) und dem giftigen, gelbgrünen Chlorgas nennt man *Chlorknallgas*. Seine Bestandteile vereinigen sich explosionsartig zu einem neuen Gas, dem Chlorwasserstoff.

Wer es nach der angegebenen Anleitung knallen läßt, erfährt noch nichts über die merkwürdige Entdeckung, von der hier die Rede sein soll. Wenn man einen Liter Wasserstoff und einen Liter Chlor nimmt, erhält man nach dem Knall, wenn sich die Temperatur wieder an die der Umgebung angeglichen hat, zwei Liter Chlorwasserstoff. Was ist daran verwunderlich? War nicht schon immer 1 + 1 = 2? Nein! Ersetzen wir das Chlor durch Sauerstoff, auch hier kann man es knallen lassen, dann vereinigen sich Wasserstoff und Sauerstoff beim Anzünden zu Wasserdampf\*. Wenn ein Liter Wasserstoff sich mit einem Liter Sauerstoff verbindet, dann entsteht zwar ein Liter Wasserdampf, es bleibt aber ein halber Liter Sauerstoff übrig. Wenn sich alles richtig verbinden soll, müssen wir zwei Liter Wasserstoff und einen Liter Sauerstoff nehmen. Aus den drei Litern Gas werden zwei Liter. Hier gibt 2 + 1 nicht 3, sondern 2. Anscheinend allen Regeln der Mathematik widersprechend geht es auch bei der Bildung von Ammoniakgas zu, dessen stechenden Geruch wir vom Salmiakgeist kennen. Drei Liter Wasserstoffgas vereinigen sich mit einem Liter Stickstoff zu – nun raten Sie: zu drei oder zu vier Litern? – Nein, zu zwei Litern.

Sie wundern sich, daß die Arithmetik nicht mehr stimmt, daß 3 + 1 = 2 ist? Dazu gibt es keinen Grund. Würden Sie die beteiligten Gase wägen, Sie würden finden, daß die Gewichte stimmen, daß das entstandene Ammoniakgas so viel wiegt wie die beiden Gase, aus denen es sich gebildet hat. Das muß so sein, das verlangt Lavoisiers Satz von der Erhaltung der Masse. Es gibt aber keinen Satz von der Erhaltung des *Volumens*. Das ist uns geläufig: Öffnen wir eine Flasche Champagner, so entweicht Kohlensäure, und am Ende nehmen Kohlensäure und Flüssigkeit ein größeres Volumen ein als vorher der Schampus in der

---

\* Beim Wasserstoff-Sauerstoff-Experiment muß die Temperatur vorher und danach auf mehr als 100 °C gehalten werden, da sonst der entstehende Wasserdampf zu Wassertropfen kondensiert.

Flasche. Wenn wir dagegen die Gewichte bestimmen würden – natürlich müßten wir das entweichende Kohlendioxid auffangen – so fänden wir, daß das Gewicht der Flüssigkeit vorher und die Summe der Gewichte von Gas und Flüssigkeit nachher genau übereinstimmen.

Wir brauchen uns also nicht zu wundern, daß sich bei den chemischen Reaktionen die Literzahlen anscheinend nicht richtig addieren. Etwas anderes ist äußerst verwunderlich: Wenn ich meine Ausgangsgase in ganzen Litern nehme, entsteht daraus eine Gasmenge, die in Litern gemessen wieder eine ganze Zahl gibt. Bei allen hier erwähnten Experimenten, bei denen sich Gase vereinigten, entstanden genau zwei Liter. Ich will es das »Gesetz der ganzen Liter« nennen. Daß ich Liter genommen habe, hat nichts zu sagen. Ich hätte auch nepalesische Caraffas (= 0.73 l) nehmen können oder dänische Fässer (= 8.98 hl). Dann wäre das Gay-Lussac-Humboldtsche Gesetz das Gesetz der vollen Fässer.

Aus dem Gesetz von Dalton, nach dem sich die Stoffe nur in ganz bestimmten, einfachen Gewichtsverhältnissen vereinigen, und aus dem Gesetz von Gay-Lussac, nach dem sich die Gase nur in bestimmten Volumenverhältnissen verbinden, folgt eine wichtige Eigenschaft der Atome der Gase. Nehmen wir den Fall der Erzeugung von Chlorknallgas. Ein Gramm Wasserstoff verbindet sich mit 35.5 Gramm Chlorgas zu 36.5 Gramm Chlorwasserstoff. Ein Liter Wasserstoffgas verbindet sich mit einem Liter Chlor zu zwei Litern Chlorwasserstoff. Versuchen wir, uns das in der Sprache der Atome vorzustellen.

Ehe wir an die Beantwortung der Frage herangehen, müssen wir aber berücksichtigen, daß unter normalen Bedingungen weder Wasserstoff- noch Chloratome einzeln vorkommen. Sie treten immer paarweise auf. Zwei Wasserstoffatome hängen sich aneinander und bilden ein Wasserstoffdoppelatom, ebenso besteht das Chlor aus Chlordoppelatomen. Wir sprechen heute weder vom Wassersstoffdoppelatom noch vom Chlorwasserstoffatom. Das Wort Atom ist reserviert für die einzelnen Atome der chemischen Elemente. Verbinden sich Atome eines oder mehrerer Elemente zu mehr oder weniger komplizierten Gebilden, so nennt man diese heute *Moleküle*.

Unser Wasserstoffdoppelatom heißt also Wasserstoffmolekül und besteht aus zwei Wasserstoffatomen, für das Chlormolekül gilt das Entsprechende. Was wir Chlorwasserstoffatom nannten, ist das Chlorwasserstoffmolekül. Beim Chlorknallgasexperiment verbinden sich Wasserstoffmoleküle und Chlormoleküle zu Chlorwasserstoffmolekülen. Wie ist nun unser Chlorknallgasexperiment vom Standpunkt der

Atomtheorie zu deuten? Der Sproß einer italienischen adeligen Anwaltsfamilie fand im Jahre 1811 die Antwort.

Soweit man sich erinnern konnte, waren die männlichen Vorfahren des Amadeo Avogadro (1776–1856) Rechtsanwälte. Wahrscheinlich stammt schon der Familienname vom italienischen Wort *avoccato* oder vom lateinischen *advocatus* für Rechtsanwalt. Auch Amadeo studierte Jura, promovierte und eröffnete eine Kanzlei. Doch dann begann er sich für die Naturwissenschaften zu interessieren, wahrscheinlich angeregt durch die damals Aufsehen erregenden Versuche zur Elektrizität, die sein Landsmann Alessandro Volta, von dem wir noch hören werden, ausführte. Im Alter von 44 Jahren finden wir Avogadro als Professor für Naturphilosophie an einer höheren Schule in Vercelli bei Turin wieder. Avogadro gelang es, die Merkwürdigkeiten, die sich bei den Versuchen von Gay-Lussac und von Humboldt zeigten, einfach zu deuten: Alle Gase, seien es Wasserstoff oder Chlor, Kohlendioxid oder

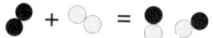

**Abb. 2.3:** Chlor (schwarz) und Wasserstoff (grau) sind zu Molekülen von je zwei Atomen gepaart. Nach der Reaktion bilden sich zwei Chlorwasserstoffmoleküle. Da man weiß, daß sich ein Liter Chlor mit einem Liter Wasserstoff zu zwei Litern Chlorwasserstoff verbinden, folgt, daß sich in jedem Liter der Ausgangsgase und ebenso in jedem Liter des Endprodukts gleichviel Moleküle befinden müssen (vgl. auch Abb. 2.4, oberste Zeile).

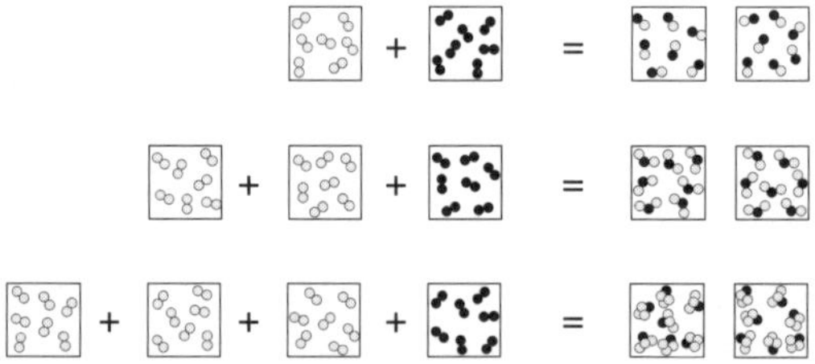

**Abb. 2.4:** Da nach dem Satz von Avogadro die Zahl der Teilchen in einem festen Volumen (hier jeweils durch ein Quadrat dargestellt) stets die gleiche ist, folgen die Volumina von Ausgangs- und Endprodukten genau so, wie man sie im Experiment beobachtet. Die oberste Zeile entspricht der Bildung von Chlorwasserstoff, von Quecksilberoxid oder von Quecksilbersulfid. Die zweite Zeile beschreibt die Bildung von Wasserdampf bei der Knallgasreaktion aus Wasserstoff (grau) und Sauerstoff (schwarz), die dritte die von Ammoniak aus Wasserstoff (grau) und Stickstoff (schwarz).

Sauerstoff, enthalten bei gleichem Luftdruck und gleicher Temperatur im Liter gleich viele Teilchen. Das ist das berühmte *Avogadrosche Gesetz.*

Ein Wasserstoffatom und ein Chloratom ergeben ein Chlorwasserstoffmolekül. Da aber die Teilchen der Ausgangsgase aus jeweils zwei gleichen Atomen bestehen, läuft der Vorgang so ab wie in der Abbildung 2.3 angedeutet: Ein Wasserstoffmolekül und ein Chlormolekül ergeben zwei Chlorwasserstoffmoleküle. Jedes besteht aus einem Wasserstoffatom und einem Chloratom. In allen drei Gasen sind also im Liter gleich viele Teilchen, wie es Avogadro behauptet hat. Da in jedem Liter der Gase gleich viele Moleküle enthalten sind, folgt, daß aus zwei Litern der Ausgangsstoffe auch zwei Liter des Endproduktes werden, so wie es in der Abbildung 2.4 oben schematisch dargestellt ist. Man sieht, daß die Anzahl der Atome der beteiligten Elemente sich bei der Reaktion nicht ändert.

Das Avogadrosche Gesetz besagt, daß bei zwei Gasmengen gleicher Temperatur und gleichen Drucks die Zahl der Teilchen im Liter dieselbe ist, unabhängig davon, ob die Teilchen zum leichten Wasserstoff gehören, zum Dampf des schweren Quecksilbers oder ob sie aus den Atomen mehrerer Elemente zusammengesetzt sind. In der Abbildung 2.4 sind auch noch die Fälle der Bildung von Wasser und Ammoniak dargestellt. Auch hier lassen sich die Volumina der Endprodukte aus Avogadros Gesetz erklären.

Wie überraschend Avogadros Hypothese ist, wird an folgendem Beispiel bewußt: Einmal sind es die leichten Wasserstoffmoleküle, die – an der Luft freigesetzt – nach oben entweichen, dann wieder die Kohlendioxidmoleküle, jedes aus einem Kohlenstoffatom und aus zwei Sauerstoffatomen zusammengesetzt, die ein Gas bilden, das schwerer als Luft ist und sich am Boden sammelt. Wenn man zwei Ballons mit den beiden Gasen füllt, bis sie gleich groß sind, den einen daran hindert, daß er nach oben wegfliegt, den anderen daran, daß er absinkt, wenn also beide in gleicher Höhe festgehalten werden, so daß die beiden Gase dem gleichen Luftdruck ausgesetzt sind und sich an die Temperatur des Raumes angepaßt haben, dann sind in dem einen Ballon genauso viele Moleküle des Wasserstoffs wie im anderen Kohlendioxidmoleküle.* Warum ist das so? Wer kann mich hindern, in den

---

\* Die Ballons sollten beide nur halb gefüllt sein, damit der Druck der Gase in ihrem Inneren gleich dem Luftdruck im Raum ist. Bei prall gefüllten Ballons kommt noch der Druck hinzu, den die Ballonhaut auf das eingeschlossene Gas ausübt.

Kohlendioxidballon etwas mehr Gas nachzufüllen? Dann erhöhe ich doch die Zahl der Teilchen in ihm. Nein, wenn ich die Zahl der Moleküle in ihm erhöhe, wird der Druck auf die Ballonhaut größer und der Ballon bläht sich auf. Dann sind zwar mehr Teilchen im Ballon, aber in einem größeren Volumen. Im gleichen Volumen sind in beiden Ballons auch nach dem Nachfüllen ebenso viele Teilchen wie vorher.

Warum das so ist, hat man erst gelernt, als man sich fragte, wie die Temperatur eines Gases und sein Druck mit der Zahl der Teilchen zusammenhängen. Was ist Wärme, was bestimmt den Druck des Gases, der einen Luftballon prall hält und der in einem Gewehrlauf der Kugel ihre tödliche Geschwindigkeit gibt?

### Caloricum, der Wärmestoff

Bei Aristoteles war Wärme ein Stoff ohne feste Form, wie Wasser oder wie Luft, nur noch »luftiger«. Das schien auch noch im 17. Jahrhundert nicht unvernünftig zu sein.

Nehmen wir einen Liter kochendes Wasser, also mit einer Temperatur von 100 °C, und einen Liter von nur 20 °C, und mischen wir beide, dann haben wir zwei Liter von 60 °C. Die Vorstellung vom Wärmestoff gibt eine einfache Erklärung. Nehmen wir die Menge des Wärmestoffes im kühleren Wasser als Wärmemengeneinheit, dann ist im kochenden Wasser fünfmal so viel Wärmestoff. Nach dem Mischen sind in den zwei Litern sechs Wärmemengeneinheiten, in jedem Liter also drei. Jetzt ist im Liter die dreifache Wärmemenge als vorher im kühleren Liter. Deshalb messen wir auch die dreifache Temperatur, also 60 °C.

Die damaligen Vorstellungen vom Wärmestoff gipfelten in den Gedanken des englischen Chemikers Joseph Black (1728–1799). Er stellte sorgfältige Messungen darüber an, wie ein Körper den anderen erwärmt und der Wärmestoff, das sogenannte *Caloricum*, hinüberfließt. Er bemerkte, daß verschiedene Stoffe verschiedene Mengen des Wärmestoffs benötigen, um ihre Temperatur um etwa 1 °C zu erhöhen. Das Caloricum war in seiner Vorstellung eine elastische Flüssigkeit, deren Teilchen sich gegenseitig abstoßen. Der Wärmestoff kann nicht zerstört werden; wenn ein Körper sich abkühlt, dann gibt er Caloricumteilchen an seine Umgebung ab. Merkwürdigerweise schien das Caloricum kein Gewicht zu besitzen. Weder gelang es nachzuweisen, daß heißere Körper schwerer sind als kalte, noch sammelte sich die Wärme unter dem Einfluß der Schwere am Boden.

38

Black, der mit seinen Vorstellungen vom Wärmestoff viele Experimente quantitativ erklären konnte, war ein ausgezeichneter Universitätslehrer. Er unterrichtete in Glasgow und in Edinburgh. Seine Ergebnisse sind uns hauptsächlich aus den Vorlesungsaufzeichnungen seiner Schüler bekannt. Der berühmteste unter ihnen war James Watt (1736–1819). Als dieser die erste brauchbare Dampfmaschine baute, kam ihm die Theorie vom Sieden des Wassers, die er bei Black gelernt hatte, sehr zunutze.

## Johann Joseph Loschmidt und Cäsars letzte Worte

Das Bild vom unsichtbaren und unwägbaren Wärmestoff, der die Materie erfüllt und der von einem Körper auf den anderen überfließen kann, besticht in seiner Einfachheit. Warum man sich aber an einem durch die Hand laufenden Seil verbrennen kann, läßt sich damit nicht erklären. Warum werden Körper durch Reibung warm? Mitte des 19. Jahrhunderts lernte man den *Satz von der Erhaltung der Energie* kennen. Mechanische Energie, wie sie etwa in der Drehbewegung eines Rades steckt, wird beim Bremsen zu Wärme, chemische Energie läßt Wärme entstehen, etwa beim Verbrennen. Wärmeenergie wird in der Dampfmaschine zu Bewegungsenergie. Seit Descartes war immer wieder der Gedanke aufgetaucht, Wärme könnte vielleicht weiter nichts sein als die Bewegung der Atome. Sprach für dieses Bild nicht auch die Tatsache, daß die Temperatur der Luft ansteigt, wenn man sie in einer Pumpe zusammenpreßt? Vergrößert man vielleicht bei der Kompression die Geschwindigkeit der Teilchen der Luft? Ist die Wärmeenergie der Luft nichts anderes als die Bewegungsenergie ihrer Teilchen? Ist das Gas um so heißer, je rascher sie sich bewegen? Rührt andrerseits nicht auch der Druck eines Gases, der etwa einen Luftballon prall hält, daher, daß jeder Quadratzentimeter der Ballonhaut in jedem Augenblick von innen her von den Teilchen des eingefangenen Gases getroffen wird? Dieses ständige Trommelfeuer hindert die Ballonhaut, ihrer Spannung nachzugeben und zusammenzufallen. Je höher die Temperatur, um so schneller die Teilchen, um so stärker die Stöße, um so größer der Druck des Gases. Das war die Grundidee der sogenannten *kinetischen Gastheorie,* die damals entstand und die Lehre vom Wärmestoff ablöste.

In der Mitte des 19. Jahrhunderts ausgebaut, erklärte sie ein Fülle von Erscheinungen, die man vorher nicht verstehen konnte. Im Bild dieser

Theorie stoßen die Teilchen eines Gases ständig gegeneinander. Nach einem Stoß mit einem anderen bewegt sich ein Teilchen geradlinig, bis es vom nächsten von seinem Weg abgelenkt und in eine neue Richtung gestoßen wird. So fliegen alle Teilchen im Zickzack durch den Raum. Wenn ein heißer und ein kalter Körper einander berühren, dann fließt kein Wärmestoff von heiß nach kalt, vielmehr stoßen die sich rascher bewegenden Teilchen des heißen gegen die langsamer fliegenden des kalten Körpers und übertragen einen Teil ihrer Geschwindigkeit auf diese.

In Experimenten gelang es, einen Hinweis auf die Länge der Wegstrecke zu erhalten, die ein Teilchen zwischen zwei Stößen unbehindert zurücklegt. Von da an war es nicht mehr weit, auch etwas über die Größe und Anzahl der Teilchen zu erfahren, die das Gasvolumen von einem Liter erfüllen.

Die Anzahl ermittelte als erster der österreichische Physiker Johann Joseph Loschmidt (1821–1895). Es sind erstaunlich viele:

26 870 000 000 000 000 000 000 Teilchen pro Liter*.

Da man das Gewicht eines Liters Wasserstoff kennt, es sind etwa 0.09 Gramm, läßt sich daraus die Masse eines Wasserstoffmoleküls berechnen. Die Hälfte davon ist die Masse eines Wasserstoffatoms. Das Ergebnis: 0.000 000 000 000 000 000 000 001 670 Gramm.

Wie winzig und zahlreich die Atome und Moleküle sind, aus denen sich unsere Welt zusammensetzt, zeigen die folgenden Beispiele.

Man schütte ein Glas Wasser ins Meer und rühre in allen Ozeanen der Welt gut um. Wenn man danach etwa vor Australien wieder ein Wasserglas aus dem Meer schöpft, so enthält es etwa 200 Moleküle des vorher hineingegossenen Wassers. Ein anderes Beispiel: Als Gajus Julius Cäsar vor seiner Ermordung im Jahre 44 v. Chr. die berühmten Worte »Auch du, mein Sohn Brutus« sprach, blies er damit vielleicht einen Viertelliter Atemluft ins Freie. Die Moleküle von damals vermischten sich mit der Erdatmosphäre. Wir nehmen mit jedem zweiten Atemzug ein Molekül der letzten Worte Cäsars auf.

Der große Wert der Loschmidtschen Zahl ist auch für die Gefährlichkeit radioaktiver Stoffe verantwortlich. Man beachte, daß beim Unglück von Tschernobyl höchstens 10 Gramm radioaktives Jod und einige Kilogramm radioaktives Cäsium in die Atmosphäre entkommen sind. Über Deutschland ging wohl nur ein Gramm Jod nieder. Über die

---

* Diese Zahl, die ja nach Avogadro für alle Gase dieselbe ist, wird heutzutage meist *Avogadrosche* Zahl genannt. Ich habe sie, wie früher üblich, *Loschmidtsche Zahl* zu genannt, denn er hat sie bestimmt.

Fläche des Landes verteilt verursachte diese geringe Menge die Radio-aktivität der ersten Tage. Die aus Tschernobyl stammende und noch heute nahezu ungeschwächte Radioaktivität der Erdoberfläche rührt von einer Cäsiummenge her, die in festem Zustand bequem in eine Aktentasche gepaßt hätte.

Wie groß die Loschmidtsche Zahl auch ist, in einem ganz anderen Zusammenhang – nämlich für diejenigen, die versuchen, die Homöo-pathie naturwissenschaftlich zu begründen – ist sie zu klein.*

Wenn die Zahl der Teilchen eines Gases im Raum eines Liters aus 23 Ziffern besteht, müssen die einzelnen Partikel sehr klein sein. Wie klein sind die kleinsten Teilchen der Stoffe, etwa die Moleküle eines Öltrop-fens? In einem bayerischen Schulbuch steht ein sehr schönes Experi-ment[13]: Man verdünne einen Tropfen Öl mit Benzin (1 : 2000) und gebe von dieser Lösung vorsichtig einen Tropfen auf eine Wasseroberfläche. Sofort breitet sich die leichtere Flüssigkeit über dem Wasser aus und bildet einen Fleck. Wenn das Benzin verdunstet ist, bleibt eine dünne Ölschicht von etwa 10 cm Durchmesser zurück. Die Moleküle des Öls können nicht größer sein als die Dicke der Schicht, die man aus dem Volumen der ursprünglichen Ölmenge und dem Durchmesser des Flecks berechnen kann. Das Ergebnis: Die Schicht ist einige Zehnmil-lionstel Millimeter dick.

## Der Stoff der Elektrizität

Rätselhafte ganze Zahlenverhältnisse, die Dalton, Gay-Lussac und andere bei an chemischen Verbindungen beteiligten Stoffen fanden, entdeckte man etwa zur gleichen Zeit auch bei elektrischen Erschei-nungen.

---

* In der Homöopathie werden Arzneien in extrem stark verdünnter Form verab-reicht. Man nimmt das Mittel und mischt es mit der 9fachen Menge Verdünnungs-mittel. Man hat dann die Verdünnung 1 : 10. Davon nimmt man eine Probe und verdünnt noch einmal auf die gleiche Weise und hat jetzt auf 1 : 100 verdünnt. Bei den in der Homöopathie verwendeten Arzneien wiederholt man das 6 bis 30 mal. Doch aus der Loschmidtschen Zahl kann man errechnen, daß ab der 24. Verdün-nung selbst in der Menge von einigen Kilogramm der Medizin mit größter Wahrscheinlichkeit kein einziges Molekül des ursprünglichen Stoffes zu finden ist. Das wußte schon Samuel Hahnemann (1755–1843), der Begründer der Homöopa-thie. Wie schon er, muß man daher auch heute noch andere, physikalisch nicht begründete Erklärungsversuche zu Hilfe nehmen, um zu erklären, warum sich die extrem stark verdünnte Medizin noch an die ursprüngliche Substanz »erinnert«.

Die Namen derer, die als erste bemerkten, daß sich über Atome nachzudenken lohnt, kennen wir: Leukipp, Demokrit und Aristoteles. Der Name des Griechen dagegen ist uns unbekannt, dem als erstem auffiel, daß Bernsteinstücke, nachdem man sie mit einem Stück Tuch gerieben hatte, leichte Stoffe wie Fasern und Federn mit einer geheimnisvollen Kraft an sich ziehen. Er lebte wohl mehr als ein halbes Jahrtausend vor der Zeitenwende. Bernstein heißt im griechischen *elektron*. Davon stammt unser Wort »Elektrizität«. Etwa zwei Jahrtausende mußten vergehen, ehe man der Kraft des geriebenen Bernsteins auf die Spur zu kommen versuchte. Nicht nur Bernstein hatte diese geheimnisvolle Eigenschaft, auch geriebene Kugeln aus Schwefel konnten andere Körper anziehen, wie Spreu, leichte Papierschnitzel und sogar kleine Bohnen. Im Dunkeln konnte man leuchtende Funken sehen, die von einer geriebenen Schwefelkugel ausgehen, wenn man sich ihr mit der Hand nähert. Otto von Guericke, wir kennen ihn schon von seinen Experimenten mit den »Magdeburger Halbkugeln«, hat die Eigenschaften verschiedener Schwefelkugeln untersucht. Damals lernte man, elektrische Leiter und Isolatoren zu unterscheiden. Die elektrische Eigenschaft ließ sich vom geriebenen Schwefel auf Personen überleiten, die an Roßhaarschnüren hingen. Deren Finger zogen dann Papierschnitzel an, sogar elektrische Funken konnte man aus ihnen ziehen. Im 18. Jahrhundert waren Experimente mit Reibungselektrizität ein beliebtes Spiel in den Salons der feinen Gesellschaft. »Der aus einem lebendigen Körper fahrende Funke, welcher ein Hauptteil der Belustigung der Herren und Frauenzimmer ausmacht« hatte seinen Unterhaltungswert. Der Göttinger Gelehrte Georg Christoph Lichtenberg (1742–1799) spottete über den Physiker Alessandro Volta, der nicht gerade als prüde galt: ». . .ich habe bemerkt, daß er sich sehr auf die Elektrizität der Mädchen versteht.«[14]

Doch in dieser Zeit lernte man auch Wichtigeres über diese plötzlich in Mode gekommene Naturerscheinung. Charles Dufay (1698–1739), der Direktor des Königlichen Botanischen Gartens in Paris, entdeckte die beiden Arten von Elektrizität: Je nachdem, ob man Glas oder Harz reibt, erhält man »Glaselektrizität« oder »Harzelektrizität«. Lichtenberg nannte sie »positiv« und »negativ«, denn wenn gleich große Mengen verschiedener Elektrizität in einem Körper zusammenkommen, löschen sie sich gegenseitig aus, und alle Ladung verschwindet. Mit Harzelektrizität geladene Holundermarkkügelchen ziehen solche mit Glaselektrizität an und stoßen solche, die gleichfalls Harzelektrizität tragen, ab. Noch schien die Elektrizität eine Art gewichtslose

42

Flüssigkeit zu sein, die sich von geriebenen Schwefelkugeln und Glasstäben auf andere Körper, selbst auf Lebewesen, übertragen läßt. Der Organismus nahm dabei keinen Schaden, zumindest nicht bei den Elektrizitätsmengen, die man damals durch Reibung erzeugen konnte. Daß Elektrizität dem Menschen aber auch gefährlich werden kann, zeigte Benjamin Franklin (1706–1790), als er bei Gewitter einen Drachen steigen ließ. Er wies an der elektrisch leitenden Drachenschnur nach, daß Gewitterwolken elektrisch geladen sind, daß Blitze also elektrische Entladungen sind, verwandt den Funken, die man aus einer geriebenen Schwefelkugel herausholen kann. Das brachte ihn auf die Idee des Blitzableiters, mit dem er elektrische Entladungen dorthin leiten konnte, wo sie keinen Schaden anrichteten.

Während zu Beginn der Französischen Revolution die Jakobiner Jagd auf Adelige und Gutsbesitzer machten, brach auch für eine Tierart in Europa eine schlechte Zeit an. Gelehrte machten plötzlich Jagd auf Frösche. Es hatte mit einer zufälligen Entdeckung begonnen: Der Bologneser Anatom und Arzt Luigi Galvani (1737–1798) berichtete in einer 1791 veröffentlichten Schrift, daß präparierte Froschschenkel zu zucken beginnen, wenn in ihrer Nähe elektrische Funken überspringen. Froschschenkel zuckten auch, wenn sie gleichzeitig mit zwei Stücken verschiedenen Metalls in Berührung gebracht wurden. Mehr als zehn Jahre hatte Galvani diese Entdeckung für sich behalten. Nun endlich wandte er sich an die Öffentlichkeit, allerdings nur an die wissenschaftliche, denn die Schrift war in Latein abgefaßt. Doch bald erschien eine italienische Kurzfassung, auch für des Lateins Unkundige lesbar. Der Übersetzer war ein italienischer Naturforscher, dem übrigens Jacques Offenbach später in seiner Oper »Hoffmanns Erzählungen« arg mitgespielt hat. Im ersten Akt verliebt sich Hoffmann in die vom betrügerischen Mechaniker Spallanzani gefertigte Roboterpuppe Olympia. Offensichtlich lieh sich Offenbach den Namen von Lazzaro Spallanzani (1729–1799) aus. Dieser bedeutende Gelehrte war aller Wahrscheinlichkeit der Übersetzer von Galvanis Schrift.

Man wußte bereits, daß elektrische Entladungen Muskeln zusammenzucken lassen. Man wußte, daß die Schläge, die man bei der Berührung eines Zitteraales erhält, elektrischer Natur sind. Jetzt aber sah man, daß verstümmelte Gliedmaßen wieder zum Leben gebracht werden können. Sollte die wunderbare elektrische Kraft nicht auch Krankheiten heilen können, deren man bisher nicht Herr wurde, vielleicht Tetanus oder Epilepsie? Hatte man nicht jetzt eine Möglichkeit, Leichen elektrisch zu testen, ehe man sie vielleicht scheintot ins

Grab legt? Wo immer es Frösche gab und man Zugang zu Elektrizität hatte, begann man zu experimentieren. Lange Zeit waren frisch präparierte Froschschenkel die empfindlichsten Anzeiger von Elektrizität. Die Zeit der Französischen Revolution war somit auch für die Frösche bedrohlich.

In Pavia lehrte damals der Physiker Alessandro Graf Volta (1745–1827). Er hielt nicht viel von Ärzten und mißtraute dem Bericht Galvanis, bis er die Experimente selbst wiederholt hatte. Danach verfeinerte er die Methoden und versuchte quantitativ zu bestimmen, wie schwach Entladungen noch sein dürfen, damit die Froschschenkel noch zuckten. Während der Anatom Galvani nur sezierte Frösche untersuchte, benutzte der Physiker Volta auch lebende Exemplare und beobachtete bei seinen Tierversuchen, daß Frösche, denen er einen Stanniolstreifen um den Leib gelegt hatte, zusammenzuckten, wenn er sie auf ein Silberblech setzte. So entdeckte er, daß zwischen verschiedenen Metallen ganz von selbst Ströme fließen können, vom Zinn des Stanniols durch den Körper des Frosches zum silbernen Boden. Das führte ihn zur Erfindung der ersten elektrischen Batterie.

Er legte Silbermünzen und Zinkscheiben übereinander, getrennt durch in Salzwasser getränkte Pappscheiben: Silber, Zink, Pappe, Silber, Zink, Pappe usw., bis zu 20 oder 30 Lagen. Berührt man die oberste und die unterste Platte gleichzeitig mit Mittelfinger und Daumen einer Hand, verspürt man einen leichten Stich. Die »Voltasche Säule« war eine bequeme Elektrizitätsquelle. Unsere sogenannten Trockenbatterien arbeiten heute nach einem ähnlichen Prinzip.


**Atome der Elektrizität**


Die Nachricht von Voltas Säule erreichte im Sommer des Jahres 1800 den Präsidenten der Königlichen Gesellschaft in London. Als der Leibchirurg des Herzogs von Gloucester, Anthony Carlisle (1768–1840), davon erfuhr, baute er sich seine eigene Voltasche Säule. Siebzehn silberne Halbkronenstücke stapelte er mit ebenso vielen Zinkplättchen und mit in Salzwasser getränkten Pappscheiben übereinander. Als er den Boden der Säule und die oberste Scheibe mit einem Draht verband, floß Elektrizität durch den leitenden Draht. Als Carlisle die Elektrizität durch einen zufällig auf der obersten Platte stehenden Wassertropfen strömen ließ, bildeten sich an den Drahtenden im Wasser Gasbläschen. Bei genaueren Untersuchungen stellte er fest, daß es die Gase Wasserstoff und Sauerstoff waren, die Bestandteile des Wassers. Man schrieb das Jahr 1801, als Carlisle diesen heute *Elektrolyse* genannten Vorgang entdeckte.

Bereits früher erzeugte man Reibungselektrizität durch Elektrisiermaschinen und sammelte sie in sogenannten Leydener Flaschen, den Vorläufern unserer Kondensatoren. Damit ließen sich Funken unter Wasser erzeugen. Stets entstanden dabei Wasserstoff und Sauerstoff. Mit der Voltaschen Säule ging die Zersetzung des Wassers in seine Bestandteile wesentlich bequemer. Wie schon die Froschschenkelversuche angedeutet hatten, waren die durch Reibung erzeugte Elektrizität und die aus der Voltaschen Säule ein und dasselbe.

Man hatte bereits früher gelernt, daß sich Wasserstoff und Sauerstoff miteinander explosionsartig verbinden und dabei zu Wasser werden. Wir wissen schon, daß sich zwei Liter Wasserstoff und ein Liter Sauerstoff miteinander verbinden. Genau in diesem Verhältnis zerlegt die Elektrizität das Wasser wieder in seine beiden Bestandteile.

Leitete man Elektrizität durch andere Flüssigkeiten, so wurden andere Stoffe frei. Salzsäure zerlegte sich in die Gase Wasserstoff und Chlor, deren Blasen an den beiden in die Flüssigkeit getauchten Drähten aufstiegen, genau in dem Mengenverhältnis, in dem sie sich wieder zu Salzsäure vereinigen.

Längst hatte man Geräte entwickelt, mit denen man Elektrizität messen konnte, etwa das *Elektroskop,* bei dem zwei frei hängende, miteinander verbundene dünne Metallplättchen elektrisch geladen wurden, worauf sie sich gegenseitig abstießen (vgl. Abb. 2.5). Der Winkel, den sie miteinander bildeten, war ein Maß für die elektrische Ladung. Man kam auf den Begriff der elektrischen Spannung. Bei Volta war sie so etwas wie der Drang einer Elektrizitätsmenge, aus einem

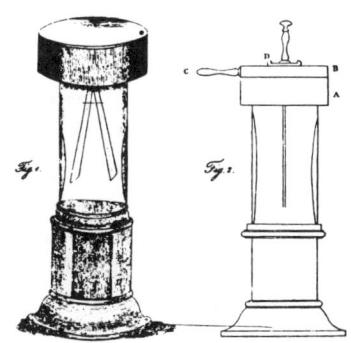

**Abb. 2.5:** Beim Goldblattelektroskop stoßen sich bei elektrischer Ladung zwei im Inneren einer Glasröhre frei nach unten hängende Goldblättchen gegenseitig ab, wenn man eine elektrische Ladung auf den oberen Teil des Gerätes übertragen hat. Der Winkel der Spreizung ist ein Maß für die Elektrizitätsmenge.

**Abb. 2.6:** Bei der Elektrolyse wird ein elektrischer Strom mit Hilfe zweier Elektroden durch eine Flüssigkeit geleitet. Je nach der Art der Lösung lagern sich an den Elektroden Metallschichten an oder steigen Gasbläschen auf. Bei der Elektrolyse von Wasser entstehen an einer Elektrode Wasserstoff, an der anderen Sauerstoff, bei der von Salzsäure Wasserstoff und Chlor.

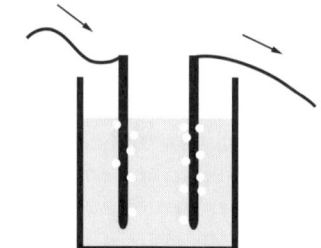

geladenen Körper zu entweichen. Man merkte, daß unterschiedliche Körper verschieden gut Elektrizitätsmengen speichern können. Elektrizität fließt wie eine Flüssigkeit durch den Draht vom einen zum anderen Körper. Das führte auf den Begriff des elektrischen Stromes.

Nunmehr ging man der Untersuchung der Elektrolyse systematisch nach. Wenn man elektrischen Strom durch Flüssigkeiten leitet, in denen chemische Stoffe gelöst sind, sammeln sich die Bestandteile der gelösten Salze getrennt an den beiden in die Lösung getauchten elektrischen Leitern. Dort überziehen sie die Metalldrähte, die sogenannten *Elektroden,* mit einer Schicht oder steigen in feinen Gasbläschen auf (vgl. Abb. 2.6). Bei dieser elektrischen Zerlegung bekannter Salze in ihre Bestandteile traten neue, bis dahin unbekannte chemische Elemente zutage. Während der zweiten Hälfte des 18. und zu Beginn des 19. Jahrhunderts verdreifachte sich innerhalb eines Zeitraumes von 60 Jahren die Anzahl der bekannten Elemente. Etwa 30 Jahre später tat ein anderer Engländer den nächsten großen Schritt.

Die Söhne des Grobschmiedes Faraday in einem Vorort von London wuchsen in ärmlichen Verhältnissen auf. Später erinnerte sich der dritte Sohn Michael (1791–1867) daran, daß ihm als Kind einmal seine Mutter einen Laib Brot in die Hand gedrückt hatte. Davon mußte er eine Woche lang leben. In der Elementarschule lernte er Rechnen, Schreiben und Lesen. Mit 13 Jahren begann er eine Lehre als Buchbinder. Die Bücher interessierten ihn, und er begann zu lesen. Ein Buch über Chemie und der Artikel über Elektrizität in einem Konversationslexikon bestimmten schließlich sein Leben. Der Buchbinderlehrling kaufte von seinen Spargroschen Chemikalien für chemische Experimente und baute sich eine Elektrisiermaschine. Nach seiner Lehre arbeitete er nur kurz als Buchbinder, denn im Alter von 22 Jahren erhielt er eine Stelle als Laborant und als Gehilfe bei Experimentalvorlesungen. Damit begann eine jahrelange Zusammenarbeit mit dem berühmten Physiker Humphrey Davy (1778–1829). Stolz schrieb er in einem Brief vom 13. September 1813 an seinen Freund Abbot: »Ich war früher Buchbinder und Buchhändler; jetzt bin ich ein Naturforscher geworden«[15].

Zuerst wandte sich der junge Faraday der Chemie zu. Von Anfang an war er erfolgreich. Er entdeckte das Benzol, stellte als erster Chlor-Kohlenstoff-Verbindungen her und experimentierte mit Stahllegierungen. Man wählte ihn zum Mitglied der Königlichen Gesellschaft, damals eine der höchsten Auszeichnungen für einen Wissenschaftler. Erst im Jahr 1820 begann er ernsthaft mit dem Studium elektrischer Erscheinungen. Seine Untersuchungen schufen die Grundlagen für unser heutiges Verständnis der Elektrizität. Michael Faraday war zeitlebens ein gläubiger Christ. Wie seine Eltern gehörte er der Sandeman-Gemeinde an, einem Seitenzweig der protestantischen Kirche. Alle, die ihn kannten, betonten stets, daß er die außergewöhnliche Energie, mit der er seine Arbeiten durchführte, offensichtlich aus seinem festen Glauben bezog.

Für das Verständnis der Atome, um die es in diesem Buch geht, waren vor allem Faradays Untersuchungen zur Elektrolyse von Bedeutung. Er entdeckte, daß sich die Mengen der Stoffe, die sich an den in die Flüssigkeit getauchten Elektroden absetzten, verdoppelten, wenn man die doppelte Elektrizitätsmenge durch die Flüssigkeit schickt, etwa indem man den Strom doppelt so lange fließen läßt. Ferner stellte er fest, daß die Gewichtsverhältnisse der abgeschiedenen Stoffe genau die sind, mit denen sich die Stoffe wieder verbinden.

Man stellte sich damals den Strom als eine Flüssigkeit vor, ein Fluidum, das von einem Ende der Voltaschen Säule – über welche mühsamen Umwege man es auch führt – zum anderen fließt. Genauer, man glaubte an zwei Ströme: Positive Ladungen fließen vom einen Ende der Säule zum anderen, ihnen entgegen kommen negative Ladungen. Der Draht selbst ist elektrisch neutral, da sich die Ladungen von positiver und negativer Elektrizität gegenseitig kompensieren. Unterbricht man den Draht und setzt eine Flüssigkeit dazwischen, dann muß der Strom auch in der Flüssigkeit Ladungen von der einen zur anderen Elektrode bringen. Da dort aber, wie das Experiment zeigt, Bestandteile der Flüssigkeit abgesetzt werden, ist anzunehmen, daß sie die elektrische Ladung durch die Flüssigkeit transportieren, also der Wasserstoff die eine Ladung zur einen Elektrode bringt, der Sauerstoff die andere zur anderen. Wasserstoff und Sauerstoff wandern zu den verschieden geladenen Elektroden, weil sie selbst verschieden geladen sind.

Als Faraday diese Erscheinung quantitativ studierte, kam er zu dem Schluß, daß die Bausteine der Flüssigkeit in zwei Teile zerfallen, die beide gleiche Mengen Elektrizität tragen, der eine die positive Ladung, der andere genausoviel negative. Die positiven werden von der negativen Elektrode, der sogenannten Kathode angezogen, die negativen von der Anode, der positiven Elektrode. Das brachte Faraday auf den Begriff der Atome. Er drückte das so aus: »Wenn wir die Atomtheorie und deren Terminologie annehmen, so sind mit jenen Mengen von Atomen, die eine Verbindung bilden, auch gleiche Mengen von Elektrizität verbunden«[16], doch er fährt fort: »Aber ich muß gestehen, ich bin mißtrauisch gegen den Ausdruck Atom . . ., denn es ist sehr leicht, von Atomen zu reden, aber sehr schwer, sich eine klare Vorstellung von ihrer Natur zu bilden . . .«

Aus der Tatsache, daß bei der Elektrolyse die doppelte Elektrizitätsmenge auch die doppelte Menge an Stoff abscheidet, kann man schließen, daß die Bruchstücke der Moleküle des Wassers nicht beliebige Elektrizitätsmengen mit sich führen können, sondern nur ganz bestimmte, denn die gleiche Elektrizitätsmenge liefert immer dieselbe Menge an Gasen. Es gibt unter den Wasserstoffatomen in der Flüssigkeit keine, die stärker oder schwächer geladen sind als andere. Elektrizität scheint nur in ganz bestimmten Portionen vorzukommen. Die Ladung des Sauerstoffatoms im Wasser ist entgegengesetzt und genau doppelt so groß wie die des Wasserstoffatoms. Es scheint, als ob nicht nur die Materie aus Atomen besteht, auch die Elektrizitätsmengen lassen sich nicht beliebig teilen. Die Faradayschen Versuche zeigten, daß es auch »Atome« der Elektrizität gibt.

Doch die vielfältige und scheinbar ungeordnete Welt der Stoffe zeigt noch weitere Regelmäßigkeiten. Nicht nur, daß die ganzen Zahlen eine wichtige Rolle spielen, wenn sich Stoffe zu neuen Stoffen vereinigen, ihre Eigenschaften zeigen auch einen merkwürdigen Rhythmus. Der Mann, der als erster darauf hinwies, arbeitete in Jena. Sein unmittelbarer Vorgesetzter war der Geheime Rat Goethe in Weimar.

# 3. Der Rhythmus der Elemente

Viele Chemiker Deutschlands, Frankreichs und Englands, wohl an 150, kamen zusammen und hielten heute früh 9 Uhr Sitzung, um einen allgemein gefühlten Mißstand zu bereinigen, der wie ein Alp auf ihrer Wissenschaft liegt und wenn nicht Abhilfe geschieht, zu babylonischer Sprachverwirrung führen muß. Es handelt sich nämlich um Feststellung der Begriffe Atom, Molekül, Aequivalent, Atomigkeit und was daran hängt.

*Badische Landeszeitung vom 5. September 1860*

Johann Wolfgang Döbereiner (1780–1849) – zufälligerweise trug er die gleichen Vornamen wie sein Gönner – wird in Hof als Sohn eines herrschaftlichen Kutschers geboren. Die Arbeit in der Landwirtschaft, die das Leben des jungen Döbereiner bestimmt, läßt nur für einen notdürftigen Schulunterricht Zeit, doch sie führt ihn in die Pflanzenkunde ein. Von der Botanik kommt der wißbegierige junge Mann zur Pharmazie, und so beschließt er, Apotheker zu werden. Als Apothekergehilfe in Karlsruhe und Straßburg kann er gelegentlich Vorlesungen an der Universität hören, für ein reguläres Universitätsstudium fehlt das Geld. Danach folgt eine ruhelose Zeit. Er gründet eine kleine pharmazeutische Fabrik, muß sie aber wieder aufgeben. Danach leitet er vorübergehend Färbereien, Brauereien und Brennereien, verbessert die Betriebe durch Erfindungen. Doch aus den unterschiedlichsten Gründen – meist weil Döbereiner ein besserer Chemiker ist und kein guter Kaufmann – verläßt er die Unternehmen wieder. Während dieser Zeit gelingt es ihm gelegentlich, einen wissenschaftlichen Artikel in einer Fachzeitschrift zu veröffentlichen. Im Alter von 30 Jahren ist er ohne Arbeit und findet nicht einmal mehr eine Stelle als Apothekergehilfe. Doch sein Name ist inzwischen unter den Chemikern der Zeit bekannt geworden. Als die Professur für Chemie an der Universität in Jena frei wird, beruft Karl August, der Herzog von Sachsen-Weimar, Döbereiner, den Arbeitslosen ohne Hochschulausbildung und ohne Doktortitel, dorthin auf den Lehrstuhl für Chemie. Der Geheime Rat und Staatsminister Goethe hatte damals die Oberaufsicht über alle Anstalten für Wissenschaft und Kunst, war also der Kultusminister des Herzogs. Er hatte auch die Pflicht, einmal im Jahr Museen und wissenschaftliche Anstalten zu inspizieren. Immer wenn er nach Jena kam und im Institut des inzwischen promovierten Professors für Chemie nach dem Rechten sah, tauschten die beiden Männer in regem Gespräch ihre Gedanken aus. Trotz des Altersunterschiedes – Goethe war 31 Jahre älter – wurden sie Freunde.

Döbereiner war ein einfallsreicher Chemiker, er entwickelte das erste Verfahren der Schnellessigfabrikation, einige Zeit erregte auch das Döbereinersche Feuerzeug Aufsehen. Heute denkt allerdings niemand mehr daran, sich seine Zigarre dadurch anzuzünden, daß er Wasserstoffgas gegen einen Platinschwamm strömen läßt, an dem es sich entzündet. Das 1831 erfundene phosphorhaltige Streichholz hat Döbereiners Feuerzeug rasch verdrängt.

## Die Dreiergruppen der Elemente

Die großartigste Entdeckung des Autodidakten aber war ein merkwürdiger Zusammenhang der Eigenschaften der chemischen Elemente mit ihren Atomgewichten. Unter den seinerzeit bekannten Elementen bemerkte er Gruppen von je dreien, die einerseits chemisch ähnlich sind, andererseits eine einfache Beziehung zwischen ihren Atomgewichten zeigen. Hier ein Beispiel: Das Lithium (Li)* wurde im Jahre 1817 als chemisches Element identifiziert. Es ähnelt dem Natrium (Na), das genauso wie das Kalium (K) schon zehn Jahre früher vom Engländer Humphrey Davy – wir kennen ihn aus Faradays Biographie – als chemisches Element erkannt worden ist. Alle drei Stoffe sind Metalle und verbinden sich mit dem Sauerstoff der Luft. Schneidet man sie, verfärben sich die Schnittflächen zusehends. Lithium, Natrium und Kalium reagieren lebhaft, wenn man sie ins Wasser wirft. Die Atomgewichte dieser drei Elemente hatte der deutsche Chemiker Leopold Gmelin (1788–1853) im Jahre 1827 bestimmt: Li: 8, Na: 23.3, K: 39.2.

---

* Im folgenden geben wir mit jedem Element manchmal auch das chemische Zeichen an. Öfters werden wir dann auch nur die Zeichen verwenden. Auf den Seiten 344, 345 sind alle chemischen Elemente mit ihren Zeichen aufgeführt. Hier kann der Leser erkennen, welches Element gemeint ist – außerdem hilft die Tabelle beim Lösen von Kreuzworträtseln.

Die Atomgewichte der ersten beiden unterscheiden sich um 15.3, die der letzten beiden um 15.9, die Differenzen sind also nahezu gleich. Heute kennen wir die Atomgewichte besser: Li: 6.9, Na: 23.0, K: 39.1, und die Differenzen sind beidemal 16.1. Das ist eine Gesetzmäßigkeit, die sich auch bei Döbereiners Dreiergruppe Kalzium (Ca: 40.1), Strontium (Sr: 87.6) und Barium (Ba: 137.4) zeigt. Die Differenzen sind 47.5 und 49.8, also wieder nicht weit auseinander. Ähnlich ist es mit der Triade, wie Döbereiner seine Dreiergruppen nannte, die aus Schwefel (S: 32.1), Selen (Se: 79.0) und Tellur (Te: 127.6) besteht, die Differenzen sind 46.9 und 48.6.

## Warum die Atomgewichte der Elemente nicht ganzzahlig sind

Es ist besonders zu bewundern, daß Döbereiner hier eine Gesetzmäßigkeit erahnte, die nicht allzusehr ins Auge springt.

Will ich heute das Atomgewicht einer Elementsorte wissen, so schlage ich in einer modernen Tabelle nach, und es macht auch nichts aus, wenn mein Exemplar schon 30 Jahre alt ist. In der Zwischenzeit haben sich die gemessenen Werte der Atomgewichte nicht merklich verändert. Döbereiner aber mußte sich mit den spärlichen und oft falschen Werten begnügen, die er in der Literatur vorfand. Die Geschichte des Atomgewichts eines Elements mag das illustrieren. Ich gebe im folgenden Jahreszahlen und den damals jeweils neuesten Wert des Atomgewichts des Elements Kalzium an: 1808: 35, 1810: 35, 1810: 38, 1814: 37.2, 1815: 156, 1827: 78, 1827: 39.2, 1828: 78.5, 1828: 78, 1835: 78.5, 1843: 39, 1845: 78, 1860: 39. Man beachte, daß der als richtig angenommene Wert sich gelegentlich verdoppelte, manchmal aber auch plötzlich halbierte. Das wahre Atomgewicht des Kalziums ist 40.1. Der Fehler rührte daher, daß das Atomgewicht aus Verbindungen mit anderen Elementen, deren Atomgewichte bereits bekannt waren, herausgelesen wurde. Versuchte man das Atomgewicht des Kalziums aus einer Kalzium-Sauerstoff-Verbindung zu bestimmen, so nahm man vielleicht an, daß sich jeweils *ein* Kalziumatom mit *einem* Sauerstoffatom verbunden hatte. Aber man war sich nicht sicher, ob nicht vielleicht zwei Kalziumatome mit einem Sauerstoffatom oder ein Kalziumatom mit zwei Sauerstoffatomen gepaart waren.

Aber selbst wenn man die heute bekannten Atomgewichte verwendet, sind die Gewichtsdifferenzen in den Triaden nicht gleich. So sind die Atomgewichte der Triade Ca-Sr-Ba heute 40, 88, 138, die beiden

Differenzen also 48 und 50, nicht gleich, aber nahe beieinander. Das hängt damit zusammen, daß die Atomgewichte keine ganzen Zahlen sind.

Den wahren Sachverhalt hat man erst sehr viel später erkannt (vgl. S. 159). Man fand nämlich, daß es von jedem chemischen Element mehrere Sorten gibt, man spricht von Isotopen. Sie verhalten sich chemisch alle gleich, ihre Atomgewichte aber können verschieden sein. So gibt es neben dem Wasserstoff vom Atomgewicht 1 auch solchen vom Atomgewicht 2. Das ist der sogenannte *schwere Wasserstoff*, auch *Deuterium* genannt. Das Strontium der Natur zum Beispiel besteht aus vier verschiedenen Strontiumsorten, von denen 83 Prozent der Atome das Atomgewicht 88 haben, der Rest verteilt sich auf die Strontiumarten der Atomgewichte 84, 86 und 87. Die Atomgewichte der Isotope sind ganzzahlige Vielfache des Atomgewichts des Wasserstoffs – wie Prout vermutet hatte. Das konnte man zur Zeit Döbereiners noch nicht wissen, denn die Kunst, die verschiedenen Isotope eines chemischen Elements voneinander zu trennen, wurde erst in unserem Jahrhundert entwickelt. Nimmt man jeweils nur ein Isotop, so ist das Atomgewicht fast eine ganze Zahl. Neben dem häufigsten Isotop des Kalziums mit dem Atomgewicht 40 kommen in der Natur auch Kalziumsorten mit den Atomgewichten 42, 43, 44, 46 und 48 vor – ganz abgesehen von elf anderen.

Der Stoff, der in der Atombombe von Hiroshima explodierte, war ein Isotop des Urans (U) vom Atomgewicht 235, das man aus natürlichem Uran herausgefiltert hatte.* Das Uran, das man aus der Erde holt, besteht hauptsächlich aus $^{238}U$. Unter tausend Atomen findet man nur sieben vom Atomgewicht 235. Die Kunst, eine Uranbombe zu bauen, besteht im wesentlichen darin, eine Uranmischung herzustellen, die stark mit $^{235}U$ angereichert ist.

Daß Döbereiner trotz dieses Wirrwars von Atomgewichten die Gesetze der Triaden erkannt hatte, weist ihn als genialen Gelehrten aus. In fehlerhaften Daten eine kaum erkennbare Gesetzmäßigkeit wahrzunehmen, das macht den großen Wissenschaftler aus. Ein Jahr nach Döbereiners Tod fand der Münchner Chemiker und Arzt Max Pettenkofer (1818–1901) auch Vierergruppen mit ähnlichen Eigenschaften

---

* Im folgenden werden wir uns immer der heute üblichen Schreibweise für die verschiedenen Isotope eines Elements bedienen. $^{235}U$ und $^{238}U$ sind Isotope des Urans mit den Atomgewichten 235 und 238. So sind $^{1}H$ und $^{2}H$ die beiden bereits erwähnten Isotope des Wasserstoffs.

wie die Triaden. Es bestand kein Zweifel darüber: Ordnet man die Elemente nach ihrem Atomgewicht, so folgen immer wieder chemisch ähnliche Stoffe in bestimmten Atomgewichtsabständen aufeinander.

## Auch die Atomgewichte der Isotope sind keine ganzen Zahlen

Ich hatte schon erwähnt, daß Dalton das Atomgewicht des Wasserstoffs gleich 1 gesetzt und darauf die Atomgewichte aller anderen Elemente bezogen hatte. Heute hat man sich auf ein anderes Einheitsgewicht festgelegt, die Korrektur ist nur geringfügig. Wie schon in der Fußnote auf Seite 32 erwähnt, setzt man heute das Atomgewicht des häufigsten Kohlenstoffisotops gleich 12. Was ist der Unterschied? Das Atomgewicht des Wasserstoffs ist dann nicht mehr gleich 1, sondern 1.007825, das des schweren Wasserstoffs nicht 2, sondern 2.014102. Die häufigste Kalziumsorte hat nicht das Atomgewicht 40, sondern 39.96259. Wäre man beim Einheitsgewicht des Wasserstoffs geblieben, dann wären die Zahlen etwas anders. Der Kohlenstoff hätte dann das Atomgewicht 11.897. Wie man aber das Einheitsgewicht auch wählt, die Atomgewichte der Isotope liegen immer in der Nähe von ganzen Zahlen, die Abweichungen liegen meist unter einem Prozent.

Erst in diesem Jahrhundert hat man die Ursache verstanden. Wir werden in Kapitel 8 darauf zurückkommen. Der kleine Unterschied ist wichtig, denn die Wärme der Sonnenstrahlen und damit das Leben auf der Erde beruht ebenso darauf wie alle Atomenergie, wird sie nun kontrolliert im Kernkraftwerk erzeugt oder nahezu schlagartig bei der Explosion einer Atombombe frei. Alle diese Energien stammen daher, daß die Atomgewichte der Isotope nicht exakt ganze Zahlen sind.

Man muß zwischen dem Atomgewicht und der ganzen Zahl unterscheiden, die in unmittelbarer Nähe liegt, der Massenzahl. Nur bei Kohlenstoff der Massenzahl 12 ist auch das Atomgewicht gleich 12. Das ist kein Wunder, so wurde es ja festgelegt!

Aber von all dem ahnten Döbereiner und seine Zeitgenossen nichts, und auch nicht die beiden Männer, die den Rhythmus der nach ihren Atomgewichten angeordneten chemischen Elemente benutzten, um in der Vielfalt eine Ordnung zu entdecken. Mehr noch, der Rhythmus der Elemente gestattete es sogar, die Existenz von chemischen Elementen vorauszusagen, die erst noch entdeckt werden sollten.

## Ein russischer und ein deutscher Chemiker

Im Jahre 1860 trafen sich Chemiker aus aller Welt in Karlsruhe. Das Eingangsmotto dieses Kapitels bezieht sich auf diesen Kongreß, der einberufen war, um die Chemie zu vereinheitlichen. Die Frage, welche Eigenschaften die Atome besitzen müssen, damit sie sich chemisch verbinden, konnte niemand beantworten. Verbindet sich jeweils ein elektrisch positives Teilchen mit einem negativen, wie Berzelius glaubte? Der vier Jahre zuvor verstorbene Avogadro dagegen war überzeugt gewesen, daß sich auch gleichartige Teilchen miteinander verbinden können.

Der Kongreß gab keine Antwort. Zu stark prallten die gegensätzlichen Meinungen aufeinander. Jean-Baptiste Dumas (1800–1884) hatte Triaden untersucht und Unregelmäßigkeiten entdeckt. In Karlsruhe wies er auf die Möglichkeit hin, daß es zwei Wissenschaften der Chemie geben könnte: die organische und die anorganische. Dem erwiderte der Italiener Stanislao Canizzaro (1826–1910), daß es unsinnig sei, wenn man den Atomen in den beiden Zweigen der Chemie verschiedene Zahlenwerte für ihre Gewichte zuweisen wolle, es gäbe nur eine Chemie. »Seine feurige Rede fand allgemein Anklang«, schrieb einer der Teilnehmer[17] später. Er fuhr fort: »Aber auch sie vermochte das Ergebnis der ganzen Verhandlung nicht zu ändern.« Er meinte, »daß man über wissenschaftliche Fragen nicht abstimmen könne, sondern jedem einzelnen Forscher seine volle Freiheit lassen müsse.«

War es auch zu keiner Entscheidung gekommen, so reisten nach Ende des Kongresses im Ständehaus zu Karlsruhe zwei Männer ab, denen die dreitägige Veranstaltung Anregungen gegeben hatte, die ihr wissenschaftliches Leben fortan bestimmen sollten. Ein Russe und ein Deutscher haben unabhängig voneinander das Verständnis, wie die Materie der Welt in ihrem Inneren zusammengesetzt ist, um ein entscheidendes Stück weitergebracht.

Julius Lothar Meyer (1830–1895), geboren in Varel nahe dem Jadebusen, hatte der Geburt nach vier Jahre Vorsprung. Dmitri Iwanowitsch Mendelejew (1834–1907) kam in Tobolsk in Sibirien zur Welt. Beide wurden erst auf Umwegen Chemiker. War Meyer als Kind von ständigen Kopfschmerzen so geplagt, daß ihm der Vater jede geistige Tätigkeit untersagte und ihn erst einmal zu einem Gärtner in die Lehre gab, so war Mendelejew in der Schule, vor allem im Lateinischen, so schlecht, daß er nur mit vielen Nachhilfestunden die Reifeprüfung bestand. Der Vater war früh verstorben, doch die Mutter versuchte verzweifelt, ihrem

Sohn – er war das 14. Kind seiner Eltern – das Universitätsstudium in St. Petersburg zu ermöglichen. Mit der Medizin wurde es nichts, nachdem er während einer Obduktion ohnmächtig geworden war. Das Pädagogische Institut der Universität nahm ihn dann als Studenten an der mathematisch-physikalischen Fakultät auf. Es war vor allem die Chemie, die ihn dort fesselte. Er legte Prüfungen mit glänzenden Ergebnissen ab, und seine Lehrer wollten ihn an der Hochschule behalten, um ihn auf eine Universitätslaufbahn vorzubereiten. Doch er litt an Tuberkulose, und sein Arzt gab ihm nur noch wenige Monate. Schließlich ging er als Gymnasiallehrer nach Simferopol und Odessa.

Inzwischen hatte auch Meyer in Zürich mit dem Studium begonnen. Die Gärtnerlehre hatte seiner Gesundheit so gut getan, daß er bereits nach einem Jahr auf das Gymnasium gehen konnte, das er mit großem Erfolg besuchte. Im Gegensatz zu Mendelejew waren die alten Sprachen seine besondere Stärke. Im Mai 1851 begann Meyer mit dem Studium der Medizin und wurde Arzt.

Mendelejew war der Aufenthalt im Süden so gut bekommen, daß er wieder nach St. Petersburg zurückgehen konnte. Dort wurde er Privatdozent für Chemie. Auch Lothar Meyer, der bereits in seiner Doktorarbeit die chemischen Verbindungen des Sauerstoffs mit dem Blutfarbstoff untersucht hatte, wandte sich nun der Chemie zu. Als Privatdozent hielt er an der Universität von Breslau Vorlesungen über verschiedene chemische Themen. Mendelejew war für ein Stipendium vorgeschlagen worden, das jungen Russen die Möglichkeit gab, ihre Studien im Ausland fortzusetzen. Während der Jahre 1860/61 arbeitete er in Heidelberg. Dort hatten Robert Wilhelm Bunsen (1811–1899) und Gustav Robert Kirchhoff (1824–1887) ihre berühmten Laboratorien.

## Das Periodensystem der chemischen Elemente

Kehren wir noch einmal zurück zum Kongreß in Karlsruhe: Lothar Meyer war aus Breslau angereist, der russische Gastwissenschaftler Mendelejew aus dem nahe gelegenen Heidelberg. Nach der Tagung gingen beide mit gleichen Zielvorstellungen an die Arbeit, ohne voneinander zu wissen.

Canizzaro hatte in diesem Jahr nicht nur seinen großen Auftritt in Karlsruhe, er war auch mit einer neuen Liste der Atomgewichte von 51 Elementen hervorgetreten. Vergleicht man seine Werte mit den heutigen, so lag er fast immer richtig. Nur beim Ruthenium hatte er nahezu den doppelten Wert und beim Uran den halben. Sonst trafen seine Werte maximal nur um 5 Prozent daneben, meist aber hatte er den genauen Wert verblüffend gut bestimmt.

Nun konnte man mehr Elemente nach ihren Atomgewichten ordnen. Bis zum Kalium war es einfach. Sieht man von einer Sonderstellung des Wasserstoffs ab, folgen die Elemente einem Rhythmus, der in der Abbildung 3.1 so ausgedrückt ist, daß die Elemente, den Atomgewichten nach geordnet, in Zeilen zu je sieben untereinander geschrieben werden. Vorerst betrachten wir nur die Elemente, die im weißen Teil eingetragen sind. Wir werden sogleich sehen, wie mit Hilfe der Triaden das Schema erweitert werden kann, angedeutet durch graue Kästchen. In der ersten Spalte erkennen wir Döbereiners Triade Li-Na-K wieder. Doch er hatte auch Triaden, die über das Kalium hinausgingen, etwa S-Se-Te. Unser Schema zeigt im grauen Teil nur das Anfangselement, den Schwefel (S). Den der Triade voranzusetzenden Sauerstoff (O) hatte schon Pettenkofer 1850 bemerkt. Man sieht jetzt, wie Selen (Se) und Tellur (Te) angefügt werden müssen.

Döbereiner hatte aber auch Triaden, die kein Element des weißen Teils des Schemas enthielten, wir erwähnten schon Ca-Sr-Ba. Aber Pettenkofer hatte schon bemerkt, daß dieser Triade das Magnesium (Mg) vorangesetzt werden muß. Daraus folgte, wie die Triade anzuhängen war. Zu den ursprünglichen (weißen) Feldern der Abbildung 3.1 sind jetzt die Elemente in den grauen Feldern hinzugekommen. Wie die Teile eines Puzzles fügten sich immer mehr neue Felder an das System der bereits eingeordneten Elemente. Doch ganz so glatt ging das nicht.

Die Differenzen der Atomgewichte der Kette Mg-Ca-Sr-Ba sind (nach heutigen Werten) 15.6, 47.5, 49.7. Die Kette O-S-Se-Te hat die Differenzen 16.1, 46.9, 49.6. Beide Male ist die erste etwa ein Drittel der anderen beiden. Es scheint, als ob die Elemente jenseits von Kalium

**Abb. 3.1:** Ordnet man die chemischen Elemente nach ihren Atomgewichten, so liegen ähnliche Elemente untereinander, wenn man sie in Zeilen von je sieben gruppiert. Die erste Spalte gibt eine von Döbereiners Triaden. Im Text ist erläutert, wie man mit Hilfe der Triaden das Schema ergänzen kann.

| Li | Be | B | C | N | O | F |
|----|----|----|----|----|----|----|
| Na | Mg | Al | Si | P | S | Cl |
| K | Ca | | | | Se | |
| | Sr | | | | Te | |
| | Ba | | | | | |

nicht den gleichen Regeln genügen wie die Elemente, die leichter sind. Trotzdem sind auch dort Regelmäßigkeiten zu beobachten, wenn auch nicht dieselben. Man erkennt aber, wie im Prinzip das Schema der Abbildung 3.1 zu ergänzen ist. Man muß die neuen Zeilen so anfügen, daß chemisch ähnliche Elemente in die gleiche Spalte kommen. Es gab aber auch Schwierigkeiten. Ordnete man in jeder Zeile die Elemente nach ihrem Atomgewicht, dann hatten die Elemente der Spalten nicht immer ähnliche Eigenschaften. So wußte man, daß Jod (I) mit einem Atomgewicht von 127 (heute 126.9) leichter ist als Tellur (Te) mit 128 (heute 127.6). Wollte man in der Abbildung 3.1 nach steigendem Atomgewicht diejenige Zeile hinzufügen, die Jod und Tellur enthält, stünde das Jod unter dem Schwefel und dem Selen. Das Tellur käme dann in die Spalte, die mit Fluor (F) und Chlor (Cl) beginnt. Dort hat es aber nichts zu suchen. Schon Döbereiner hatte ja erkannt, daß Schwefel, Selen und Tellur eine Triade bilden, wie auch Chlor, Brom und Jod. Wie soll man nun die Tabelle auffüllen, nach den Atomgewichten oder nach den chemischen Eigenschaften? Man entschloß sich zur Regel: Chemie geht vor Atomgewicht. Natürlich ordnet man in erster Linie nach Atomgewichten, wenn es aber Unstimmigkeiten mit den chemischen Eigenschaften der Elemente einer Spalte gibt, dann läßt man die Chemie entscheiden. In der Abbildung 3.2 sehen wir das System, so wie es heute aussieht. Man erkennt, daß das leichtere Jod nach dem schwereren Tellur folgt. Die moderne Tabelle weist noch eine weitere Abweichung von der Anordnung nach Atomgewichten auf. Das Edelgas Argon (A: 39.9) steht vor dem leichteren Kalium (K: 39.1). Der Grund liegt in der Chemie. Kalium gehört schon nach Döbereiner dorthin, wo das Natrium steht, also in die erste Spalte. Das Argon ist ein Edelgas und gehört in die Spalte der Edelgase wie Helium (He) und Xenon (Xe). Doch von diesen Gasen wußten die Vollender der Tabelle der Abbildung 3.1 noch nichts.

Es gab noch eine andere Merkwürdigkeit. Als man sich an die weiteren Zeilen der Tabelle machte, stieß man nicht nur auf Elemente, die man entgegen der Reihenfolge der Atomgewichte umordnen mußte, um sie in die Spalte zu bringen, in die sie chemisch gehören, es gab auch Fälle, bei denen man Stellen in der Zeile leer lassen mußte, da das Element mit dem nächsthöheren Atomgewicht erst zur übernächsten Spalte paßte. Als Mendelejew 1870 eine Tabelle der Elemente aufstellte, hatte er mehrere Leerstellen. Da er an das System glaubte, das der Tabelle zugrunde lag, war er der Meinung, daß es diese Elemente geben muß, daß man sie nur noch nicht entdeckt hat. Vorerst bezeichnete er die unbekannten Elemente als Ekabor, Ekaaluminium und Ekasilizium. Doch er erfand nicht nur glanzvolle Namen. Da für ihn feststand, in welche Spalten seiner Tabelle sie gehörten, wußte er auch in etwa, wie sich die noch von niemandem wahrgenommenen Elemente chemisch verhalten. Er machte Voraussagen über ihre Atomgewichte und die Eigenschaften ihrer chemischen Verbindungen. Mendelejew erlebte seinen Triumph, als man zwischen 1879 und 1886 alle drei vorausgesagten Elemente fand. Das Ekabor heißt heute Scandium (Sc), die beiden anderen erhielten die Namen Gallium (Ga) und Germanium (Ge). Sie hatten die vorausgesagten Atomgewichte und verhielten sich chemisch so, wie Mendelejew angegeben hatte.

Als im Jahre 1872 das Buch eines französischen Autors, in dem er Mendelejew die Entdeckung des Systems zuschrieb, ins Deutsche übersetzt wurde, ließ der deutsche Verleger den Namen Lothar Meyers ergänzend einfügen, sehr zum Protest des Franzosen. Der Vorfall löste einen Prioritätsstreit zwischen den beiden Entdeckern aus. Jeder wollte nachweisen, daß er als erster die grundlegenden Ideen veröffentlicht hatte. Glücklicherweise legten sie den beginnenden Streit schnell bei. Im Jahre 1882 erhielten Mendelejew und Meyer für ihre Entdeckung die goldene Davy-Medaille der Königlichen Gesellschaft zu London.

Vielleicht charakterisiert die Arbeitsweise der beiden Schöpfer des Periodensystems der Elemente am besten ein Satz, den die Chemikerin Ida Noddack, von der wir noch hören werden, im Jahre 1934 schrieb: »Während Lothar Meyer bei der Aufstellung seiner Tabelle an die Stellen, an denen sich keine bekannten Elemente unterbringen ließen, Striche setzte und in den folgenden Jahren hauptsächlich an der besseren Anordnung der bekannten Grundstoffe arbeitete und die einmal erkannte Periodizität für die verschiedenen physikalischen und chemischen Eigenschaften nachwies, füllten sich für Mendelejew die Lücken seines Systems mit unbekannten Elementen, die er im Geist erschaute und deren Eigenschaften er aus denen der Nachbarelemente zu berechnen unternahm. Gerade die Voraussage der unbekannten Elemente, der bald danach die Bestätigung seiner Prophezeiungen folgte, hat den Namen Mendelejews, jenes Romantikers der Chemie, unsterblich gemacht.«[18]

Das System sollte sich aber nicht nur für die in der Natur vorkommenden Elemente bewähren. Als es während des Zweiten Weltkriegs und danach gelang, Atome von Elementen herzustellen, die es in der Natur nicht gibt, da ordneten sich auch diese künstlichen Stoffe in das System ein.

# Schönheitsfehler im System

Das in der Abbildung 3.2 dargestellte heutige System der Elemente ist keineswegs ein einfaches Rechteckschema, das lückenlos mit Elementen ausgefüllt ist. Wir sehen vielmehr eine recht komplizierte Struktur. Die Abbildung zeigt sieben Zeilen, mit jeweils 18 Kästchen. Wenn man aber die Elemente so in die Kästchen einträgt, daß sie möglichst nach steigenden Atomgewichten geordnet sind und dabei chemisch ähnliche Elemente untereinander stehen, dann kann man weder sämtliche Kästchen füllen noch alle chemischen Elemente unterbringen.

Wir wollen im Folgenden nicht darauf eingehen, warum das so ist. Einige Erklärungen werden wir später in Kapitel 6 geben, hier wollen wir nur sehen, was heute aus dem Periodischen System von Mendelejew und Meyer geworden ist.

Beginnen wir also mit dem leichtesten Element, dem Wasserstoff, und tragen es in das erste obere Kästchen ein. Es hat sich gezeigt, daß darunter die Döbereinersche Triade der ersten Spalte von Abbildung 3.1 gehört. In der zweiten Spalte des Systems findet man auch die zweite Spalte der Abbildung 3.1 wieder. Doch deren dritte Spalte ist im modernen System zehn Spalten nach rechts verschoben. Dazwischen sind Spalten, die in dem Bereich der in der Abbildung 3.1 aufgeführten Elemente leere Kästchen enthalten. Die Elemente dieser zehn Spalten sind sämtlich schwerer als Kalium. Bleiben wir beim Vergleich mit der Abbildung 3.1. Die Spalten 13 bis 17 finden wir schon in der Abbildung 3.1. Dann kommt Spalte Nummer 18 mit dem Edelgas Helium. Alle Elemente dieser Spalte sind Edelgase, die sich kaum mit anderen Atomen verbinden. Die Leerstellen in den ersten drei Zeilen sind nicht etwa Plätze, auf die Elemente gehören, die wir noch nicht gefunden haben. Es hat sich aber aus chemischen Gründen als zweckmäßig erwiesen, die Elemente so anzuordnen, daß der Wasserstoff über dem Lithium und das Helium über dem Neon steht. Die Zeilen 4 bis 6 sind vollständig ausgefüllt. Die Zeile 7 enthält die schwersten Atome der bisher bekannten chemischen Elemente.

Wer sich nun wundert, daß man die Zeilen einmal füllt und einmal leer läßt, der wird noch eine Überraschung erleben, wenn er in der Tabelle zum Beispiel nach dem Element Cer (Ce: 140) sucht, mit dem man in den Feuerzeugen Funken schlägt. Auch das radioaktive Uran (U: 238) wird er nicht finden. Der Grund dafür ist, daß man in den letzten beiden Zeilen 28 chemische Elemente nicht einfach unterbringen kann, obwohl sie ihrem Atomgewicht entsprechend dorthin gehören. In der 6. Zeile steht das Element Barium (Ba: 138) unmittelbar vor dem Lutetium (Lu: 175). Während sonst die Sprünge in den Atomgewichten längs jeder Zeile und von Zeile zu Zeile meist unter 5 sind (nur einmal, bei Antimon (Sb: 122) und Tellur (Te: 128) ist der Sprung 6), unterscheiden sich die Atomgewichte dieser beiden Elemente um 37. Gleich darunter hat man nochmals solch eine Bruchstelle, dort, wo das radioaktive Lawrencium (Lr: 260) unmittelbar auf das Radium (Ra: 226) folgt. Der Grund dafür ist, daß an jeder der beiden Stellen eigentlich noch 14 Elemente einzufügen sind, die sämtlich jeweils ähnliche chemische Eigenschaften besitzen und deshalb in die gleiche Spalte gehören. In der Abbildung 3.2 sind in zwei Zeilen die mit Lanthan (La) und Actinium (Ac) beginnenden, aus dem Schema verstoßenen Elemente aufgeführt. Auch diese Besonderheit der chemischen Elemente, welche die Schönheit des Periodischen Systems stört, werden wir später verstehen. Doch dazu ist es nötig, daß wir erst mehr über die Atome erfahren, die letztlich für die Struktur des Periodensystems, auch für die Schönheitsfehler, verantwortlich sind.

Mendelejew und Meyer waren mit dem Periodischen System der Elemente einer Erscheinung auf der Spur, die man erst 60 Jahre danach richtig verstehen konnte. Der Rhythmus wird den Atomen der chemischen Elemente nämlich erst durch quantenmechanische Effekte aufgeprägt. Man ahnte 1868 nicht, daß die Atome einen elektrisch positiv geladenen Kern besitzen, um den negativ geladene Teilchen in vorbestimmten Bahnen schwirren. Mendelejew und Meyer wußten noch nicht, daß das Atomgewicht im wesentlichen vom Kern bestimmt wird, daß aber der Rhythmus, der sich im System ausdrückt, durch ganz neuartige physikalische Gesetze, denen die negativen Teilchen der Hülle gehorchen müssen, hervorgerufen wird.

Als Mendelejew und Meyer im Jahre 1868 das System entwarfen, ohne voneinander zu wissen, besuchte der Franzose, der eine der wichtigsten Eigenschaften des Atomkerns, die Radioaktivität, entdekken sollte, noch als Siebzehnjähriger das Lycée Louis-le-Grand in Paris, während ein Mädchen in Warschau, das fünfte Kind einer Lehrerfamilie, gerade zwei Jahre alt war. Die Polin sollte später neue Eigenschaften der radioaktiven Elemente entdecken und im Alter an einem Leiden sterben, das sie sich bei dem Umgang mit den gefährlichen Stoffen zugezogen hatte. Der Physiker aber, der alle zu seiner Zeit bekannten Eigenschaften der Atome zusammenfaßte und als erster eine klare Vorstellung vom Bau der Atome hatte, kam erst zwei Jahre später in Neuseeland zur Welt.

**Abb. 3.2:** Das heutige Periodensystem der Elemente.

| | | | | | | | | | | | | | | | | | |
|---|---|---|---|---|---|---|---|---|---|---|---|---|---|---|---|---|---|
| $^{1}_{1}$H | | | | | | | | | | | | | | | | | $^{4}_{2}$He |
| $^{7}_{3}$Li | $^{9}_{4}$Be | | | | | | | | | | | $^{11}_{5}$B | $^{12}_{6}$C | $^{14}_{7}$N | $^{16}_{8}$O | $^{19}_{9}$F | $^{20}_{10}$Ne |
| $^{23}_{11}$Na | $^{24}_{12}$Mg | | | | | | | | | | | $^{27}_{13}$Al | $^{28}_{14}$Si | $^{31}_{15}$P | $^{32}_{16}$S | $^{35}_{17}$Cl | $^{40}_{18}$Ar |
| $^{39}_{19}$K | $^{40}_{20}$Ca | $^{45}_{21}$Sc | $^{48}_{22}$Ti | $^{51}_{23}$V | $^{52}_{24}$Cr | $^{55}_{25}$Mn | $^{56}_{26}$Fe | $^{59}_{27}$Co | $^{59}_{28}$Ni | $^{64}_{29}$Cu | $^{65}_{30}$Zn | $^{70}_{31}$Ga | $^{73}_{32}$Ge | $^{75}_{33}$As | $^{79}_{34}$Se | $^{80}_{35}$Br | $^{84}_{36}$Kr |
| $^{85}_{37}$Rb | $^{88}_{38}$Sr | $^{89}_{39}$Y | $^{91}_{40}$Zr | $^{93}_{41}$Nb | $^{96}_{42}$Mo | $^{99}_{43}$Tc | $^{101}_{44}$Ru | $^{103}_{45}$Rh | $^{106}_{46}$Pd | $^{108}_{47}$Ag | $^{112}_{48}$Cd | $^{115}_{49}$In | $^{119}_{50}$Sn | $^{122}_{51}$Sb | $^{128}_{52}$Te | $^{127}_{53}$I | $^{131}_{54}$Xe |
| $^{133}_{55}$Cs | $^{138}_{56}$Ba | $^{175}_{71}$Lu | $^{178}_{72}$Hf | $^{181}_{73}$Ta | $^{184}_{74}$W | $^{186}_{75}$Re | $^{190}_{76}$Os | $^{192}_{77}$Ir | $^{195}_{78}$Pt | $^{197}_{79}$Au | $^{201}_{80}$Hg | $^{204}_{81}$Tl | $^{207}_{82}$Pb | $^{209}_{83}$Bi | $^{209}_{84}$Po | $^{210}_{85}$At | $^{222}_{86}$Rn |
| $^{223}_{87}$Fr | $^{226}_{88}$Ra | $^{260}_{103}$Lr | $^{261}_{104}$Rf | $^{262}_{105}$Ha | | | | | | | | | | | | | |

Lanthanoide:

| | | | | | | | | | | | | | |
|---|---|---|---|---|---|---|---|---|---|---|---|---|---|
| $^{139}_{57}$La | $^{140}_{58}$Ce | $^{141}_{59}$Pr | $^{144}_{60}$Nd | $^{147}_{61}$Pm | $^{150}_{62}$Sm | $^{152}_{63}$Eu | $^{157}_{64}$Gd | $^{159}_{65}$Tb | $^{163}_{66}$Dy | $^{165}_{67}$Ho | $^{167}_{68}$Er | $^{169}_{69}$Tm | $^{173}_{70}$Yb |

Actinoide:

| | | | | | | | | | | | | | |
|---|---|---|---|---|---|---|---|---|---|---|---|---|---|
| $^{227}_{89}$Ac | $^{232}_{90}$Th | $^{231}_{91}$Pa | $^{238}_{92}$U | $^{237}_{93}$Np | $^{244}_{94}$Pu | $^{243}_{95}$Am | $^{247}_{96}$Cm | $^{247}_{97}$Bk | $^{251}_{98}$Cf | $^{252}_{99}$Es | $^{257}_{100}$Fm | $^{258}_{101}$Md | $^{259}_{102}$No |

# 4. Teilchenstrahlen und Wellen

Entscheidend zur Klärung der Struktur des Atoms haben die Katho-
denstrahlexperimente beigetragen, die sich unmittelbar an die Untersuchungen der Gasentladungen anschlossen. In der zweiten Hälfte des
19. Jahrhunderts zogen in den »modernen« Laboratorien meist die
Gasentladungsröhren mit ihrem auffallenden Licht die Aufmerksamkeit eines eintretenden Besuchers sofort auf sich.

*Károly Simonyi*[19]

Die Vorgänge bei der Elektrolyse, bei der elektrischer Strom durch eine
Flüssigkeit wandert, überzeugten die Gelehrten, daß Elektrizitätsmengen nicht beliebig geteilt werden können, daß es vielmehr eine kleinste
Menge Elektrizität geben muß. George Johnstone Stoney (1826–1911),
Professor für mathematische Physik in Dublin, gab dieser kleinsten
elektrischen Ladung, diesem »Atom der Elektrizität«, den Namen
»Electron« – der griechische Bernstein kam zu neuen Ehren. Stoney
gelang es auch, diese elementare Ladung zu bestimmen, sie ist unvorstellbar klein. Wenn ich mein trockenes Haar kämme, und ein Knistern
andeutet, daß elektrische Funken überspringen, dann überträgt jeder
Funke eine Elektrizitätsmenge, die aus zahllosen Elektronladungen
besteht. Wenn wir vom Elektrizitätswerk eine Kilowattstunde Strom
beziehen, so fließen so viele Elementarladungen durch unser Kabel,
daß ihre Anzahl aus 18 Ziffern besteht. Bei den heutigen Strompreisen
zahlen wir dafür nur 20 Pfennige. Die einzelne elektrische Elementarladung ist billig.

War man auf die Atome der Elektrizität gestoßen, als man Strom
durch Flüssigkeiten leitete, so führten Versuche, Elektrizität durch
Gase strömen zu lassen, auf die Entdeckung der Träger dieser kleinsten
elektrischen Ladung. – Es begann, als ein Astronom eines Nachts ein
Quecksilberbarometer durch das dunkle Paris tragen ließ.

## Das leuchtende Barometer und der elektrisierte Rosenkranz

Der Mann, der als erster den Durchmesser der Erde genauer bestimmte, war ursprünglich Gärtner gewesen, bis er mit einem Astronomen in Berührung kam, der ihn in die astronomischen Beobachtungsmethoden einweihte und ihn ermutigte, sich in einem Seminar weiterzubilden. Der junge Franzose Jean Picard (1620–1682) wurde Astronom, und sein Name ist für immer mit der ersten genauen Vermessung des Erdballs verbunden. Es war eine Zufallsentdeckung, die seinen Namen auch in die Entdeckungsgeschichte der Elektrizität eingehen ließ. Genaue astronomische Messungen werden durch die Erdatmosphäre gestört. Ein Stern steht nicht genau in der Richtung, in der wir ihn am Himmel sehen, denn sein Licht wird in der Lufthülle der Erde gebeugt. Will man diese Verfälschung korrigieren, muß man Eigenschaften der Erdatmosphäre berücksichtigen, die zu allem Unglück von Tag zu Tag anders sind. Deshalb muß während der Beobachtung der Luftdruck bestimmt werden. Zu Picards Zeiten geschah das mit einem Quecksilberbarometer, das auf dem Prinzip des Torricellischen Versuches (vgl. Abb. 1.1) beruhte: Die Höhe der Quecksilbersäule im oben geschlossenen Glasrohr ist ein Maß für den Luftdruck.

Während einer Nacht im Jahre 1675 ließ Picard ein solches Barometer vom Pariser Observatorium zur Porte Saint Michel schaffen. Während der schwankenden Bewegung beim Tragen stieg und fiel die Quecksilbersäule. Dabei entdeckte Picard, daß die Glaswände jedesmal schwach leuchteten, wenn die Säule nach unten ging. Lange Zeit wußte niemand, woher das Barometerleuchten kam. Man stellte Glasröhren her, aus denen man die Luft ausgepumpt hatte, etwas Quecksilber konnte im luftleeren Rohr hin und her geschüttelt werden. Im Dunkeln leuchtete das Röhrchen, wenn man es bewegte. Woher kam das gespenstische Leuchten im kalten Glas? Der Engländer Francis Hauksbee (ca. 1660–1713) ging die Sache systematisch an.

London, 15. Dezember 1703. An diesem Tag tritt die Königliche Gesellschaft zu einem ihrer regelmäßigen Treffen zusammen. Dieses zeichnet sich dadurch aus, daß der neu gewählte Präsident seine erste Sitzung leitet. Wenige Wochen zuvor hatte man den großen Isaac Newton (1643–1727) an die Spitze der angesehensten englischen wissenschaftlichen Vereinigung gewählt. In dieser Sitzung führt Hauksbee ein eindrucksvolles Experiment vor. In ein durch Hauksbees selbstgebaute Luftpumpe evakuiertes Glasgefäß schießt in einem scharfen Strahl Quecksilber, stößt auf die Wände und fällt herab. Im verdunkelten Raum leuchtet das Glas hell auf. Flüssiges Feuer scheint an allen Wänden des Gefäßes nach unten zu strömen.

In den darauffolgenden Jahren studiert Hauksbee das »flüssige Feuer« im Glasrohr. Das Licht bleibt aus, wenn der Raum im Glas noch Luft bei normalem Druck enthält. Es genügt aber bereits, einen Teil der Luft aus dem Glas zu pumpen. Das Leuchten wird stärker, wenn man das Quecksilber rascher bewegt. Liegt es an der Reibung zwischen dem flüssigen Metall und der Glaswand? Leuchten auch andere Stoffe im Dunkeln, wenn man sie im luftverdünnten Raum reibt?

Hauksbee dachte sich ein weiteres Experiment aus. In einem Glasgefäß, aus dem man einen Teil der Luft herauspumpen konnte, war an einer vertikalen Achse ein Rad angebracht, dessen Rand mit Bernsteinperlen bestückt war – angeblich stammten sie von einem alten Rosenkranz. Von außen konnte man die Achse in Drehung versetzen. Die Bernsteinperlen rieben sich dann an zwei im Glas fest angebrachten Wollknäueln. Das Gefäß leuchtete rubinrot auf. Das Licht verschwand, sobald man wieder Luft einströmen ließ.

### Der Magnetismus der Elektrizität

Eine bis dahin unbekannte Erscheinung lernte man am 9. Januar 1748 kennen. An diesem Tag fuhr ein Blitz in den Mast des englischen Schiffes »Dover« und beschädigte das Verdeck und einige Kajüten. Überraschenderweise waren danach die Magnetnadeln der vier Schiffskompasse an Bord umgepolt. Die Spitzen der Magnetnadeln, die bisher nach Norden gewiesen hatten, zeigten nunmehr nach Süden. Als wenige Jahre später Benjamin Franklin (1706–1790) zeigte, daß der Blitz eine elektrische Entladung ist, mußte man schließen, daß die Elektrizität auch etwas mit Magnetismus zu tun hat.

Im Jahre 1820 hatte man schließlich erkannt, daß ein von elektrischem Strom durchflossener Draht eine Magnetnadel ablenkt, daß er also selbst magnetisch ist. Man baute Spulen, durch deren Wicklungen Ströme geleitet wurden und die dann magnetische Kräfte ausübten. Man konstruierte Telegraphenapparate, bei denen Magnetspulen Eisenstücke rhythmisch anzogen und es so gestatteten, Informationen durch elektrische Drähte zu schicken. Der elektrische Strom, den die Voltaschen Säulen lieferten, war zwar gut, um die magnetische Wirkung zu studieren, das elektrische Leuchten, wie es etwa Hauksbee bei seinen Experimenten vorführen konnte, gelang aber nicht mit dem

Strom aus der Volta-Säule. Dazu bedurfte es erst der Erfindung eines recht trivialen Apparates, der elektrischen Klingel.

Sie wurde in Frankfurt von einem Buchhalter gebaut, der ein leidenschaftlicher Elektrobastler war. Die zugrunde liegende Idee kennen wir alle: Ein Strom fließt über den Klöppel durch die Drahtwicklung eines Elektromagneten, bewegt den Klöppel aus seiner Ruhelage heraus, so daß er an die Klingel schlägt. Aber damit wird der Strom unterbrochen, der Magnet erlahmt, eine Feder zieht den Klöppel in die Ruhelage zurück. Dadurch aber wird der Stromkreis wieder geschlossen, der Magnet bekommt Kraft, der Klöppel wird wieder aus seiner Ruhelage gezogen, er schlägt, unterbricht den Strom, fällt wieder zurück, der Strom fließt ... Das Spiel wiederholt sich so lange, wie man den Klingelknopf drückt. Das Wesentliche an einer elektrischen Klingel mag ihr Läuten sein, das physikalisch Wichtige liegt darin, daß der Magnet von einem sich in regelmäßigem Rhythmus ändernden Strom durchflossen wird. Ein so zerhackter elektrischer Strom ähnelt in vielem unserem Wechselstrom. Im besonderen läßt er sich verstärken, genauer, man kann mit ihm ähnlich wie beim heutigen Wechselstromtransformator hohe Spannungen erzeugen. Das geschieht in einem sogenannten *Induktionsapparat*, wie ihn der aus Hannover stammende Heinrich Daniel Rühmkorff (1803–1877) erfunden hatte. Die Ströme aus einem Rühmkorffschen Apparat erzeugten die eindrucksvollsten elektrischen Funken. Wenn man den Strom durch verdünnte Gase leitete, etwa vermittels zweier in ein leergepumptes Glasgefäß eingeschmolzener Drähte, leuchtete das im Gefäß verbliebene Restgas hell auf.

### Ein Glasbläser aus Thüringen

Wer das geheimnisvolle Leuchten im Inneren leergepumpter Glasröhren, durch die man elektrischen Strom leitet, studieren will, braucht nicht nur hohe elektrische Spannungen, er muß auch in der Lage sein, aus dem Rohr möglichst alle Luft herauszupumpen. Die Spannungen lieferte seit 1851 Rühmkorffs Induktionsapparat, die geeignete Pumpe erfand ein Glasbläser.

Johann Heinrich Wilhelm Geißler (1815–1879) stammte aus dem Thüringer Wald, von dort, wo heute noch Gläser verschiedenster Art hergestellt werden. Schon der Vater hatte Glasperlen produziert, auch die Mutter stammte aus einer Glasbläserfamilie. So war es nur natür-

lich, daß auch der Junge wie seine Brüder das Handwerk des Glasbla-
sens erlernte. Man weiß nur wenig über Geißlers frühen Jahre. Er muß
sich von Anfang an für die Anwendung seiner Kunst auf den Bau
wissenschaftlicher Geräte spezialisiert haben, denn er arbeitete vor-
nehmlich an Universitätsinstituten, in München und in Holland. Im
Alter von 26 Jahren richtete er an der Bonner Universität eine Werk-
statt ein, mit 30 machte er eine entscheidende Erfindung: die Quecksil-
berluftpumpe. Normalerweise enthält ein Kubikzentimeter unserer
Atemluft eine zwanzigstellige Anzahl von Molekülen. Geißler gelang
es, seine Gläser so stark auszupumpen, daß nur noch jedes hunderttau-
sendste Molekül im Glas zurückblieb. Ohne die von ihm hergestellten
Gefäße, in die Drahtstücke als Elektroden eingeschmolzen waren, und
ohne seine Pumpen, mit denen er die Röhren leerte, ehe er sie ver-
schloß, wären die folgenden Untersuchungen nicht möglich gewesen.
Als die Universität in Bonn im Jahre 1868 ihr fünfzigjähriges Jubiläum
feierte, verlieh sie dem Glasbläser aus dem Thüringer Wald die Würde
eines Ehrendoktors.

Der Bonner Professor Julius Plücker (1801–1868) war ein bekannter
Mathematiker gewesen, ehe er sich der Physik zuwandte. Er nannte die
Glasröhren, die Geißler für ihn hergestellt hatte, *Geißlersche Röhren.*
Er und sein Schüler Wilhelm Hittorf (1824–1914) untersuchten das
Leuchten, das in den Geißler-Röhren aufflammte, sobald man eine
elektrische Spannung anlegte. Man fand, daß nicht nur das Innere der
Röhren leuchtete, auch die Glaswände strahlten an manchen Stellen in
grünem Licht. Gegenstände, die zwischen den Elektroden im Rohr
angebracht waren, etwa Drahtstücke, warfen im grünen Lichtfleck an
der Glaswand einen Schatten. Irgend etwas wanderte anscheinend von
der negativen Elektrode, der Kathode, aus geradlinig in Richtung der
positiven, der Anode, und traf dort auf die Glaswand. Nur so ließen sich
die Schatten erklären. Doch was war es? Etwas, das von der negativen
Kathode abgestoßen und von der positiven Anode angezogen wurde, so
wie sich negative elektrische Ladungen unter dem Einfluß elektrischer
Kräfte bewegen? War es Licht, das elektrisch geladen war? Man sprach
von Strahlen »negativen Lichtes« und nannte die Erscheinung
»Glimmstrahlung«. Schließlich erhielten die Strahlen, die aus der
Kathode herauskamen, den Namen *Kathodenstrahlen.* Sie tragen ihn
noch heute.

Kathodenstrahlen spielen in den Röntgengeräten eine wichtige Rolle,
und sie bringen den Bildschirm in unseren Fernsehgeräten zum Leuchten. Doch was ist das »negative Licht«? Die Strahlen ließen sich,

66

anders als das wirkliche Licht, von einem der Röhre genäherten Magneten ablenken. Sie traten senkrecht zur Kathodenoberfläche in den luftverdünnten Raum, bestanden aber nicht aus dem Material der Kathode, denn ihre Eigenschaften blieben dieselben, wenn man das Kathodenmaterial wechselte. Waren die Strahlen Schwingungen im *Äther,* der den Raum auch noch erfüllt, wenn man alle Materie daraus entfernt, ein Stoff, dessen Bewegung für die Erscheinung des Lichtes verantwortlich ist? Das war die Situation um das Jahr 1870. Die deutschen Physiker hielten die Kathodenstrahlen für Schwingungen des Äthers, also für eine Art Licht. Damit lagen sie falsch.

Der Mann, der einige Jahre später den nächsten Schritt tun sollte, war zu dieser Zeit in seinen Gedanken bei den Geistern Verstorbener, die in spiritistischen Sitzungen erschienen und ihren Gastgebern auch gelegentlich eine Melodie auf einem Musikinstrument vorspielten.

### Geister, Lichtmühlen und Kathodenstrahlen

Die Gaslampen ließen die Gegenstände im Zimmer deutlich erkennen, den Tisch und den Drahtkorb darunter. Mr. Home saß davor. Zwei kritische Beobachter hielten seine Füße fest, er konnte sie nicht bewegen. Seine rechte Hand lag flach auf der Tischplatte, die linke hielt den Riemen eines Akkordeons, das unter dem Tisch frei in das Innere des Korbes hing. Durch das Drahtgitter konnten die Gäste der spiritistischen Sitzung das Musikinstrument sehen, das nun zu pendeln begann, immer stärker, bis es in rascher Kreisbewegung herumschwang. Einer bückte sich und schaute auf die linke Hand, die das Akkordeon hielt, sie bewegte sich nicht. Und dann erklangen Töne, schließlich eine kleine Melodie. Dazu mußten mehrere Tasten nacheinander gedrückt werden – doch Mr. Home rührte offensichtlich keinen Finger.[20]

Es war im Haus eines angesehenen englischen Physikers und Chemikers, der einige Jahre zuvor das Element Thallium gefunden hatte. Von ihm stammt auch die Erklärung, welche Kraft die Lichtmühlen antreibt, jene Glaskolben, in denen ein Kreuz mit kleinen Flügelrädern sich zu drehen beginnt, sobald das Sonnenlicht auf sie fällt. Der Physiker William Crookes (1832–1919) versuchte daneben auch, okkulten Erscheinungen auf die Spur zu kommen. Wie es das Medium Daniel Douglas Home geschafft hatte, das Akkordeon im Korb klingen zu lassen, ist nie geklärt worden. Doch einige von Crookes Medien konnten später als Betrüger entlarvt werden.

Crookes vergebliche Versuche, die Existenz okkulter Erscheinungen mit wissenschaftlichen Methoden zu beweisen, hielten ihn aber nicht ab, seine anderen Forschungen fortzuführen. Die Flügel seiner Lichtmühlen drehten sich um so schneller, je mehr Luft man aus den Glaskolben herausgepumpt hatte. Das führte ihn zwangsläufig über die luftleeren Gefäße auf ein ganz anderes Gebiet, nämlich zu den Kathodenstrahlen, bisher hauptsächlich eine Domäne der Deutschen.

Crookes war ein genialer Experimentator. Wie 176 Jahre zuvor Hauksbee, führte er am 22. August 1879 der Königlichen Gesellschaft in London elektrische Erscheinungen im Inneren leergepumpter Glasröhren vor. Inzwischen arbeitete man nicht mehr mit Reibungselektrizität. Voltasche Säulen lieferten die elektrische Spannung, die in Rühmkorffschen Apparaten verstärkt wurde. Crookes Experimente bewiesen, daß die Kathodenstrahlen aus rasch bewegten Materieteilchen bestehen, die sich geradlinig von der negativen Kathode zur positiven Anode bewegen, also wahrscheinlich negativ geladen sind. Ein zwischen Kathode und Anode in der Röhre angebrachtes Kreuz aus Glimmer warf einen Schatten auf den Lichtfleck, den die Strahlen an der Glaswand in der Nachbarschaft der Anode erzeugten (vgl. Abb. 4.1).

Welcher Art sollen diese negativen Teilchen sein, die von der Kathode zur Anode fliegen? Crookes glaubte, daß die Moleküle des in der Röhre verbliebenen Restgases an der Kathode negativ aufgeladen

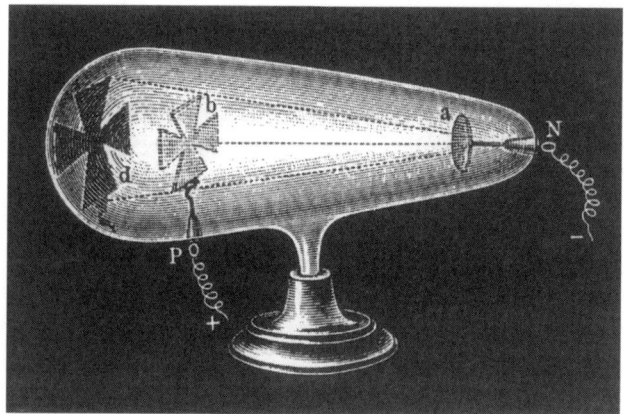

**Abb. 4.1:** In Crookes' Kathodenstrahlröhre gehen die Strahlen von der Kathode (a) zur Anode (b). Ein Kreuz aus Glimmer im Inneren des Gefäßes wirft einen Schatten auf die Gefäßwand.

werden und dann in Richtung Anode fliegen. Dem widersprach aber das Experiment, das Heinrich Hertz (1857–1894), der Entdecker der elektromagnetischen Wellen, ausgeführt hatte. Wenn in den Kathodenstrahlen elektrische Ladungen fliegen, dann stellen sie einen elektrischen Strom dar, wie die Elektrizität, die in einem Draht fließt. Wie ein stromdurchflossener Draht muß aber dann auch der Kathodenstrahl eine Magnetnadel in seiner Nachbarschaft ablenken. Doch die Magnetnadel des Heinrich Hertz blieb von den Kathodenstrahlen unbeeinflußt. In einem zweiten Experiment ließ er den Kathodenstrahl zwischen zwei entgegengesetzt elektrisch geladenen Platten vorbeigehen. Wenn er aus elektrischen Teilchen besteht, muß er von einer Platte abgestoßen, von der anderen angezogen werden. Hertz konnte nichts davon bemerken. Damit hatte er die Auffassung der deutschen Schule bestätigt: Die Kathodenstrahlen sind Schwingungen des Äthers! Die nachfolgenden Jahre aber zeigten, daß die Engländer recht hatten. Daß Hertz seine Magnetnadel nicht ausschlagen sah und seine elektrisch geladenen Platten den Strahl nicht ablenkten, lag daran, daß seine Röhren noch zu viel Gas enthielten. Erst wenn das Gas in der Röhre stärker verdünnt ist, macht sich die Ablenkung des Strahls durch elektrische Felder bemerkbar. In unseren Fernsehröhren führen heute elektrisch geladene Platten den Kathodenstrahl Zeile für Zeile über den Bildschirm.

Im Jahre 1897 gelang es dem englischen Physiker Joseph John Thomson (1856–1940), die Geschwindigkeiten zu bestimmen, mit denen die negativ geladenen Teilchen der Kathodenstrahlen zur Anode fliegen. Wenn er Spannung an die Elektroden einer Röhre anlegte, leuchteten die Teile des Rohres, die weiter von der Kathode weg lagen, erst kurze Zeit später auf. Thomson bestimmte diesen extrem kurzen Zeitunterschied und kam auf ein Tempo von 200 km/s.[21] Niemand hatte bis dahin vermutet, daß es in der Natur solch hohe Geschwindigkeiten gibt. Nun war die Stunde gekommen, um mehr über die in den Kathodenstrahlen fliegenden Teilchen zu erfahren.


### Die Geburt des Elektrons

Elektrisch geladene Teilchen, die zwischen die Pole eines Hufeisenmagneten geraten, können ihre Richtung nicht beibehalten. Das Magnetfeld übt eine Kraft auf sie aus, sie werden zur Seite gezogen, positive und negative Teilchen in entgegengesetzte Richtungen (vgl. Abb. 4.2).

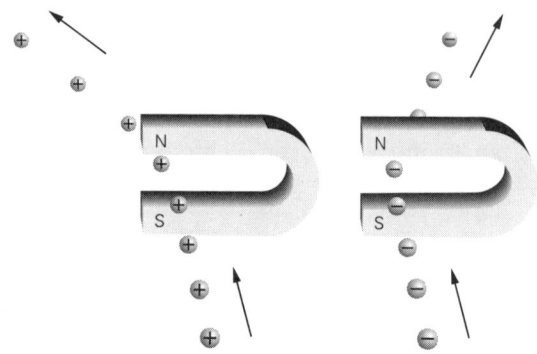

**Abb. 4.2:** Bewegen sich geladene Teilchen in einem Magnetfeld, so werden sie seitlich abgelenkt, positive in die eine, negative in die entgegengesetzte Richtung.

Die Teilchen verspüren die vom Magnetfeld hervorgerufenen Kräfte nur kurze Zeit, rasch ist das Magnetfeld durchflogen. Anders ist es bei geladenen Teilchen, die zeitlebens von der Kraft eines Magnetfeldes abgelenkt werden. Die Teilchen der Abbildung 4.3 fliegen in einem sich über einen weiten Raumbereich gleichförmig erstreckenden Magnetfeld. Werden sie einmal abgelenkt, wirft sie das Magnetfeld gleich danach wieder aus der neuen Bahn, und so immer wieder. Kurz: Das elektrische Teilchen fliegt in einer *Kreisbahn* (vgl. Abb. 4.3).

Je stärker das Magnetfeld und je stärker die elektrische Ladung, um so stärker die Ablenkung, um so kleiner also der Durchmesser der Kreisbahn. Je größer aber die Geschwindigkeit des Teilchens, um so größer der Kreisbahndurchmesser, denn um so weniger kann die ablenkende Kraft das Teilchen aus seiner Richtung bringen. Auch die Masse des Teilchens beeinflußt den Radius der Bahn. Je größer die Masse, um so weniger läßt es sich von der ablenkenden Kraft von seiner

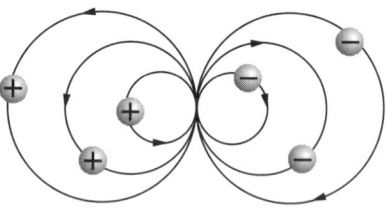

**Abb. 4.3:** Bahnen elektrisch geladener Teilchen in einem Magnetfeld. Das Feld sei so angeordnet, daß oberhalb der Bildebene der Nordpol, unterhalb der Südpol ist. Wegen der ständigen Ablenkung beschreiben die Teilchen Kreisbahnen. Je nach ihrer Geschwindigkeit sind die Durchmesser der Bahnen verschieden. Der Umlaufssinn geht bei entgegengesetzter Ladung in entgegengesetzte Richtung.

Richtung abbringen, um so größer also der Bahndurchmesser. Wir sehen, daß vier Größen die Kreisbahn der Teilchen in den Kathodenstrahlen beeinflussen: Magnetfeldstärke, Geschwindigkeit, Ladung und Masse der Teilchen. Kennt der Physiker drei davon, kann er die vierte berechnen. Auf diese Weise gelang es Thomson, die Masse der in den Kathodenstrahlen fliegenden Teilchen zu bestimmen.

Die Teilchen in den Kathodenstrahlröhren durchlaufen keine geschlossenen Kreisbahnen, sondern nur Kreisbögen, da sie nur über ein Stück ihrer Bahn der Kraftwirkung eines Magnetfeldes ausgesetzt sind. Trotzdem hängt ihr Ablenkwinkel nur von diesen vier Größen ab. Die Magnetfeldstärke konnte Thomson bestimmen, die Geschwindigkeit hatte er gemessen. Ihm fehlte nur noch die Ladung des Teilchens, um aus der Ablenkung dessen Masse berechnen zu können. Als Thomson für die Ladung den Wert nahm, den Stoney aus der Elektrolyse ermittelt hatte, erhielt er für die Masse einen unvorstellbar kleinen Wert. Wir kennen ihn heute genauer: In Gramm ausgedrückt stehen vor dem Dezimalpunkt eine Null und dahinter noch 28 Nullen, ehe die ersten Ziffern erscheinen: 0 . 0 . . . . . . 00910956. . .

Das Elektron war geboren. Bisher war die Elektrizität etwas nicht Greifbares, sie machte sich zwar durch Kräfte bemerkbar, konnte in der Luft Funken knistern lassen, zeigte in leergepumpten Gläsern ein kaltes Leuchten und floß durch Drähte von einem Körper zum anderen. Jetzt lernte man, daß die Elektrizität an Materie haftet. Es gibt keine »reine« Elektrizität, die von der Kathode zur Anode fliegt, es sind negativ geladene *Masseteilchen*, Elektronen, die da mit unvorstellbar großer Geschwindigkeit durch die nahezu luftleeren Glasgefäße rasen. Doch was sind die Elektronen für Teilchen, diese »Atome« der Elektrizität? Wie stehen sie zu den Atomen der chemischen Elemente? Ihre Eigenschaften haben offensichtlich nichts mit denen der Atome des Gases zu tun, das die nahezu leergepumpte Röhre noch erfüllt. Denn gleichgültig, ob das Restgas Sauerstoff, Stickstoff oder Wasserstoff ist, der Strahl fliegender Elektronen wird vom Magnetfeld stets auf die gleiche Weise gebogen. Das bleibt auch so, wenn man das Material der Kathode wechselt. Was da mit unvorstellbarem Tempo von Elektrode zu Elektrode hetzt, sind nicht die Atome des Gases und nicht die des Kathodenmaterials. Mit Hilfe der Loschmidtschen Zahl, die angibt, wie viele Moleküle in einem Gas stecken, hatte man die Masse des Wasserstoffatoms bestimmt, die Masse eines Elektrons ist nur ein Zweitausendstel davon. Die Elektronen sind federleicht, selbst im Vergleich zu den Atomen der leichtesten chemischen Elemente.

## Elektronen in freier Wildbahn

In Deutschland hatte Heinrich Hertz bemerkt, daß eine Folie Blattgold dem Kathodenstrahl kein Hindernis bietet. Unbeeinflußt durchdringen die Elektronen die hauchdünne Schicht. Schlüpfen sie durch feine, unsichtbare Poren im Gold? Nein, denn als Hertz zwei dünne Goldplättchen aufeinander legte, konnte er erwarten, daß keinesfalls Pore auf Pore zu liegen kommt. Trotzdem durchdrang der Kathodenstrahl auch das doppelte Hindernis.

Auf Anraten seines Lehrers Hertz nutzte Philipp Lenard (1862–1947) die Durchlässigkeit dünner Metallplättchen, um Kathodenstrahlen, die man bisher nur im Inneren leergepumpter Gläser beobachten konnte, auch außerhalb geschlossener Gefäße zu studieren. Das Prinzip seines Experimentes ist in der Abbildung 4.4 dargestellt. Die Anode in der Röhre hatte die Form einer Platte, in die ein kleines Loch gebohrt war, abgedeckt mit einer dünnen Aluminiumfolie. Ein Teil der Elektronen, die aus der Kathode austraten und zur Anode schossen, flogen geradlinig durch das Loch. Wie durch das Gold, gingen die Elektronen auch durch das Aluminium und gelangten so ins Freie. Dort ließen sie die Luft bläulich schimmern, und Seidenpapier, das Lenard zuvor mit einer phosphoreszierenden Substanz getränkt hatte, leuchtete noch im Abstand von Zentimetern hinter dem Aluminiumfenster auf. Damals kannte man einige Eigenschaften der Atome schon recht gut. Man wußte, daß Atome, mit der Geschwindigkeit der Kathodenstrahlen in die Luft des Laboratoriums geschossen, sich so oft nacheinander mit den Luftatomen stoßen würden, daß sie schon nach einigen Zehntausendstel Millimetern zum Stillstand kommen müßten. Die Elektronen der *Lenard-Strahlen,* wie man die ins Freie getretenen Kathodenstrah-

**Abb. 4.4:** Wie man Kathodenstrahlen außerhalb der Röhre beobachten kann. Die Elektronen gehen von einer negativen Kathode zur Anode, die in der Mitte durchbohrt ist. Ein Teil der Elektronen fliegt durch die Öffnung und durch ein weiteres, mit einem dünnen Goldblättchen abgeschlossenes Loch in den freien Raum.

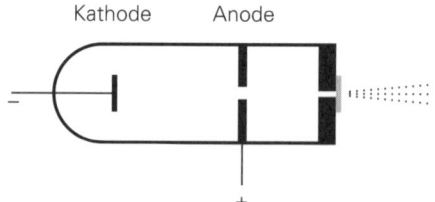

Kathode    Anode

72

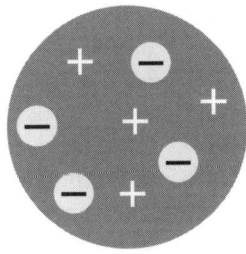

**Abb. 4.5:** Thomsons Atommodell: In eine positiv geladene Masse sind gerade so viele Elektronen eingelagert, daß sich die Ladungen kompensieren und das Atom nach außen elektrisch neutral ist.

len damals nannte, konnten aber zentimeterweit fliegen. Ihre Teilchen, die Elektronen, konnten sich also über einen weiten Bereich ungehindert zwischen den Atomen der Luft bewegen.

### Das Atom der Jahrhundertwende

Als J. J. Thomson alles, was er aus den Kathodenstrahlexperimenten gelernt hatte, in einem einheitlichen Bild zusammenfassen wollte, kam er im Jahre 1897 zu der in der Abbildung 4.5 angedeuteten Vorstellung. Im Inneren der Atome stecken Elektronen wie die Rosinen in einem Teig. Der Teig selbst muß dann positiv geladen sein, damit er zusammen mit den in seinem Inneren verborgenen negativen Elektronen ein elektrisch neutrales Atom bildet.

Um die Jahrhundertwende war also das erste Atommodell geboren! Es mußte noch oft verändert werden, denn es sollte ja nicht nur erklären, wie Kathodenstrahlen entstehen, es sollte auch die Unterschiede der chemischen Elemente begründen, und vor allem auch die Lichterscheinungen leuchtender Gase erklären, nicht nur die Eigenschaften des kalten Lichtes in den Entladungsröhren. Auch die Farben der heißen Flammen, die man seit einem halben Jahrhundert studierte und die eine Fülle von Informationen über die chemischen Elemente lieferten, harrten einer Erklärung.

### Lichtteilchen oder Lichtwellen?

Parallel zur Erforschung der Lichterscheinungen im Inneren evakuierter Glasgefäße, von Picards Barometerleuchten bis hin zu den Lenardstrahlen, hatte sich über ein halbes Jahrhundert ein neuer Zweig der

Physik entwickelt, die *Spektroskopie*. Mit ihr gelingt es heute, selbst die chemischen Stoffe zu bestimmen, die in den fernsten Sternen leuchten. Die Anfänge lagen bereits im 17. Jahrhundert, in jener Zeit, als Otto von Guericke für seine Versuche mit Reibungselektrizität Schwefel zu Kugeln schmolz. Damals versuchte in England ein 23jähriger Stipendiat herauszufinden, was Licht eigentlich ist. Es war der junge Isaak Newton, der später einer der größten Gelehrten der Weltgeschichte werden sollte. Wir sind ihm in seinen späteren Jahren als Augenzeugen der Hauksbeeschen Experimente begegnet. Der junge Newton wollte vor allem wissen, was die Farbe des Lichtes eigentlich ist. Besteht jeder Lichtstrahl aus zahlreichen winzigen Teilchen? Unterscheiden sich Strahlen verschiedener Farben voneinander durch ihre Geschwindigkeiten, mit denen sie durch den Raum fliegen? Oder gibt es überhaupt keine solchen Teilchen? Für den Holländer Christiaan Huygens (1629–1695) war das Licht die Schwingung eines alles durchdringenden und auch den sonst leeren Weltraum erfüllenden Fluidums.

Ein Diamant, den ein weißer Lichtstrahl trifft, leuchtet in allen Farben des Regenbogens. Mit prismenförmigen Glasstückchen lassen sich mit weißem Licht die wunderbarsten Farben erzeugen. Der junge Isaak Newton besorgte sich um 1665 zwei Glasprismen. Ein Strahl des Sonnenlichtes, der durch ein Loch in einer heruntergelassenen Jalousie auf ein Prisma im dunklen Zimmer fiel, wurde in einen Fächer aufgespalten, in dem die Farben des Regenbogens nebeneinander lagen. Mit dem zweiten Prisma konnte Newton den Farbfächer wieder zu einem Strahl vereinigen. Die Farbenpracht war verschwunden, der vereinigte Strahl war wieder so weiß wie das ursprüngliche Sonnenlicht. Daraus schloß Newton: Weißes Licht ist aus verschiedenen Farben zusammengesetzt. Da hatte er recht.

Newton glaubte jedoch an das Bild von den Lichtteilchen und war der Meinung, daß es für die verschiedenen Farben spezielle Teilchen gibt, deren Mischung unserem Auge weiß erscheint. Nahezu anderthalb Jahrhunderte später gelang es dem englischen Arzt und Physiker Thomas Young (1773–1829) nachzuweisen, daß nicht Newton, sondern Huygens recht hatte: Licht ist eine Wellenbewegung.

Erst in unserem Jahrhundert, als die Quantentheorie entwickelt wurde, stellte sich heraus, daß Licht auch Eigenschaften besitzt, die auf Lichtteilchen, die sogenannten *Lichtquanten* oder *Photonen*, schließen lassen (vgl. Kap. 6). Ich bin in meinem Buch »Der Stern, von dem wir leben« näher auf die Entdeckungsgeschichte der Wellennatur des Lichts eingegangen.

## Wellen des Schalls und des Lichts

Wir kennen das Auf und Ab der Wasseroberfläche, wenn wir in einen ruhigen See einen Stein geworfen haben: Wellen breiten sich aus. Wir wissen, daß auch Wellen den Schall an unser Ohr bringen. In beiden Fällen wandert Bewegung von einer Stelle des Raumes zur anderen. Die Übertragung besorgt im ersten Fall das Medium Wasser, in das der Stein fällt. Er verdrängt es, die bewegten Flüssigkeitsmassen lassen das Wasser in der Nachbarschaft mitschwingen. Dieses wieder bewegt das weiter von der Einschlagstelle entfernte Wasser. So pflanzt sich die Wellenbewegung fort. Ähnlich ist es bei der Schallwelle, der die Luft als Medium dient: Der Ton aus dem Lautsprecher rührt daher, daß die Membran schwingt und bei jeder Bewegung die Luft zusammendrückt. Die verdichtete Luft dehnt sich danach wieder aus. Das geht auf Kosten der benachbarten Luftschichten, die nunmehr zusammengedrückt werden und danach wieder auf das Gas der Nachbarschaft pressen. So pflanzen sich die vom Lautsprecher erzeugten Verdichtungen durch den Raum fort. Ist es bei der Wasserwelle das Auf und Ab, das durch den Raum wandert, so ist es beim Schall das Dicht und Dünn. Young bewies nun, daß auch das Licht sich durch Wellen fortpflanzt, gerade so, wie es schon Huygens vermutet hatte.

Damals wie auch heute stellen sich dieser Vorstellung zwei Hindernisse entgegen. Zum ersten gibt es bei Schall- und Wasserwelle jeweils ein Medium, das die Wellen leitet. Was bedeutet der Begriff »Welle«, wenn nichts da ist, das sich bewegen kann? Licht geht durch den leeren Weltraum, wir sehen die Sterne. Gibt es vielleicht das Medium Äther wirklich, dessen Wellen unserem Auge als Licht erscheinen? Der französische Physiker Augustin Jean Fresnel (1788–1827) drückte es im Jahre 1822 so aus:»Das Licht ist nichts anderes als ein bestimmter Schwingungszustand einer universellen Flüssigkeit.« Damit hatte er vorerst das erste Hindernis beseitigt. Ich sage »vorerst«, denn heute weiß man, daß es den alles durchdringenden Stoff Äther nicht gibt, daß die Berge und Täler der Lichtwellen elektrische und magnetische Eigenschaften des Raumes sind, die sich mit der unvorstellbar großen Geschwindigkeit von 300 000 km/s durch den sonst leeren Raum bewegen.

Nun zum zweiten Hindernis, das uns vielleicht am Bild vom Licht als Welle zweifeln läßt. Licht wirft Schatten, ein Zeichen dafür, daß es sich geradlinig bewegt. Nahezu alle optischen Geräte, ob Feldstecher, Fotoapparat oder Mikroskop, beruhen auf der Geradlinigkeit des Lichtes. Nur an der Grenze durchsichtiger Körper, etwa an den Oberflächen von Linsen in einem optischen Gerät, ändert es seine Richtung, im Glas der Linse geht es aber danach geradeaus weiter. Der Landvermesser visiert Markierungspunkte mit dem Theodoliten an und bestimmt, wo wessen Grundbesitz endet. Lichtstrahlen sind seine wichtigsten Hilfsmittel, weil sie so gerade sind. Wie aber kann Licht dann eine Welle sein? Gehen nicht Wasserwellen um ein Hindernis herum? Und die Schallwellen? Wenn ich an der Haustüre läute, höre ich den Hund im dahinterliegenden Garten bellen. Der Schall geht um das Haus herum, es gibt keinen Schatten für den Schall. Wellen bewegen sich also, anders als das Licht, nicht geradlinig fort.

Doch das Licht ist nicht so geradlinig, wie wir denken, und der Schall ist geradliniger, als man glaubt. Bei einem Sonogramm, mit dem der Arzt etwas mehr über die Leber seines Patienten oder über das ungeborene Kind erfahren will, erzeugt man mit Schall scharfe Bilder und sieht, daß Gewebeteile scharfe Schatten werfen. Das wäre bei Schall, der solche Hindernisse umgeht, nicht möglich. In der Sonografie arbeitet man aber nicht mit gewöhnlichem Schall, sondern mit *Ultraschall*, den unser Ohr nicht wahrnehmen kann. Beim normalen Schall folgen die Verdichtungen der Luft im Abstand von etwa einem Meter, das ist die Wellenlänge. Beim Ultraschall kommen die Verdichtungen der Luft in Abständen von hundertstel Millimetern. Dieser Schall geht pfeilgerade vom Sender zum Organ im Körper, wird dort zurückgeworfen und kommt geradlinig wieder in das Gerät zurück. Ultraschall geht nicht um ein Haus herum. Das Verhältnis von Wellenlänge zur Größe des Hindernisses ist wichtig. Nur Gegenstände, die sehr viel größer sind als die Abstände der Wellenberge, behindern die Ausbreitung von Wellen. Ein Mensch wirft im normalen Schall keinen Schatten, wohl aber im Ultraschall.

### Licht, das um die Ecke geht

Auch Lichtstrahlen sind nicht ganz gerade. Wenn das Hindernis klein ist im Vergleich zur Wellenlänge, wirft es keine Schatten. Das ist zum Beispiel der Grund, weshalb man auch mit den besten Mikroskopen nicht beliebig kleine Körper sehen kann. Nur größere Bakterien sind leicht zu erkennen. Sie sind größer als die Wellenlänge des sichtbaren Lichtes. Kleinere Bakterien oder gar Viren dagegen werfen im Licht keine Schatten. Es geht mit seinen Wellen, deren Länge die der Viren weit übertrifft, um sie herum wie die Schallwellen um einen Fußball. Wir erkennen sie nicht.

Die Wellennatur des Lichtes läßt sich mit einem im Prinzip einfachen Experiment nachweisen. Verdunkeln wir alle Fenster eines Zimmers und bohren in eine der verdunkelnden Jalousien ein kreisrundes Loch mit etwa einem Zentimeter Durchmesser. Die Sonnenstrahlen gehen geradlinig durch die Öffnung und erzeugen an der Wand einen runden Fleck. Ich habe das Experiment vereinfacht. Da die Sonne eine ausgedehnte Lichtquelle ist, werfen ihre Strahlen keine scharfen Schatten. Eigentlich sollte man eine punktförmige Lichtquelle benutzen. Verkleinern wir nun das Loch, so weicht der helle Lichtfleck auf, sein Rand wird verschwommen, denn das Licht am Rand der Öffnung geht etwas »um die Ecke«. Je kleiner die Öffnung, um so weniger Licht fällt zwar in

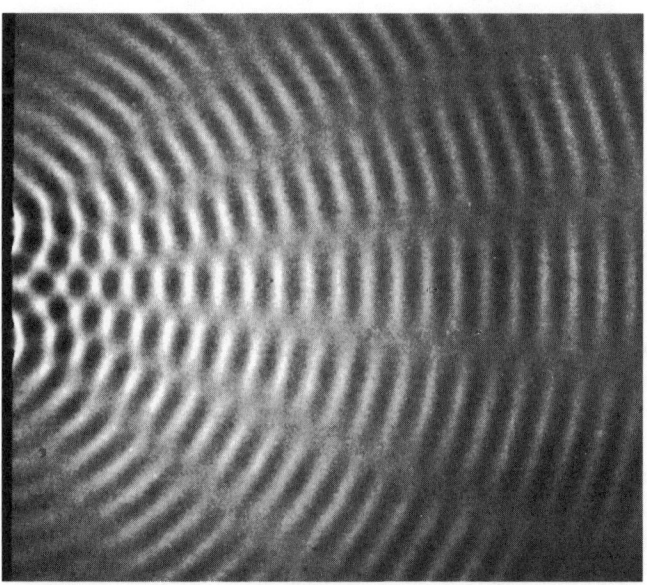

**Abb. 4.6:** Wasserwellen, die sich gegenseitig auslöschen. Wenn parallele Wasserwellen von links her durch zwei kleine, nebeneinander liegende Öffnungen treten, überlagern sie sich und erzeugen ein regelmäßiges Muster. Es entstehen Streifen, an denen sich die aus den beiden Öffnungen austretenden Wellenfächer gegenseitig aufheben, das Wasser bleibt dort in Ruhe. An anderen Stellen verstärken sich die Wellen. An dieser typischen Eigenschaft von Wellen erkannte Young, daß Licht eine Welle ist. Später konnte man damit die Wellennatur des Elektrons beweisen (vgl. auch Abb. 6.11).

das Zimmer, um so mehr aber breitet sich der Lichtstrahl zu einem Fächer aus, ganz so, wie sich Wasserwellen beim Durchgang durch eine kleine Öffnung verhalten. Young konnte weitere Eigenschaften des Lichtes entdecken, die für seine Wellennatur sprechen. So können geeignete Lichtstrahlen an manchen Stellen des Raumes sich gegenseitig auslöschen, eine Erscheinung, die man auch bei Wasserwellen beobachten kann (vgl. Abb. 4.6).

## Wie das Auge Unterschiede
## von zehntausendstel Millimetern erkennt

Es gelang Young sogar, die Wellenlänge des Lichtes zu messen. Wellenberg folgt auf Wellenberg im Abstand von einigen zehntausendstel Millimetern. Die Wellenlänge des roten Lichtes ist größer als die des blauen. Damit stand für Young fest: Was unserem Auge als Farbe erscheint, ist die Wellenlänge des Lichtes.

Im Regenbogen ist das weiße Licht nach seinen Wellenlängen getrennt. Das langwellige rote sehen wir außen, das kurzwellige blauviolette an der Innenseite. Wir sind uns selten bewußt, welch feines Meßinstrument unsere Netzhaut ist. Ohne irgendwelche Hilfsmittel können wir spielend leicht zwei Lichtstrahlen auseinanderhalten, deren Wellenlängen sich nur um ein zehntausendstel Millimeter unterscheiden: Der eine erscheint uns grün, der andere rot.

Etwa um die Zeit, als Young die Welleneigenschaften des Lichtes nachwies, entdeckte man, daß von der Sonne weit mehr Strahlung kommt, als das Auge wahrnimmt. Wenn man das Sonnenlicht im Spektrum zu einem bunten Streifen auflöst, dann liegt jenseits des roten Endes unsichtbare Strahlung, deren Wärme man mit einem Thermometer nachweisen kann. Jenseits des violetten liegen Strahlen, die Fotoplatten schwärzen können, obwohl das Auge nichts von ihnen merkt. Die eine Strahlung ist das *infrarote* Licht, die andere das *ultraviolette*. Die Wellen des einen sind länger, die des anderen kürzer als die des sichtbaren Lichtes.

Als der Engländer James Clerk Maxwell (1831–1879) die Theorie der Elektrizität ausbaute und fand, daß elektrische und magnetische Felder sich wellenartig in den Raum ausbreiten können, und als Heinrich Hertz in Deutschland diese Wellen wirklich im Experiment nachweisen konnte, wurde klar, daß Lichtstrahlen elektromagnetische Wellen sind. Heute wissen wir, daß wir mit dem sichtbaren Licht und selbst mit den im Spektrum angrenzenden infraroten und ultravioletten Strahlen nur einen winzigen Ausschnitt aus dem weiten Bereich der elektromagnetischen Wellen beobachten. Die Wellenlängen unserer Radiosender der Mittelwelle liegen bei Hunderten von Metern. Ihre Programme gehen mit Leichtigkeit um Berge herum. Den Wellen des Fernsehens bereitet der Berg schon ein unüberwindbares Hindernis, denn ihre Wellenlängen liegen bei Metern und darunter. Daher muß man die Sender auf Bergspitzen setzen, damit sie einen weiten Bereich überstrahlen, denn ihre Wellen gehen nicht über den Horizont. Die kürzesten elektromagnetischen Wellen sind die Gammastrahlen. Ihre Wellenlängen liegen bei einem Millionstel der Wellenlänge des sichtbaren Lichtes.

**Die scheinbare Masse des Lichts**

Man weiß seit Maxwell und Hertz, daß es elektromagnetische Wellen gibt, die mit 300 000 Kilometern in der Sekunde durch den Raum eilen. Auch das Licht gehört zu solchen Wellen. Elektrische und magnetische Kraftfelder, die ständig ihre Richtung ändern, wandern in ihm mit dieser Geschwindigkeit geradlinig durch den Raum. Ein Elektron, an dem die Lichtwelle vorbeistreicht, wird von den elektrischen Kräften einmal in die eine, danach in die entgegengesetzte Richtung gezogen, etwa so, wie es die Abbildung 4.7 andeutet. Der Wechsel von Auf und Ab, den das Elektron erlebt, ist die Frequenz der Welle. Man kann sich leicht überlegen, daß es zwischen Frequenz und Wellenlänge eine einfache Beziehung geben muß. Ist nämlich die Wellenlänge klein, dann folgen Wellenberge rasch aufeinander, das Elektron verspürt rasch wechselnde Kräfte – die Frequenz ist hoch. Dementsprechend gehören zu großen Wellenlängen niedrige Frequenzen.

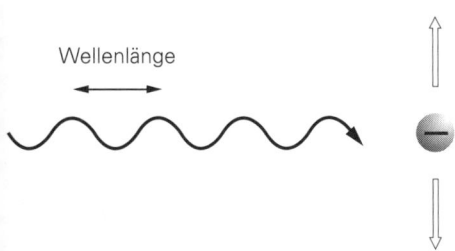

Wellenlänge

**Abb. 4.7:** In einer Lichtwelle, hier angedeutet durch eine Wellenlinie, bewegen sich elektrische und magnetische Felder mit Lichtgeschwindigkeit durch den Raum. Streichen sie an einem geladenen Teilchen vorbei, etwa an einem Elektron, so wird dieses in Bewegung gesetzt: Es schwingt quer zur Ausbreitungsrichtung des Lichtes.

Mit der Welle wandert ein wechselndes Magnetfeld durch den Raum. Es ließe eine Magnetnadel, wäre sie nur klein genug, im Rhythmus der Frequenz schwingen. Man denke sich nun eine Lichtwelle, die auf eine Metallplatte trifft. Im Metall sind frei bewegliche Elektronen. Wenn die Lichtwelle ankommt, dann lassen die elektrischen Felder die Elektronen an der Oberfläche des Metalls hin und her schwingen. Bewegte Elektronen – das bedeutet einen elektrischen Strom. Sich hin und her bewegende Elektronen – das bedeutet einen Wechselstrom. Er ändert im Rhythmus der Frequenz der eintreffenden Welle seine Richtung. Magnetfelder üben aber auf Ströme Kräfte aus. Sie bewegen zum Beispiel den Anker eines Elektromotors, in dessen Windungen Strom fließt. Auch die mit dem Licht kommende magnetische Welle übt auf den von der elektrischen Welle erzeugten Wechselstrom und damit auf die Oberfläche des Körpers eine Kraft aus. Wenn man die Wechselwirkung zwischen Welle und Metall genauer studiert, findet man, daß die Kraft so gerichtet ist, als würde das einfallende Licht gegen die Metallplatte drücken. Deshalb spricht man vom *Lichtdruck*.

Er erinnert wieder an das Teilchenbild. Stellen wir uns Lichtteilchen vor, so wie sie sich schon Isaak Newton gedacht hatte, die mit der einfallenden Strahlung auf die Metallplatte treffen. Das drückt auf die Platte. Je mehr Teilchen in der Sekunde aufschlagen, je größer also die Energie des einfallenden Lichtes ist, um so stärker dieser Lichtdruck. Besitzt das Licht vielleicht doch so etwas wie Masse, die gegen die Platte drückt? Beim genaueren Durchrechnen sieht man, daß eine einfache Beziehung zwischen der in der Sekunde auftreffenden Energie und dieser scheinbaren Masse besteht. Das Ergebnis: Man muß die auftreffende Energie durch das Quadrat der Lichtgeschwindigkeit dividieren, dann erhält man die scheinbare Masse des Lichtes. Bezeichnet man die Lichtgeschwindigkeit mit c, die in der Sekunde auftreffende Energie mit E, dann ist die scheinbare Masse m des in der Sekunde auftreffenden Lichtes mit den beiden anderen Größen durch die Beziehung

$$E = m \cdot c^2$$

verknüpft. Licht verhält sich so, als ob es eine Masse besitzt, mit der es beim Auftreffen auf eine Wand einen Druck ausübt.

Einige meiner Leser werden sich nunmehr wundern, daß ich Albert Einstein an dieser Stelle noch nicht erwähnt habe. Der Grund dafür ist, daß diese Formel bereits aus der Maxwellschen Theorie in der oben beschriebenen Weise hergeleitet werden konnte. Etwa zu der gleichen Zeit, als Einstein seine Spezielle Relativitätstheorie entwickelte, hat der österreichische Physiker Friedrich Hasenöhrl (1874–1915) darauf hingewiesen, daß Strahlung eine Art Masse besitzt. Einsteins Leistung bestand darin, zu zeigen, daß *alle* Energie, nicht nur die der Strahlung, Masse besitzt, daß Masse und Energie ein und dasselbe sind, nur in verschiedenen Erscheinungsformen (siehe Seite 163).

## Lücken im Spektrum der Sonne

Doch gehen wir nochmals zurück in die Zeit, als man noch nichts von Radio, Fernsehen und Gammastrahlen ahnte, zurück an den Anfang des 19. Jahrhunderts. Das Spektrum, in das man das Licht der Sonne zerlegte, zeigte mehr Einzelheiten als nur die Farbübergänge von Rot über Gelb und Grün zu Blau und Violett. Der englische Arzt und Chemiker William Hyde Wollaston (1766–1828), Entdecker der Elemente Palladium und Rhodium, erkannte im Spektrum des Sonnenlichtes mehrere dunkle Linien (vgl. Abb. 4.8). Er meinte, sie würden die einzelnen Farben voneinander trennen.

Etwa ein Jahr später entdeckte Joseph von Fraunhofer (1787–1826), ein gelernter Spiegelmacher und Zieratenschleifer, der zum größten Optiker seiner Zeit werden sollte, im Sonnenspektrum Hunderte von feinen dunklen Linien. Die stärkeren maß er mit seinen selbstgebauten Spektroskopen sehr genau aus und berechnete die zugehörigen Wellenlängen. Er untersuchte andererseits die Spektren von Flammen und bemerkte, daß darin eine helle gelbe Linie erscheint, wenn man Kochsalz, chemisch eine Natriumverbindung, in die Flamme streut, genau dort, wo das Sonnenspektrum eine dunkle Linie zeigt. Es war das Natrium, das sich bemerkbar machte. Auch andere Salze, in eine farblose Alkoholflamme gestreut, ließen an den verschiedensten Stellen des Spektrums scharfe Linien aufleuchten.

**Abb. 4.8:** In den Spektren der Sterne, bei denen das Licht nach seinen verschiedenen Wellenlängen zerlegt ist (hier kurzwelliges blaues Licht links, langwelliges rotes rechts), zeigen dunkle Linien an, daß die Atome der Sternatmosphären Licht bei ganz bestimmten Wellenlängen absorbieren. Diese Spektrallinien wurden zuerst im Licht der Sonne entdeckt. Heute weiß man, daß ihr Spektrum etwa 26000 Linien enthält, die uns Informationen über die Atome der Atmosphäre der Sonne geben.

Im Jahre 1848 bemerkte der französische Physiker Jean Bernard Léon Foucault (1819–1868), bekannt durch seinen Pendelversuch, mit dem er die Drehung der Erde nachwies, daß in Flammen gestreutes Kochsalz nicht nur eine helle gelbe Linie erzeugt, sondern auch für eine dunkle Linie an genau derselben Stelle verantwortlich sein kann. Er betrachtete das Spektrum des grellen Lichtes einer Bogenlampe und brachte zwischen Lampe und Spektroskop eine Flamme. Als er in diese Kochsalz streute, tauchte im gelben Bereich des hellen Bogenlampenspektrums eine dunkle Linie auf, genau wie sie Fraunhofer im Sonnenspektrum gefunden hatte, und auch genau dort, wo sonst die helle Linie des Natriums zu sehen ist. Offensichtlich verschluckt die gesalzene Flamme Licht genau bei der Wellenlänge, bei der sie es sonst aussendet.

In der darauffolgenden Zeit verstand man, was dabei vorgeht. Es war der damals in Heidelberg arbeitende Physiker Gustav Robert Kirchhoff, der das Gesetz der Wechselwirkung von Gasen und sie durchdringenden Lichtstrahlen erkannte. Bei der Flamme sind es Metalldämpfe, die sich aus den Salzen bilden. Wir formulieren das sogenannte Kirchhoffsche Gesetz hier etwas vereinfacht: Wird Metalldampf in der Flamme erhitzt, sendet er Licht bei ganz bestimmten Wellenlängen aus, wird er aber von einer heißen Lichtquelle bestrahlt, so schluckt er Licht bei genau diesen Wellenlängen. Das eine Mal erzeugt er im Spektrum helle *Emissionslinien,* das andere Mal dunkle *Absorptionslinien.*

Man untersuchte nicht nur die Spektren von Flammen, auch das Licht im elektrischen Lichtbogen und das Leuchten der Gase in den Geißler-Röhren wurde studiert. Immer deutlicher stellte sich heraus, daß alle Gase für sie charakteristische Spektren zeigen, seien es nun gasförmige chemische Elemente oder Gase chemischer Verbindungen. Kirchhoff und der Chemiker Robert Wilhelm Bunsen, derentwegen Mendelejew 1860 nach Heidelberg gekommen war, zeigten schließlich als erste, wie man aus den Spektren die chemische Zusammensetzung der leuchtenden Gase bestimmen kann. Daß der Mond der Erde ähnelt, wußte schon Galilei, daß die Planeten wie die Erde kalte, nicht selbstleuchtende Körper sind, hatte man auch schon frühzeitig erkannt. Daß aber die Sonne und die übrigen Sterne aus chemischen Elementen bestehen, die wir schon von der Erde her kennen, dieses Wissen verdanken wir der Analyse der Spektren der Sterne. Sie haben uns verraten, daß Wasserstoff das häufigste Element im Weltall ist. Dann folgt das zuerst im Sonnenspektrum gefundene Helium, das etwa ein Viertel der Masse des Weltalls ausmacht. Für die chemische Fernanalyse hatte man ein einfaches Rezept: Man nehme das Spektrum eines Sterns und vergleiche die Linien mit denen der Spektren bekannter Stoffe. Wenn unter den vielen Linien eines Sternspektrums die des Magnesiums sind, dann muß seine Atmosphäre Magnesium enthalten. Das Spektrum eines Stoffes ist sein Fingerabdruck, durch den man ihn identifizieren kann, selbst wenn er nur in Spuren vorhanden ist oder sich auf einem fernen Stern befindet.

## Die Faustregel des Gymnasiallehrers

Die Spektralanalyse ist zwar ein sehr wichtiges Hilfsmittel, um Stoffe zu analysieren, sie sagt uns aber nicht, warum die untersuchte Substanz bei ganz bestimmten Wellenlängen Linien zeigt. Irgendwie müssen die Spektrallinien ihre Ursache in den Bausteinen der Materie haben. Das Spektrum des leuchtenden Wasserstoffs zeigt eine Linie im Roten, eine an der Grenze zwischen Grün und Blau, eine an der Grenze zwischen Blau und Violett und mehrere im violetten Bereich des Spektrums. Die zugehörigen Wellenlängen sind in zehntausendstel Millimetern ausgedrückt: 6.56, 4.86, 4.34, 4.10. Die Zahlen zeigen auf den ersten Blick keine Regelmäßigkeit. Es fällt nur auf, daß sie nach kürzeren Wellenlängen hin enger aneinander rücken. Es war ein Schweizer Gymnasiallehrer, der darin eine Gesetzmäßigkeit erkannte – und wieder spielten die ganzen Zahlen dabei eine wichtige Rolle. Johann Jakob Balmer (1825–1898) unterrichtete an einem Gymnasium in Basel. Er kannte zunächst nur die vier oben angeführten Wellenlängen der Wasserstofflinien, trotzdem gelang es ihm, eine Regel zu finden, welche die Wellenlängen der vier Linien genau wiedergibt. Er konnte sogar die fünfte voraussagen. Die Aufgabe erinnert an einen Intelligenztest, bei dem mehrere Zahlen genannt werden. Der Kandidat soll dann das Gesetz ihrer Folge erkennen und die nächste Zahl nennen.

Was haben die vier Wellenlängen gemeinsam, die oben angegeben sind? Können Sie erraten, wie die Zahlenfolge sich fortsetzt? Welches ist die nächste Wellenlänge? Sie benötigen die Geduld eines Schweizer Gymnasiallehrers. Beginnen wir mit etwas Einfacherem: Wie ist die Zahlenfolge 9, 16, 25, 36 fortzusetzen? Dazu bedarf es keines hohen Intelligenzquotienten, es ist die Reihe der Quadrate der ganzen Zahlen, ab der 3, also: 3 x 3, 4 x 4, 5 x 5 und 6 x 6. Weiter geht es mit: 7 x 7 = 49, 8 x 8 = 64. So weit, so gut. Gehen wir zum nächsten schwereren Schritt. Was halten Sie von der Folge der Brüche $5/9$, $12/16$, $21/25$, $32/36$? Wissen Sie, wie sie fortzusetzen ist? Die Nenner der Brüche kennen wir schon, sie bilden unsere Folge der Quadratzahlen. Wie aber steht es mit den Zählern, kommen Sie darauf? Ich will es verraten.: Man erhält den Zähler jedes Bruches, indem man vom Nenner 4 abzieht. Also setzt sich die Folge der Brüche fort mit $^{45}/_{49}$, $^{60}/_{64}$. Was aber hat das mit den Wellenlängen der Linien des Wasserstoffs zu tun? Nehmen wir den Taschenrechner zur Hand und multiplizieren wir die Wellenlängen der Reihe nach mit unseren Brüchen, also 6.56 x $^5/_9$, 4.86 x $^{12}/_{16}$, 4.34 x $^{21}/_{25}$ und 4.10 x $^{32}/_{36}$. Wir erhalten im Rahmen der Abrundungsfehler stets die gleiche Zahl: 3.645. Jetzt können Sie die nächsten beiden Wellenlängen des Wasserstoffs bestimmen. Sie müssen mit $^{45}/_{49}$ und $^{60}/_{64}$ multipliziert stets 3.645 ergeben. Tatsächlich sind die nächsten Wellenlängen 3.97 und 3.89.

Balmer hatte eine Faustformel gefunden, nach der er voraussagen konnte, wo im Spektrum des Wasserstoffs eine Linie zu sehen ist. Die Wasserstofflinien im sichtbaren Licht heißen seither Balmer-Linien. Nicht alle Linien, die der leuchtende Wasserstoff zeigt, gehören dazu. Auch im ultravioletten und im infraroten Bereich des Spektrums strahlt oder absorbiert der Wasserstoff bei bestimmten Wellenlängen. Auch diese lassen sich durch eine leichte Modifikation der ursprünglichen Balmerschen Regel voraussagen.

Welchen Gesetzmäßigkeiten war Balmer mit seiner Formel auf der Spur? Warum spielten bei ihr wieder Regeln für ganze Zahlen, aus denen er seine Brüche bildete, eine wichtige Rolle? In Kapitel 6 werden wir darauf zurückkommen.

### Die Bilder der lebenden Knochen

Manchmal wird eine wissenschaftliche Entdeckung so aktuell, daß sie ihren Entdeckern gewissermaßen aus der Hand gerissen wird, ehe sie selbst genau wissen, was sie eigentlich gefunden haben. So war es auch mit den Strahlen des Würzburger Professors Röntgen.

Am 24. Januar 1896 berichtete das »Fränkische Volksblatt«, daß im Londoner Guy-Spital ein Matrose seit Monaten daniederlag, »dessen Extremitäten sich im Zustande vollkommener Erstarrung befinden«, seit man ihn betrunken in das Krankenhaus gebracht hatte. Eine kleine, blutende Wunde am Rücken war damals gleich behandelt worden und rasch verheilt, trotzdem blieb der Mann gelähmt. Doch der Chef der Abteilung, ein gewisser Dr. Williamson, hatte eben erst von den vor wenigen Wochen bekannt gewordenen Röntgenschen Experimenten gelesen und kam auf die Idee, den Rücken des Kranken auf die Röntgensche Weise zu fotografieren. Es bleibt offen, wie Dr. Williamson zu einer Röntgenapparatur kam, immerhin benötigte er dazu einen Rühmkorffschen Apparat samt Stromquelle und eine Geißler-Röhre, möglichst in der von Hittorf verbesserten Form. Die Aufnahme zeigte zwischen dem ersten Rücken- und dem ersten Kreuzwirbel eine Messerklinge. Sie ließ sich durch eine Operation entfernen. Am nächsten Tag konnte der Patient wieder gehen.

Wir alle kennen die Röntgen-Assistentinnen unserer Krankenhäuser, die sich in Sicherheit bringen, während sie uns die nötige Strahlendosis verpassen. Die wenigsten von uns aber wissen etwas von den Strahlen, die den menschlichen Körper durchdringen und Schattenbilder der Knochen auf den Röntgenfilm werfen.

Es begann, als der Würzburger Physikprofessor Wilhelm Conrad Röntgen (1845–1923) in seinem einfachen Laboratorium am 8. November 1895 eine Röhre, so wie sie von Crookes und Hittorf verwendet wurde, in Betrieb setzte, um Kathodenstrahlen zu untersuchen. Die Röhre war in schwarzes Papier gehüllt. Als Röntgen die Spannung eines Rühmkorffschen Apparates anlegte, der mit einer Stromstärke von 20 Ampere betrieben wurde, und Funken von vier bis sechs Zoll erzeugen konnte, sah er ein Stück Papier, das mit Barium getränkt worden war, in der Dunkelheit des Labors aufleuchten. Bei näherer Prüfung stellte er fest, daß offensichtlich irgendwelche unsichtbaren Strahlen aus der Röhre herauskommen und das Papier leuchten lassen. Das Leuchten blieb auch, als er das Bariumpapier in noch größerer Entfernung den Strahlen aussetzte. Bis in fast zwei Meter Entfernung reagierte es noch. Weitere Versuche zeigten, daß die neue Strahlenart Papier, Holz und Tuch durchdringen konnte. Ein dicker Foliant von 1000 Seiten bot den Strahlen keinen Widerstand, ebensowenig wie zentimeterdicke Tannenbretter. Die rätselhaften Strahlen ließen sich selbst von Metallen nicht vollständig aufhalten, erst eine 1.5 Millimeter dicke Bleischicht war für sie ein unüberwindliches Hindernis. Fotoplatten wurden von den Strahlen geschwärzt. Als Röntgen seine Hand zwischen Röhre und Bariumpapier hielt, warfen die Knochen dunkle Schatten auf das Papier.

Am 28. Dezember 1895 – mitten während der Weihnachtsferien – überreichte Röntgen das Manuskript über seine Entdeckung dem Sekretär der Physikalisch-Medizinischen Gesellschaft der Universität Würzburg. Am Neujahrstag 1896 verschickte er die ersten Sonderdrucke an Kollegen. Innerhalb kürzester Zeit erschienen mehrere

Übersetzungen in anderen Ländern: »Nature« in London brachte den Beitrag am 23. Januar, die amerikanische »Science« am 14. Februar, und »L'Éclairage électrique« folgte schon am 8. Februar 1896 mit einer französischen Fassung. Doch die Tagespresse war noch schneller gewesen. Schon am 6. Januar war die Nachricht per Kabel um die Welt gegangen.

Es war natürlich nicht die Bedeutung für die Physik, die der Entdekkung die Popularität verschaffte, sondern die Aussicht auf ihre medizinische Anwendung. Röntgen bekam körbeweise Briefe von Hilfesuchenden und wurde um Rat gefragt, auch wenn es gar nicht um die von ihm entdeckten Strahlen ging. Gerne erzählte er Jahre danach noch die Geschichte vom Schlossermeister, dessen kleiner Sohn sich ein Bein gebrochen hatte, das nach der Heilung kürzer blieb. Der Mann fragte Röntgen, ob man nicht jetzt auch das gesunde Bein brechen sollte, um auf diese Weise dem Jungen wieder zwei gleich lange Beine zu geben.

Heute treten immer wieder Scharlatane auf, die aus der naturwissenschaftlichen Unwissenheit der Menschen Nutzen ziehen. Damals war das nicht anders. Eine Zeitung im Staate Iowa in den USA berichtete, daß es einem Studenten der New Yorker Columbia-Universität gelungen sei, mit Hilfe der neuen Strahlen ein Metallstück mit einem Wert von nur 13 Cents in Gold vom Werte von 153 Dollar zu verwandeln. Leider hat man von dem hoffnungsvollen jungen Mann später nie wieder etwas gehört.

Röntgen widmete sich mit so großem Eifer der Erforschung der neuen Strahlen, daß es 17 Jahre lang seinen Erkenntnissen kaum etwas hinzuzufügen gab. Schon frühzeitig hatte er bemerkt, daß elektrisch geladene Körper ihre Ladung verlieren, wenn sie von den Strahlen getroffen werden. Offensichtlich wird die Luft von den durch sie hindurchgehenden Strahlen elektrisch leitend gemacht, und die im Körper gesammelte Elektrizität kann abfließen. Röntgen fand auch, daß sich die Strahlen geradlinig ausbreiten, daß sie aber, anders als Licht, nicht reflektiert und nicht im Prisma gebrochen werden können.

Was waren das für Strahlen, die da durch Papier und Holz, durch Mark und Bein gingen? Waren sie elektromagnetische Wellen, unsichtbare Verwandte des Lichtes? Doch Licht geht weder durch Papier noch durch Holz. Wenn irgendwelche elektromagnetischen Wellen in einigen Eigenschaften den Röntgenstrahlen ähnelten, dann höchstens die kurzwellige Ultraviolettstrahlung, die im Prisma weniger abgelenkt wird als das sichtbare Licht. Oder sollte es sich um eine Art von Kathodenstrahlen handeln?

## Röntgenstrahlen, die sich in Kristallen brechen

Die Entscheidung fiel in München im April 1912. Auf unserem Weg durch die Geschichte der Idee des Atoms begegnen wir jetzt zum erstenmal einem der Männer, die an dem Tag, an dem die Hiroshima-Bombe fiel, in Farmhall in England interniert waren. Max von Laue (1879–1960), ein Schüler des Physikers Max Planck, war seit 1909 Privatdozent an der Münchner Universität. Damals kam er auf die Idee, Kristalle mit Röntgenstrahlen zu durchleuchten, Kristalle deshalb, weil sie regelmäßig geformt sind, ihre Bausteine sind symmetrisch angeordnet. Wenn Röntgenstrahlen eine Art von Lichtwellen sind und ihre Wellenlängen vielleicht so kurz sind, daß sie mit den Abständen der Atome im Kristall vergleichbar werden, dann müßten sie beim Durchgang durch Kristalle Beugungserscheinungen zeigen, müßten also so abgelenkt werden, daß sie danach eine fotografische Platte nicht gleichmäßig schwärzen, sondern eine Art Muster zeichnen. Von Laue hatte recht, die aus dem Kristall austretenden Röntgenstrahlen zeichneten auf die Platte ein Muster aus regelmäßig angeordneten Punkten (vgl. Abb. 4.9) – die Wellennatur der Röntgenstrahlen war bewiesen.

Man kann sich die Entstehung des regelmäßigen Musters in vereinfachter Form veranschaulichen, wenn man eine punktförmige Lichtquelle durch ein fein gewebtes Tuch, nahe vor das Auge gehalten, betrachtet. Auch dann sieht man ein Lichtmuster, hervorgerufen durch die regelmäßig angeordneten Fäden im Gewebe. Bei den Kristallen hat

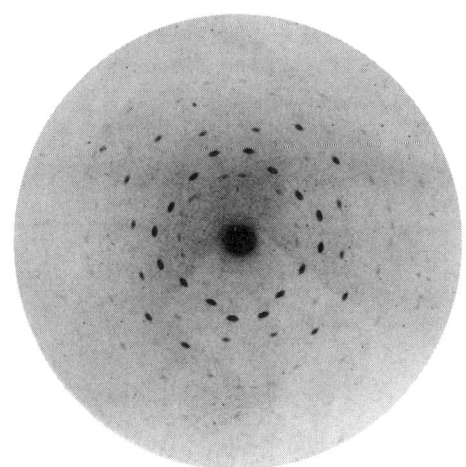

**Abb. 4.9:** Gehen Röntgenstrahlen durch einen Kristall, so werden sie wegen ihrer Wellennatur so abgelenkt, daß sie auf einer fotografischen Platte dahinter ein regelmäßiges Muster erzeugen.

man aber anstelle des zweidimensionalen »Gitters« der Fäden das dreidimensionale Gitter der im Kristall regelmäßig angeordneten Moleküle. Nun konnte man auch die Wellenlänge der Röntgenstrahlen bestimmen, die keine Linse beugt und kein Spiegel reflektiert. Das Ergebnis: Der Abstand von Wellenberg zu Wellenberg liegt bei einem zehnmillionstel Millimeter, einem Zehntausendstel der Wellenlänge des sichtbaren Lichtes.

Heute wissen wir, wie sie in der Röntgenröhre entstehen. Die Elektronen eines Kathodenstrahls schießen auf die Anode (vgl. Abb. 4.10). Beim Aufprall werden sie abgebremst. Wenn Elektronen gezwungen werden, sich ungleichförmig, erst schnell, dann langsam, zu bewegen, senden sie elektromagnetische Wellen aus. Sie gehen, wie schon Röntgen selbst bemerkt hatte, geradlinig von der Anode in den Raum. Von Kristallen werden sie abgelenkt, und da der Ablenkungswinkel von der Wellenlänge abhängt, kann man mit Kristallen Spektren der Strahlung erzeugen und auf fotografischen Platten festhalten.

Die Entdeckung der Röntgenstrahlung leitete ein neues Kapitel der Physik ein. Doch es waren mehrere Erkenntnisse, welche die damaligen Vorstellungen von der Materie umwarfen. Die Jahre 1895, 1896, 1897 und 1898 werden oft als die goldenen Jahre der Physik bezeichnet, denn in ihre Zeit fielen vier wichtige Entdeckungen. Im Jahre 1895 fand Röntgen seine Strahlen, zwei Jahre später bestimmte Thomson die Masse des Elektrons. Die Jahre 1896 und 1898 eröffneten die Ära, in der man erfuhr, daß das Atom, das als unteilbar definierte Teilchen, sich von Natur aus teilen kann.

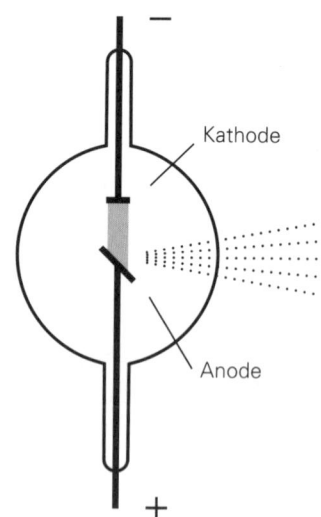

**Abb. 4.10:** In der Röntgenröhre trifft ein Kathodenstrahl die Anode, von der dann Röntgenstrahlen ausgehen.

# 5. Schießende Atome
## und Atome unter Beschuß

Im übrigen ist es kein Wunder, daß beide Curies mehr und mehr Opfer seltsamer, schwer diagnostizierbarer Krankheiten wurden...Maria... starb an aplastischer Anämie, einer Folge übermäßiger Bestrahlung. Ihr Schwiegersohn F. Joliot überprüfte ihre experimentellen Notizbücher. Sie waren stark radioaktiv verseucht, und selbst ihre Kochbücher (Maria kochte zu Hause) strahlten noch nach fünfzig Jahren.

*Emilio Segrè*[22]

Die neuentdeckten Röntgenstrahlen eröffneten nicht nur eine neue Ära der Medizin, auch die Physik trat zur gleichen Zeit in eine neue Epoche ein.

### Das strahlende Salz in der Schublade

Am 20. Januar 1896 zirkulierte während einer Sitzung der französischen Akademie der Wissenschaften das Bild der Handknochen eines lebenden Menschen, von zwei Franzosen mit Hilfe der neuen Strahlen aufgenommen. Das war drei Wochen, nachdem Röntgen in Würzburg seine Sonderdrucke zur Post gebracht hatte. Auch der 43jährige Antoine Henri Becquerel (1852–1908) sah das Bild. Schon sein Vater, gleichfalls Physiker, hatte sich mit durch Licht ausgelösten chemischen Reaktionen befaßt. Stoffe, die wie das von Röntgenstrahlen getroffene Bariumpapier ein kaltes Licht aussenden, kannte man schon lange. Die würfelförmigen Kristalle der Zinkblende, des Erzes, aus dem man Zink gewinnt, leuchten noch einige Zeit nach, wenn sie aus dem Tageslicht in ein dunkles Zimmer gebracht werden. Sollten vielleicht alle kalt leuchtenden Stoffe, ja vielleicht sogar die Glühwürmchen, Röntgensche Strahlung aussenden? Becquerel legte in seinem Laboratorium Proben verschiedenster Salze, die er vorher stundenlang der Sonne ausgesetzt hatte, auf lichtdicht in schwarzes Papier gewickelte Fotoplatten. Doch die lichtempfindlichen Schichten waren nach dem Entwickeln glasklar. Erst als er das Kristallblättchen eines Uransalzes auf die eingewickelten Platten legte, wurde Becquerel fündig.

Becquerel setzte das Salz der Sonne aus und legte es anschließend auf die Platte. Nach dem Entwickeln war die Schicht dort, wo die Salzkristalle gelegen hatten, schwarz. Während der Februartage des Jahres 1906 kam die Sonne in Paris nur sporadisch zwischen den Wolken hervor. Becquerel konnte die Versuchsreihe deshalb vorerst nicht weiterführen. So legte er Platten und Salz in eine Schublade und wartete auf besseres Wetter. Am 1. März entwickelte er die Platten schließlich doch. Eigentlich erwartete er keinerlei Schwärzung auf ihnen, das Salz war ja dem Licht kaum ausgesetzt gewesen. Um so größer war die Überraschung, als die Platten doch sehr starke Schwärzungen zeigten. Die Uransalzkristalle hatten die Platte durch ihre Umhüllung hindurch bestrahlt, ohne vorher die Sonne gesehen zu haben. Die unsichtbare Strahlung hatte offensichtlich nichts mit einer vorherigen Belichtung der Salzkristalle zu tun. Es war allein das Uran, das in Becquerels Experiment für die Strahlung verantwortlich war. Unabhängig davon, mit welchen anderen Atomen verbunden es in einem Stoff auch vorkommt, es strahlt, verbirgt es sich nun im Uranoxid oder im Urankaliumsulfat.

Waren es während der darauffolgenden vier Jahrzehnte nur die Wissenschaftler, die sich mit dem Uran befaßten, so sollte dieses Element ein halbes Jahrhundert später die Weltgeschichte umgestalten. Das Metall, das bei 1131 °C schmilzt, wurde schon 1789 vom deutschen Chemiker Martin Heinrich Klaproth (1743–1817) im Erz einer Grube in Johanngeorgenstadt im Erzgebirge entdeckt. Acht Jahre zuvor hatte man den Planeten Uranus gefunden, den ersten Planeten, der außerhalb des Planetensystems der Griechen, das bei Saturn endete, seine Bahn um die Sonne zieht. Dadurch angeregt, nannte Klaproth das neue Element Uran. Wahrscheinlich hatte Klaproth selbst nie reines Uran untersucht, sondern stets nur Uranoxid in Händen gehabt, denn Uran verbindet sich an der Luft rasch mit Sauerstoff. Erst später gelang es, reines Uranmetall herzustellen. Es ist ein schweres Metall von silberweißer Farbe, seine Häufigkeit im Weltall ist vergleichbar mit der des Silbers und des Goldes. Man findet Spuren davon in fast allen Gesteinen. Jede Tonne der Erdkruste enthält im Mittel etwa vier Gramm Uran[23].

Die Ähnlichkeit der Strahlung des Urans mit der Röntgenstrahlung zeigte sich nicht nur an bestrahlten Fotoplatten. Auch die Uransalze machen die umgebende Luft leitend. Die durch elektrische Ladung gespreizten Goldblättchen eines Elektroskops (vgl. Abb. 2.5) fielen sofort schlaff herunter, wenn man ein Uransalz in ihre Nähe brachte. Was war es, das da von den Atomen des Urans in den Raum ging? Zeigt nur Uran diese merkwürdige Eigenschaft?

**Neue strahlende Elemente**

Zur der Zeit, als Becquerel mit Uransalzen experimentierte, lebte in Paris ein junges Ehepaar. Der Physiker Pierre Curie (1859–1906) hatte im Jahre 1895 die polnische Studentin Maria Sklodowska (1867–1934) geheiratet. Beide arbeiteten damals über die magnetischen Eigenschaften von Metallen. Erhitzt man einen Eisenmagneten auf mehr als 769 °C, so verliert er seine magnetischen Eigenschaften. Bei Nickel genügen bereits 356 °C. Diese für das magnetische Verhalten eines Stoffes kritische Temperatur nennt man heute den *Curie-Punkt*. Doch die beiden Curies sollten aus anderen Gründen in die Wissenschaftsgeschichte eingehen.

Es war wohl Maria, die als erste von Röntgens und Becquerels Entdeckungen fasziniert war. Schwärzen alle Uransalze die Fotoplatte gleich stark? Gibt es noch andere chemische Elemente, die ähnlich strahlen? Die Curies versuchten, die Stärke der *Radioaktivität* – Maria hatte das Wort geprägt – zu messen. Ihre Methode ist in der Abbildung 5.1 skizziert. Zwei Metallplatten von etwa acht Zentimetern Durchmesser waren im Abstand von drei Zentimetern übereinander angebracht. Auf die untere Platte legten sie eine Schicht der zu untersuchenden pulverisierten Substanz. Wenn sie zwischen den Platten eine elektrische Spannung anlegten, floß bei radioaktivem Material ein elektrischer Strom. Die Luft wurde durch die Strahlung elektrisch

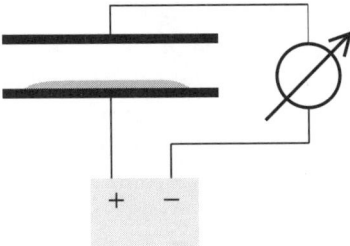

**Abb. 5.1:** Das Prinzip, das die Curies benutzten, um die Stärke der Radioaktivität einer Probe zu bestimmen. Das Präparat auf der unteren der beiden parallelen Metallplatten macht die Luft in seiner Umgebung elektrisch leitend. Zwischen den Metallplatten fließt ein Strom, dessen Stärke mit dem Meßinstrument rechts bestimmt werden kann. Die Stromstärke ist ein Maß für die Stärke der Aktivität der Probe.

leitend, je stärker die Radioaktivität, um so stärker war der Strom. Ihn konnten sie mit einem feinen Meßinstrument messen – Pierre hatte es entwickelt. Die Stärke des Stroms war ein Maß für die Stärke der Radioaktivität. Auch Thorium stellte sich als radioaktiv heraus. Die beiden Forscher in Paris wußten damals nicht, daß zur gleichen Zeit auch schon Gerhard Karl Schmidt (1865–1949), Dozent an der Universität Erlangen, bemerkt hatte, daß Thorium Becquerelsche Strahlung aussendet.

Die Curies untersuchten verschiedene Minerale aus dem Naturgeschichtlichen Museum in Paris auf Radioaktivität. Sie prüften auch Pechblende, ein anscheinend nutzloses Material, das früher im Erzgebirge beim Silberbergbau mit dem Erz an die Oberfläche gefördert und, nachdem das Silber gewonnen war, achtlos auf Halden geworfen wurde. Auch dieses Mineral erwies sich als radioaktiv. Doch welche Stoffe sind es, die für seine Strahlung verantwortlich sind? Daß die Pechblende Uran enthält, wußte man bereits. Bei ihrer Suche entdeckten die Curies ein neues Element, das gleichfalls radioaktiv war. Zur Ehre ihrer Heimat gab Marie ihm den Namen *Polonium*. Als sie die Pechblende in weitere Bestandteile zerlegen wollten, merkten sie, daß das Barium in den Proben mit einem stark radioaktiven Stoff vermengt sein muß. Es war schwierig, diesen unbekannten Strahler vom Barium zu trennen. Wir wundern uns heute nicht darüber, denn das Radium, um das es sich handelte, steht im Periodischen System der Elemente in der gleichen Spalte wie das Barium, ist ihm also chemisch ähnlich. Doch schließlich gelang es den Curies, den Stoff vom Barium zu lösen. Seine Strahlung übertraf die aller bis dahin bekannten radioaktiven Stoffe. Durch die Vermittlung eines österreichischen Kollegen erhielten die Curies schließlich eine Tonne Pechblende aus Joachimsthal im böhmischen Erzgebirge, das damals zur österreichisch-ungarischen Monarchie gehörte. Zwei Jahre lang lösten die Curies aus dieser Tonne Erz mit Radium hinreichend angereichertes Barium heraus. Damit konnten sie die Eigenschaften des neuen strahlenden Elementes annähernd bestimmen. Erst zwölf Jahre später sollten sie das erste reine Radium erhalten.

Ihre mühevollen chemischen Arbeiten mußten die Curies unter sehr primitiven Bedingungen ausführen. Der Physiker Emilio Segrè schreibt darüber: »Dieses Laboratorium war kaum mehr als ein zugiger, im Winter feuchter und im Sommer unerträglich heißer Schuppen, er besaß keine der heute unentbehrlichen Grundausstattungen eines chemischen Labors. Es gab keine Abzüge, geschweige denn gesundheitliche Schutzvorrichtungen. Doch damals wußte niemand von den Gefahren der Radioaktivität.«[24]

Noch immer war die Frage offen, was die Radioaktivität eigentlich ist. Es bestand kein Zweifel, daß es eine Eigenschaft der *Atome* der chemischen Elemente sein mußte. Radioaktive Stoffe können mit anderen nichtaktiven Verbindungen eingehen, doch immer, wenn man den radioaktiven Grundstoff wieder zurückgewinnt, hat er dieselben Strahlungseigenschaften wie vorher. Die vorübergehende Ehe mit einem anderen Element hat ihn nicht verändert. Auch die Temperatur hat keinen Einfluß auf die Radioaktivität. Heißes Polonium strahlt nicht stärker oder schwächer als kaltes.

Radioaktive Stoffe wärmen ihre Umgebung, fanden die Curies. Ein Gramm Radium gibt jahraus jahrein 0.117 Watt ab. Damit ist es allerdings keine beeindruckende Wärmequelle. Um ein Zimmer mit Radium zu heizen, bräuchte man mehr als 20 Kilogramm davon. Doch woher nehmen die radioaktiven Stoffe ihre Energie? Sollte der in der ersten Hälfte des 19. Jahrhunderts gefundene und sich immer wieder bestätigende Satz von der Erhaltung der Energie nicht mehr stimmen? Hatte man in den radioaktiven Stoffen endlich das Perpetuum mobile gefunden, das alle Energieprobleme der Menschheit lösen kann? Pierre Curie schrieb zusammen mit seinem Mitarbeiter Laborde: »Eine andauernde Entwicklung solcher Mengen von Wärme kann mit den uns vertrauten chemischen Umwandlungen nicht erklärt werden. Wenn wir den Ursprung der Wärmeentwicklung in einer inneren Umwandlung suchen, muß diese von einer viel tiefgreifenderen Natur und einer Umwandlung des Radiumatoms zuzuschreiben sein.«[25]

Die Curiesche Entdeckung der Wärmeabgabe hat auch heute noch in anderer Hinsicht große Bedeutung. Die Kruste des Erdkörpers enthält radioaktive Elemente. Wenn sie zerfallen, wird Wärme frei. Die Erdwärme, welche das Erdinnere flüssig hält, rührt wahrscheinlich zur Hälfte von der Radioaktivität der Erde her. Der Rest stammt noch von der Wärme, welche unser Planet bei seiner Bildung mitbekommen hat. Als die Astronauten von APOLLO 15 und 17 in den Spalten der Mondoberfläche Meßgeräte versenkten, konnten sie die im Mondkörper freiwerdende radioaktive Wärme messen.

Das neue Jahrhundert hatte mit einer tiefgreifenden Wende in den Vorstellungen von Materie und Energie begonnen. Die Weltausstellung in Paris im Jahre 1900 zog weitere Veranstaltungen in die Stadt an der Seine. Auch die Internationale Physikalische Gesellschaft richtete ihren Kongreß in Paris aus. Sowohl die Curies wie auch Becquerel berichteten über ihre Arbeiten. Nun kannte man schon fünf radioaktive Elemente: Uran, Thorium, Polonium, Radium und das Actinium. Das letztere hatte ein Kollege der Curies, der ihnen oft bei ihren Experimenten zur Seite stand, entdeckt. Becquerel hatte inzwischen die Strahlen der radioaktiven Stoffe näher untersucht. Sie kamen geradlinig aus den Atomen heraus, doch sie hatten keine einheitlichen Eigenschaften. Wie Röntgenstrahlen gingen sie einerseits über weite Strecken durch die Luft, doch waren da auch noch Strahlen, die von einem Magnetfeld aus ihrer geraden Bahn geworfen werden können. Wie Thomson die magnetische Ablenkung der Kathodenstrahlen benutzt hatte, um die Eigenschaften der Teilchen zu bestimmen, so versuchte Becquerel damit die Masse der den Kathodenstrahlen ähnelnden Strahlen der radioaktiven Stoffe zu bestimmen. Das Ergebnis: Die radioaktiven Atome schleudern auch Elektronen mit unvorstellbarer Geschwindigkeit in den Raum.

Die Curies erhielten im Jahre 1903 zusammen mit Becquerel den Nobelpreis für Physik. Drei Jahre danach wurde Pierre beim Überqueren einer Straße in Paris von einem Wagen erfaßt, dessen Pferd scheute. Pierre Curie wurde zu Tode geschleift. Marie Curie setzte die gemeinsame Arbeit nun allein fort, zog die beiden Töchter groß und erhielt 1911 zum zweiten Mal den Nobelpreis, diesmal den für Chemie. Im Alter von 67 Jahren starb sie. Ihr Rückenmark war durch die über Jahre angesammelte Radioaktivität geschädigt, ihre Hände, wund vom Arbeiten mit Säuren und radioaktiven Material, heilten nicht mehr.

## Der Neuseeländer, der beinahe das Radio erfunden hätte

In dem Jahr, in dem Röntgen die große Entdeckung seines Lebens machte, betrat ein junger Neuseeländer zum ersten Mal englischen Boden. Der 24jährige hatte in seinem Heimatland Physik studiert, hatte sich mit den von Heinrich Hertz gefundenen elektromagnetischen Wellen befaßt und dabei entdeckt, daß diese magnetisiertes Eisen, auf das sie treffen, entmagnetisieren. Das war von praktischer Bedeutung. Ein elektrischer Funke, der von einer positiv geladenen Metallkugel auf eine negativ geladene überspringt, sendet Hertzsche Wellen aus. Wenn man die Stärke des Magnetismus eines Metallstückes mißt, das in einiger Entfernung aufgestellt ist, kann man das Eintreffen der Wellen am Abnehmen der magnetischen Stärke erkennen. Der Sender auf einem Leuchtturm, der Empfänger auf einem Schiff – die Hertzschen

Wellen eröffneten die Aussicht, Signale über Entfernungen zu senden, die man mit Schall nicht mehr überbrücken kann. Als Ernest Rutherford (1871–1937) in England ankam, hatte er in seinem Schiffsgepäck einen Empfänger, der elektrische Funken noch im Abstand von 900 Metern registrieren konnte. Rutherford hätte seine Erfindung gerne wirtschaftlich ausgenutzt, denn in Neuseeland wartete seine Braut. Er brauchte dringend Geld, um einen Hausstand gründen zu können. So erklärte er seine Beschäftigung mit der Radiotechnik in einem Brief an sie: »Der Grund, warum ich mich so auf die Sache stürze, ist ihre praktische Bedeutung ... gehen die Experimente in der nächsten Woche so gut wie ich erwarte, dann sehe ich eine Chance, in der Zukunft schnell zu Geld zu kommen.« [26].

Zur gleichen Zeit experimentierte auch der Italiener Guglielmo Marconi (1874–1937), der heute als der Erfinder der drahtlosen Telegraphie und des Radios gilt, auf dem Landsitz seines Vaters mit Hertzschen Wellen. Doch Rutherford wandte sich nun ausschließlich der Physik zu, und Marconi wurde seinen Konkurrenten los, der zwischendurch sogar einmal den Entfernungsrekord im Aussenden und Empfangen von Funksignalen gehalten hatte.

In Cambridge war J. J. Thomson von Rutherfords Experimenten so beeindruckt, daß er dem jungen Mann vorschlug, mit ihm über die Strahlung der Gase in Entladungsröhren zu arbeiten. Thomsons Einladung war für den jungen Mann eine so große Ehre, daß er nicht ablehnen konnte.

Jetzt begann Rutherford über den Bau der Atome zu arbeiten. Damit sollte er einer der großen Physiker des kommenden Jahrhunderts werden. Die gemeinsame Arbeit mit Thomson war den Gasen in den Entladungsrohren gewidmet. Die beiden fanden, daß dort die Moleküle der Gase in positive und negative Teile in *Ionen,* gespalten werden. Die elektrische Spannung zieht die einen zur Anode, die anderen zur Kathode. Die negativen Teilchen bilden die Kathodenstrahlen, die positiven die *Kanalstrahlen.* Sie waren damals schon seit etwa zehn Jahren bekannt. Der aus Gleiwitz stammende deutsche Physiker Eugen Goldstein (1850–1930) entdeckte sie, als er in einer Entladungsröhre die Kathode durchbohrte und feststellte, daß auch ein Teilchenstrahl aus Richtung der Anode durch den Kanal in der Kathode flog und den Raum hinter der Öffnung schwach leuchten ließ. Während also die Kathodenstrahlen aus negativen Teilchen bestehen, die von der positiven Anode angezogen werden, enthalten die Kanalstrahlen positive Teilchen, die in Richtung der negativen Kathode fliegen (vgl. Abb. 5.2).

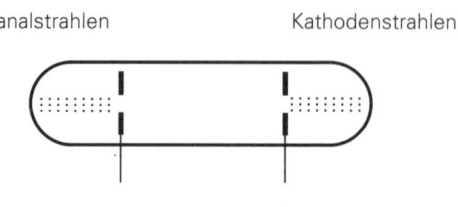

**Abb. 5.2:** Kathoden- und Kanalstrahlen. Durchbohrt man in einer Entladungsröhre beide Elektroden, fliegen die (negativen) Kathodenstrahlen durch das Loch der Anode und die (positiven) Ionen der Kanalstrahlen durch das Loch in der Kathode.

Kanalstrahlen          Kathodenstrahlen

–          +

Rutherford studierte auch die brandneuen Ergebnisse auf dem Gebiet der Radioaktivität und fand, daß die vom Uran ausgehende Strahlung aus zwei Komponenten besteht. Sie unterscheiden sich darin, daß sie verschieden tief in andere Körper eindringen. Er nannte sie *Alpha-* und *Betastrahlen,* nach den ersten Buchstaben des griechischen Alphabets. Im Jahre 1900 entdeckte der Franzose Paul Villard (1860–1934) eine dritte Komponente, sie war von extremer Durchdringungskraft. Den Rutherfordschen Alpha- und Betastrahlen folgend, fügte er nun das Gamma des griechischen Alphabets hinzu und nannte sie *Gammastrahlen.* Sie ließen sich nicht durch magnetische Felder ablenken, und Villard vermutete, daß es sich um eine Art Röntgenstrahlung handelt. Das wurde aber erst 14 Jahre später bewiesen.

Bei genaueren Untersuchungen stellte sich heraus, daß sich die drei Strahlungsarten im Magnetfeld verschieden verhalten. Stellen wir uns

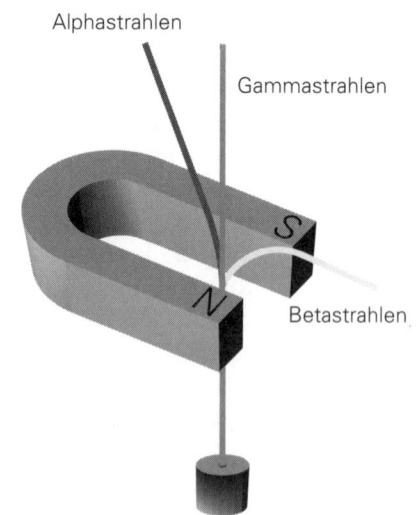

**Abb. 5.3:** Eine Probe Radium in einem Bleigefäß (im Bild unten) strahlt nach oben in ein Magnetfeld, das quer zur Ausbreitungsrichtung der Strahlung steht. Die Gammastrahlen werden nicht abgelenkt, die Alphastrahlen geringfügig in die eine Richtung, die Betastrahlen stark in die entgegengesetzte. Das ist ein Zeichen dafür, daß die Gammastrahlen nicht geladen, die Alphastrahlen elektrisch positiv und die Betastrahlen negativ geladen sind.

Alphastrahlen

Gammastrahlen

Betastrahlen

96

vor, wir hätten eine radioaktive Substanz in einem Bleigefäß, das nur Strahlung nach oben entweichen läßt, etwa so, wie es in der Abbildung 5.3 gezeichnet ist. Bringen wir nun einen starken Magneten über die Öffnung, so daß die Strahlung quer zu den Feldlinien zwischen den Polen hindurch muß. Dann spalten sich die Strahlen in drei Komponenten auf. Eine bleibt vom Magnetismus unbeeinflußt und geht geradewegs nach oben. Es ist die Villardsche Gammastrahlung. Doch man beobachtet auch zwei entgegengesetzt gebogene Strahlen. Der eine Strahl ist stärker abgelenkt als der andere. Wir wissen bereits, daß das ein Zeichen dafür ist, daß die Strahlen aus elektrisch geladenen Teilchen bestehen. Die Richtung, in die sich ein Strahl biegt, hängt von der Ladung ab. Die stark abgelenkte Komponente krümmt sich im Magnetfeld in die gleiche Richtung wie die Kathodenstrahlen – ein Zeichen, daß sie aus negativ geladenen Teilchen besteht, aus Elektronen. Das sind die Betastrahlen. Die Alphastrahlen dagegen sind leicht in die entgegengesetzte Richtung gekrümmt. Sie müssen deshalb aus positiv geladenen Teilchen bestehen.

Das legte die Vermutung nahe, daß es sich um Atome handelt, denen die Elektronen fehlen. Man beachte: Damals beherrschte noch das Thomsonsche Puddingmodell der Abbildung 4.5 mit den Elektronen-Rosinen die Vorstellungen der Physiker. Offensichtlich konnten Rosinen des Thomsonschen Puddings das Atom verlassen. Übrig blieb dann die positiv geladene Puddingmasse ohne Rosinen. Sollte die Betastrahlung aus Rosinen und die Alphastrahlung aus Restpudding bestehen? Waren in der Alphastrahlung des Radiums Atome dieses Elements, die mehrere oder gar alle Elektronen verloren hatten?

Zwar hatte Rutherford im Cavendish-Laboratorium von Cambridge bei Thomson ideale Arbeitsbedingungen, doch es bestand für ihn nur wenig Hoffnung, in England eine besser dotierte Stelle zu erhalten, die ihm nun endlich die Heirat ermöglicht hätte. Als an der McGill-Universität in Montreal in Kanada eine Professur ausgeschrieben wurde, bewarb er sich darum. Obwohl angesehene ältere Physiker mit großer Lehrerfahrung unter den Mitbewerbern waren, erhielt er die Stelle und übersiedelte nach Kanada. Ab September 1898 stand ihm dort ein gut ausgestattetes Laboratorium zur Verfügung – ein Tabakmillionär sorgte für das finanzielle Polster des Instituts.

In dieser Zeit ging gerade die Nachricht um die Welt, daß auch das Element Thorium radioaktiv ist. Schon den Curies war aufgefallen, daß das Polonium einmal stärker, einmal schwächer radioaktiv zu sein scheint. Nun erkannte man, daß auch die Radioaktivität von Thorium im Laufe der Zeit schwankt. Sie änderte sich besonders stark, wenn jemand die Labortür öffnete. Rutherford schloß daraus, daß das Thorium ein radioaktives Gas aussendet, das zu den Meßwerten der Radioaktivität einen merklichen Teil beiträgt – ein Beitrag, den der leiseste Luftzug wegbläst. Er nannte das unbekannte Gas *Emanation*. Auch Radium, Uran und Actinium hatten ihre Emanationen. Alle waren sie radioaktive Gase. Heute wissen wir, daß das Edelgas *Radon* dafür verantwortlich ist. Dieses Element steht im Periodischen System in der Spalte der Edelgase, die vom Helium über Neon, Argon, Krypton und Xenon zu Radon reichen. Wie alle Edelgase verbindet es sich nicht mit anderen Elementen.

Als man in Rutherfords Laboratorium auf die Emanation aufmerksam wurde, ahnte noch niemand, daß es verschiedene Arten ein und desselben chemischen Elements geben kann, die sich nur durch ihr Atomgewicht unterscheiden, sich chemisch aber völlig gleich verhalten. Wir hatten bereits in Kapitel 3 die verschiedenen Isotope eines Elements erwähnt. Die Emanationen, kommen sie nun aus dem Radium oder aus dem Thorium, sind alle Isotope des Elements Radon. Die vom Radium, Thorium und Actinium kommenden Isotope des Radons haben die Massenzahlen 222, 220, 219. Aber das wußte man damals noch nicht.

## Wenn die Radioaktivität erlahmt

Die Emanationen lassen in ihrer Radioaktivität mit der Zeit nach. Die Radiumemanation strahlt nach drei Tagen und 19 Stunden nur noch halb so stark. Die Emanation des Thoriums benötigt dazu nur 56 Sekunden, während die des Actiniums bereits in wenigen Sekunden mit ihrer Strahlung nahezu am Ende ist. Rutherford und seine Mitarbeiter fanden bald heraus, daß es sich hierbei um ein einfaches Gesetz handelt, daß nämlich von einer bestimmten Anzahl radioaktiver Atome in jeder Sekunde ein bestimmter Prozentsatz in ein anderes Element zerfällt. Nehmen wir ein Beispiel: Von einem radioaktiven Stoff seien eine Million Atome da. In jeder Sekunde mögen 2 Prozent von ihnen zerfallen. Wie schwindet die Menge der Atome dahin? Beginnen wir mit den ersten Sekunden:

| Sekunde: | 0 | 1 | 2 | 3 | . . . |
|---|---|---|---|---|---|
| Anzahl der Atome: | 1 000 000 | 980 000 | 960 400 | 941 192 | . . . |

98

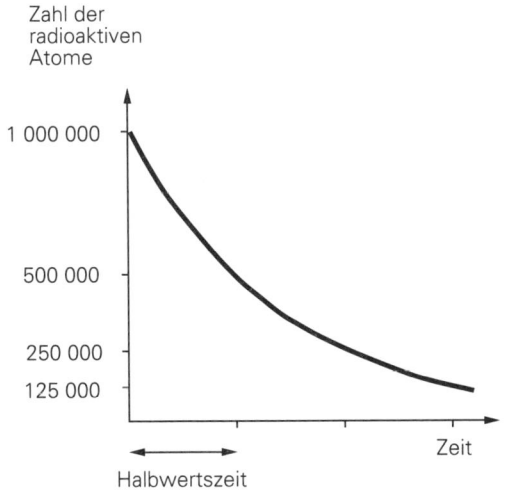

Zahl der
radioaktiven
Atome

1 000 000

500 000

250 000
125 000

Halbwertszeit

Zeit

Prüfen Sie es mit dem Taschenrechner: Nach 34.3 Sekunden ist nur noch die Hälfte da (vgl. Abb. 5.4). Mit der abnehmenden Zahl radioaktiver Atome einer bestimmten Menge des Stoffes schwindet auch deren radioaktive Strahlung. Man warnte Rutherford davor, diesen Gedanken auszusprechen. Allzusehr klingt es wie Alchimie, wenn man behauptet, daß aus den Atomen radioaktiver Elemente andere, nicht radioaktive werden können, daß sich also die verschiedenen Elemente ineinander umwandeln. Doch die Experimente ließen keine andere Deutung zu.

Während seiner Zeit in Montreal hatte Rutherford ein Jahr lang einen Mitarbeiter aus Deutschland, den 26jährigen Otto Hahn (1879–1968). Wir begegnen hier zum zweitenmal einem Physiker, der 1945 in Farmhall in England interniert war. Vor seinem Besuch in Montreal hatte Hahn schon bei dem Chemiker Sir William Ramsay (1852–1916) in London gearbeitet. Zehn Jahre zuvor hatte dieser das »Sonnenelement« Helium in irdischen Mineralien gefunden. Der junge Hahn bekam von Ramsay als erstes die Aufgabe, aus 100 Gramm eines Bariumsalzes einige Milligramm Radium nach der Curieschen Methode zu isolieren. Hierbei entdeckte Hahn einen neuen radioaktiven Stoff, dem er den Namen *Radiothorium* gab. Als er aber im September 1905 in Montreal ankam, mußte er feststellen, daß Rutherford nicht an die Existenz dieses Elements glaubte. Doch es gelang Hahn schließlich, den Meister zu überzeugen. Heute wissen wir, daß das Radiothorium ein Isotop des Thoriums mit der Massenzahl 228 ist. Noch in Kanada hatte Hahn die Halbwertszeit seines Radiothoriums mit etwa zwei Jahren bestimmt, ganz nahe beim wahren Wert von 1.913 Jahren. Schließlich fügte Hahn den radioaktiven Elementen noch das *Radioactinium* zu, von dem wir jetzt wissen, daß es ein Thoriumisotop mit der Massenzahl 227 ist.

Im Jahre 1907 ging Rutherford nach England zurück. In Manchester war ein Lehrstuhl freigeworden, und der inzwischen international angesehene Rutherford bezog nunmehr ein sehr gut ausgestattetes Laboratorium. Dort übernahm er von seinem Vorgänger einen deutschen Assistenten, dessen Name noch heute in der breiten Öffentlichkeit bekannt ist: Hans Geiger (1882–1945). Der in Neustadt an der Weinstraße geborene Pfälzer sollte eines der wichtigsten Hilfsmittel erfinden, mit dem man die gefährliche, unsichtbare Strahlung radioaktiver Stoffe hörbar machen kann, den *Geiger-Zähler*. Doch noch war es nicht so weit.

Rutherford hatte aus Kanada nur wenige Milligramm Radium mitgebracht. Nun stellte die Österreichische Akademie der Wissenschaften mehrere hundert Milligramm zur Verfügung. Damit konnte er vor allem die Eigenschaften der dem Radium entströmenden Emanation untersuchen.

Eine der Fragen, die Rutherford beschäftigten, war die nach der Natur der Alphastrahlen. Er hatte bereits in Kanada vermutet, daß ihre Teilchen positiv geladene Heliumatome sind. In Manchester gelang ihm

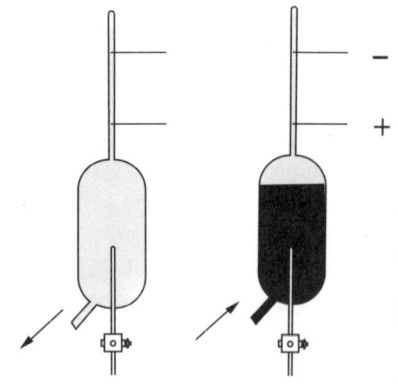

**Abb. 5.5:** Wie Rutherford nachwies, daß die Alphastrahlung aus Teilchen des Elements Helium besteht. In einem weiträumigen, ausgepumpten Gefäß ragt von unten her ein mit Emanation gefülltes Röhrchen. Die Teilchen der Alphastrahlen durchdringen zwar die Wände des Röhrchens, bleiben aber zum Teil im Inneren des Gefäßes. Nach einiger Zeit füllt man durch einen Stutzen von unten her Quecksilber in das Gefäß. Das verdünnte Gas wird in ein am oberen Teil des Gefäßes angeschmolzenes Glasrohr gepreßt, wo es durch zwei Elektroden zum Leuchten gebracht werden kann. Das Spektrum dieses Leuchtens zeigte Rutherford, daß es sich um Helium handelt.

**Abb. 5.6:** Bahnen leichter elektrisch geladener Teilchen im Feld eines schweren, positiven Zentralkörpers. Da negative Ladungen angezogen werden, können Elektronen sich in Kreisen oder Ellipsenbahnen um das Zentrum bewegen oder, aus dem Unendlichen kommend, in einer Parabelbahn sich dem Zentrum nähern,

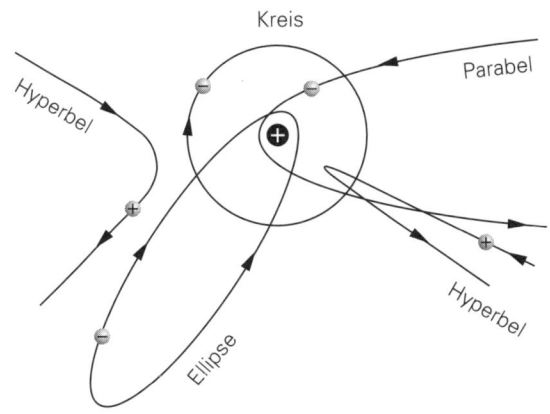

es umfliegen und sich danach wieder entfernen. Positive Teilchen wie Protonen werden abgestoßen und können sich auf Hyperbelbahnen bewegen, die aus dem Unendlichen kommen und wieder ins Unendliche gehen.

der endgültige Beweis. In ein Glasgefäß ragte eine oben zugeschmolzene Glasröhre hinein, gefüllt mit Emanation. Die Wände der Röhre mußten so dünn sein, daß Alphastrahlung in den Außenraum dringen konnte (vgl. Abb. 5.5). Die aus dem inneren Gefäß austretenden Alphateilchen sammelten sich im luftverdünnten Raum zwischen den beiden Gläsern. Das größere Gefäß hatte am oberen, verdünnten Ende in das Glas eingeschmolzene Elektroden. Als Rutherford eine elektrische Spannung anlegte, leuchtete das aus den gefangenen Alphateilchen bestehende Gas auf und konnte im Spektroskop untersucht werden. Es zeigte tatsächlich die Spektrallinien des Heliums. Die Teilchen der Alphastrahlung sind Heliumatome, denen die Elektronen fehlen. Später nehmen sie wieder Elektronen aus ihrer Umgebung auf und werden richtige, neutrale Heliumatome.

In Manchester studierte zu dieser Zeit auch ein junger Neuseeländer, Ernst Marsden (1889–1970). Er hatte zwar noch kein Abschlußexamen, aber Rutherford und Geiger hielten ihn für gut genug, daß sie ihn ermunterten, mit ihnen zu arbeiten. Auch er sollte sich der Alphastrahlen annehmen. Ihre Teilchen flogen nämlich nicht immer geradlinig. Schon in Kanada hatte Rutherford bemerkt, daß sie geringfügig aus ihrer Richtung geworfen werden, wenn sie eine dünne Metallfolie durchdringen. Später hatten er und Geiger festgestellt, daß die Alphastrahlen auch in der Luft geringfügig abgelenkt werden. Ein scharfer

Strahl verbreitert sich, wenn er durch Luft geht. Diese Ablenkungen sollte der junge Marsden untersuchen. Das Ergebnis war verblüffend: Wenn man einen Alphastrahl auf eine dünne Folie richtet, dann werden gelegentlich Alphateilchen weit aus ihrer Flugrichtung geworfen. Ja mehr noch, einzelne kamen sogar wieder zurück! Die Heliumatome der Alphastrahlen sind etwa 7000mal so schwer wie ein Elektron und kommen mit Geschwindigkeiten von vielleicht 15 000 km/s angeschossen, doch die Folie lenkte einige Geschosse nicht nur quer ab, sondern warf sie sogar zurück (vgl. Abb. 5.6). Rutherfords Reaktion, als er davon erfuhr, war: »Das ist fast so unglaublich, als würde jemand eine 40-cm-Granate auf ein Stück Seidenpapier abfeuern, und das Geschoß käme zurück und würde den Kanonier treffen.«[27]

Als Rutherford darüber nachdachte, entdeckte er, wie die Atome gebaut sind. Seine Vorstellungen mußten zwar in Einzelheiten vielfach modifiziert werden, doch im Prinzip gilt das *Rutherfordsche Atommodell* noch heute.


## Der leere Raum zwischen den Atomen

Den ersten Schritt hatte bereits Lenard getan. Als er Kathodenstrahlen durch Metallfolien schickte, bemerkte er, daß die Elektronen des Strahls die dünnen Schichten durchdringen konnten, ohne merklich in ihrer Richtung abgelenkt zu werden. Wenn man sich Atome als feste Kugeln vorstellt, die in der Folie dicht gepackt sind, kann kein Elektron durch die dünne Wand. Deshalb schloß Lenard, daß im Metall zwischen den Atomen viel leerer Raum sein müssen. Man hatte bereits damals Vorstellungen von der Größe der Atome. Da der Druck eines Gases durch die Bewegung seiner Atome hervorgerufen wird, gelang es, durch Druckmessungen am Gas, die Größe seiner Atome abzuschätzen. Man kam auf Werte von zehnmillionstel Millimetern. Aus dem Durchdringungsvermögen der Kathodenstrahlen schloß Lenard, daß die eigentlichen Atome zehntausendmal kleiner sein müssen. Jedes Atom muß also von leerem Raum umgeben sein, in dem Kräfte dafür sorgen, daß die Atome im Mittel Abstände von zehnmillionstel Millimetern voneinander halten. Auf anschauliche Dimensionen vergrößert, heißt das etwa, das »eigentliche« Atom von der Größe eines Fußballs ist von lecrem Raum umgeben, erst in Entfernungen von Kilometern stehen die nächsten Fußballatome. Der Raum, den selbst ein so dichter Stoff wie Platin einnimmt, ist in Wahrheit so leer wie der Weltraum, schloß Lenard. Wenn rasch fliegende Elektronen auf die Metallfolie treffen, so durchqueren sie ungehindert den leeren Raum zwischen den Atomen und durchdringen die Schicht. Nur jedes hundertmillionste Elektron trifft auf ein Atom.

Das wußte Rutherford, als er über Marsdens Versuche mit Alphastrahlen nachdachte. Wenn wir versuchen wollen, uns in die damalige Zeit zurückzuversetzen, müssen wir nahezu alles, was wir aus Schule und Tagespresse wissen, über Bord werfen. Damals war das Atom noch der Thomsonsche Rosinenpudding mit der positiv geladenen Puddingmasse, in dem die negativen Elektronen-Rosinen eingebettet waren. Jedes Atom war nach Lenard sehr klein, und irgendwelche Kräfte sorgten dafür, daß die Atome sich nicht zu nahe kamen. Die Stoffe waren hauptsächlich leerer Raum, in dem die Puddingatome herumflogen. Die Elektronen, die Lenard durch Metallfolien schoß, wurden nur geringfügig aus ihrer Bahn geworfen. Das war auch zu erwarten, denn in den Puddingatomen waren positive und negative Ladungen so nahe beieinander, daß sich ihre Ladungen aufhoben. In der Umgebung des Puddings waren keine starken elektrischen Kraftfelder, die vorbeifliegende Elektronen stark ablenken konnten. Jetzt aber schoß Marsden positive Teilchen der Alphastrahlung auf die Atome. Man wußte schon, daß jedes dieser Geschosse die Masse von nahezu 7000 Elektronen in sich vereinigt. Wieder gingen die meisten nahezu ungestört durch die Schicht. Doch viele wurden stark abgelenkt. Einige flogen aus der Schicht in ganz andere Richtungen weiter, so als wären sie in der Materie, die sie durchdrangen, in eine Querstraße eingebogen. Einige wurden sogar zurückgeworfen. Das war mit dem Puddingmodell nicht zu verstehen.

Die Kräfte, welche die positiv geladenen Teilchen beim Durchgang durch die Schicht ablenkten, konnten nur *elektrischer* Natur sein. Es waren die elektrischen Kräfte des geriebenen Bernsteins, durch die der Mensch auf die Elektrizität aufmerksam geworden war. Längst hatte man die Eigenschaften dieser Kraftwirkung studiert und gelernt, daß die beiden Elektrizitätsarten, die positive und die negative, sich gegenseitig anziehen und daß positive Ladung die positive abstößt, genau wie die negative Ladung die negative. Man hatte nicht nur gelernt, daß die Kraft zwischen zwei Körpern mit dem Abstand abnimmt, man wußte auch wie. Das Gesetz war das gleiche wie das einer ganz anderen Kraft, die der Mensch von Anfang an kannte, das Gesetz der Schwerkraft, das Newton im 17. Jahrhundert als erster formuliert hatte. Die Kraft zwischen zwei elektrisch geladenen Körpern – sei es die Anziehungskraft bei verschiedenen Ladungen, sei es Abstoßung bei gleichen Ladungen – ist bei doppeltem Abstand ein Viertel, bei dreifachem ein Neuntel und beim zehnfachen ein Hundertstel. Das bedeutet, daß sich entgegengesetzt elektrisch geladene Teilchen so umeinander bewegen wie Himmelskörper, für die das gleiche Gesetz für die Abnahme der anziehenden Kraft mit der Entfernung gilt. Tatsächlich kann im schwerefreien Raum ein negativ geladenes Schrotkorn eine positiv geladene Kanonenkugel umkreisen wie ein Planet die Sonne. Es kann in einer langgestreckten Ellipsenbahn wie der Halleysche Komet seine positive Metallsonne umrunden. Es kann aus großen Entfernungen geflogen kommen, die positive Kugel einmal umfliegen, um wieder in große Entfernung zu entschwinden. Die »elektrischen Himmelskörper« aber können noch mehr, denn anders als bei der Schwerkraft gibt es bei den elektrischen Kräften auch Abstoßung. In der Abbildung 5.6 sind verschiedene Bahnen geladener Teilchen im Kraftfeld eines anziehenden oder abstoßenden Zentralkörpers dargestellt.

Wie wirken die elektrischen Kräfte beim Puddingmodell? Das Geschoß, das den Pudding nicht trifft, muß geradlinig weiterfliegen. Das tun die meisten Teilchen in Marsdens Experiment auch. Selbst wenn ein Teilchen nahe am Pudding vorbeifliegt, sollte es keine Kräfte verspüren, denn nach außen ist das Puddingatom elektrisch neutral. Es kann keine elektrischen Kräfte auf die vorbeifliegenden positiven Teilchen ausüben. Warum also kamen einige von Marsdens Geschossen wieder zurück? Sind die elektrischen Ladungen nicht so verteilt, daß sich ihre Wirkungen mit der Puddingmasse aufheben? – Rutherford fand die Lösung.

**Rutherfords Atommodell**

Thomsons positive Puddingmasse sitzt bei Rutherford als Ganzes konzentriert im Zentrum. Das ist der positive Atomkern. Die Rosinen aber sind nicht mehr im Pudding, sondern umschwirren ihn. Die positive Ladung des Atomkerns bindet die Elektronen an ihn. Sie fallen aber nicht in ihn hinein, da sie wie Planeten sich auf Bahnen um ihn bewegen und die Fliehkraft sie auf Abstand hält, ebenso wie die Fliehkraft dafür sorgt, daß die Erde nicht in die Sonne stürzt. Das Rutherfordsche Atom ist ein Planetensystem in Miniaturausgabe (vgl. Abb. 5.7). Das Atomgewicht wird durch die Masse des Kerns bestimmt, die geringe Masse der Elektronen spielt demgegenüber keine Rolle. Die

Teilchen der ankommenden Alphastrahlung schießen geradlinig zwischen den Atomkernen durch die Materie. Sie kommen dabei in den Bereich der Elektronenhülle. Wenn das Alphateilchen so nahe an einem Elektron vorbeischießt, daß die Anziehungskraft zwischen beiden groß wird, dann reißt das Alphateilchen das federleichte Elektron mit sich, und macht das neutrale Atom zum Ion. Die Ablenkung der Alphateilchen durch die Elektronen der Hülle des Atoms spielt keine Rolle. Der Kern enthält Kerne des Wasserstoffatoms, sogenannte *Protonen*. Einige wenige Teilchen aber kommen nahe an den positiven Atomkern heran, der sie mit seinen abstoßenden Kräften aus ihrer Bahn wirft und manche sogar zurückstößt.

Doch es genügt nicht, sich ein Atommodell auszudenken, bei dem vorbeifliegende Teilchen stark abgelenkt und gelegentlich zurückgeworfen werden können und bei dem die Kräfte im Atom alle ausbalanciert sind. Das Modell muß noch härtere Prüfungen bestehen. Beim Vorbeifliegen muß das Alphateilchen, das stark abgelenkt wird, innerhalb der Elektronenhülle nahe am Kern vorbeigehen, nur dann verspürt es die starke elektrische Kraft des Kerns. Diese Kraft nimmt mit der Entfernung vom Kern so ab wie die Schwerkraft. Wenn man für dieses Kraftgesetz die Bahnen vorbeischießender Alphateilchen berechnet, findet man, daß – je nachdem, wie nahe die Teilchen am Kern vorbeigehen – ein bestimmter Prozentsatz um mehr als 10 Grad abgelenkt wird, ein bestimmter Prozentsatz mehr als 20 Grad, und so weiter. Rutherford fand nun, daß die abgelenkten Alphateilchen genau so verteilt sind, wie es das Kraftgesetz verlangt. Er erhielt aus der Stärke der Ablenkung aber auch noch den Durchmesser des Atomkerns. Das Ergebnis lag bei hundertmilliardstel Millimetern.

**Abb. 5.7:** Das Rutherfordsche Modell des Heliumatoms. Der Atomkern, der zwei positive Elementarladungen besitzt und die Massenzahl vier hat, besteht hier aus vier Protonen und zwei Elektronen, während zwei Elektronen den Kern wie Planeten umkreisen. Der Kern des Wasserstoffatoms ist ein Proton, das von einem Elektron umkreist wird. Die Atome der Elemente höherer Massenzahl bestehen aus entsprechend mehr Protonen, die von Elektronen im Kern und von solchen, die ihn umkreisen, elektrisch neutralisiert werden.

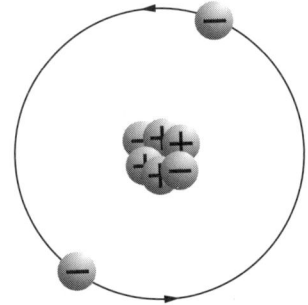

Um das Jahr 1909 stand für Rutherford fest: Im Zentrum eines jeden Atoms sitzt ein positiv geladener Kern, dessen elektrische Abstoßungskraft die vorbeifliegenden Alphateilchen ablenkt. Die Atome verschiedener Elemente warfen die Teilchen verschieden stark aus ihrer Bahn, die des Bariums lenkten die Alphateilchen stärker ab, als es die des Eisens vermögen. Das deutete an, daß das elektrische Kraftfeld des Bariumatomkernes stärker ist als das eines Eisenkernes.

Wie groß ist eigentlich die positive Ladung der Atomkerne? Auch das fand Rutherford aus den Ablenkversuchen heraus. Er wußte bereits, daß die Alphateilchen Heliumatome sind. Aus Ablenkversuchen im Magnetfeld konnte er ihre Ladung bestimmen. Damals kannte man bereits die Menge der negativen Ladung, die jedes Elektron mit sich führt. Stoney hatte dafür das Wort *electron* geprägt. Wir wollen diese Ladungsmenge die *negative Einheitsladung* nennen. Die positive Ladung, die eine negative Einheitsladung gerade elektrisch neutralisiert, nennen wir die *positive Einheitsladung*. Rutherford fand, daß jedes Alphateilchen zwei positive Einheitsladungen mit sich führt. Wenn das Alphateilchen also der Kern eines Heliumatoms ist, dann müssen in der Elektronenhülle des neutralen Heliumatoms zwei Elektronen kreisen. Im Periodischen System der Elemente steht das Helium an *zweiter* Stelle. Die Ladung seines Kerns entspricht *zwei* Einheitsladungen. Das ist kein Zufall. Die Nummer im Periodischen System gibt immer die Anzahl der positiven Einheitsladungen an, die der Kern mit sich trägt. Deshalb lenkt das Barium stärker ab als das Eisen, denn der Kern des Bariums, das die Nummer 56 im System hat, ist mit seinen 56 Elementarladungen mehr als doppelt so stark positiv geladen wie der des Eisens, das an der 26. Stelle steht. Zählt man die chemischen Elemente im Periodischen System der Reihe nach ab, so bekommt jedes eine Nummer, die sogenannte *Ordnungszahl*. Sie gibt an, wie viele positive Elementarladungen der Kern trägt. Sie gibt damit auch gleichzeitig an, wieviele Elektronen durch die elektrische Anziehungskraft an ihn gebunden sind, denn jeder Kern bindet so viele Elektronen an sich, wie notwendig sind, um seine positive Ladung zu kompensieren. Erst dann ist das Atom neutral und zieht keine anderen Elektronen mehr an sich.* Daraus folgt, daß die ersten Elemente des Systems, Wasserstoff, Helium, Lithium und Beryllium, in ihren Hüllen jeweils ein, zwei, drei

---

* Von den feineren Kraftwirkungen, die selbst dann noch auftreten können und die für die Verbindung von Atomen zu Molekülen verantwortlich sein können, wollen wir hier der Einfachheit halber absehen.

und vier Elektronen enthalten. Die Ordnungszahl ist im Schema des Periodischen Systems der Abbildung 3.2 im Kästchen jedes Elements links unten angegeben.

Hier muß man beachten, daß zu Rutherfords Zeiten das System noch leere Stellen hatte. Für einige Ordnungszahlen fehlten die Elemente. Mendelejew und Meyer hatten ja das System nach *chemischen* Eigenschaften der Elemente geordnet und Leerstellen gelassen, wenn ihnen dies nötig erschien. Mendelejew hatte noch unbekannte Elemente vorhergesagt, die man inzwischen gefunden hatte. Doch immer noch klafften Lücken im System der Elemente. So war zum Beispiel noch die Stelle Nr. 75 frei. Das Element Rhenium, das dort hingehört, sollte erst 1927 gefunden werden. Ebenso war zum Beispiel bis zum Jahr 1939 die Nummer 87 unbesetzt. Beim Bestimmen der Ordnungszahl eines Elements mußte man die Leerstellen berücksichtigen und mitzählen. Aber man wußte schon im voraus, daß in der Hülle des Elements Nr. 75, wann immer es gefunden werden wird, 75 Elektronen herumschwirren müssen.

Die Atome als Miniplanetensysteme, in denen ebenso viele Elektronen um einen positiv geladenen Kern kreisen, wie die Ordnungszahl angibt, das ist ein Modell von wunderbarer Einfachheit. Man denke an die Vielfalt der Elemente mit ihren verschiedenen Eigenschaften, etwa das schwere Gold im Vergleich zum flüchtigen Wasserstoff, das stinkende, giftige Chlor und den erfrischenden Sauerstoff, das harte Platin und das flüssige Quecksilber. Alle sind sie nach dem gleichen einfachen Bauplan erschaffen: ein positiver Kern und eine für das Element charakteristische Zahl von Elektronen in der Hülle. Irgendwie bestimmen die Elektronen der Atome ihre chemischen Eigenschaften. Man hatte das Periodische System und damit die Ordnungszahlen an den chemischen Eigenschaften der Elemente entdeckt. Man wußte noch nicht, was die Ordnungszahl oder – was das gleiche ist – die Zahl der Elektronen in der Hülle festlegte, welche Atome mit welchen anderen reagieren oder warum die Edelgase chemisch träge sind und keine Verbindungen eingehen. Das Rutherfordsche Atommodell berechtigte zur Hoffnung, man würde nun verstehen, wie die Atome die chemischen Prozesse zwischen den Elementen bewerkstelligen, man würde etwa erfahren, was geschieht, wenn Wasserstoff und Sauerstoff sich mit lautem Knall verbinden und zu Wasser werden.

Doch das Modell hatte einen schweren Mangel. Es stand mit einer der wichtigsten Grundvorstellungen der Physik in Widerspruch. Elektronen verlieren im allgemeinen Energie. Das hatte nicht zuletzt die

Röntgenstrahlung gezeigt. Erinnern wir uns: In der Röntgenröhre geht ein Kathodenstrahl von der Kathode zur Anode. Es fliegen also Elektronen mit großer Geschwindigkeit – Thomson hatte sie gemessen – auf das Metall der Anode. Beim Auftreffen werden sie nahezu zum Stillstand gebracht. Bei der Bremsung senden sie elektromagnetische Wellen aus, die Röntgenstrahlung. Elektronen strahlen *immer,* wenn sie nicht in Ruhe sind oder sich geradlinig mit konstanter Geschwindigkeit bewegen. Werden sie gebremst, beschleunigt oder durch irgendeine Kraft aus ihrer Richtung gelenkt, sei der Einfluß magnetischer oder elektrischer Natur, so senden sie elektromagnetische Strahlung aus. In den Antennen eines Rundfunksenders werden Elektronen in rhythmische Schwingungen versetzt. Dabei entstehen die Radiowellen. Der Sender muß ständig Energie nachliefern, damit die Elektronen der Antenne nicht zur Ruhe kommen. Glühendes Metall leuchtet, weil die Elektronen im Metall infolge der hohen Temperatur mit hohen Geschwindigkeiten sich zwischen den Atomen bewegen. Im Zickzackkurs bewegen sie sich von Atom zu Atom, immer wieder werden sie abgelenkt. Bei jeder Ablenkung senden sie einen kleinen Lichtblitz aus.

Daß ungleichmäßig bewegte Elektronen Strahlung aussenden, war zu Rutherfords Zeiten wohlbekannt. Die Hertzschen Experimente hatten das glänzend bestätigt. Diese Abstrahlung aber war für das Rutherfordsche Atommodell tödlich. Jedes Elektron, das sich um den Kern bewegt, wird ständig von der Anziehungskraft des Atomkerns aus seiner Richtung geworfen, sonst würde es ja geradlinig in den Raum hinausschießen, statt in einer geschlossenen Bahn um den Kern zu ziehen. Dann aber muß es Energie abstrahlen und deswegen immer näher an den Kern heranrücken, so wie sich ein Planet, dessen Umlaufbewegung man bremst, der Sonne nähern muß. In kürzester Zeit müßten die Elektronen des Rutherfordschen Atommodells auf den Kern stürzen. Das Atom würde innerhalb einer hundertmillionstel Sekunde zum Thomsonschen Pudding werden. Zum anderen zeigten aber die Streuversuche, daß Atomkern und Elektronen fein säuberlich getrennt sein müssen, ein winziger Kern von einer Elektronenwolke umgeben, die nicht zur Mitte gezogen wird. Irgend etwas war noch falsch am Modell. Was hält die Elektronen trotz ihres ständigen Energieverlustes auf ihren Bahnen? Die Antwort konnte man erst geben, als man ungeahnte neue Eigenschaften der Materie kennenlernte, von denen man von nun an in rascher Folge hörte. Bisweilen überstürzten sich die Nachrichten.

# 6. Die Große Wende in der Physik

Die Entstehung der Quantentheorie in den Jahren 1900 bis 1927 darf
als einer der ganz großen Schritte in der Erkenntnis der Natur gelten,
vielleicht sogar als eine der wesentlichen Epochen der Geistesge-
schichte.

*Friedrich Hund*[28]

Die Entdeckung der Radioaktivität und der Röntgenstrahlung, die um
die Jahrhundertwende die Vorstellung von der Struktur der Materie
grundlegend veränderte, ist keineswegs die größte physikalische Entdeckung jener Zeit gewesen. Unabhängig von den bisher beschriebenen
Entwicklungen konnte man einige bis dahin unverstandene Erscheinungen erklären. Aus der Zahl der Gelehrten, die daran beteiligt waren,
ragen zwei heraus: der in Kiel geborene Physiker Max Planck (1858–
1947), dem es gelang, die Strahlung eines glühenden Körpers, etwa
eines Eisenstückes am Schmiedeamboß, auf einfache Gesetzmäßigkeiten zurückzuführen, und der wohl größte Physiker des 20. Jahrhunderts, Albert Einstein (1879–1955). Leitete Planck an der Wende des
Jahrhunderts die Entwicklung zur Quantentheorie und Quantenmechanik ein, so entwarf Einstein nicht nur das Gebäude der Relativitätstheorie, er war auch an der Entwicklung der Quantentheorie wesentlich beteiligt. Beide Theorien ermöglichten es, tiefer in das Verständnis
der Atome einzudringen.

## Das Licht glühender Körper – Max Planck und seine Ersatzatome

Erhitzt der Schmied ein Stück Eisen im Feuer, beginnt es zu leuchten.
Erst sendet es unsichtbare Strahlung aus, deren Wärme man spürt,
wenn man sich mit der Hand nähert. Bei höheren Temperaturen glüht
es rot. Schließlich geht die Farbe über Gelb zum Weiß. Das Auge sieht
zwar nur eine einzige Farbe, aber in Wahrheit strahlt das glühende

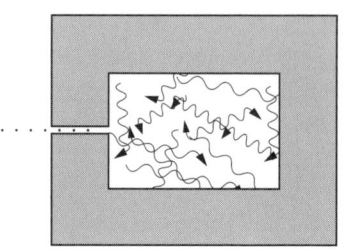

**Abb. 6.1:** Im Inneren eines (fast) geschlossenen Hohlraumes stellt sich zwischen den Strahlungsquanten und den Atomen (Oszillatoren) der Wände ein Gleichgewicht ein, bei dem die Energieverteilung der Photonen nur noch von der Temperatur, nicht aber von der Beschaffenheit der Wand abhängt. Durch eine kleine Öffnung läßt sich diese »Hohlraumstrahlung« untersuchen.

Eisen in allen Farben des sichtbaren Lichtes und sendet auch noch infrarote Wellen aus. Die Stärke der Abstrahlung in den verschiedenen Wellenbereichen hängt nicht vom Material des leuchtenden Körpers ab, sondern nur von dessen Temperatur. Sie ist beim glühenden Eisen nicht anders als beim Kohlenstoff, dessen leuchtende Rußteilchen einer Flamme ihre Helligkeit geben.*

Will man die Strahlung eines Stoffes möglichst unabhängig von äußeren Einflüssen studieren, so kann man das am besten in einem Hohlraum im Inneren eines glühenden Körpers tun. (vgl. Abb. 6.1). Am Ende des letzten Jahrhunderts hatten die Physiker die Hohlraumstrahlung genau untersucht. Ihre Messungen zeigten, daß dort die Strahlung nicht vom Material der Wände abhängt. Sie wußten, daß bei jeder Temperatur die Intensität der Strahlung bei einer bestimmten Wellenlänge ein Maximum besitzt. Sowohl nach kleineren wie nach größeren Wellenlängen fällt die Stärke der Hohlraumstrahlung ab. Viele hatten versucht, dieses Gesetz, das für zwei Temperaturen in der Abbildung 6.2 dargestellt ist, zu erklären.

Max Planck gelang es, eine Formel dafür zu finden, die es zwar gestattete, für jede Temperatur die Stärke der Strahlung in allen Wellenlängen richtig wiederzugeben, es gelang ihm jedoch nicht, das Strahlungsgesetz zu erklären, das heißt, auf einfache Eigenschaften der Atome und Moleküle der Wände des Hohlraumes zurückzuführen, die ja die Strahlung absorbieren und wieder aussenden.

---

* Das gilt nicht exakt. Die Strahlung der Körper, vor allem der Gase, hängt davon ab, wie sie durch den leuchtenden Stoff transportiert wird. Erst wenn von ihm keine Energie mehr abfließt (thermodynamisches Gleichgewicht), ist die Strahlung von der Stoffart unabhängig. Das ist bei dem im Text beschriebenen Hohlraum in guter Näherung der Fall.

Max Planck suchte die Lösung. Folgen wir seinen Gedanken in vereinfachter Form: Wenn die Eigenschaften der Atome und Moleküle der Wände keinen Einfluß auf die Strahlung im Hohlraum haben, dann muß sich das Strahlungsfeld im Hohlraum genauso bilden, wenn die absorbierenden und emittierenden Teilchen der Wände ganz einfach beschaffen sind, solange sie nur Strahlung aufnehmen und wieder abgeben. Es könnten also auch kleine Antennen sein, welche die elektromagnetischen Wellen der Strahlen aussenden und wieder empfangen, etwa so, wie sie Plancks Lehrer Heinrich Hertz in seinen Versuchen benutzt hatte. In einer Antenne sind Elektronen zwischen den positiven Ionen des Metalls frei beweglich. Wenn elektromagnetische Strahlung einfällt, beginnen sie hin und her zu schwingen. Deshalb nennt man solch eine Antenne auch einen *Oszillator*. Wir wollen unsere Oszillatoren noch etwas vereinfachen. Wir stellen sie uns so vor, wie sie in der Abbildung 6.3 schematisch wiedergegeben sind. Ein Elektron wird von einer Feder an einem Punkt festgehalten. In den richtigen Antennen hat man statt der Federkraft elektrische Kräfte, welche die Bewegung des Elektrons regulieren. Eine elektromagnetische Welle übt eine Kraft auf das Elektron aus. Es bewegt sich von der Mittellage weg, bis es von der Federkraft wieder zurückgezogen wird, und schießt über die Mittellage hinaus zur Gegenseite, bis es wieder von der Feder zurückgeholt wird. So nimmt das Elektron Energie von der Welle auf und schwingt danach ständig hin und her. Doch schwingende Elektronen senden auch, sie strahlen Energie ab. Unser Oszillator hat also die Eigenschaften, welche die Atome der Wände des Hohlraumes besitzen. Sie nehmen Energie auf und geben sie wieder ab.

**Abb. 6.2:** Die Stärke der Strahlung zweier glühender Körper in Abhängigkeit von der Wellenlänge. Sie strahlen bei niedrigen Frequenzen (langen Wellenlängen) und bei hohen Frequenzen (kurzen Wellenlängen) verhältnismäßig wenig. Sie zeigen in der Mitte, im sichtbaren Bereich der Strahlung, Maxima. Bei höherer Temperatur ist das Maximum zu kürzeren Wellenlängen verschoben.

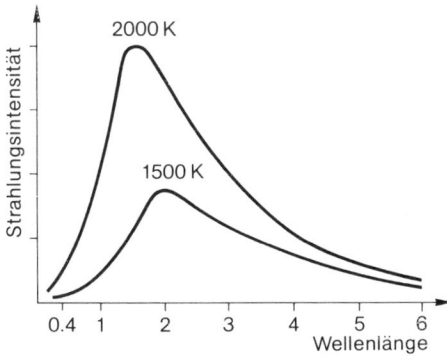

111

**Abb. 6.3:** Das Schema eines Oszillators. Wird eine elektrische Ladung (hier durch eine graue Scheibe dargestellt) aus ihrer Ruhelage gebracht, so wird sie durch eine Kraft (hier angedeutet durch eine Feder) wieder zurückgezogen. Der Oszillator kann einer vorbeigehenden elektromagnetischen Welle Energie entziehen und damit Schwingungen um seine Ruhelage ausführen. Während sie sich bewegt, sendet sie aber wieder Strahlung ab. Der Oszillator ist daher sowohl Empfänger wie auch Sender von Strahlung.

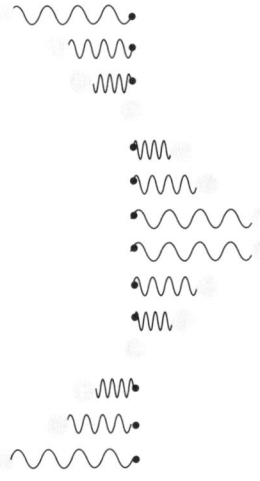

Da Planck wußte, daß die Strahlung im Hohlraum unabhängig vom Material der Wände ist, stellte er sich einen Hohlraum vor, dessen Wände mit solchen einfachen Oszillatoren bestückt sind. Wie ein Oszillator das vorbeikommende Licht absorbiert und wie er es wieder aussendet, das war schon aus Versuchen von Heinrich Hertz bekannt.

Jeder der Oszillatoren hat eine gewisse Eigenschwingung. Bringen wir das Elektron aus der Mittellage heraus und lassen es los, dann schwingt es stets mit der gleichen Frequenz, unabhängig davon, wie stark wir es herausgezogen haben. Haben wir es anfangs weit ausgelenkt, dann wird es weit ausschwingen, wird es aber nur leicht angetippt, so wird es danach nur wenig um die Mitte herum pendeln, aber mit der gleichen Frequenz wie bei stärkerer Auslenkung. Diese ist durch die Energie bestimmt, die wir dem Oszillator mitgegeben haben. Die Frequenz aber hängt allein von der Federspannung ab. Ein Oszillator einer bestimmten Frequenz verschluckt genau das Licht dieser Frequenz und sendet es auch wieder mit dieser Frequenz aus. Da im Hohlraum Strahlung aller Frequenzen vorhanden ist, wollen wir mit Planck annehmen, daß in den Wänden Oszillatoren der verschiedensten Frequenzen sind. Die Oszillatoren unserer Hohlraumwände sollen also verschiedene Federspannungen haben, so daß sie in allen Frequenzen schwingen können. Als Planck nun versuchte, sich einen Hohlraum vorzustellen, dessen Wände aus Oszillatoren bestehen, und als er daranging, das Strahlungsgesetz auf diese Weise zu erklären, da merkte er, daß die bei den Experimenten beobachtete Strahlung nur dann zustande kam, wenn er annahm, daß die Oszillatoren nicht beliebige Energiemengen aufnehmen können.

Ich will das erläutern. Nehmen wir an, die Auslenkungen der Elektronen eines Oszillators wären so groß, daß man sie in Zentimetern messen könnte. Dann besagt Plancks Ergebnis, daß die Oszillatoren nicht mit Auslenkungen beliebiger Größe schwingen dürfen, nur in bestimmten, etwa in solchen von 2, 4 und 6, nicht aber in solchen von 3.7 oder 5.2 Zentimetern. Die Oszillatoren sind in der Lage, nur bestimmte Mengen von Energie aufzunehmen, bestimmte Portionen. Wenn der Oszillator strahlt, dann kann er etwa von der Auslenkung von 4 Zentimetern schlagartig auf die von 2 Zentimetern übergegangen sein, kann also wieder nur eine bestimmte Energiemenge abgegeben haben. Die Strahlung im Hohlraum besteht dann aus einzelnen Energiepaketen, den Strahlungsquanten oder Photonen, denn in anderer Form geben die Oszillatoren ihre Energie nicht ab. Die Strahlung tritt nur in Form von Quanten auf, die aber selbst beliebige Energiewerte besitzen dürfen. Verwirrend? Nein, in anderem Zusammenhang ist uns ein ähnlicher Sachverhalt durchaus geläufig. So wie Strahlung im Hohlraum, tritt auch das Gesamtgewicht aller Menschen einer Stadt nur in Form von Quanten auf, dem Gewicht der Einzelpersonen. So wie die Energie eines einzelnen Strahlungsquants beliebig sein kann, so kann das Gewicht des einzelnen Menschen in einem weiten Bereich beliebige Werte annehmen.

Je höher die Frequenz eines Oszillators, um so größere Energiepakete kann er aufnehmen und abgeben. Die Quanten höherer Energie besitzen die höhere Frequenz. Es gibt ein einfaches Gesetz: Doppelte Frequenz des Oszillators, doppelte Energie des Strahlungsquantums.

Die Oszillatoren in den Wänden der Hohlräume erfüllen eine Bedingung, die *Quantenbedingung*. Nur wenn sie die Strahlung in gewissen Quanten aufnehmen und aussenden können, füllt sich der Hohlraum mit genau der Strahlung, die man beobachtet. Da aber die Eigenschaften der Hohlraumstrahlung unabhängig vom Wandmaterial sind, müssen auch die realen Atome und Moleküle, also nicht nur Plancks Ersatzatome, die Oszillatoren, diese Eigenschaft besitzen.

## Eine neue Eigenschaft des Lichtes

Man hat die Annahme, Licht gäbe es nur in diskreten Portionen, nicht nur deshalb eingeführt, damit man die Verteilung der Energie in der Strahlung eines glühenden Stücks Eisen erklären kann – die Energiequanten gibt es wirklich. Das zeigten Experimente in Entladungsröhren. Eine negativ geladene Metallplatte in einem luftleeren Gefäß verliert ihre Ladung, wenn man sie mit ultraviolettem Licht bestrahlt. Eine positiv geladene Platte dagegen wird vom Licht nicht beeinflußt. Es war der uns schon bekannte Philipp Lenard, der diese bis dahin unbekannte Fähigkeit des Lichtes erklärte. Ultraviolettes Licht schlägt aus der Metallfläche Elektronen heraus (vgl. Abb. 6.4). Dabei kommt es auf die Wellenlänge der einfallenden Strahlung an. Bei manchen Metallen ist extrem kurzwellige Strahlung nötig, um Elektronen aus der Schicht zu lösen. Bei anderen genügt ultraviolettes Licht. In jedem Fall gilt: Je kürzer die Wellenlänge, je höher also die Frequenz und damit die Energie der Quanten, um so eher lassen sich Elektronen aus der Metallschicht herausholen. Verstärkt man das Licht, hält aber seine Farbe und damit die Wellenlänge (und damit auch die Frequenz) fest, so treten mehr Elektronen aus. Für die meisten Metalle benötigt man kurzwelliges UV-Licht, um Elektronen herauszuschlagen.

Im Jahre 1902 hatte Lenard bemerkt, daß die Geschwindigkeit, mit der die Elektronen aus dem Metall herausgeschossen werden, nicht von der Stärke der Lichteinstrahlung abhängt, sondern nur von der Wellen-

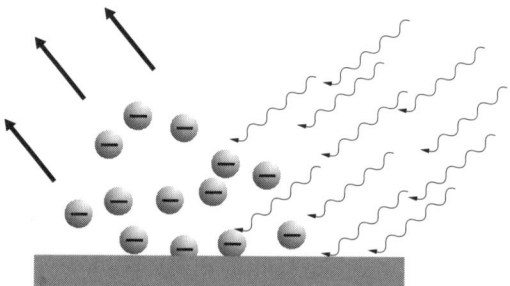

**Abb. 6.4:** Der lichtelektrische Effekt. Wenn in einem luftverdünnten Raum Licht auf eine Metallplatte fällt, werden Elektronen aus dem Metall herausgeschlagen. Ihre Geschwindigkeit und Anzahl hängen so von Stärke und Wellenlänge des einfallenden Lichtes ab, daß man die Erscheinung nur mit der Annahme einer Quantenstruktur des Lichtes erklären kann.

länge. Die Erklärung dafür gab Albert Einstein. Die Elektronen werden von der Metallschicht festgehalten, und es bedarf einer gewissen Energiemenge, um sie aus dem Metall herauszulösen. Mindestens diese Energie muß das Licht aufbringen, um das Elektron freizusetzen. Warum also kann man mit beliebig starkem Rotlicht auch nicht ein einziges Elektron befreien? Es liegt an den Photonen. Jedes von ihnen hat eine bestimmte Energie. Je kürzer die Wellenlänge, um so größer der Energieinhalt. Es kann nur dann ein Elektron aus der Metallschicht herausschlagen, wenn seine Energie dazu ausreicht. Verstärkt man die Strahlungsintensität einer Rotlichtquelle, dann fällt zwar eine größere Anzahl von Photonen auf das Metall, doch keines hat so viel Energie, daß es ein Elektron ablösen könnte. Die Photonen des ultravioletten Lichtes sind jedoch genügend energiereich. Hat ein Photon mehr Energie, als zum Herauslösen eines Elektrons nötig ist, dann nimmt das Elektron danach die noch übrigbleibende Energie mit auf den Weg, es fliegt mit entsprechend größerer Geschwindigkeit davon. Daraus ersieht man, daß die Geschwindigkeit, mit der die herausgelösten Elektronen vom Metall wegfliegen, nur von der Energie der Photonen abhängt, nicht aber von der Intensität des Lichtes. Einstein zeigte damit am *lichtelektrischen* Effekt, wie man die Erscheinung nennt, daß Plancks Quantenstruktur des Lichtes wirklich existiert.

Warum können die Elektronen im Rutherfordschen Modell den Atomkern umkreisen, ohne durch ihre Abstrahlung so viel Energie zu verlieren, daß sie letztlich auf den Kern stürzen? Die Quantennatur der Strahlung ließ diese noch rätselhafte Eigenschaft des Modells verstehen.


**Das Genie aus Kopenhagen**


Im Jahre 1906 wurde einem Studenten der Universität Kopenhagen eine Goldmedaille der dänischen Akademie der Wissenschaften für eine Arbeit verliehen, in der er die Oberflächenspannung des Wassers mit hoher Genauigkeit bestimmt hatte. Das war ein Jahr, nachdem Einsteins Arbeit über den lichtelektrischen Effekt erschienen war. Die Einsteinsche Veröffentlichung sollte eine wichtige Basis für das Lebenswerk des jungen Niels Hendrik David Bohr (1885–1962) werden.

Bohr war der Sohn eines Physiologieprofessors in Kopenhagen, seine Mutter stammte aus einer wohlhabenden jüdischen Familie. Er promovierte 1911 mit einer Arbeit über das Verhalten von Elektronen in

Metallen. Danach ging er nach Cambridge, um bei J. J. Thomson zu arbeiten. Doch dieser interessierte sich damals nicht mehr für Elektronen und erkannte die Bedeutung von Bohrs Doktorarbeit nicht. Der enttäuschte junge Däne zog weiter nach Manchester, denn dort arbeitete der aus Kanada zurückgekehrte Rutherford. Bohr begann, das Periodische System der Elemente mit den Eigenschaften von Kern und Hülle des Rutherfordschen Atoms in Verbindung zu bringen.

Bei seiner Doktorarbeit war Bohr aufgefallen, daß sich im Bereich der Atome die Natur anders verhält, daß also die Maxwellsche Elektrizitätslehre in kleinen Dimensionen nicht mehr gilt. Irgendwie mußte das mit der Planckschen Erkenntnis zusammenhängen, daß die für die Strahlung im Hohlraum verantwortlichen Atome nur bestimmte Energiewerte besitzen dürfen. Deshalb nahm Bohr an, daß sich die Elektronen nicht in beliebigen Bahnen um den Kern bewegen können, sondern nur in einigen ganz bestimmten, bei denen sie auch nur ganz bestimmte Energien besitzen. In diesen Bahnen aber bewegt sich jedes Elektron »verlustfrei«, es verliert beim Umlauf keine Energie – in krassem Widerspruch zu Maxwells klassischer Elektronentheorie!

**Bahnen, die für Elektronen verboten sind**

Im Bohrschen Atommodell in seiner einfachsten Form bewegen sich die Elektronen in diskreten Kreisbahnen, man nennt sie *erlaubte Bahnen*. Der Raum dazwischen ist für Elektronen verboten. Unter den erlaubten Bahnen gibt es eine innerste, die anderen haben einen um so größerem Abstand voneinander, je weiter sie vom Kern entfernt sind (vgl. Abb. 6.5, oben). Elektronen auf äußeren Bahnen besitzen mehr Energie als solche auf inneren. Neben Kreisbahnen gibt es verschiedene Ellipsenbahnen (Abb. 6.5, unten links). Diese liegen keinesfalls alle in einer Ebene, sondern sind im Raum zueinander geneigt (Abb. 6.5, unten rechts). Alle Ellipsen, deren große Durchmesser gleich sind (einschließlich der Kreisbahn mit gleichem Durchmesser), faßt man zu einer *Schale* zusammen.

Ein Elektron kann Energie von einem vorbeikommenden Lichtquant aufnehmen, seine Bahn verlassen und zu einer weiter außen gelegenen überwechseln (vgl. Abb. 6.6, oben). Das geht jedoch nur, wenn die Energie des vorbeikommenden Photons gerade so groß ist, daß das Elektron genau die Energie erhält, die es benötigt, um wieder eine erlaubte Bahn zu erreichen. Hat das vorbeikommende Lichtteilchen mehr oder weniger Energie, als für den Übergang nötig wäre, dann beeinflußt es das Elektron nicht. Befindet sich ein Elektron auf einer äußeren Bahn, so fällt es in kürzester Zeit auf eine weiter innen liegende Bahn zurück und sendet von dort ein Photon aus (vgl. Abb. 6.6, unten). Seine Energie entspricht dem Energieunterschied der beiden Bahnen.

Mit diesem Bild lassen sich die Spektren leuchtender Gase verstehen. Nehmen wir das einfachste Atom, das des Wasserstoffs. Ist das Gas kalt, dann bewegt sich das Elektron jedes Atoms auf der innersten Bahn. Wenn das Gas erhitzt wird, dann stoßen die Atome aneinander und übertragen Energie auf ihre Elektronen. Diese wiederum springen von den innersten auf weiter außen liegende Bahnen und fallen danach auf

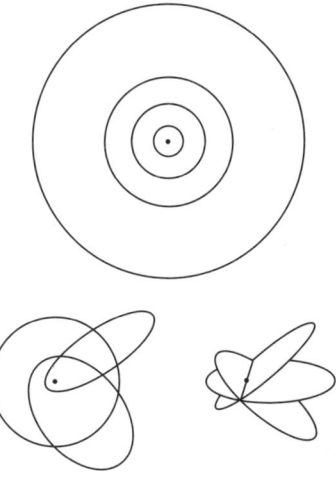

**Abb. 6.5:** Schema der Elektronenbahnen im Bohrschen Atommodell.
Oben: Kreisbahnen. Es gibt eine innerste Bahn, nach außen zu werden die Abstände der Bahnen voneinander immer größer.
Unten links: In Wahrheit gehören zu jeder Kreisbahn (mit Ausnahme der innersten) noch Ellipsenbahnen verschiedener Form, deren großer Durchmesser dem Durchmesser der Kreisbahn entspricht. Zur dritten Kreisbahn von innen gehören drei Ellipsenformen, die im Bild dargestellt sind. Allgemein gibt die Nummer der Kreisbahn bei der Zählung von innen die Zahl der möglichen Ellipsenformen wieder, wenn man den Kreis mitzählt. Zur dritten Kreisbahn gehören also drei, zur vierten vier Ellipsenformen. Das mittlere Bild unten links ist vereinfacht. Alle Bahnen dort liegen in der Zeichenebene. In Wahrheit gehören zu jeder Ellipsenform mehrere Bahnen, die im Raum gegeneinander geneigt sind (unten rechts). Je langgestreckter die Ellipse, um so mehr räumlich zueinander geneigte Bahnen dieser Form gibt es. Zur dritten Kreisbahn gehören also insgesamt 9 Bahnen. In jeder Bahn ist Platz für 2 Elektronen. Man faßt sie zu einer Schale zusammen. Wie kompliziert die Anordnung bei dem Atom eines höheren Elements ist, zeigt die Abbildung 6.8 im Fall des Urans. Dieses geometrisch orientierte Modell der Elektronenhülle verliert seine Bedeutung beim Übergang zur Quantenmechanik. Trotzdem lassen sich die Elektronen eines Atoms auch nach der Quantenmechanik auf die gleiche Weise ordnen. Ja mehr noch, die willkürlichen Regeln des Bohrschen Modells werden in der Quantenmechanik auf ganz natürliche Weise erklärt.

**Abb. 6.6:** Das Elektron eines Wasserstoffatoms möge sich auf der innersten Bahn befinden (oben). Wenn ein Lichtquant geeigneter Energie (also geeigneter Wellenlänge oder Frequenz) kommt, hier durch einen gewellten Pfeil angedeutet, so kann das Elektron auf eine äußere Bahn gehoben werden. Nach einiger Zeit »fällt« es wieder auf eine innere Bahn zurück, wie im unteren Bild angedeutet ist. Dabei wird wieder ein Lichtquant ausgesandt.

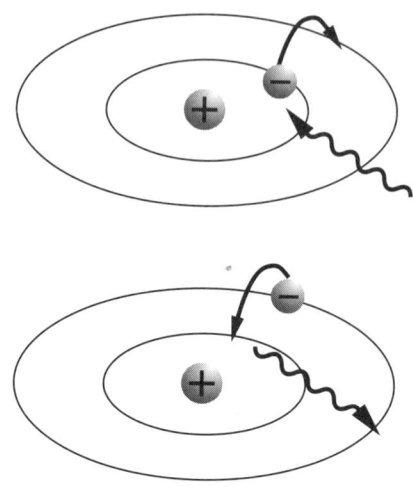

innere Bahnen zurück, wobei sie Photonen aussenden, die genau dem Energieunterschied zwischen den erlaubten Bahnen entsprechen. Deshalb strahlt leuchtender Wasserstoff nur bei ganz bestimmten Energiewerten Photonen ab, die sich im Spektrum als helle Linien bei bestimmten Wellenlängen widerspiegeln. Es gibt im Spektrum ganze Serien dieser Linien, die in Kapitel 4 erwähnten Balmer-Linien des Wasserstoffatoms stammen alle von Elektronen, die von weiter außen in die zweitinnerste Bahn übergehen. Sie sind die bekanntesten Linien des Wasserstoffs, da sie im sichtbaren Bereich liegen. Bei Übergängen in die innerste Bahn haben die ausgesandten Photonen so viel Energie, daß sie im ultravioletten Bereich des Spektrums erscheinen. Bei höheren Elementen im Periodensystem, deren Atomkerne wegen ihrer stärkeren positiven Ladung mehr Elektronen an sich binden, liegt die innerste Elektronenbahn näher beim Kern als beim Wasserstoffatom. Elektronen, die von außen in diese Bahn hineinfallen, geben Energie im Bereich der Röntgenstrahlung ab.

Die Anordnung der Bahnen bei den höheren Elementen erfolgt nach recht komplizierten Vorschriften. Elektronen können zum Beispiel nicht von einer Bahn in jede beliebige andere übergehen. Nur gewisse Übergänge sind erlaubt. Die Regeln dazu schienen damals noch recht willkürlich gewesen zu sein, man mußte sie aus den Spektren erraten. Erst die moderne Quantenmechanik hat eindeutige Vorschriften geliefert – wir werden noch darauf zurückkommen. Das Bohrsche Atommodell, das vor allem von dem Münchner Physiker Arnold Sommerfeld (1868–1951) verfeinert wurde, gestattete es plötzlich, die Spektren der chemischen Elemente zu verstehen.

## Elektronen bestimmen, was sich chemisch bindet

Kraftwirkungen zwischen den Elektronen sind dafür verantwortlich, daß Atome sich zu Molekülen zusammensetzen. Im Prinzip ist man heute in der Lage, vorauszusagen, welche Stoffe sich mit welchen verbinden können. Doch die Elektronenhüllen der Atome sind meist kompliziert, und es bedarf moderner Computer, um ihre Eigenschaften auch nur einigermaßen vorauszusagen. Man denke nur, daß etwa um den Kern des Bleiatoms 82 Elektronen ihre Bahnen ziehen. Eine gewisse Ordnung läßt sich allerdings schon mit groben Hilfsmitteln herstellen. Wir hatten erwähnt, daß die Elektronenbahnen der Atome in Schalen zusammengefaßt werden können, von denen jede nur eine endliche Anzahl von Elektronen enthalten kann. Ist eine Schale voll, dann beginnt das neue Elektron mit einer neuen Schale.

Warum können nicht beliebig viele Elektronen eine Schale bewohnen? Sind Schalen wie Stockwerke eines Mietshauses, in dem jeweils nur eine bestimmte Anzahl von Mietwohnungen bezogen werden können? Als man die Spektren der Atome vom Standpunkt der Bohrschen Regeln studierte, entdeckte man eine neue Gesetzmäßigkeit. Sie verbietet unter anderem, daß eine Schale beliebig viele Elektronen beherbergen kann. Sie beruht auf einem Prinzip, das auf Wolfgang Pauli (1900–1958) zurückgeht, man nennt sie das *Pauli-Prinzip*. Neben den Bohrschen Verkehrsregeln für den Kreisverkehr der Elektronen um den Atomkern bestimmt auch das Pauli-Prinzip die Welt, in der wir leben. Der Physiker Joachim Haas hat sich einmal ausgemalt, wie eine Welt aussehen würde, in der etwa außerirdische Eindringlinge mit einer Geheimwaffe das Pauli-Prinzip außer Kraft setzten könnten[29]: Die Elektronenhüllen der Atome würden dann in die innerste Schale stürzen. Die dabei freigesetzte Energie würde den Körper eines betroffenen Erdbewohners in einem Strahlungsblitz verdampfen lassen.

Die Elektronen der äußersten Schale bestimmen die chemischen Eigenschaften der Atome. Wenn sich das Natriumatom mit dem des Chlors zu einem Kochsalzmolekül verbindet, so sind es die Elektronen der äußersten Schalen, die mit ihren Kräften diese Bindung bewirken. Bei den Atomen mit 2, 10, 18, 36, 54 und 86 Elektronen ist jeweils die äußerste Schale vollständig gefüllt. Man sagt, die Schale sei abgeschlossen. Diese Atome haben keine Neigung, mit anderen Atomen chemisch zu reagieren, ihre äußersten Elektronen sitzen fest in der äußersten Schale beieinander. Das sind die Atome der Edelgase Helium, Neon, Argon, Krypton, Xenon und des radioaktiven Radons. Sie stehen im Periodischen System untereinander. Das zeigt, daß die Anordnung der chemischen Elemente im System mit dem Auffüllen der Schalen zusammenhängt. Das Schema der Besetzung der Schalen bei den leichteren Elementen ist in der Abbildung 6.7 wiedergegeben. Vereinfacht kann man sagen, daß die Elemente, die im System untereinander stehen, den gleichen Auffüllungszustand ihrer äußersten Schale haben. Atome, deren äußerstes Elektron einsam und allein in der äußersten Schale steht, ähneln sich wieder und bilden die Spalte Lithium, Natrium, Kalium, Rubidium, Cäsium und das stark radioaktive Francium, sie heißen auch die *Alkalimetalle.* Die Elektronen der äußersten Schale eines Atoms nennt man die *Valenzelektronen,* nach den Bindungseigenschaften, die man in der Chemie Valenzen nennt. Atome mit

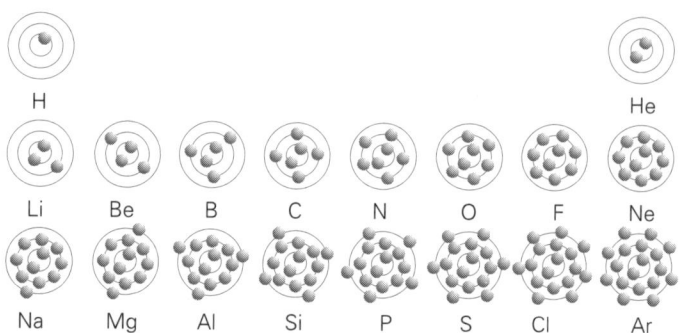

**Abb. 6.7:** Die Schalen der Elektronenhüllen der leichtesten Elemente sind hier durch Kreise dargestellt, wobei zu beachten ist, daß in Wahrheit zu einer Schale, mit Ausnahme der innersten, auch noch Ellipsen verschiedener Form und verschiedener räumlicher Orientierung gehören, wie es für die dritte Schale in der Abbildung 6.5 angedeutet ist. Geht man im Periodischen System vom Wasserstoff zu immer höheren Elementen, so füllen sich die Schalen mit Elektronen, genauer gesagt, alle Ellipsenbahnen füllen sich der Reihe nach. Zur innersten Schale gehört nur eine, zur zweiten gehören vier, zur dritten neun verschiedene Ellipsenbahnen, von denen jede zwei Elektronen aufnehmen kann. Die dritte Schale, die beim Argon acht Elektronen enthält, ist also noch lange nicht gefüllt, ihre neun Bahnen können 18 Elektronen fassen. Man vergleiche die Anordnung der Elemente hier mit der im Periodischen System der Abbildung 3.2.

sieben Valenzelektronen heißen *Halogene*. Es sind die Elemente Fluor, Chlor, Brom, Jod und das relativ unbekannte Element Astat, das beim Zerfall des Franciums entsteht. Das chemische Verhalten eines Stoffes hängt von der Zahl seiner Valenzelektronen ab.

In Wahrheit ist alles noch komplizierter. Bisher konnten wir uns den Aufbau der Elektronenhülle als relativ einfach vorstellen. Beginnen wir mit einem Wasserstoffkern, der von einem Elektron umkreist wird: Er hat also nur eine Schale, die damit naturgemäß die äußerste ist. Der Wasserstoff hat also ein Elektron in der äußersten Schale und ähnelt in dieser Hinsicht den Alkalimetallen. Fügen wir jetzt dem Kern eine weitere positive Elementarladung zu, kann er zwei Elektronen an sich binden. Damit ist die erste Schale aufgefüllt. Das Atom ist jetzt Edelgasatom geworden, nämlich Helium. Wenn wir dem Kern weitere positive Elementarladungen hinzufügen, so zieht er weitere Elektronen an. Diese füllen jetzt die zweite Schale auf, die acht Elektronen fassen kann. Hat man den Kern auf zehn positive Elementarladungen gebracht, dann ist auch die zweite Schale aufgefüllt, wieder hat man ein

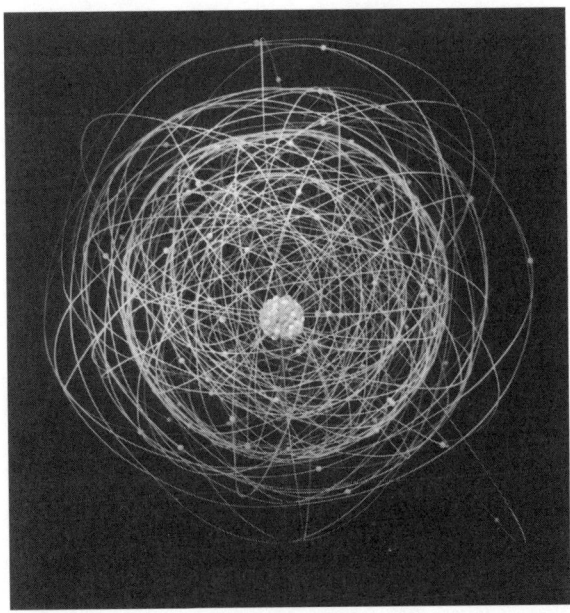

**Abb. 6.8:** Das Modell eines Uranatoms. Um den Atomkern beschreiben 92 Elektronen ihre Kreis- und Ellipsenbahnen (Deutsches Museum, München).

Edelgas – das Neon. So geht es weiter, wie wenn Parteien in ein Wohnhaus einziehen und zuerst die unteren Stockwerke besetzen. Erst wenn ein Stockwerk voll belegt ist, zieht der nächste Mieter in das nächsthöhere. Schale für Schale füllt sich so, wie beim Mietshaus Stockwerk für Stockwerk. Doch es ist auch denkbar, daß gelegentlich Mieter der besseren Aussicht wegen in ein höheres Stockwerk ziehen, obwohl weiter unten noch Platz ist. Das genau geschieht auch bei den Elektronen. Wenn wir in unserem Gedankenexperiment die positive Ladung des Kerns immer weiter erhöhen, dann eröffnen die neu hinzukommenden Elektronen gelegentlich eine äußere Schale, noch ehe die inneren voll besetzt sind. Das liegt an den Kraftwirkungen der Elektronen untereinander. Die Folge davon sind Reihen von Atomarten verschiedenen Atomgewichts und verschiedener Ladung ihrer Kerne, sie haben aber sehr ähnliche chemische Eigenschaften. Man kennt zwei solcher Gruppen: die 14 sogenannten seltenen Erden (Lanthanoiden) wie auch die 14 Actinoiden, zu denen Thorium, Uran und das Plutonium gehören. Diese beiden Gruppen von jeweils chemisch ähnlichen Elementen spielen im Periodensystem eine Sonderrolle und gehören jeweils an ein und dieselbe Stelle der Elemententafel (vgl. Abb. 3.2). Wie kompliziert die Elektronenbahnen im Bohrschen Atommodell bei den hohen Elementen angeordnet sind, zeigt die Abbildung 6.8 am Beispiel des Urans.

**Der geniale Gedanke eines französischen Adeligen**

Das Bohrsche Modell des Atoms bewährte sich glänzend – es hatte aber noch Schönheitsfehler. Zu den Regeln für erlaubte Bahnen, in denen die Elektronen nicht strahlen, kamen noch solche, wonach den Elektronen eines Atoms Sprünge von einer Bahn zu bestimmten Bahnen erlaubt, zu anderen aber verboten sind. Bohr war es gelungen, die Fülle der Erscheinungen, die sich in den Spektren der Elemente zeigten, auf einige wenige einfache Regeln zurückzuführen. Doch diese Regeln hatten etwas Willkürliches an sich, sie ließen sich nicht aus einem einfachen Prinzip herleiten. Es war ein Franzose, der einen neuen Weg wies.

Die Familie de Broglie hatte seit Generationen Soldaten, Diplomaten und Politiker höchsten Ranges für Frankreich gestellt. Beinahe wäre Louis Victor Prince de Broglie (1892–1987) der Familientradition gefolgt. Beim Studium an der Sorbonne belegte er historische Fächer und bereitete sich zunächst auf eine Beamtenlaufbahn vor. Vielleicht wäre er Diplomat geworden, wäre nicht sein älterer Bruder Maurice schon vor ihm aus der Familientradition ausgeschert. Obwohl der Großvater von der Wissenschaft nur abwertend als von einer Dame sprach, die sich mit alten Männern begnügt, hatte Maurice sich der Physik zugewandt und – wohlhabend, wie die de Broglies waren – im Familienschloß sein eigenes Laboratorium eingerichtet. Der Einfluß des um 17 Jahre älteren Bruders brachte Louis dazu, sich im Alter von 28 Jahren der Physik zuzuwenden.

Es war vor allem die scheinbare Doppelnatur des Lichtes, die ihn faszinierte. Da waren einerseits die Welleneigenschaften, die der Engländer Young so überzeugend nachgewiesen hatte. Andererseits gab es die Teilchen, die Photonen, mit denen Einstein zum Beispiel den lichtelektrischen Effekt erklärt hatte. Man hatte sich damit abgefunden, daß Licht sich in verschiedenen Meßanordnungen unterschiedlich verhält, einmal wie eine Welle, einmal wie ein materielles Teilchen.

Louis de Broglie fragte sich, ob nicht vielleicht alle Teilchen der Natur diese Eigenschaften besitzen, nicht nur die des Lichtes. Sollte vielleicht auch ein durch den Raum fliegendes Elektron Welleneigenschaften zeigen wie ein durch den Raum fliegendes Photon? Erst später sollte man erkennen, daß es schon Experimente gegeben hatte, die auf die Wellennatur des Elektrons hinwiesen, doch niemand hatte sie damals mit de Broglies Idee in Zusammenhang gebracht.

Im Prinzip waren de Broglies Gedankengänge, die er schließlich 1924 in seiner Doktorarbeit zusammenfaßte, recht einfach. Zu einem Lichtquant, das auf den Körper, den es trifft, einen Druck ausübt, gehört eine bestimmte Energie, die wiederum einer bestimmten Wellenlänge und damit einer Frequenz des Lichtquants entspricht. Kann man einem Elektron, das beim Auftreffen auf eine Wand den gleichen »Druck«* ausübt, auch dieselbe Wellenlänge zuordnen? Sollten Elektronen im Kathodenstrahl dieselbe Wellenlänge besitzen wie Photonen, die beim Auftreffen gleich stark drücken? Gleicher Druck – gleiche Wellenlänge, unabhängig, um welche Teilchen es sich handelt?

Die Wellenlängen, die man nach der de Brieglieschen Regel etwa für ein Elektron ausrechnet, sind klein. Einem Elektron, das mit D-Zug-Geschwindigkeit durch den Raum fliegt, kann man nach de Broglie eine Wellenlänge von etwa einem tausendstel Millimeter zuordnen.

---

* Genauer müßte man statt des hier vage verwendeten Begriffes Druck den Begriff *Impuls* benützen.

Den Elektronen, die mit 200 km/s durch eine Entladungsröhre rasen, entsprechen Wellenlängen, die beim Licht denen der Röntgenstrahlung entsprechen. Man beachte, daß de Broglie der Materie nur rein formal in Anlehnung an die Eigenschaften der Lichtteilchen eine Wellenlänge zugeordnet hat. Im Unterschied zu Lichtwellen sprach man jetzt von *Materiewellen*. Wußte man vom Licht, daß es sich um elektrische und magnetische Eigenschaften des Raumes handelt, die sich wellenförmig ausbreiten, so hatte man nicht die leiseste Ahnung, was bei den Materiewellen eigentlich gewellt ist.

Der österreichische Physiker Erwin Schrödinger (1887–1961) soll de Broglies Abhandlung nach flüchtigem Durchlesen mit der Bemerkung »Unsinn!« beiseite gelegt haben. Damals ahnte er noch nicht, daß er kurze Zeit danach, aufbauend auf de Broglies Idee, das Werk seines Lebens beginnen sollte. Auch die Physikalische Fakultät der Sorbonne wußte nicht recht, wie sie mit der Arbeit umgehen sollte. So stand in der Beurteilung: »Zu loben ist der mit bemerkenswerter Geschicklichkeit angegangene Versuch, Schwierigkeiten, die den Physiker bedrängen, zu überwinden.«[30] So schreibt man, wenn man eine Sache nicht verstanden hat, sie aber auch nicht zu Fall bringen will.

### Die Wellen der Materie

Besteht wirklich eine Analogie zwischen Materie und Licht? Sieht man von Beugungserscheinungen ab, so geht ein Lichtstrahl doch geradlinig durch den Raum.* Ein Materieteilchen aber, das man losschießt, wird durch verschiedene Kräfte abgelenkt, etwa durch das Schwerefeld der Erde oder durch elektrische und magnetische Kräfte. Die Analogie kommt zustande, wenn man beachtet, daß auch Lichtstrahlen gebogen werden können. Nur wenn der Raum leer ist wie der Weltraum, fliegt in ihm ein Photon wie mit dem Lineal geführt längs einer geraden Linie. Wir wissen aber, daß sich das Licht im Wasser bricht. Ein Lichtstrahl, der von oben her schräg auf eine Wasseroberfläche fällt, ändert seine Richtung beim Übergang, denn die Brechungseigenschaften des Wassers sind anders als die der Luft. Aber auch in ihr sind sie nicht einheitlich. In der Atmosphäre wird die Dichte der Luft nach oben

---

\* Von Effekten der Allgemeinen Relativitätstheorie, wonach Lichtstrahlen sich in starken Schwerefeldern krümmen, wollen wir hier absehen und nur verhältnismäßig schwache Schwerefelder, etwa das der Erde, betrachten.

kleiner. Deshalb ist ein schräg einfallender Sonnenstrahl in Wahrheit gekrümmt. Man nennt diese Erscheinung *Refraktion*. Der Navigator, der den Ort seines Schiffes noch nach der Sonne oder nach den Sternen bestimmt, muß sie berücksichtigen. Benutzt er bei der Ortsbestimmung einen Stern, der nur eine Handbreit über dem Horizont steht, und berücksichtigt er nicht die Refraktion, dann kann er leicht sein Schiff an einen Felsen rammen, den er meilenweit entfernt wähnt. Als Folge der Lichtkrümmung in der Atmosphäre sehen wir die Sonne auch dann noch über dem Horizont, wenn sie in Wahrheit soeben untergegangen ist. In Abbildung 6.9 ist links die Ablenkung des Lichtes in der Atmosphäre schematisch gezeigt. Das Licht eines Sterns erreicht den Beobachter auf einer gekrümmten Bahn. Im Prinzip könnte man sich auch einen Planeten vorstellen, dessen Atmosphäre das Licht so stark krümmt, daß ein horizontal ausgesendeter Lichtstrahl den Planeten umkreist (vgl. Abb. 6.9, rechts). Wer zum Horizont schaut, erspäht seinen eigenen Hinterkopf.

Es sind die Krümmungseigenschaften des Lichtes in einem Medium, welche die Analogie von Photonen und Materieteilchen, die durch Kräfte vom geraden Weg abgelenkt werden, wieder plausibel machen. Kräfte beeinflussen die Materiewellen so, wie die Brechungseigenschaften eines Mediums einen Lichtstrahl: Sie krümmen die Bahnen der

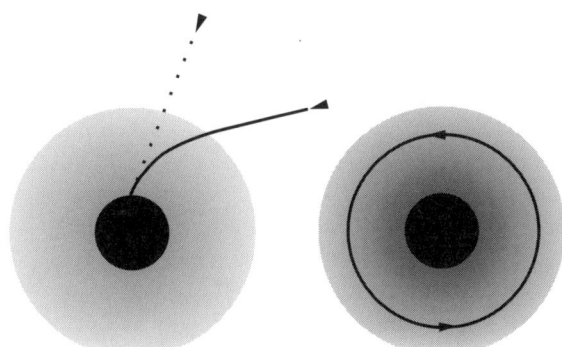

**Abb. 6.9:** Links: Das Licht, das von einem Stern zur Erdoberfläche kommt, wird auf seinem Weg durch die Atmosphäre gebogen. Diese sogenannte Refraktion bewirkt, daß man den Stern nicht an der Stelle des Himmels sieht, an der er wirklich steht. Rechts: Im Prinzip könnte man sich einen Planeten mit einer dichten Atmosphäre vorstellen, die einen Lichtstrahl, der horizontal ausgesandt wird, so krümmt, daß er den Planeten umläuft und zu seinem Ausgangsort zurückkommt, ohne die Planetenatmosphäre zu verlassen.

Materiewellen. Die Analogie ist jetzt wieder da: Photonen und Materieteilchen sind sowohl Wellen wie auch Korpuskeln, die sich nur dann geradlinig bewegen, wenn sie nicht durch Kräfte gestört werden, also durch Brechungseigenschaften des Mediums, welche die Bahnen der zugehörigen Wellen ablenken. Was für den Mechaniker eine Kraft ist, das ist für den Wellenmechaniker eine Brechungseigenschaft des Raumes.

So, wie im obigen Beispiel eine Lichtwelle unseren fiktiven Planeten umrundet, so windet sich im Atom die Materiewelle des Elektrons um den Kern. Denken wir uns nun das Elektron nicht mehr als ein kleines Kügelchen, das sich auf einer Kreisbahn um den Wasserstoffkern bewegt, sondern versuchen wir, entlang der kreisförmigen Bahn eine »Materiewelle« zu zeichnen. Als Wellenlänge nehmen wir die de-Broglie-Wellenlänge des Elektrons. Nach einem Umlauf treffen wir wieder auf den Anfang. Unsere Welle »beißt sich in den Schwanz«. In der Abbildung 6.10 sind zwei denkbare Fälle gezeigt. Links hat der Übergang einen Sprung, rechts nicht. Der Fall rechts tritt ein, wenn der Umfang ein ganzzahliges Vielfaches der Wellenlänge ist.

Für die beschriebene Konstruktion benötigen wir die de-Broglie-Wellenlänge des Elektrons. Erinnern wir uns: Sie hängt von seiner Geschwindigkeit ab. Wenn wir ein Elektron in irgendeine Kreisbahn setzen, dann muß es sich mit einer bestimmten Geschwindigkeit in dieser Bahn bewegen, damit seine Fliehkraft der elektrischen Anziehungskraft des Kerns das Gleichgewicht halten kann. Berechnet man für diese Geschwindigkeit die zugehörige de-Broglie-Wellenlänge, so kann man probieren, ob diese Wellenlänge die Bahn ohne Sprung füllt.

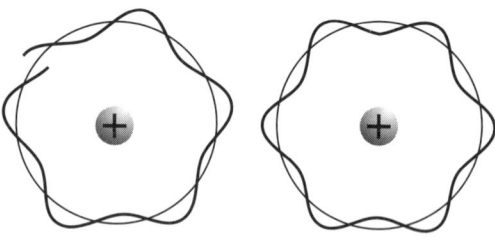

**Abb. 6.10:** Links: Eine de-Broglie-Welle, die bei einem Umlauf um den Atomkern nicht so in die Bahn paßt, daß danach wieder Wellenberg auf Wellenberg trifft, stellt keinen physikalisch realisierbaren Zustand dar. Rechts: Nur Wellen, bei denen nach einem Umlauf wieder Wellenberg auf Wellenberg und Wellental auf Wellental treffen, entsprechen möglichen Bahnen eines Elektrons um den Kern. Mit dieser Regel lassen sich die Radien der Kreisbahnen jeder Schale des Bohrschen Atommodells berechnen.

Nur in Glücksfällen wird die Wellenlinie der zugehörigen de-Broglie-Wellenlänge in der Kreisbahn glatt aufgehen. Das große Wunder ist nun, daß diese besonderen Bahnen die Bohrschen erlaubten Bahnen sind, in denen sich das Elektron strahlungsfrei bewegen kann. Bahnen, in denen sich die Materiewelle nicht glatt schließt, kommen in der Natur nicht vor. Auf den ersten Blick mag es scheinen, als ob die Zahlenmystik der erlaubten Bahnen, die in der Balmer-Formel steckt, durch eine neue Zauberei ersetzt worden ist. Jetzt muß man geheimnisvolle Wellenlinien, von denen man nicht weiß, was sie bedeuten, auf Kreisbahnen zeichnen. Damit hatte de Broglie aber nur den Zipfel eines großen Geheimnisses gelüftet, denn der Gedanke, daß Materie durch Wellen beschrieben werden kann, wurde sofort von anderen Physikern aufgenommen und ausgebaut.

Vom Standpunkt der Wellentheorie aus ist es nicht so verwunderlich, daß sich das Elektron, das um den Kern des Wasserstoffatoms kreist, nur in bestimmten Bahnen bewegt, oder anders ausgedrückt, nur bestimmte Energiewerte besitzt. Wellenphänomene haben nun mal solche Eigenschaften. Denken wir etwa an eine schwingende Saite, die zwischen zwei festen Punkten gespannt ist: Sie kann sich nur in bestimmten Schwingungsformen regelmäßig bewegen, mit einem oder mit mehreren Schwingungsbäuchen. Man spricht von der Grundschwingung und den Oberschwingungen. Die Saite kann zwar auf unendlich viele Weisen schwingen, nämlich mit immer höheren Oberschwingungen. Dabei sind ihre Wellenformen deutlich voneinander getrennt. Die erlaubten Wellenlängen erhält man, wenn man die Saitenlänge mit den Brüchen $2/1 = 2$, $2/2 = 1$, $2/3$, $2/4 = 1/2$, $2/6 = 1/3$, ... multipliziert. Es gibt aber keine Schwingung etwa mit einer Wellenlänge von $7/8$ der Länge der Saite. Wie bei den Kreisbahnen der Elektronen um den Kern, so gibt es auch bei der Saite erlaubte und verbotene Schwingungsformen, die voneinander deutlich getrennt sind.

Je geringer die Geschwindigkeit eines Teilchens und je geringer seine Masse, um so größer seine Wellenlänge. Wenn man Elektronen durch ein Spannungsgefälle von einem Volt laufen läßt, liegt ihre de-Broglie-Wellenlänge im Bereich von millionstel Millimetern. Das sind die Wellenlängen von Röntgenstrahlen. Doch hier handelt es sich um Materiewellen. Von den Röntgenstrahlen wissen wir, daß sie beim Durchgang durch die engen Maschen eines Kristalls wegen ihrer Wellennatur abgelenkt und gebeugt werden und ein regelmäßiges Muster auf einen dahinterliegenden Schirm werfen. Sollten nicht auch

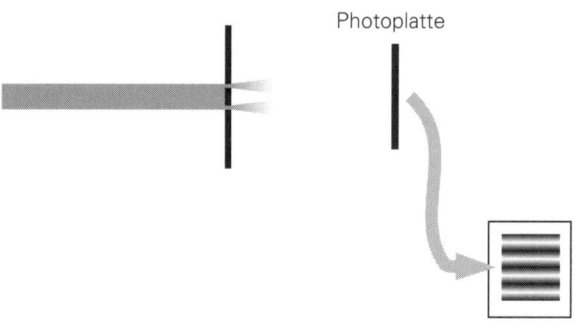

Photoplatte

**Abb. 6.11:** Ein Kathodenstrahl, der durch zwei dünne, parallele Spalte in einem Schirm auf eine Fotoplatte trifft, erzeugt nicht etwa ein »Schattenbild« des Schirms, sondern ein Streifenmuster. Die Elektronen werden bevorzugt in ganz bestimmte Richtungen abgelenkt. Das entspricht der in der Abbildung 4.6 gezeigten Erscheinung bei Wasserwellen. Dort verstärken sich hinter zwei Öffnungen die Wellen nur in bestimmten Richtungen, während sie sich in anderen Richtungen gegenseitig auslöschen. Mit diesem hier stark vereinfacht dargestellten Experiment wurde die Wellennatur des Elektrons bewiesen.

Elektronen, die man durch einen Kristall schießt, solche Muster erzeugen?

Der Beweis wurde im Jahre 1927 von einer Gruppe bei den Bell-Laboratorien in den USA erbracht. Wir wollen uns ein ähnliches Experiment veranschaulichen. Statt die Elektronen durch die Lücken zwischen den Atomen etwa einer Silberfolie zu schießen, wollen wir in Gedanken einen einfachen Schirm mit zwei nahe beieinanderliegenden spaltförmigen Öffnungen von vielleicht einem Millionstel Millimeter Breite nehmen, einen Schirm, wie er auch zum Nachweis der Wellennatur der Röntgenstrahlen verwendet werden könnte. Schießen wir nun einen Strahl von Elektronen darauf. Einige gelangen durch die Spalte in den dahinterliegenden Raum (vgl. Abb. 6.11). Sie fliegen dort aber nicht alle geradlinig in die alte Richtung weiter. Der Elektronenstrahl fächert sich dahinter auf, ähnlich wie ein Lichtstrahl, der durch einen kleinen Spalt geht. Treffen die Elektronen auf eine Fotoplatte, so entstehen nicht etwa zwei geschwärzte Streifen, sondern ein Streifenmuster. Viele Elektronen sind zwar nahezu geradlinig durch das Loch geflogen, mehrere Stellen wurden aber offensichtlich von Elektronen gemieden, dort blieb die Platte hell. Nach oben und unten reihen sich weitere Streifen aneinander. Die Ablenkung der Elektronen erfolgte also bevorzugt in bestimmte Richtungen. Das ist der Beweis dafür, daß der Elektronenstrahl aus Wellen besteht. Die gleiche Erscheinung zeigen aber Wasserwellen, die durch zwei nahe beieinanderliegende Öffnungen treten, wie die Abbildung 4.6 zeigte. Mit dieser Erscheinung hatte schon früher Thomas Young die Wellennatur des Lichtes bewiesen. Genau diese Welleneigenschaften besitzen auch die Elektronen.

### Der Österreicher, der die Materiewellen in den Griff bekam

Die Welle auf einem See und die Schallwelle, die uns einen Ton an das Ohr bringt, werden mathematisch durch eine Gleichung beschrieben, die sogenannte *Wellengleichung*. Sollte es einen entsprechenden Formalismus auch für die Materiewellen geben? Im Januar 1926 gelang es Erwin Schrödinger, von dem wir schon wissen, daß er anfangs nicht an de Broglies Materiewellen glauben wollte, eine solche Gleichung aufzustellen. Sie beschreibt bis heute die Vorgänge im atomaren Bereich.

Soweit es sich um Bereiche handelt, die im Vergleich zu atomaren Dimensionen groß sind, werden die Gesetze der normalen Mechanik, nach denen sich etwa die Planeten um die Sonne bewegen und nach denen ein nach oben geschleuderter Stein wieder herunterkommt, durch Schrödingers Gleichung nicht verändert. Im Bereich der Atome dagegen gelten die Gesetze der *Wellenmechanik,* in der die Welleneigenschaften der Materie das Geschehen bestimmen. Doch was ist dabei gewellt?

Betrachten wir noch einmal das Experiment der Abbildung 6.11. Die Platte ist streifenweise geschwärzt. Dort sind während der Belichtung die meisten Elektronen eingefallen. Ich will es anders sagen: Wenn ich nur ein Elektron geschossen hätte, dann wäre es aller Wahrscheinlichkeit nach auf den schwarzen Streifen in der Mitte getroffen. Es wäre aber auch möglich gewesen, daß es infolge seiner Wellennatur etwas abgelenkt worden und in den äußeren Bereichen des Mittelstreifens geflogen wäre. Es wäre aber recht unwahrscheinlich gewesen, daß es dann gerade mitten in einem der beiden den Mittelstreifen oben und unten umgebenden hellen Streifen aufgetroffen wäre, denn das Experiment zeigt ja, daß selbst dann, wenn viele Elektronen durch den Spalt geschossen werden, nur wenige auf die hellen Streifen treffen. Die Wahrscheinlichkeit, die nächsten beiden darüber- und darunterliegenden dunklen Streifen zu erreichen, wäre dann wieder größer gewesen. An die Zonen geringerer Wahrscheinlichkeit hätten sich Zonen größerer Wahrscheinlichkeit angeschlossen. In Wahrheit ist nicht irgendein

Stoff gewellt, sondern gewellt ist etwas, was mit der *Wahrscheinlichkeit* zusammenhängt, ein Elektron irgendwo im Raum anzutreffen. Das ist nicht gerade anschaulich, aber so ist es eben. Bei den Materiewellen besitzt nicht die Materie die Welleneigenschaften, sondern die Wahrscheinlichkeit, ein Teilchen anzutreffen. Je stärker die Materiewelle an einer Stelle des Raumes ist, um so eher kann man dort auf ein Elektron stoßen.

In der Nachbarschaft eines Atomkerns ist die Wahrscheinlichkeit, ein bestimmtes Elektron anzutreffen, besonders groß in Ringzonen. Das sind die Bohrschen Bahnen. In ihnen sind die Materiewellen längs der Bahn geschlossen. Dort sind sie besonders stark, da nach einem Umlauf jeder Wellenberg wieder auf einen Wellenberg trifft.

Die Gleichung, mit der man die erlaubten Bahnen des Elektrons des Wasserstoffatoms berechnen kann, heißt heute *Schrödinger-Gleichung*. Sie ist das mathematische Instrument, das nicht nur die Anordnung der Elektronen in den Hüllen der Atome beschreibt. Aus ihr läßt sich nach klaren, wenn auch komplizierten mathematischen Vorschriften erklären, warum die Linien der chemischen Elemente an genau den Stellen stehen, wo man sie findet. Aber nicht nur die Elektronen in den Atomen folgen ihr, auch die Atome in den Molekülen. Deshalb enthält die Gleichung die Gesetze der gesamten Chemie. Auch die Frage, welches Licht die Moleküle aussenden oder absorbieren, wird durch die Schrödinger-Gleichung beantwortet. Das ist nicht nur für verhältnismäßig einfache Moleküle wie die des Kohlendioxids richtig. Auch für die Moleküle des Alkohols und der Ameisensäure gilt Schrödingers Gleichung.

Aber sie ersetzt nicht alle Regeln, die nötig sind, das Verhalten der Elektronen in der Hülle eines Atoms zu erklären. Das Pauli-Prinzip, welches dafür verantwortlich ist, daß in den einzelnen Schalen nur eine ganz bestimmte Anzahl von Elektronen untergebracht werden kann, steckt zum Beispiel nicht in Schrödingers Gleichung. Es folgt erst aus neueren Prinzipien, die heute Bestandteile der inzwischen weiter ausgebauten Quantenmechanik sind, des Teils der Physik, zu dem Erwin Schrödinger so viel beigetragen hat. Wer war er?

Der einzige Sohn eines Wiener Fabrikanten war in einer finanziell gesicherten Familie aufgewachsen. Ein Privatlehrer unterrichtete ihn, bis er im Alter von 12 Jahren auf das Gymnasium kam. Auf der Universität faszinierten ihn vor allem die Vorlesungen über Theoretische Physik. Im Alter von 23 Jahren promovierte er. Nach Aufenthalten an mehreren Universitäten erhielt er 1920 einen Lehrstuhl in Zürich.

Im Jahre 1925, ein Jahr nach de Broglies Doktorarbeit, wandte sich Schrödinger dem Problem der Materiewellen zu und kam über die oben beschriebenen Gedanken zu seiner Gleichung. Zwei Jahre später wurde er Nachfolger Max Plancks an der Berliner Universität. Als Hitler 1933 jüdische Wissenschaftler in die Emigration zwang, verließ Schrödinger unter Protest Deutschland und ging nach England. Dort erfuhr er, daß ihm der Nobelpreis für Physik verliehen worden war. Nach einigen Jahren in England zog es ihn in seine österreichische Heimat zurück. Doch während er an der Universität von Graz lehrte, ließ Hitler seine Truppen in Österreich einmarschieren. Schrödinger, dessen demonstrativen Auszug aus Deutschland man nicht vergessen hatte, verlor seine Professur.

In dieser Zeit kam ihm ein Mathematiker zu Hilfe, der inzwischen ein bekannter Politiker geworden war. Eamon de Valera (1882–1975) war ursprünglich Professor für Mathematik an der Universität in Dublin gewesen, ehe er die Führung im Unabhängigkeitskampf der Iren gegen Großbritannien übernahm. Inzwischen war er Ministerpräsident des seit 1937 unabhängigen Staates Irland. De Valera ermöglichte es Schrödinger, in Irland zu arbeiten. Erst 17 Jahre danach kehrte Schrödinger nach Wien zurück. Am 4. Januar 1961 starb der Österreicher, der eine neue Ära der Physik eröffnet hatte. Sein Grab liegt in Alpbach in Tirol.

In diesem Ort veranstaltet das Österreichische College regelmäßige Veranstaltungen, bei denen Fachleute der verschiedensten Wissenschaftsgebiete einem breiten Kreis von Teilnehmern über ihre Arbeit berichten. Als ich im Herbst 1993 dort sprechen sollte, holte mich ein junger Mitarbeiter des Tagungsbüros von einer benachbarten Bahnstation ab. Ich fragte ihn, ob er mir sagen könne, wie ich Schrödingers Grab finden kann. »Doch«, meinte er, »das kann ich. Er war mein Großvater.« Der Friedhof von Alpbach liegt mitten im Ort, neben der Kirche. Das schmiedeeiserne Grabkreuz und der Blumenschmuck unterscheiden sich kaum von denen der anderen Gräber. Nur das schmucklos unter dem Namen angebrachte griechische Zeichen Psi, Symbol für die von Schrödinger eingeführte Wellenfunktion, deutet dem Kenner an, daß dort der berühmteste Tote des Friedhofes liegt. Doch er war nicht der einzige Vater der Quantenmechanik.

# Der »weiße Jude« in der Physik

Am 15. Juli 1937 brachte die Zeitschrift »Das Schwarze Korps«, das Propagandablatt der SS Adolf Hitlers, einen Beitrag des deutschen Physikers Johannes Stark (1874–1957). Der Autor war in der Physik kein unbeschriebenes Blatt. Er hatte zu den ersten Physikern gezählt, welche die Kanalstrahlen untersucht hatten. Er war einer der Verteidiger von Einsteins Relativitätstheorie und Plancks Quantentheorie. Stark hatte an Veränderungen in den Spektren erkannt, daß starke elektrische Felder die Elektronenhülle der Atome beeinflussen, eine Erscheinung, die man auch heute noch den *Stark-Effekt* nennt. Im Jahre 1919 erhielt er dafür den Nobelpreis für Physik. Als Hitler an die Macht kam, wurde Stark, inzwischen strammer Nationalsozialist, Präsident der Physikalisch-Technischen Reichsanstalt und der Deutschen Forschungsgemeinschaft. Doch inzwischen hatte er sich mit vielen Kollegen zerstritten. Als der berühmte Lehrstuhl Arnold Sommerfelds in München frei wurde, mischte sich Stark ein. Er wollte vermeiden, daß ein Schüler Sommerfelds nach München berufen wurde.

»›Weiße Juden‹ in der Wissenschaft« war die Überschrift des Artikels, der am 15. Juli die Seite 6 der SS-Hauszeitung einnahm. Zuerst erläuterte Stark, wen er als »weiße Juden« bezeichnete. Es würde nicht genügen, daß man einen Auszug der Juden aus Deutschland nach Israel »oder anderswo« als beste Lösung ansieht, meinte er.[*] Es ginge vielmehr auch um die deutschen Wissenschaftler, die »den jüdischen Geist willfährig aufgenommen haben, weil es an eigenem mangelt.« Die »Juden Einstein und Haber[**] und ihre Gesinnungsgenossen Sommerfeld und Planck regelten fast unbeschränkt die Nachwuchsfrage der deutschen Lehrstühle.« Die »Gesinnungsgenossen« sind bei Stark die »weißen Juden«, die es zu bekämpfen gilt. Stark ging es vor allem darum, daß den Münchner Lehrstuhl kein »Statthalter Einsteinschen Geistes« erhielt, der »1928 im Alter von 26 Jahren als Musterzögling Sommerfelds Professor in Leipzig« geworden war, »in einem Alter also, das ihm kaum Zeit geboten hatte, gründliche Forschung zu betreiben«.

Der »Musterzögling« war neben Schrödinger der zweite Vater der Quantenmechanik. Er hatte seine ersten Ergebnisse sogar schon einige Monate vor Schrödinger erhalten. Ihm wurde 1932, ein Jahr vor

---

[*] Es sei Stark zugestanden, daß er im Jahre 1937 mit »sonstwo« nicht das Krematorium von Auschwitz meinte.
[**] Fritz Haber (1868–1934), deutscher Chemiker

Schrödinger, der Nobelpreis für Physik verliehen. Wieder begegnen wir einem der 1945 in Farmhall in England internierten Männer: Werner Heisenberg (1901–1976).

Der Sohn des Münchner Universitätsprofessors für Mittel- und Neugriechisch wollte eigentlich Mathematik studieren. Später erinnerte er sich, daß der Wechsel zur Physik auf ein unglücklich verlaufenes Gespräch mit einem der Münchner Mathematikprofessoren zurückzuführen ist, bei dem es dem jungen Abiturienten weder gelang auf den Mathematiker einen guten Eindruck zu machen, noch auf dessen Hund, der während des Gespräches neben dem Schreibtisch pausenlos bellte[31]. Eine Unterredung mit Arnold Sommerfeld verlief wesentlich angenehmer, und Heisenberg beschloß jetzt, Physik zu studieren. In Sommerfelds Vorlesungen traf er auch auf den Studenten Wolfgang Pauli. In den Diskussionen in Sommerfelds Seminar wurden Themen der Einsteinschen Relativitätstheorie und vor allem der Bohrschen Atomtheorie behandelt. Die Freunde Heisenberg und Pauli diskutierten sie oft bei ihren Wanderungen in den bayerischen Bergen. Im Frühsommer des Jahres 1922 nahm Sommerfeld seinen Studenten Heisenberg mit nach Göttingen. Dorthin war Bohr aus Kopenhagen gekommen, um eine Reihe von Vorlesungen zu halten. Immer wenn Bohr in Göttingen weilte und seine berühmten Vorlesungen hielt, sprach man unter Physikern von den »Bohr-Festspielen«. In jenem Sommer begegneten Bohr und der 16 Jahre jüngere Heisenberg einander zum erstenmal. Göttingen war damals ein Zentrum der Physik und Mathematik. Nicht nur, daß es dem Göttinger Physiker Max Born (1882–1970) gelungen war, Niels Bohr für die »Festspiele« zu gewinnen, er holte erst Pauli und danach Heisenberg aus Sommerfelds Münchner Schule als Assistenten. In Göttingen prägten hervorragende Mathematiker wie David Hilbert (1862–1943) und Richard Courant (1888–1972) die wissenschaftliche Atmosphäre. Ich hörte in den späten fünfziger Jahren Max Born über jene Zeit berichten. Von der Arbeitsintensität und dem mitreißenden Ideenreichtum seines Assistenten Heisenberg sagte er, daß er nie genau gewußt habe, ob damals eigentlich Heisenberg sein oder ob er Heisenbergs Assistent gewesen sei.

Als der 22jährige seine Stelle in Göttingen antrat, hatte er noch nicht die mündliche Doktorprüfung abgelegt. Deshalb mußte er am Ende des ersten Göttinger Semesters noch einmal nach München reisen, um dieser Formalität Genüge zu leisten. Doch in der Prüfung des Experimentalphysikers fiel er durch. Nach der Promotionsordnung war Einstimmigkeit der drei Prüfer notwendig. Die beiden anderen konnten den Experimentalphysiker nicht überstimmen. Erst der Hinweis auf die hervorragende Doktorarbeit, die Sommerfelds bester Schüler abgegeben hatte, und die guten Leistungen in den anderen Fächern der mündlichen Prüfung und nicht zuletzt Sommerfelds Überredungskunst konnten den dritten Prüfer dazu bewegen, sich mit den anderen wenigstens auf die Gesamtnote »rite« zu einigen – der Note, bei der man gerade noch nicht durchfällt. Als Heisenberg deprimiert nach Göttingen zurückkam und Born davon berichtete, ließ sich dieser aber in seinem Urteil über seinen Assistenten nicht beeinflussen.*

Bei seinen Überlegungen zur Bohrschen Atomtheorie, in der sich die Elektronen auf ihren Bahnen so ganz anders verhalten, als man von der normalen Mechanik gewohnt war, ging schon dem Studenten Heisenberg immer wieder die Frage durch den Kopf, was eigentlich die charakteristischen Eigenschaften eines Elektrons sind. Ist es seine Bahn, in der es den Atomkern umkreist? Ist es die Geschwindigkeit, mit der es sich im Kreis oder in einer Ellipse bewegt wie ein Planet um die Sonne? Für einen Planeten kann der Astronom für jeden Augenblick angeben, wo auf seiner Bahn er steht und wie rasch er sich bewegt. Er kann seinen Ort vorausberechnen, den Planeten beobachten und prüfen, ob die Vorhersage stimmt. Doch bei einem Elektron im Atom ist es anders. Wir können seine Bewegung nicht verfolgen. Beobachtet werden nur die Linien im Spektrum des Atoms. Man erkennt aus der Wellenlänge des Lichts die Energie des Lichtquants, das beim Übergang von einer Bahn zur anderen abgestrahlt wird. Man beobachtet aber auch die Intensität der Linie, die etwas darüber aussagt, wie lange ein Elektron in einer äußeren Bahn verweilt, ehe es in eine innere zurückfällt. Die Bahnen selbst beobachtet man nicht. Sollte man nicht versuchen, das Atom nur mit solchen Begriffen zu beschreiben, die beobachtet werden können, statt mit Bildern, die der Beobachtung nicht zugänglich sind?

---

* Auch nach dem Zweiten Weltkrieg arbeitete Heisenberg für mehrere Jahre in Göttingen. Ein Göttinger Freund erzählte mir, daß er in den ersten Nachkriegsjahren als Student mit Kommilitonen in einem geliehenen Auto eine Urlaubsreise nach dem Süden machte. Unterwegs nahmen sie eine Anhalterin, ein attraktives Mädchen aus Holland, mit. »Wir kommen aus Göttingen«, sagten sie. Keine Reaktion. »Da hat der Mathematiker Gauß gelebt«. Auch dieser Name sagte ihr nichts. »Wir kommen aus der Stadt, in der Heisenberg arbeitet.« Da ging ein Strahlen über ihr Gesicht: »Ich habe eine Schallplatte daheim: ›Ich hab mein Herz in Heisenberg verloren‹!«

Hier wird deutlich, wie Heisenberg in seinen Gedanken den Sprung vom Anschaulichen zum Unanschaulichen vollzog. Jedem leuchtet das Bild von Elektronen ein, die den Atomkern umkreisen. Wenn auch die mathematische Prozedur zur Berechnung ihrer Bewegung kompliziert und für den Nichtmathematiker nicht nachvollziehbar ist, das Bild ist anschaulich. Wir könnten es unseren Kindern auf einem Blatt Papier skizzieren, wenn sie danach fragen würden. Die Bewegung eines Gegenstandes, sei es ein geworfener Stein, sei es die Lokomotive eines Zuges längs ihres vorgegebenen Weges, ist uns vertraut. Sind die Bahnen im Atom wirklich vorhanden? Niemand hat sie gesehen.

Der entscheidende Durchbruch gelang dem 24jährigen Werner Heisenberg auf der Insel Helgoland – und ein Heufieber war der äußere Anlaß. Im Mai 1925 erkrankte Heisenberg daran und mußte Born um Urlaub bitten, um sich für zwei Wochen nach Helgoland zurückzuziehen. Dort entwickelte er zwischen Spaziergängen auf dem Oberland eine Theorie, die nur von beobachtbaren Größen Gebrauch macht und die das Verhalten der Elektronen im Atom beschreibt. Nach seiner Rückkehr arbeiteten Born und seine Mitarbeiter die Heisenbergsche Theorie aus. Als wenige Monate später Schrödinger seine Gleichung veröffentlichte, stellte sich bald heraus, daß die Schrödinger-Gleichung und Heisenbergs mathematischer Formalismus, die sogenannte Matrizenmechanik, ein und dasselbe sind, wenn auch in verschiedenen mathematischen Sprachen geschrieben. Jeder Satz in Schrödingers Sprache kann auch in Heisenbergs Diktion formuliert werden und umgekehrt.

### Die nachgeholte Prüfungsfrage

Heisenberg stieß auf eines der wichtigsten Gesetze der neuen Mechanik. Noch heute lernt jeder Physikstudent die *Unbestimmtheits- oder Unschärferelation*. Es geht um die Frage, von welchen Eigenschaften eines Teilchens man eigentlich sinnvoll sprechen kann. Auf den ersten Blick scheint keine Schwierigkeit zu bestehen. Ein kleines Staubkorn in der Brennebene eines Mikroskops ist im Bildfeld des Instruments zu erkennen. Läßt sich sein Ort genau bestimmen? Ganz so einfach ist das nicht. Licht ist eine Welle, und wir wissen schon, daß es deshalb um Ecken gehen kann. Wir sehen das Teilchen unscharf und wissen deshalb nicht so genau, wo es sich befindet. Licht einer bestimmten Wellenlänge läßt keine Einzelheiten erkennen, die feiner sind als eben diese Wellenlänge. Wenn ich von langen Wellen zu kürzeren gehe, etwa vom roten Licht zum ultravioletten oder gar zu den Röntgenstrahlen, dann kann ich den Ort eines Teilchens zwar etwas genauer bestimmen, aber immer bleibt eine Unsicherheit von der Größenordnung der Länge des benutzten Lichtes. Wir wissen also nie genau, wo das Teilchen schwebt.

Ebenso ist es mit seiner Geschwindigkeit. Ruht das Staubkorn oder bewegt es sich im Blickfeld des Mikroskops? Man könnte glauben, daß sich das letztlich ohne Schwierigkeiten entscheiden läßt. Beachten wir aber, daß das Teilchen, das ich sehe, mindestens von einem Lichtquant getroffen worden sein muß. Dieses wird dann von dem Teilchen abgelenkt und fällt in unser Auge. Der Lichtdruck hat dabei die Bewegung des Teilchens geändert. Wenn ich ein Teilchen untersuchen will, kann ich das nicht im Dunkeln tun. Bei Licht erleidet es Stöße von den Lichtquanten, die seine Bewegung verändern. Kaum habe ich das Teilchen gesehen, schon bewegt es sich anders.

Gehen wir noch einmal zurück zur Bestimmung des Ortes. Wir sahen, daß ich ihn um so genauer erfahren kann, je kurzwelligeres Licht ich verwende. Aber die Quanten sind dann energiereicher und stoßen daher das Teilchen stärker. Damit verstärkt sich aber auch die Unsicherheit meines Wissens über seine Geschwindigkeit. Je mehr ich mich anstrenge, den Ort des Teilchens zu bestimmen, um so weniger erfahre ich über seine Geschwindigkeit.

Heisenberg hat sich auch Versuche ausgedacht, bei denen die Geschwindigkeit eines Teilchens gemessen werden kann. Dabei zeigt sich das entsprechende: Je genauer man die Geschwindigkeit bestimmt, um so weniger erfährt man über den Ort des Teilchens. Das ist das von Heisenberg entdeckte fundamentale Gesetz. Es bezieht sich nicht nur auf Ort und Geschwindigkeit.* Es gilt auch für andere Paare von beobachtbaren Größen, von denen jeweils eine nur auf Kosten der anderen genau bestimmt werden kann.

Komischerweise bezog sich eine der Prüfungsfragen, derentwegen der Doktorand Heisenberg bei der mündlichen Prüfung in Schwierig-keiten geraten war, auf das Auflösungsvermögen eines Mikroskops, also auf die Frage, wie man den Ort eines Teilchens im Mikroskop bestimmen kann. Heisenberg mag bei der Prüfung die Antwort nicht gewußt haben, später holte er das nach und beantwortete die Frage mit

---

* Anstelle von Geschwindigkeit müßte ich hier genauer von Impuls sprechen, doch kommt es in diesem Zusammenhang nicht so sehr auf den feinen Unterschied an.

einem von ihm entdeckten Gesetz, das weit über das damalige Wissen hinausging, nicht nur über das seines Prüfers.

Die Unbestimmtheitsrelation könnte den Eindruck vermitteln, in der Quantenmechanik wären nur vage Aussagen möglich. Das ist falsch. Es wird in ihr genau untersucht, welche Größen exakt und welche nur statistisch bestimmt werden können. Der Quantenmechanik gelingt es aber zum Beispiel, die Wellenlängen der Linien in den Spektren der Atome bis auf acht Stellen hinter dem Komma genau vorauszuberechnen.

Als Werner Heisenberg starb, arbeitete ich am Max-Planck-Institut für Astrophysik, das damals noch im Gebäude von Heisenbergs Institut für Physik untergebracht war. Am Tag nach seinem Tode trafen wir uns mit Fackeln und Kerzen vor seinem Haus in der Münchener Rheinlandstraße, in dem er aufgebahrt war. Schweigend schritten wir vorbei, junge Mitarbeiter, aber auch ältere, die ihn aus der Zeit während des Krieges kannten, als er noch versuchte, einen Reaktor zu bauen. Einer der großen Physiker dieses Jahrhunderts, in dessen Institut viele von uns gelernt hatten, was Forschung bedeutet, war von uns gegangen.

# 7. Das Unsichtbare wird gezählt

Damals gab es nur eine einzige Methode, die Radioaktivität quantitativ zu studieren, die Beobachtung von Zinksulfidkristallen unter dem Mikroskop. Nachdem das Auge an die Dunkelheit adaptiert war, standen nur wenige Minuten zur Verfügung, ehe der Beobachter gelegentlich Lichtblitze übersah oder er welche zu sehen glaubte, die gar nicht da waren. Man löste sich ab, einer saß am Mikroskop, der andere ruhte sich in einem verdunkelten Vorraum aus. Während Rutherford draußen saß, sang er stets das Heilsarmeelied »Onwards, Christian Soldiers«. Zur Toilette mußte ihn sein Assistent führen, damit er die Adaption seiner Augen nicht verlor.

*nach E. Pollard*[32]

Als Rutherford Alphateilchen auf Metallfolien schoß und ihre Ablenkungen durch deren Atome untersuchte, zählte er die Lichtblitze der aus ihrer Richtung geworfenen Teilchen, die sie beim Aufprall auf einen kleinen Schirm aus Zinksulfid erzeugten. Es war eine mühsame Zählerei, stundenlang starrten Rutherford und seine Assistenten, einander abwechselnd, im Dunkeln durch das Mikroskop auf das fluoreszierende Blättchen. Sie drückten eine Morsetaste, sobald sie einen Lichtblitz wahrnahmen. Auch die Meßdaten, die letztlich zum Rutherfordschen Atommodell führten, waren durch mühseliges Zählen von Lichtblitzen auf Zinksulfidblättchen gewonnen worden. Doch Radioaktivität macht sich nicht nur durch Lichtblitze bemerkbar.

Radioaktive Strahlung macht die Luft elektrisch leitend. Die Curies hatten das benutzt, um die Stärke der Radioaktivität eines Stoffes zu bestimmen. Radioaktive Strahlen – seien es nun die Teilchen der Alpha- oder Betastrahlen, seien es die elektromagnetischen Wellen der Gammastrahlung – schlagen Elektronen aus dem Atom heraus oder zerteilen die Moleküle in ein positiv und ein negativ geladenes Bruchstück.

## Radioaktivität – hörbar gemacht

Schon im Jahre 1908 versuchten Rutherford und Geiger diese ionisierende Wirkung zu benutzen, um die Teilchen der radioaktiven Strahlung zu zählen. In einer zylindrischen Kammer war ein Draht gespannt, zwischen Kammerwand und Draht lag eine elektrische Spannung von etwa 1000 Volt. Wenn Alphateilchen durch die Kammer schossen, erzeugten sie im Gas Ionen. Diese elektrisch geladenen Teilchen wurden durch die starke Spannung in Bewegung gesetzt, stießen dabei an Atome des Füllgases, schlugen aus diesen neue Elektronen heraus und ionisierten so das getroffene Teilchen. Dessen Bruchstücke wurden wiederum vom elektrischen Feld beschleunigt und ionisierten andere Atome. So erzeugte jedes Ion weitere Ionen, es bildete sich eine Lawine geladener Teilchen, die entsprechend ihrer Ladung zur Kathode oder zur Anode wanderten. Jedem durch die Strahlung gebildeten Ion folgen also viele andere, die sich zusammen als Stromstoß zwischen den Elektroden bemerkbar machen. Diese Versuchsanordnung hat Geiger später verbessert (vgl. Abb. 7.1). Aus dem Draht der Elektrode wurde eine Nadel mit feiner Spitze. Wenn dort ein vorbeikommendes Alphateilchen die Atome des Füllgases ionisiert, werden die Elektronen von der negativen Nadel abgestoßen und zur positiven Kammerwand gezogen. Wieder entsteht eine Elektronenlawine. Der damit verbundene Stromstoß zwischen Kathode und Anode kann gemessen und verstärkt

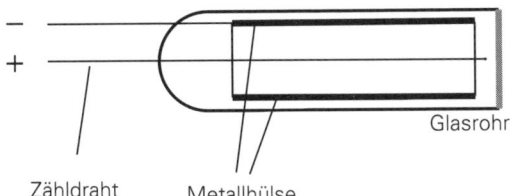

Glasrohr

Zähldraht    Metallhülse

**Abb. 7.1:** Das Prinzip des Geiger-Zählers. Im leergepumpten Gefäß bilden eine Metallhülse die Elektrode, ein Draht in ihrer Mitte die Anode. In das Innere der Hülse gelangende Strahlen ionisieren dort Atome des Restgases, dessen Elektronen zu den Elektroden gezogen werden. Auf dem Weg dorthin ionisieren sie andere Atome, so daß vorübergehend ein Stromstoß zwischen Anode und Kathode fließt. Diesen elektrischen Impuls kann man hörbar machen oder in einem Zählwerk registrieren lassen. Wichtig ist, daß die auf den Zähler treffende Strahlung nicht in der Glaswand oder in der Kathode steckenbleibt, ehe sie den Raum zwischen Anode und Kathode erreicht.

werden. Man kann ihn im Lautsprecher als Knall hörbar machen. Der *Geiger-Zähler*, wie man dieses auch heute noch gebräuchliche Meßgerät nennt, in die Nähe einer radioaktiven Quelle gebracht, läßt im angeschlossenen Lautsprecher ein lautes Knattern ertönen. Je mehr Strahlungsteilchen an der Spitze vorbeikommen, um so rascher die Folge der einzelnen Pulse. Statt mit einem Lautsprecher, kann man aber Geigers Gerät auch mit einem elektrischen Zählwerk verbinden, das die Stromstöße zählt. Mit dem Geiger-Zähler war das mühsame Zählen kaum wahrnehmbarer Lichtblitze vorbei.

Aber auch ohne radioaktive Quelle gibt es so viel Radioaktivität in unserer Umwelt, daß es im Lautsprecher eines Geiger-Zählers ständig knackt. Das Zählrohr, das Geiger mit seinem Schüler Walther Müller schließlich entwickelte, gestattet auch, Betastrahlen zu messen. Ebenso können Gammastrahlen mit dem Geiger-Müller-Zähler nachgewiesen werden, da auch sie Materie ionisieren.

Ein ionisiertes Gas mit seinen gegeneinander frei beweglichen Ionen unterscheidet sich aber nicht nur durch seine elektrischen Leitungseigenschaften von einem aus neutralen Molekülen bestehenden *Neutralgas*. Man kann zwar die Teilchen der radioaktiven Strahlung nicht sehen, doch die Spuren, die sie hinterlassen, wenn sie durch die Luft fliegen, machte ein Kollege von Rutherford sichtbar.

**Die Kondensstreifen der Strahlung**

Charles Thomson Rees Wilson (1869–1959) schrieb später, daß ihm die Idee zur größten Entdeckung seines Lebens 1894 während der Ferien im schottischen Hochland am Gipfel eines Berges gekommen sei, als er Wolken und Nebel im Sonnenlicht betrachtete und über die dabei auftretenden optischen Erscheinungen grübelte. Damals kam er auf den Gedanken, solche Nebel im Laboratorium zu erzeugen.

Wie entstehen Wolken? Was bringt die Feuchtigkeit der Luft dazu, sich in winzigen Wassertröpfchen zu kondensieren und Nebelschwaden zu bilden? Luft kann nicht beliebig feucht werden, sie kann nicht unbegrenzte Mengen von Wasser in Form von unsichtbarem Wasserdampf speichern, darüber entscheiden ihre Temperatur und ihr Druck. Je höher die Temperatur und je niedriger der Druck, um so mehr Wasserdampf kann die Luft aufnehmen. Ein Gas, das seine Maximalmenge an Wasserdampf gespeichert hat, nennt man *gesättigt*. Kühlt man mit Wasserdampf gesättigte Luft ab oder erhöht man ihren Druck, dann muß sie sich von einem Teil ihres Wasserdampfes befreien. Er kondensiert, kleine Flüssigkeitströpfchen entstehen, es bildet sich Nebel. Wenn man gleichzeitig Druck und Temperatur erniedrigt, wirken zwei Prozesse gegeneinander. Das Erniedrigen der Temperatur fördert die Nebelbildung, das Erniedrigen des Druckes hemmt sie. Denken wir an Luft, die über dem Meer Wasser bis fast zur Sättigung aufnimmt und beim nächsten Gebirge aufsteigt. Je höher sie kommt, um so mehr erniedrigen sich Temperatur und Druck. Wird ihr Fassungsvermögen an Wasserdampf nun erhöht oder erniedrigt? In der nach oben gestiegenen gesättigten Luft gewinnt die Abkühlung die Oberhand über den Druckverlust. Das Vermögen, Wasserdampf zu halten, sinkt, Wassertröpfchen entstehen, es bilden sich Wolken.

Doch nicht immer entsteht Nebel, wenn er sich eigentlich bilden sollte. Kühlt man feuchte Luft ab, so entwickeln sich nicht sofort Nebeltröpfchen, wenn der enthaltene Wasserdampf das Fassungsvermögen überschreitet. Die Luft kann noch etwas mehr Dampf speichern, man spricht von *übersättigter* Luft. Sie benötigt eine zusätzliche Hilfe, um sich ihres Wassers entledigen zu können. Streicht sie etwa über eine ebene Fläche, so bildet sie dort Tau und befreit sich so von ihrem überschüssigen Wasser, lange bevor in der Luft Tröpfchen entstehen. Staubkörner helfen gleichfalls, Wassertröpfchen in übersättigter Luft zu bilden. Industriegroßstädte mit ihrer rauchigen Luft leiden besonders stark unter Nebel. Auch in den Kondensstreifen der Flugzeuge bilden sich Nebeltröpfchen an den Teilchen der Abgase. Auslöser ist nicht so

**Abb. 7.2:** Das Schema der Wilson-Kammer. Ein Gefäß ist nach unten mit einem beweglichen Kolben dicht abgeschlossen. Wird der Kolben rasch nach unten bewegt, expandiert das darüberliegende, mit Wasserdampf gesättigte Gas und kühlt sich ab. Radioaktive Strahlen hinterlassen dann in der Kammer Nebelspuren, die durch eine seitlich angebrachte Lichtquelle sichtbar gemacht werden. Bringt man die Kammer zwischen die Pole eines großen Magneten, dann kann man an der Bahnkrümmung sehen, welche Ladung die Teilchen besitzen.

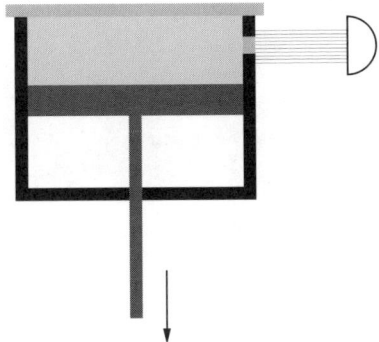

sehr der Staub selbst, es sind seine elektrischen Eigenschaften. Staub in der Luft ist fast immer elektrisch geladen, das fördert die Anlagerung von Wassermolekülen. Das Staubkorn bekommt einen Wassermantel. Die Teilchen, die helfen, Nebel aufkommen zu lassen, nennt man *Kondensationskerne.*

Wilson machte Kondensationsversuche, indem er mit Wasserdampf gesättigte Luft sich ausdehnen und damit abkühlen ließ und studierte, unter welchen Bedingungen sich dabei Nebeltröpfchen formen. Im Jahre 1896 bestrahlte er die Luft in seiner Apparatur mit Röntgenstrahlen und stellte fest, daß die Strahlen während der Expansion die Nebelbildung fördern. Es waren die elektrischen Ladungen der von den Röntgenstrahlen erzeugten Ionen, die Kondensationskerne bildeten.

Im März 1911 ließ Wilson auch Alphastrahlen auf die Luft seines Expansionsapparates einwirken und sah, daß die Alphateilchen dünne Nebelstreifen hinterließen. Den Atomen, denen es auf seinem Weg begegnet, schlägt jedes Alphateilchen Elektronen ab. Es hinterläßt eine Spur von Ionen, an denen Wasserdampf zu Nebeltröpfchen konden-

**Abb. 7.3:** Die Alphateilchen eines radioaktiven Präparats haben fast alle die gleiche Energie und erzeugen daher in der Wilson-Kammer etwa gleichlange Spuren, doch vereinzelte Teilchen haben eine etwas höhere Energie. Auf 35 000 normale kommt durchschnittlich eines, das eine längere Spur erzeugt. In der Abbildung ist eine längere Spur zu erkennen.

**Abb. 7.4:** Die Spuren der Teilchen eines am linken unteren Rand der Nebelkammer befindlichen Betastrahlers. Ein Magnetfeld, dessen Pole oberhalb und unterhalb der Bildebene liegen, krümmt die Bahnen. Eine Rätselfrage an den Leser: Wo liegt der Nordpol, oberhalb oder unterhalb?

siert. Die Alphateilchen ziehen ihre dünnen Kondensstreifen hinter sich her!

Auf diesem Prinzip beruht die Wilsonsche Nebelkammer, die lange Zeit eines der wichtigsten Hilfsmittel der Atomphysik war. Ein Gefäß enthält mit Wasserdampf gesättigte Luft (vgl. Abb. 7.2). Durch eine Öffnung am Boden des Gefäßes kann ein Kolben, der in regelmäßigen Abständen ruckartig bewegt wird, Luft aus dem Hohlraum saugen. Das Gas expandiert und wird übersättigt. Eine Nebelspur verrät die Bahn des Alphateilchens. Seitliche Beleuchtung sorgt dafür, daß der Kondensstreifen deutlich sichtbar wird und eventuell fotografiert werden kann (vgl. Abb. 7.3). Die Länge der Spur verrät, mit welcher Energie das Teilchen angekommen ist, denn man kennt die Energie, die im Mittel nötig ist, um in der Luft ein Ionenpaar zu erzeugen. Je energiereicher ein Teilchen ist, um so mehr Nebeltröpfchen hinterläßt es, um so länger ist auch der Kondensstreifen.

Auch Teilchen der Betastrahlen hinterlassen Spuren in der Nebelkammer. Mit Hilfe von Magneten lassen sich geladene Teilchen ablenken, ihre Nebelspuren sind dann gekrümmt. In der Abbildung 7.4 sind im Magnetfeld gekrümmte Nebelkammerspuren der Betastrahlung gezeigt. Die Wilson-Kammer ist nach jeder Expansion nur für kurze Zeit empfangsbereit. Nur Teilchen, die während der ersten halben

Sekunde durch die übersättigte Luft fliegen, erzeugen Nebeltröpfchen. Nach einiger Zeit löst sich der Nebel auf. Erst eine neue Expansion kann wieder Teilchenspuren sichtbar machen. Später wurden auch kontinuierlich wirkende Wilson-Kammern entwickelt, bei denen übersättigter Dampf ständig der Strahlung ausgesetzt wird.

### Blasen, Funken, Silberkörner

Ionen begünstigen nicht nur die Kondensation von Wasserdampf, sie erleichtern auch das Sieden einer Flüssigkeit. Das nutzt man in der *Blasenkammer*, einem mit einer leicht siedenden Flüssigkeit gefüllten Gefäß. Meist nimmt man Wasserstoff. Unterhalb seiner Siedetemperatur von $-235$ °C ist er flüssig, darüber ist er ein Gas. Wie die Kondensation von Wasser, hängt auch das Sieden einer Flüssigkeit vom Druck ab. Je niedriger der Druck, bei um so niedrigerer Temperatur siedet sie. Auf der Zugspitze muß das Frühstücksei länger kochen als am Mittelmeerstrand. In der Blasenkammer bringt man flüssigen Wasserstoff nahe an seine Siedepunktstemperatur heran und wählt den Druck so, daß die Flüssigkeit gerade noch nicht siedet. Erniedrigt man nun schlagartig den Druck, so entsteht eine überhitzte Flüssigkeit, die eigentlich schon sieden sollte. Wir sehen die Analogie zur Wilson-Kammer: dort war es übersättigte Luft, hier ist es überhitzte Flüssigkeit. Wieder sind es die Ionen, die sich nun als »Siedekerne« anbieten, so, wie sie in der Nebelkammer die Rolle von Kondensationskernen spielen. Der flüssige Wasserstoff siedet an den Ionen. Längs der Teilchenspuren entstehen winzige Gasbläschen. Zieht ein rasch durch den Wasserstoff fliegendes Teilchen eine Ionenspur hinter sich her, so reihen sich dort Gasbläschen aneinander, die man fotografieren kann. Da flüssiger Wasserstoff sehr viel dichter ist als gasförmige Luft, wird die Energie der Teilchen auf viel kürzerem Weg aufgebraucht als in der Nebelkammer. Die Spuren in der Blasenkammer sind deshalb sehr viel kürzer als die in der Nebelkammer. In der Blasenkammer kann man die Längen der Spuren von Teilchen messen, die in der Wilson-Kammer keinen Anfang oder kein Ende haben würden.

In der modernen *Funkenkammer* (vgl. Abb. 7.5) stehen, übereinander angeordnet, zahlreiche Metallplatten einander paarweise gegenüber. Zwischen den Plattenpaaren herrscht eine so hohe elektrische Spannung, daß beinahe ein Funke überspringt. Ionen erleichtern das Überspringen von Funken zwischen den entgegengesetzt geladenen

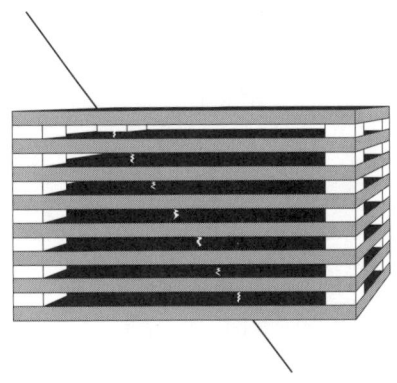

**Abb. 7.5:** Das Schema einer Funkenkammer. Zwischen mehreren Aluminiumplatten, die in einem luftleeren Gefäß voneinander isoliert sind, herrscht eine so hohe elektrische Spannung, daß beinahe Funken von Platte zu Platte überspringen. Längs der Bahn eines hochenergetischen Teilchens, das den Plattenstapel durchdringt, entstehen zwischen den Platten Ionen, welche die Funkenbildung auslösen. Die Spur des Teilchens wird durch eine Serie von Funken sichtbar.

Platten. Ionisierende Strahlen hinterlassen deshalb in der Funkenkammer eine Reihe von kleinen Blitzen, die von Platte zu Platte springen. Werden sie fotografiert, geben sie Meßpunkte zur Festlegung der Teilchenbahn.

Demgegenüber ist die Untersuchung der Teilchenbahnen radioaktiver Strahlen nach der *Kernemulsionsmethode* einfach. Ein Paket fotografischer Platten wird der zu untersuchenden Strahlung ausgesetzt und nach dem Entwickeln unter dem Mikroskop untersucht. Jedes Molekül der lichtempfindlichen Schicht, das von einem Teilchen getroffen wird, läßt nach dem Entwickeln ein Silberkorn entstehen. So bilden sich Spuren von Silberkörnern. Die Dichte der Moleküle in der Schicht ist etwa das Tausendfache der Dichte der Moleküle in der Nebelkammer. Deshalb sind die Silberspuren extrem kurz und meist nur im Mikroskop zu erkennen.

### Die Strahlung, die vom Himmel kommt

Ein einzelnes Zählrohr kann zwar ein durchgehendes Strahlungsteilchen registrieren, es gibt aber keine Information darüber, aus welcher Richtung das Geschoß kommt. Dazu muß man mehrere Zählrohre verwenden. Stellen wir uns vor, zwei Zählrohre wären übereinander angebracht. Wenn ein Teilchen senkrecht von oben kommt, geht es durch beide Meßgeräte, das heißt, beide registrieren nahezu gleichzeitig einen Teilchendurchgang. Registriert aber etwa nur das obere Rohr ein Ereignis, dann ist das Teilchen sicher so schräg von der Seite gekom-

**Abb. 7.6:** Messungen mit mehreren Zählrohren gestatten, etwas über die Ursprungsrichtung aus dem Weltall kommender Strahlung zu erfahren. Senkrecht von oben kommende Teilchen erzeugen praktisch gleichzeitig in allen drei Zählrohren Impulse. Ein Teilchen, das von der Seite kommt, erzeugt nur in einem Rohr einen Impuls. Durch Anbringen von absorbierenden Platten kann man etwas über die Durchdringungsfähigkeit der Teilchen erfahren. Löst ein Teilchen nur in den beiden oberen Zählrohren Stromstöße aus, nicht aber im unteren, dann war das von oben kommende Teilchen nicht in der Lage, die im Bild grau dargestellte Schicht zu durchdringen.

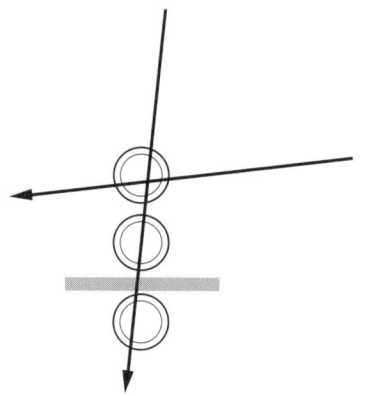

men, daß es zwar durch das obere Zählrohr, nicht aber durch das untere ging (vgl. Abb. 7.6). So kann man mit ganzen Batterien von Zählrohren die Richtung der eintreffenden Teilchen bestimmen. Das hat sich vor allem bewährt, als man lernte, daß Zählrohre nicht nur die Teilchen radioaktiver Proben registrieren und nicht nur die Teilchen der Radioaktivität der Gesteine und Erze der Erde, sondern daß uns auch Strahlungsteilchen aus dem Weltraum erreichen. Das entdeckte ein österreichischer Physiker bei Ballonflügen, zu denen ihm die Österreichische Akademie der Wissenschaften und der Österreichische Aeroklub verholfen hatten. Er bemerkte, daß die Luft in großen Höhen ionisiert ist.

Viktor Franz Hess (1883–1964), Sohn eines Försters in der Steiermark, erhielt seine Ausbildung in Graz, zuerst am Gymnasium, dann an der Universität, wo er sich für die Fächer Mathematik und Physik einschrieb. Nach seiner Promotion kam er schließlich nach einigen Umwegen an das Radium-Institut der Universität Wien. In dieser Zeit rätselten die Physiker, warum es in der Luft der Atmosphäre neben den Atomen und Molekülen auch Ionen gibt. In der Luft findet man Elektronen, geladene Atome und Moleküle, denen Elektronen fehlen, also Ionen. Unsere Luft ist ionisiert, auch wenn weit und breit kein radioaktiver Stoff in der Nähe ist. Wenn man die stets vorhandenen geladenen Teilchen der Luft aus einem Gefäß entfernt, indem man

146

Elektroden anbringt und eine Spannung anlegt und so die Ladungen zu Anode und Kathode wandern läßt, sind nach einiger Zeit wieder neue Elektronen und Ionen da. Woher kommen sie? Was sind es für Strahlen, die unsere Atemluft ionisieren? Zuerst machte man Spuren radioaktiver Stoffe dafür verantwortlich, die es überall gibt, im Erdboden, in den Steinen der Häuser und in den Wänden der Laboratoriumsgefäße. Daß es nicht so ist, zeigte im Jahre 1910 ein Experiment in Paris. Man deponierte am Fuß des Eiffelturms eine starke Gammaquelle. Noch 300 Meter darüber, an der Spitze, ließ sich eine ionisierende Wirkung mit dem Elektroskop messen. Das Überraschende aber war, daß am Erdboden in 300 Metern seitlichem Abstand von der Quelle die Ionisation merklich geringer war als 300 Meter darüber. Strahlte die Quelle bevorzugt nach oben? Das war unwahrscheinlich, denn soviel man wußte, strahlen radioaktive Stoffe nach allen Richtungen hin gleich stark. Auch die Abnahme der Strahlungsintensität mit der Entfernung war nach allen Richtungen die gleiche. Beobachtete man nicht nur die von der Gammaquelle am Fuß des Turmes erzeugten Ionen, sondern auch noch die in der Luft stets vorhandenen? Sind diese vielleicht an der Turmspitze häufiger als am Boden?

Die Frage regte Hess zu seinen Ballonflügen an. Hier konnte er die Ionisation der Luft in Höhen von mehr als 5000 Metern über dem Meeresspiegel mit Elektroskopen messen. Das Ergebnis: Die Ionisation nimmt während der ersten 150 Meter nach oben ab. Das wäre zu erwarten, wenn die Quelle der Ionisation radioaktive Strahlung vom Erdboden ist. Dann aber kam die Überraschung: Weiter oben steigt die Zahl der Ionen wieder an – die Ionisation ist in 5000 Metern wesentlich stärker als in Meereshöhe. Was ionisiert die Luft dort oben? Die Sonne kann dafür nicht verantwortlich sein, denn die Stärke der Ionisation ist dort bei Tag und Nacht die gleiche. Auch wenn der Mond während einer Finsternis die Scheibe der Sonne für Minuten völlig verdeckt, verringert sich die Zahl der Ionen in der Luft nicht, die Elektroskope entladen sich auch dann nicht langsamer. Im Jahre 1912 hatte Hess das Rätsel gelöst: »Die Ergebnisse der vorliegenden Beobachtungen scheinen am ehesten durch die Annahme erklärt werden zu können, daß eine Strahlung von sehr hoher Durchdringungskraft von oben her in unsere Atmosphäre eindringt und auch noch in deren untersten Schichten einen Teil der in geschlossenen Gefäßen beobachteten Ionisation hervorruft.[33]« Offensichtlich kommt eine Art radioaktiver Strahlung aus dem Weltall, trifft die Atome und Moleküle der Luft und ionisiert sie. Die Physiker zweifelten noch jahrelang an der Realität dieser »kosmischen Strahlung« oder »Höhenstrahlung«, wie man sie bald nannte, doch dann wurden die Messungen von anderen Seiten bestätigt.

Im Jahre 1925 erhielt Hess einen Lehrstuhl an der Universität Graz. Danach half er, ein Observatorium zur Untersuchung der kosmischen Strahlung auf der Hafelekar-Spitze bei Innsbruck zu errichten, 2300 Meter über dem Meeresspiegel. Nun war er schon weltberühmt, im Jahre 1936 hatte man ihn mit dem Nobelpreis für Physik geehrt. Das beeindruckte Adolf Hitler nicht, als er 1938 seine Wehrmacht in Österreich einmarschieren ließ. Der strenggläubige Katholik Viktor Hess verlor seinen Lehrstuhl und ging in die USA, wo er auch schon früher gearbeitet hatte. Dort blieb er bis zu seinem Tode.

Die kosmischen Strahlen sind auch heute noch eines der aufregendsten Forschungsgebiete der Physik. Tatsächlich schießen Teilchen aller Art aus dem Weltall in die Erdatmosphäre. In der kosmischen Strahlung gibt es Teilchen, die mit Energien ankommen, die man selbst in neuesten Teilchenbeschleunigern, von denen noch die Rede sein wird, nicht erreichen kann. Wer also die Eigenschaften energiereicher Teilchen studieren will, dem liefert das Weltall reichhaltiges Material gratis für seine Arbeiten.

Nach Hess hat der deutsche Physiker Werner Kolhörster (1887– 1946) die ionisierende Strahlung aus dem Weltall vom Ballon aus untersucht. Er erreichte Höhen von 9300 Metern, und seine Elektroskope zeigten das Zwölffache der Ionisation, die man vom Meeresniveau gewohnt ist. Heute wissen wir, daß aus dem Weltall vorwiegend Kerne des Wasserstoffatoms, also Protonen, nahezu mit Lichtgeschwindigkeit angeflogen kommen. Aber auch Alphateilchen, also Kerne des Heliums, hat man in der aus dem Weltall kommenden Teilchenstrahlung gefunden, ja sogar Atomkerne bis hinauf zur Ordnungszahl 30. Die meisten von ihnen treffen in den obersten Schichten der Lufthülle auf Atome und Moleküle und erzeugen dort neue Teilchen. Doch auch die ursprüngliche Strahlung, die sogenannte *Primärstrahlung*, erreicht die Erdoberfläche. Mehr noch, man hat sie sogar in 100 Meter Wassertiefe, ja selbst in Bergwerken, nachweisen können. Man kann der kosmischen Strahlung nicht entgehen, genausowenig wie der natürlichen irdischen Strahlung, die von den Gesteinen ausgeht. Kosmische und irdische Strahlung bilden die *natürliche Strahlenbelastung*. Auf Meereshöhe stammt ein Drittel von der kosmischen Strahlung, zwei Drittel steuert die irdische bei. Doch das gilt nicht im Hochgebirge. In 2000 Metern Höhe ist die kosmische Strahlung mehr als doppelt so stark. Auch wer im Flugzeug über den Atlantik fliegt, erhält eine stärkere Strahlendosis von oben. Ein Atlantikflug gibt etwa 2 bis 5 Prozent mehr Strahlenbelastung, als man normalerweise an natürlicher Strahlung in sich aufnimmt. Wer also jährlich fünfzigmal den Atlantik überquert – man denke nur an das Flugpersonal –, der muß mit einem mehrfachen der natürlichen Strahlenbelastung rechnen.

Die kosmische Strahlung kommt aus den Weiten des Weltraumes. Welche Vorgänge im Weltall erteilen den Protonen die Energien, mit denen sie in unsere Atmosphäre geschossen kommen? Wir werden in Kapitel 17 auf die Kernphysik des Weltalls zurückkommen.

### Wie man Isotope auseinanderhält

Die in Kapitel 3 beschriebenen Bemühungen, das Periodische System der Elemente aufzustellen, waren unter anderem dadurch erschwert, daß die Atomgewichte nicht ganzzahlig sind. Wir hatten dort schon erwähnt, daß dafür hauptsächlich die Isotope der Elemente verantwortlich sind. Auf sie kam man aber erst zur Zeit von J. J. Thomson, der nicht nur die Kathodenstrahlen untersucht, sondern sich auch den Kanalstrahlen zugewandt hatte.

Die Kanalstrahlen sind positive Ionen des Füllgases der Entladungsröhre. Thomson ließ sie 1913 in einem Experiment gleichzeitig durch ein magnetisches und ein elektrisches Feld ablenken. Dabei gelang es ihm, die Teilchen nach ihrer Masse zu trennen. Aus Kohlenwasserstoffen wie etwa Methan können verschiedene Ionen entstehen. Ein Methanmolekül besteht aus einem Kohlenstoffatom, an das sich vier Wasserstoffatome angelagert haben. Es ist elektrisch neutral und kommt daher in den Kanalstrahlen nicht vor, wohl aber das Methanmolekül, dem ein Elektron fehlt. Es ist ein positives Ion und wird in der Entladungsröhre beschleunigt. Bei der Ionisierung kann das Methanmolekül aber auch größeren Schaden genommen und noch Wasserstoffkerne verloren haben, kann neben einem Kohlenstoffatom nur noch drei oder zwei Wasserstoffatome besitzen, vielleicht aber auch nur eines oder gar keines mehr. Wenn einem Atom dieser Moleküle ein Elektron fehlt, hat man Ionen, die alle nur eine positive Elementarladung tragen. Die Massenzahlen sind also, je nachdem, wieviel Wasserstoffatome noch am Kohlenstoff hängen: $12 + 4 = 16$, $12 + 3 = 15$, $12 + 2 = 14$, $12 + 1 = 13$ und $12 + 0 = 12$. Sie werden verschieden abgelenkt. Das gab Thomson die Möglichkeit, die Ionen nach ihren Atomgewichten zu unterscheiden und zu trennen. Nunmehr konnte man »Spektren« erzeugen. Ein Strahl, der aus verschiedenen Ionen besteht, wird abgelenkt, seine Teilchen fallen auf einen Filmstreifen. Die Ablenkung erfolgt gerade so, daß die auftreffenden Teilchen nach ihrer Masse geordnet sind. Die Analogie zum Spektrum des Lichtes drängt sich auf, in dem die Strahlung nach Wellenlängen geordnet ist. Deshalb spricht man von einem *Massenspektrum.* Thomson untersuchte die Kanalstrahlen des Neons, dessen Atomgewicht von etwa 20.2 um ein Prozent von einer ganzen Zahl abweicht, und entdeckte, daß der Strahl der Neonionen sich in seinem Ablenkapparat in zwei einzelne Strahlen spaltet, die etwas verschieden abgelenkt werden, gerade so, wie man es für Teilchen der Massenzahlen 20 und 22 erwarten würde. Wenn die einen Neonatome waren, von welcher Natur sollten dann die anderen sein? Es blieb nur die Erklärung, daß es zwei Arten von Neon gibt, $^{20}$Ne und $^{22}$Ne, die im Neon der Natur etwa im Mischungverhältnis 10 : 1 vorkommen, das entspricht dem mittleren Atomgewicht 20.2.

Heute trennt man die Ionen verschiedener Masse im *Massenspektrographen,* in dem sie erst durch ein elektrisches, danach durch ein magnetisches Feld abgelenkt werden. Das Schema ist in der Abbildung 7.7 gezeigt. Das Prinzip geht auf Thomsons Mitarbeiter Francis William Aston (1877–1945) zurück. Er untersuchte die Massenspektren verschiedener chemischer Elemente und bemerkte, daß sie alle aus mehreren Komponenten bestehen, deren Atomgewichte in guter Näherung ganzzahlige Vielfache der Masse des Wasserstoffatoms sind.* Das hatte man schon bei der frühen Bestimmung der Atomgewichte vermutet, es hatte aber merkliche Abweichungen gegeben. Kupfer zum Beispiel hat das Atomgewicht 63.55 – weitab von einer ganzen Zahl. Das Massenspektrometer brachte es an den Tag: Es gibt zwei Arten von Kupfer!** Die eine hat das Atomgewicht 62.930, die andere 64.928. Das in der Natur vorkommende Kupfer enthält 68.94 Prozent der ersten und 31.06 Prozent der zweiten Sorte. So kommt das Atomgewicht 63.55 zustande. Bei den einzelnen Isotopen sind wir aber jetzt viel näher an der Ganzzahligkeit der Atomgewichte: 62.930 und 64.928 unterscheiden sich nur um ein Promille von den ganzen Zahlen 63 und 65! Die Kerne der beiden Kupfersorten besitzen die gleiche Ladung, nämlich 29

---

* Vgl. auch die Fußnote von S. 32.
** Man kennt heute 13 Arten des Kupfers, doch nur die beiden hier genannten sind nicht radioaktiv und zerfallen nicht nach Stunden, Minuten oder Sekunden.

**Abb. 7.7:** Das Prinzip des Massenspektrographen. Ein Kanalstrahl wird erst durch ein quer zur Bewegungsrichtung stehendes elektrisches Feld (erzeugt von zwei parallelen horizontalen Platten) abgelenkt. Die Ablenkung der langsamen Teilchen ist stärker als die der schnellen. Anschließend geht der nunmehr aufgespaltene Strahl durch ein quer zur Bewegungsrichtung stehendes Magnetfeld (erzeugt von zwei Polen, im Bild durch zwei parallele Kreisscheiben dargestellt). Die Bahnen werden gekrümmt. Dabei gelangen Teilchen gleicher Masse auf dieselbe Stelle der fotografischen

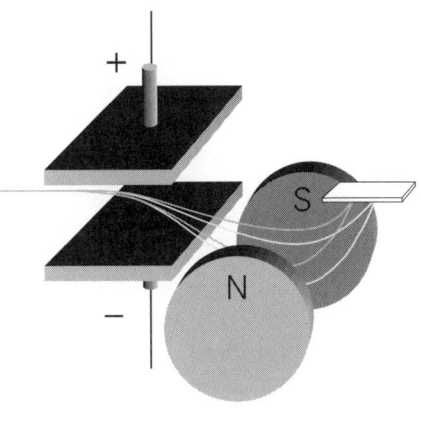

Platte. Teilchen verschiedener Masse erreichen verschiedene Stellen der Platte. Es entsteht ein »Spektrum«, in dem die Teilchen nach ihrer Masse geordnet sind. Im Bild wurden von zwei Teilchensorten verschiedener Masse jeweils die Bahnen für ein schnelles und ein langsames Teilchen eingezeichnet.

**Abb. 7.8:** Ausschnitt aus einem mit dem Massenspektrographen gewonnenen Spektrum. Hier ist der Teil herausvergrößert, bei dem die Teilchen der Massenzahl 20 auf die Platte treffen. Es sind Ionen des Wassers, des Methans, des Ammoniaks, des Moleküls, das aus einem Sauerstoff- und nur einem Wasserstoffatom besteht, und Ionen des Neons. Das Deuterium ($^2$H) ist mit D bezeichnet. Wenn man beachtet, daß H und D die Massenzahlen 1 und 2 besitzen, kann man leicht nachprüfen, daß die Massenzahl aller in der Abbildung

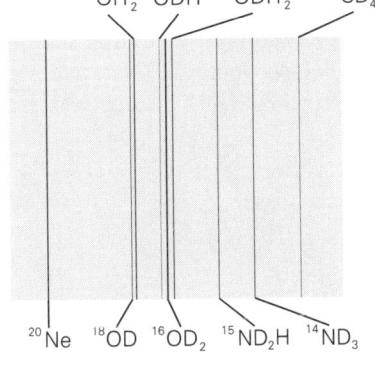

angegebenen Moleküle 20 ist. Die kleinen Unterschiede in den Massen, derentwegen die verschiedenen Moleküle nicht alle auf dieselbe Stelle der Platte fallen, rühren von den verschiedenen Bindungsenergien und daher geringfügig verschiedenen Massen der einzelnen Atome her. Solche Spektren gestatten, die Massen der einzelnen Atomkerne genau zu bestimmen.

positive Elementarladungen. Dementsprechend sind die Atomkerne beider Arten von 29 Elektronen umgeben. Da die Elektronenhülle das chemische Verhalten eines Stoffes bestimmt, sind die beiden Kupferarten chemisch gleich. Ihre Kerne unterscheiden sich aber um 1.998 Masseneinheiten. Offensichtlich trägt die Masse, die der eine Kern mehr hat als der andere, keine Ladung.

Der Wasserstoff kommt in Form von drei Isotopen vor, dem normalen Wasserstoff, dem Deuterium mit dem Atomgewicht 2.014 und dem radioaktiven *Tritium*, einem Betastrahler, der sich mit einer Halbwertszeit von zwölf Jahren in ein Heliumisotop verwandelt. Das Deuterium ist dem natürlichen Wasserstoff beigemischt. Im Wasser unserer Getränke kommt im Mittel auf 20 000 Wasserstoffatome eines von der schweren Sorte. Wer einen Liter Bier trinkt, nimmt auch eine 22stellige Anzahl von schweren Wasserstoffatomen in sich auf.

Wie fein man heute die einzelnen Isotope im Massenspektrographen trennen kann, zeigt die Abbildung 7.8. Der Ausschnitt zeigt die Schwärzungen, die von Teilchen der Massenzahl 20 hervorgerufen worden sind. Man beachte, daß nicht nur das Neonisotop $^{20}$Ne, sondern auch andere Ionen nahezu dieselbe Masse besitzen, zum Beispiel Wasser, bei dem der Sauerstoff $^{16}$O mit zwei Kernen des Wasserstoffisotops Deuterium $^2$H verbunden ist, oder das Sauerstoffisotop $^{18}$O mit zwei gewöhnlichen Wasserstoffatomen $^1$H.

Das Atomgewicht der Isotope bringt aber noch einmal die Frage nach der Ganzzahligkeit ins Spiel. Wir sahen, daß die beiden wichtigsten Kupferisotope in ihren Atomgewichten nur geringfügig von ganzen Zahlen abweichen. Warum aber sind sie nicht exakt ganze Zahlen? Um das zu verstehen, müssen wir die Atomkerne noch näher kennenlernen.

# 8. Neue Eigenschaften der Atomkerne

Das Neutron bewegt sich ... sehr schnell, wenn es aus einem Kern schießt, und wandert viele Kilometer, bevor es zerfällt. Die Wissenschaftler können es nur auf einem kleinen Teil seines Weges beobachten und müssen die Halbwertszeit aus den wenigen Fällen berechnen, bei denen sie Zeugen des Zerfalls werden.

*Isaac Asimov*[34]

Um das Jahr 1913 sah das Atom in den Augen der Physiker etwa folgendermaßen aus: In der Mitte sitzt der positive Atomkern, von der Hülle der ihn umkreisenden Elektronen umgeben. Ihre Zahl und die der positiven Elementarladungen des Kerns sind gleich. Mit ihren negativen Ladungen machen sie das gesamte Atom elektrisch neutral. Die Ordnungszahl im Periodischen System ist gleich der Zahl der Elektronen der Hülle. Das Atomgewicht liegt in der Nähe der Massenzahl des Atoms. Im Heliumatom, das die Ordnungszahl 2 hat, kreisen zwei Elektronen um den Kern, der zwei positive Elementarladungen besitzt. Die Massenzahl ist 4. Der Kern kann aber nicht aus vier Protonen bestehen, denn dann wäre seine Ladung nicht 2, sondern 4. Abgesehen vom normalen Wasserstoff ist die Massenzahl immer größer als die Ordnungszahl. Es sind mehr Protonen*massen* als Protonen*ladungen* im Kern. Stecken auch im Atomkern des Heliums Elektronen, die zwei der vier Protonen elektrisch neutralisieren? Oder gibt es neutrale Materie, in den Kernen verborgen? Existiert neben dem negativen Elektron und dem positiven Proton noch ein neutrales Teilchen, das die Masse eines Protons besitzt? Rutherford vermutete dies.

## Die erste künstliche Kernumwandlung

Während Bohr die Elektronen der Hülle mit ihren anscheinend recht künstlichen Quanteneffekten studierte, konzentrierte sich Rutherford weiter auf den Atomkern. Im Jahre 1919 gelang es ihm, künstlich ein

153

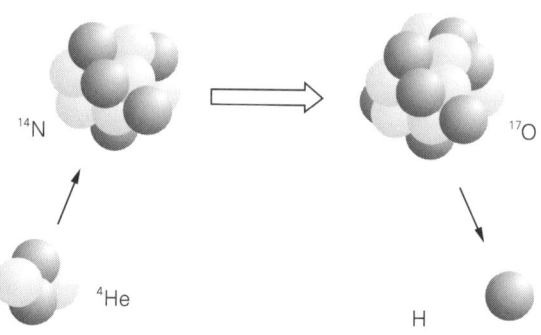

**Abb. 8.1:** Wie Rutherford aus Stickstoff durch Bestrahlung mit Alphateilchen einen Sauerstoffkern erhielt. Man vergleiche dazu das Nebelkammerbild 8.2.

**Abb. 8.2:** Die Umwandlung des Stickstoffs durch Alphastrahlen (vgl. auch Abb. 8.1). Die Alphateilchen kommen von unten mit einer Energie von 3.9 MeV. Oberhalb der Mitte trifft eines auf einen Stickstoffkern und schlägt ein Proton heraus, das sich nach rechts bewegt. Der Sauerstoffkern zeichnet eine vom gleichen Punkt ausgehende Spur, die nach oben weist, etwas nach links geneigt. Die Reichweite des entstandenen Protons betrug hier 3.5 Zentimetern, der neu entstandene Sauerstoffkern kam nach 3 Millimetern zur Ruhe.

154

Element in ein anderes zu verwandeln. Radioaktive Alphastrahler schleudern Atomkerne des Heliums mit großer Geschwindigkeit in den Raum. Treffen diese Geschosse auf ihrem Weg durch die Luft zufällig auf den Kern eines Stickstoffatoms, dann schlagen sie ein Proton heraus. Aus dem Stickstoff der Massenzahl 14 und der Ordnungszahl 7 wird ein Sauerstoffkern der Massenzahl 17 und der Ordnungszahl 8. Der Stickstoff erhöht durch die Aufnahme des Heliums seine Massenzahl um 4, durch das abgeschleuderte Proton wird sie um 1 erniedrigt (vgl. Abb. 8.1). Er gewinnt also zwei positive Ladungen und gibt eine wieder mit dem Proton ab. Masse und Ladung bleiben dabei erhalten, doch aus Stickstoff ist Sauerstoff geworden. Die Abbildung 8.2 zeigt die Nebelspuren des Vorganges in der Wilson-Kammer. Bisher hatte es nur die Natur fertiggebracht, Kerne eines Elements in solche eines anderen zu verwandeln, nun war das auch dem Menschen gelungen. Bei Rutherfords künstlicher Atomumwandlung fiel auf, daß die Endprodukte, der neu entstandene Sauerstoffkern und das wegfliegende Proton, mehr Energie besitzen als die »Eltern«, Stickstoffatom und Heliumkern. Wie bei der Radioaktivität, zeigte sich jetzt wieder: Wenn Atome sich in andere umwandeln, kann Energie frei werden.

### Die Geburt des Neutrons

Im Jahre 1928 versuchte Walther Bothe (1891–1957), damals Mitarbeiter von Geiger, das Rutherfordsche Experiment der Atomumwandlung auf andere Stoffe auszudehnen. Er beschoß Bor und Kohlenstoff mit Alphateilchen, danach nahm er sich Beryllium vor. Dieses Leichtmetall beschoß er mit Alphateilchen und bemerkte eine starke Strahlung von großer Durchdringungskraft, Gammastrahlung, wie er vermutete.

Inzwischen war in Frankreich eine neue Generation von Physikern herangewachsen. Frédéric Joliot (1900–1958) arbeitete bei Marie Curie und hatte dort eine Nebelkammer sowie eine starke Alphastrahlenquelle aus Polonium aufgebaut. Er hatte die Tochter der Curies, Irene (1897–1956), geheiratet, die beruflich in die Fußstapfen ihrer Eltern getreten war. Im Januar 1932 bestrahlten die Joliots Beryllium mit Alphateilchen, wie Bothe vier Jahre zuvor. Auch sie fanden die Strahlung extremer Durchdringungskraft. Sollten es tatsächlich Gammastrahlen sein, die von der beschossenen Berylliumprobe ausgingen? Dem stand entgegen, daß die Strahlung Protonen aus einer Paraffinschicht herausschlagen konnte. Dazu sind Gammastrahlen nicht fähig.

Von welcher Art sind also die Strahlen, die das Beryllium aussendet, wenn es von Alphateilchen getroffen wird?

Auch ein junger italienischer Physiker, Ettore Majorana (1906–1938), erfuhr davon. Ehe ich mit den Überlegungen der Atomphysiker der damaligen Zeit fortfahre, will ich kurz bei dem tragischen Schicksal dieses Mannes verweilen, von dem viele glauben, daß er einer der begabtesten Physiker seiner Zeit war. Majorana arbeitete in der Gruppe des großen italienischen Physikers Enrico Fermi (1901–1954), von dem noch die Rede sein wird. Nach seiner Promotion im Jahre 1929 über radioaktive Atomkerne ging Majorana erst nach Deutschland, um in Leipzig bei Heisenberg zu arbeiten, später nach Kopenhagen. Er war einer der schärfsten und kritischsten Denker unter den jungen Atomphysikern. Doch als er im Herbst 1933 von seinen Auslandsaufenthalten nach Rom zurückgekehrt, war er ein kranker Mann. Immer wieder mußte er seine Arbeit aus gesundheitlichen Gründen unterbrechen. Als er einen Lehrstuhl in Neapel erhielt, stellte er zu seiner Enttäuschung fest, daß seine Vorlesungen für die Studenten zu schwierig waren. Im März 1938 schrieb er einem Freund, daß er die Absicht habe, freiwillig aus dem Leben zu scheiden. Kurze Zeit danach folgte ein Telegramm an den gleichen Freund, er möge diese Ankündigung nicht ernst nehmen. Am gleichen Tag bestieg Ettore Majorana ein Schiff, das ihn von Palermo nach Neapel bringen sollte. Er wurde an Bord zum letztenmal bei der Einfahrt in die Bucht von Neapel gesehen, von da an fehlt jede Spur von ihm. Sein Leichnam wurde niemals gefunden.

Ettore Majorana hat wesentlich zum Verständnis der Kräfte beigetragen, die einen Atomkern trotz der sich gegenseitig abstoßenden positiven Ladungen, zusammenhalten. Heute trägt in Erice auf Sizilien eine Schule, in der Physiker und Dozenten aus aller Welt sich zu regelmäßigen Kursen zusammenfinden, seinen Namen.

Ich erwähne Majorana an dieser Stelle, da von ihm überliefert wird, daß er als erster den Fall der geheimnisvollen Strahlung des Berylliums löste. Als er den Artikel der Joliots gelesen hatte, soll er ausgerufen haben: »Welche Narren, sie haben das neutrale Proton entdeckt und sehen es nicht!«[35] Die endgültige Lösung aber brachte James Chadwick (1891–1974).

Nicht nur Majorana, auch Rutherford hatte sich Gedanken um die neutrale Materie in den Atomkernen gemacht. In Manchester zählte James Chadwick zu seinen Schülern. Nach seiner Promotion 1913 erhielt er ein Stipendium, das es ihm ermöglichte, in Berlin mit Geiger zu arbeiten. Dieser war inzwischen nach Hause zurückgekehrt. Doch

156

während Chadwicks Aufenthalt in Deutschland brach der Erste Weltkrieg aus, und der junge Engländer mußte vier Jahre in deutschen Internierungslagern verbringen. Im Jahre 1919, als J. J. Thomson in den Ruhestand ging, wurde Rutherford dessen Nachfolger. Er zog von Manchester in das traditionsreiche Cambridge und nahm den inzwischen nach England zurückgekehrten Chadwick mit.

Die beiden entdeckten neue Kernreaktionen, beobachteten, wie sich Atome eines Elements in die eines anderen verwandelten, und bestimmten die Energie der abgestoßenen Partikel. Immer jedoch war den beiden die Frage nach der neutralen Materie im Atom gegenwärtig. Als die Ergebnisse der Joliots bekannt wurden, wandte sich auch Chadwick den von bestrahltem Beryllium ausgehenden Strahlen zu. Er ließ sie nicht nur auf die Wasserstoffatome eines Paraffinblocks prallen, er bestrahlte auch Helium und Stickstoff damit. Aus der Reaktion dieser Elemente versuchte er die Masse der aus dem Beryllium herauskommenden Teilchen zu bestimmen. Er fand 1932, daß es elektrisch ungeladene Teilchen sind, von der gleichen Masse wie das Proton. Chadwick nannte diese neuen, elektrisch neutralen Teilchen *Neutronen*. Drei Jahre später erhielt er den Nobelpreis.

Neutronen bilden die neutrale Materie der Atomkerne. Im Heliumkern sind neben zwei Protonen zwei Neutronen verborgen, die Massenzahl ist daher 4, während die Ladungszahl nur 2 ist. Allgemein gibt die Ladungszahl die Anzahl der Protonen im Kern an, die Anzahl der Neutronen erhält man, wenn man von der Massenzahl die Ordnungszahl, also die Zahl der Protonen, abzieht. Isotope sind Elemente, welche die gleiche Protonenzahl haben, unabhängig davon, wie viele Neutronen in ihren Kernen stecken. Der Kern des Deuteriums enthält

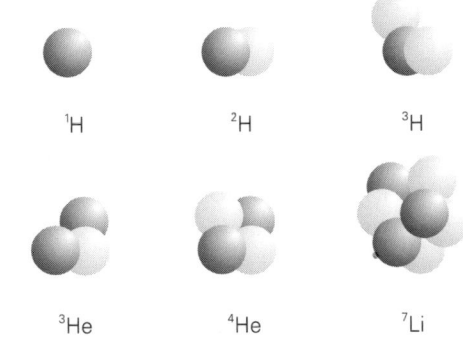

**Abb. 8.3:** Die Atomkerne der Elemente bestehen aus Protonen (dunkel) und Neutronen (hell).

$^{1}$H  $^{2}$H  $^{3}$H

$^{3}$He  $^{4}$He  $^{7}$Li

neben einem Proton noch ein Neutron, der des Tritiums sogar zwei. Damit hat es die Massenzahl 3 und natürlich die Ordnungzahl 1. Aus dem in der Abbildung 5.7 dargestellten Kern ist der Atomkern der Abbildung 8.3 unten Mitte geworden.

Die Protonen und Neutronen in einem Atomkern nennt man die *Nukleonen;* dagegen sind *Nuklide* die Atomkerne, zu denen sie sich zusammensetzen können. Nuklide mit gleicher Protonenzahl sind Isotope, gehören also zum gleichen chemischen Element.

## Neuartige Kräfte im Atomkern

Es stellt sich aber jetzt die Frage, warum der aus Protonen und Neutronen bestehende Kern nicht auseinanderfliegt. Die positiven Protonen stoßen einander ab, die ungeladenen Neutronen verspüren zwar keine elektrischen Kräfte, aber wenn sie schon nicht abgestoßen werden, so sollte sie auch nichts daran hindern, den Atomkern wieder zu verlassen. Es muß also noch irgendeine Kraft geben, die etwa im Heliumatom trotz der abstoßenden elektrischen Kräfte zwei Protonen und zwei Neutronen auf engem Raum gefangenhält. Die Schwerkraft, mit der sich die Teilchen gegenseitig anziehen, kann es nicht sein, denn sie ist viel zu schwach. Es sind andere Kräfte, die Protonen und Neutronen im Kern zusammenhalten, man spricht von *Kernkräften.* Sie sind sehr stark, wirken aber nur, wenn die Teilchen sehr nahe beieinander sind.

Um uns das anschaulich vorzustellen, denken wir uns ein Atom so vergrößert, daß wir seinen Kern und dessen Bausteine in die Hand nehmen können. Wir werden uns in diesem Beispiel strikt an das Teilchenbild halten und ignorieren, daß Ort und Geschwindigkeit jedes Körpers nur so weit festgelegt werden können, wie es die Heisenberg-sche Unbestimmtheitsrelation gestattet. Wir wollen vorübergehend ignorieren, daß Teilchen, seien es nun Elektronen, Protonen oder Neutronen, in Wahrheit keine Kugeln sind. Vergrößern wir also ein Atom des Stickstoffs, bis der Kern den Durchmesser eines Fußballs besitzt. Ein Proton ist dann im gleichen Maßstab eine Kugel von 9 Zentimetern, ist also mit einer Boccia-Kugel vergleichbar. Um das zu erreichen, haben wir alle Teilchen etwa 24billionenfach vergrößert! In diesem Maßstab bewegt sich das äußerste der sieben Elektronen, die den Stickstoffkern umschwirren, in nicht ganz 4 Kilometern Entfernung. Das Atom als Ganzes, dessen Durchmesser durch die äußerste

158

Elektronenbahn bestimmt wird, ist nahezu leer. Wir nehmen nun in Gedanken ein Proton in die Hand und nähern uns dem Stickstoff-Fußball. Da er genauso wie das Proton positiv geladen ist, stoßen sich die beiden Kugeln ab. Je näher wir mit dem Proton an den Fußball herankommen, um so mehr Kraft müssen wir aufbringen, um diese Abstoßung zu überwinden. Gelingt es uns schließlich, die beiden Kugeln zur Berührung zu bringen, geschieht etwas Überraschendes: Wir verspüren plötzlich die abstoßende Kraft nicht mehr. Statt dessen reißt es uns die Protonkugel aus der Hand. Proton und Kern ziehen einander an. Das Boccia-Proton wird in den Fußball hineingezogen. Mit dem neu hinzugewonnenen positiven Teilchen hat sich damit die Ladung des Atomkerns um eine Elementarladung vergrößert. Er ist im Periodischen System um eine Stelle hochgerutscht und zum Sauerstoff-kern geworden, zu einem Sauerstoffisotop, dessen Kern aus 8 Protonen und 7 Neutronen besteht.

Wiederholen wir das Experiment noch einmal, fügen wir aber dem Atomkern statt eines Protons ein Neutron zu. In unserem Maßstab paßt es wieder bequem in die Hand und läßt sich mühelos an den Kern heranbringen, da es elektrisch neutral ist. Erst wenn wir die Neutronku-gel an den Rand des Fußball-Atomkerns gebracht haben, verspüren wir die Kernkräfte, die uns im letzten Augenblick die Neutronkugel aus der Hand reißen. Wir erhalten dann ein Isotop des ursprünglichen Stick-stoffkerns. Aus $^{14}$N ist $^{15}$N geworden.

Mit diesem anschaulichen Beispiel können wir uns noch einmal Rutherfords Experiment vergegenwärtigen, in dem er Alphateilchen auf eine Goldfolie schoß. Atomkerne des Goldes sind in unserem Maßstab Kugeln von 54 Zentimeter Durchmesser, die im Mittel etwa 12 Kilome-ter voneinander entfernt sind. Wenn die Quelle der Alphateilchen, die Rutherford benutzte, im Experiment 10 Zentimeter von der Goldfolie entfernt war, dann entspricht das in unserem Maßstab einer Quelle, die in den äußeren Bereichen unseres Sonnensystems zwischen den Bah-nen der Planeten Saturn und Uranus steht. Die Alphateilchen, mit denen Rutherford auf die Goldbälle geschossen hat, entsprechen in unserem Bild Kugeln von 14 Zentimetern Durchmesser. Wenn sich ein Alphateilchen dem Goldkern nähert, spürt es die abstoßende Kraft und wird aus seiner Bahn zur Seite abgelenkt. Wenn aber ein Teilchen beim Anflug genau auf das Zentrum einer Goldkugel zielt und mit hinrei-chend großer Energie ankommt, kann es gelegentlich die Abstoßung überwinden und sich dem Kern so stark nähern, daß die Kernkräfte es nach innen ziehen. Das kommt öfters vor, als man erwarten würde.

## Im Tunnel durch die Kraterwand

Man kann sich das Verhalten der anziehenden Kernkräfte und der abstoßenden elektrischen Wirkung, wie wir es gerade diskutiert haben, in einem einfachen mechanischen Modell vorstellen. Nehmen wir an, wir hätten eine horizontale ebene Fläche und formen etwa aus Gips einen Ringwall (vgl. Abb. 8.4, oben). Wir wollen die Innenseite stark abfallen lassen, während draußen die Wand allmählich in die Ebene auslaufen soll. Im Inneren des Kraters vertiefen wir nun den Kraterboden, so daß der Querschnitt die in der Abbildung 8.4, unten gezeigte Form besitzt. In den Krater legen wir Kugeln, das sollen die Nukleonen im Kern sein. Sie können den Kern nicht verlassen, denn der Ringwall hindert sie daran. Eine Kugel, etwas an der Wand emporgehoben, rollt unweigerlich zurück. Die innere Kraterwand soll die Kernkräfte veranschaulichen, die jedes Teilchen, das dem Kern entweichen will, wieder zurückholen. Lassen wir nun von außen eine Kugel gegen den Krater rollen. Wenn wir ihr nicht genügend Schwung gegeben haben, wird sie das Innere des Kraters verfehlen. Die äußere Kraterwand wird sie seitlich ablenken oder zurückwerfen. Das entspricht der abstoßenden elektrischen Kraft, die ein positiv geladenes, auf einen Atomkern abgeschossenes Teilchen bei der Annäherung verspürt. Nur in dem sehr unwahrscheinlichen Fall, daß das Teilchen mit großer Geschwindigkeit auf das Zentrum des Kraters zuschießt, kann man erwarten, daß die Kugel ins Innere des Kraters fällt. Das entspricht dem Eindringen eines positiv geladenen Teilchens in den Atomkern.

Das Kratermodell gilt nur für positiv geladene Teilchen, die sich dem Kern nähern, nicht aber für Neutronen, denn die spüren keine elektrischen Kräfte. Um dafür ein Modell zu machen, braucht man keinen Gips. Statt eines Ringwalls mit innerer Vertiefung brauchte man in die ursprüngliche Ebene nur eine Vertiefung zu bohren, etwa wie ein Loch auf dem Golfplatz. Wie der Golfball, nähert sich das Neutron dem Loch, um dann hineinzufallen, von den Kernkräften gezogen und danach festgehalten.

Stellen wir uns im gleichen Maßstab nun den Kern eines Uranatoms vor, eines von der häufigsten Sorte, $^{238}$U. In unserem Maßstab hat er einen Durchmesser von etwa einem halben Meter. Er besteht aus 92 Protonen und 146 Neutronen. Die 238 Teilchen schwirren lebhaft umher. Die Kernkräfte halten sie aber zusammen, so wie etwa die Oberflächenspannung die Moleküle eines Wassertropfens oder eines Quecksilberkügelchens auf möglichst engem Raum zusammendrückt.

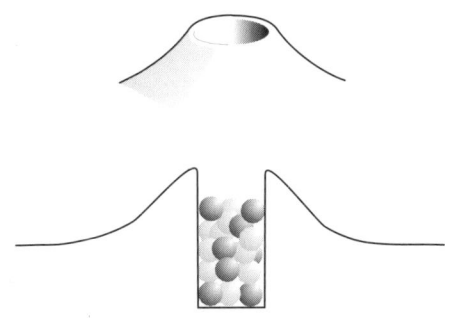

**Abb. 8.4:** Das Modell der Kugeln im Kraterwall veranschaulicht die Kräfte im Atomkern. So wie im Inneren des Kraters die Kugeln durch die Kraterwand auf engem Raum gefangengehalten werden, halten die Kernkräfte die Nukleonen zusammen. Wenn es gelingt, eine Kugel über den Rand zu heben, dann rollt sie vom Krater weg. Das entspricht der elektrischen Abstoßung, mit der Protonen vom positiv geladenen Kern abgestoßen werden.

Der Vergleich des Kerns mit einem Tropfen ist gar nicht so schlecht. Das Bild vom Tropfen hat beim Verständnis der Vorgänge im Kernreaktor und in der Bombe eine wichtige Rolle gespielt.

Sehen wir uns das Uranatom eine Weile an. Plötzlich verschwinden – keiner weiß wieso – aus seinem Inneren zwei Protonen und zwei Neutronen. Dafür taucht unmittelbar außerhalb des Kraterwalls ein Alphateilchen auf. Von nun an ist es lediglich der abstoßenden elektrischen Kraft unterworfen, für die anziehenden Kernkräfte ist es bereits zu weit vom Kern entfernt. Das Uranatom hat ein Alphateilchen abgestoßen. Wir wissen bereits, daß Uran ein Alphastrahler ist. Die elektrische Abstoßung gibt ihm eine große Geschwindigkeit. Doch wie konnte der Heliumkern den Kernkräften entkommen?

Beim Kratermodell vom Atomkern darf das eigentlich nicht geschehen. Vergessen wir aber nicht, daß wir im Bereich kleiner Dimensionen sind, in dem Bereich, in dem sich die Elektronen anders verhalten, als man nach den einfachen Regeln von elektrischen und mechanischen Kräften erwartet. Die Quantenmechanik gilt aber nicht nur für Elektronen, ihr müssen auch die Nukleonen gehorchen. Das zeigt sich beim Alphazerfall.

Nicht nur einzelne Teilchen, sondern ganze Vierergruppen, 2 Protonen und 2 Neutronen, können gemeinsam dem Inneren des Kraters entkommen. Woher nehmen sie die Kraft dazu? Die Kugeln im Inneren des Walles sind in ständiger Bewegung, sie laufen immer wieder gegen den Wall an. Ihre Energie reicht jedoch nicht aus, den kreisförmigen Grat des Berges zu überwinden. Trotzdem geschieht es in der Natur.

Der Grund dafür ist, daß in der Wellenmechanik jedes Teilchen auch

Eigenschaften einer Welle besitzt. Wenn ein Nukleon gegen die Wand im Inneren des Kraters anläuft und wieder zurückfällt, so bedeutet das für seine Materiewelle, daß sie auf die Kraterwand zuläuft und durch die Kernkräfte wieder gespiegelt wird – jedoch nicht vollständig. Ein kleiner Teil der Welle geht durch die Wand hindurch. Was bedeutet das? Erinnern wir uns, daß wir nicht genau wissen, was eigentlich in der Materiewelle schwingt, daß wir nur sagen können, daß sie mit der Wahrscheinlichkeit zusammenhängt, ein Teilchen zu finden. Wenn ein Rest der Materiewelle nicht reflektiert wird, sondern durch den Wall hindurchdringt, so bedeutet das, daß außerhalb des Kraters eine gewisse Wahrscheinlichkeit dafür besteht, das Teilchen dort zu finden. Hier haben wir einen typischen quantenmechanischen Effekt. Es gibt eine – wenn auch nur geringe – Wahrscheinlichkeit dafür, daß sich das Teilchen plötzlich außerhalb des Walles befindet, so als ob es durch einen Tunnel seinen Weg nach außen gegraben hätte. Da es positiv geladen ist, verspürt es nach der Flucht durch den Tunnel die abstoßende Kraft der 90 Protonen, die es im Kern zurückgelassen hat. Es wird mit großer Geschwindigkeit weggeschleudert. Das ist der Alphazerfall. Die Alphastrahlung beweist uns, daß die Quantenmechanik auch für den Atomkern gilt. Es war der aus Rußland stammende Physiker George Gamow (1904–1968), der als erster den sogenannten Tunneleffekt beim Alphazerfall radioaktiver Kerne als quantenmechanische Erscheinung des Atomkerns deutete.

## Die Folgen des kleinen Unterschieds

Wenn Alphateilchen einen Kern verlassen, schießen sie mit großer Energie in den Raum. Ein Teil der von den Curies entdeckten Wärmeentwicklung radioaktiver Stoffe rührt daher. Noch aber gibt uns das bisher benutzte Bild von den Nukleonen im Kern, die von den Kernkräften zusammengehalten werden, aber gelegentlich doch entwischen können, keinen Hinweis, woher eigentlich die Energie der aus dem Kern fliegenden Teilchen kommt. Die Antwort findet man, wenn man die Massen der Teilchen bestimmt, zum Beispiel die der Neutronen.

Neutronen selbst hinterlassen keine Spuren in der Nebelkammer, da sie keine elektrische Ladung tragen. Deshalb können sie die Atome, an denen sie vorbeikommen, nicht ionisieren. Sie erteilen aber durch ihre Kernkräfte den Atomkernen einen Stoß und können Protonen vom Kern lösen. Man war ja auf die Neutronen erst durch aus dem Paraffin herausgeschlagene Protonen aufmerksam geworden. An dem Schwung, den sie den Protonen dabei geben, konnte man die Masse der neuen Teilchen genauer bestimmen. Das Neutron ist um 1.4 Tausendstel schwerer als das Proton.

Wir begegnen hier wieder »nahezu ganzen« Zahlen. Dividiert man die Masse des Neutrons durch die des Protons, so erhält man nicht 1, sondern 1.0014. Betrachten wir jetzt die zwei Protonen und die zwei Neutronen eines Heliumatoms. Seine Masse müßte eigentlich $1 + 1 + 1.0014 + 1.0014 = 4.0028$ Protonenmassen sein. In Wahrheit liegt sie aber bei 3.9736 Protonenmassen, ist also um ein $3/4$ Prozent geringer. Noch stärker ist die Abweichung beim Eisen. Das Isotop $^{56}$Fe besteht aus 26 Protonen und 30 Neutronen, die zusammen $26 + 30.0042 = 56.0042$ Protonenmassen ausmachen müßten. In Wahrheit ist der Kern aber nur so schwer wie 55.535 Protonen. Irgend etwas scheint nicht zu stimmen. Wenn ich einen Eisenkern aus seinen 56 Bestandteilen zusammensetzen will, bleibt rein rechnerisch etwa eine halbe Protonenmasse übrig. Das ist zwar nur ein kleiner Bruchteil des gesamten Eisenkerns, doch es ist die Masse von nahezu 1000 Elektronen. Was ist da los? Auch das Umgekehrte, das Zerlegen eines Eisenkerns, führt auf Schwierigkeiten. Woher soll ich die 1000 Elektronenmassen nehmen, wenn ich einen Eisenkern in seine Bestandteile zerlegen will?

Die Curies hatten die ständige Wärmeabgabe des Radiums an seine Umgebung entdeckt, eine Erscheinung, die auf den ersten Blick zum Satz von der Erhaltung der Energie in Widerspruch steht. Jetzt fand man bei der genauen Bestimmung der in den Kernen verborgenen Masse, daß anscheinend der Satz von der Erhaltung der Materie, so wie ihn Lavoisier aufgestellt hatte, nicht stimmt. Die Lösung des Rätsels lag in der Einsteinschen Erkenntnis, daß Masse und Energie ein und dasselbe sind.

Im Jahre 1905, drei Jahre nachdem die Curies auf die Wärmeentwicklung radioaktiver Stoffe aufmerksam geworden sind, erschien eine Arbeit von Albert Einstein mit dem Titel »Ist die Trägheit eines Körpers von seinem Energieinhalt abhängig?« Die »Trägheit« ist dabei das Maß für die Masse des Körpers. Am Schluß der Arbeit schreibt Einstein[*]: »Die Masse eines Körpers ist ein Maß für dessen Energieinhalt; ändert sich die Energie um E, so ändert sich die Masse ... um $E/c^2$.« Dann aber folgt der entscheidende Satz: »Es ist nicht ausgeschlossen, daß bei

---

[*] Einstein hat andere Formelbuchstaben benutzt, ich habe sie hier der heutigen Schreibweise angepaßt.

Körpern, deren Energieinhalt in hohem Maße veränderlich ist (z. B. bei den Radiumsalzen), eine Prüfung der Theorie gelingen wird. Wenn die Theorie den Tatsachen entspricht, so überträgt die Strahlung Trägheit zwischen den emittierenden und absorbierenden Körpern.«

Wenn ich einem Körper Energie zuführe, etwa indem ich ihn erwärme, wird seine Masse größer. Auf den ersten Blick erscheint das verwunderlich. Ist die Masse eines Körpers nicht einfach die Masse all seiner Bestandteile, also seiner Atome, beziehungsweise aller Nukleonen und Elektronen, die er in seinem Inneren birgt? Vermehren sich bei Wärmezufuhr die Nukleonen wundersam wie Brot und Fisch im biblischen Wunder? Die Lösung liegt darin, daß die Masse eines Körpers nicht nur in der Summe der Massen seiner Bestandteile steckt, sondern daß man vielmehr auch noch deren Energie hinzunehmen muß. Wärme ist Bewegungsenergie der Moleküle. Auch sie trägt zur Gesamtmasse bei. Die Wärmezufuhr vergrößert die Masse des Körpers.

Doch gibt es auch noch andere Energieformen im Inneren eines Körpers. Nehmen wir nochmals den Atomkern des Eisens, den wir in Gedanken in seine 56 Einzelteile zerlegen wollen. Durch die Kernkräfte wird er zusammengehalten, und ich muß Arbeit leisten, also Energie aufbringen, wenn ich die Protonen und Neutronen voneinander lösen will. Dementsprechend gewinne ich Energie, wenn ich den Kern aus seinen Einzelteilen zusammensetze. Daraus folgt: Die einzelnen Bausteine enthalten mehr Energie als das fertige Bauwerk. Da Energie auch Masse ist, folgt, daß die im Kern vereinigte Materie eine kleinere Masse hat als die aller Nukleonen zusammen.

Ist das nur eine abstrakte Überlegung? Keinesfalls, denn der kleine Unterschied in der Masse der Atomkerne macht die *Kernenergie* aus. Man spricht vom *Massendefekt*. Bei der Bombe von Hiroshima wurde eine Energiemenge freigesetzt, die in Masse ausgedrückt etwa einem Gramm entspricht. Hätte man nach der Explosion die Nukleonen aller Atomkerne wieder einsammeln und wägen können, es hätte ein Gramm des ursprünglichen nuklearen Sprengstoffes gefehlt, obwohl die Zahl der Nukleonen vor und nach der Explosion dieselbe war. Dieses Gramm war die Masse der Bindungsenergie der Kerne des Urans. Wärme, die ein radioaktives Präparat an seine Umgebung abgibt, ist gleichfalls *Bindungsenergie,* denn die beim Zerfall entstehenden neuen Atome und Teilchen besitzen zusammen eine geringere Masse als das Mutteratom.

Wir sahen, daß das Neutron eine etwas größere Masse besitzt als das Proton. Neutronen, die nicht in Kernen gebunden sind, zerfallen mit

164

einer Halbwertszeit von zehn Minuten. Das Neutron stößt ein Elektron ab und verwandelt sich in ein Proton – aus einem elektrisch neutralen Teilchen entstehen zwei Geschosse entgegengesetzter Ladung, die voneinander wegfliegen. Sehen wir uns die Bilanz der Massen noch einmal an: Das Neutron hat 1.0014 Protonenmassen. Wenn es zerfällt, entstehen ein Proton und ein Elektron. Die Elektronenmasse liegt bei 0.0005 Protonenmassen. Beim Zerfall stimmt die Bilanz nicht, 0.0009 Protonenmassen bleiben übrig. Sie stecken in der Energie, mit der die beim Zerfall entstehenden Teilchen voneinander wegfliegen. Wenn man die Masse der jeweils gespeicherten Energie mit berücksichtigt, bleiben die Sätze von der Erhaltung der Energie und der Masse zusammen richtig, sie verschmelzen zu einem einzigen Gesetz.

### Das Teilchen, das niemand wahrgenommen hatte

Die Welt der Physiker war mit der Einsteinschen Erkenntnis über Energie und Masse wieder in Ordnung. Nur einmal schien es so, als ob es auch bei diesem Gesetz nicht ganz richtig zuginge.

Beim Alphazerfall eines Kernes ist noch alles in Ordnung: Die Masse, die beim Zerfall scheinbar verschwindet, geht in die Massen der übrigbleibenden Teilchen und in ihre Energien über. Beim Betazerfall schien das jedoch anders zu sein. Die von den Kernen eines betastrahlenden Nuklids ausgehenden Elektronen ziehen in der Nebelkammer verschieden lange Bahnen. Ihre Energie ist stets etwas geringer, als man aus der Massenbilanz erwarten sollte. Stimmt der Satz von der Erhaltung von Energie und Masse in diesem Fall vielleicht doch nicht? Dagegen sprach, daß er sich in allen anderen Fällen bewährt.

Im Jahre 1931 schlug Wolfgang Pauli eine Lösung des Problems vor. Beim Betazerfall, meinte er, wird nicht nur ein Elektron abgestoßen, sondern auch noch ein anderes Teilchen, das die restliche Energie abführt. Da der Kern genau die Ladung verliert, die das Elektron mitnimmt, muß das von Pauli vermutete Teilchen elektrisch neutral sein. Die ihm mitgegebene Energie, die bei der Energiebilanz der bekannten beteiligten Körper fehlt, ist so gering, daß das unbekannte Teilchen sehr leicht sein muß, wesentlich leichter als ein Neutron. Fermi gab ihm den Namen Neutrino. Lange Zeit war man sich nicht sicher, ob es nur in den Köpfen der Physiker oder auch in der Natur existiert. Erst 25 Jahre danach gelang es, Neutrinos im Experiment nachzuweisen.

## Das positive Elektron

In den bisher besprochenen Fällen, bei denen Energie zu Materie wurde oder umgekehrt, war die Materie des Massendefektes nicht greifbar, sie steckte in der Bewegung, wurde als Arbeit gegen Kernkräfte geleistet und war dann irgendwo im Kern verborgen. Materie, wie wir sie uns vorstellen, so richtig aus Teilchen zusammengesetzt, war das eigentlich nicht. Mit der Entdeckung der Antimaterie wurde das anders.

Im Jahre 1932 fand man ein bis dahin unbekanntes Teilchen. Es zieht gelegentlich seine Nebelspur, wenn Höhenstrahlung in eine Wilson-Kammer eindringt. Das neue Teilchen hatte die Masse eines Elektrons, seine Bahn krümmte sich aber im Magnetfeld anders herum als die der Elektronen. Waren diese nach links gebogen, dann wichen die neuen Teilchen nach rechts aus. So verhalten sich nur Teilchen, die elektrisch positiv geladen sind. Man hatte das *positive Elektron* entdeckt, das zwar so leicht war wie das Elektron, dessen Ladung aber mit der eines Protons übereinstimmte. Man nannte es *Positron*. Das Überraschende war, daß man beobachten konnte, wie die Höhenstrahlung in der Nebelkammer jeweils ein Elektron und ein Positron gleichzeitig entstehen ließ. Von einem Punkt aus nahmen jeweils zwei entgegengesetzt

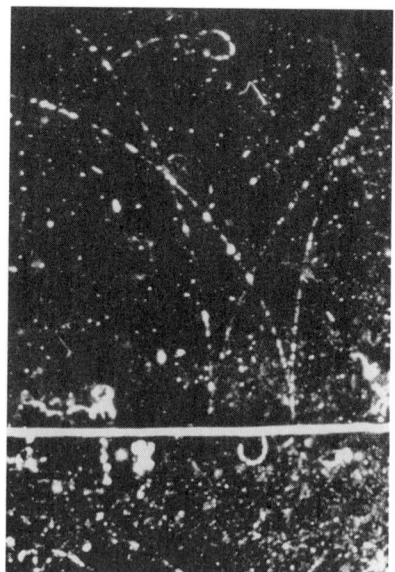

**Abb. 8.5:** Die Bildung von Elektron-Positron-Paaren in der Nebelkammer. Ein Teilchen der Gammastrahlung materialisiert sich zu einem Elektron und einem Positron. Ein magnetisches Feld, senkrecht zur Bildebene, krümmt die Bahnen wegen der verschiedenen elektrischen Ladung nach verschiedenen Richtungen.

gebogene Nebelspuren ihren Anfang (vgl. Abb. 8.5). Das genaue Studium des Vorganges zeigte: Quanten von Gammastrahlen verwandeln sich plötzlich in ein Elektron und ein Positron. Die Energie der Strahlung kann sich materialisieren und zwei Teilchen bilden, wenn das Licht durch das elektrische Feld eines ansonsten unbeteiligten Atomkerns geht. Jetzt haben wir endlich den Fall, daß sich aus Energie richtige Teilchen bilden! Natürlich kann nicht jedes Lichtquant auf diese Weise zu Materie werden. Seine Energie muß mindestens so groß sein, daß sie zur Bildung von zwei Elektronenmassen ausreicht. Da hohe Energie eines Lichtquants hohe Frequenz, also sehr kurze Wellenlänge bedeutet, ist das sichtbare Licht ungeeignet. Weder das energiereichere ultraviolette Licht noch die Röntgenstrahlung von noch kürzerer Wellenlänge schaffen es. Nur Quanten extremer Gammastrahlung, deren Wellenlänge kürzer als ein milliardstel Millimeter ist, können Teilchen erzeugen. Sind sie kurzwelliger, also energiereicher, so geht der Rest der Energie in die Bewegung des neugeborenen Zwillingspaares, die Partner fliegen auseinander.

Daß Positronen nicht in großen Mengen in der Natur vorkommen, liegt daran, daß sie mit jedem Elektron, dem sie begegnen, sofort in Strahlung aufgehen. Sie verstrahlen mit jedem Elektron der Wand des Gefäßes, in dem man sie aufbewahren will. Trotzdem werden sie heute fabrikmäßig hergestellt und zu Experimentierzwecken verwendet. Sie werden in luftleeren Röhren verwahrt, in denen sie, von Magnetfeldern geleitet, auf Bahnen fliegen, welche sie von den Gefäßwänden fernhalten. Mit dem Positron hatte man eine neue, bisher unbekannte Art von Materie entdeckt, die *Antimaterie*. Wir werden noch auf sie zurückkommen.

## Der Massendefekt und das Leben auf der Erde

Jetzt wollen wir uns mit der Bindungsenergie der Kerne näher befassen, man erkennt sie am genauen Gewicht der Kerne. Will man Gewichte bestimmen, so muß man ein Einheitsgewicht festlegen. Sich auf ein Maßsystem zu einigen, war noch nie leicht. Wer weiß schon, daß das niederländische Pfund (498.1 g) und das deutsche nicht immer gleich waren? Wer sein Körpergewicht bei uns stolz bei 140 Pfund hielt, dem zeigte die Waage in Holland ein halbes Pfund mehr an. Eine ähnliche Umrechung müssen wir jetzt auch bei den Gewichten der Atome vornehmen, denn auch in der Physik mußte man sich auf ein einheitliches Maßsystem für die Massen der Atome einigen. In diesem Kapitel haben wir bisher die Masse der Atomkerne und die Massen der einzelnen Teilchen im Vergleich zur Protonenmasse angegeben. Wegen des Massendefektes ist dann das Atomgewicht des Kerns $^{12}C$ nicht genau 12 Protonenmassen. Aus meßtechnischen Gründen hat man sich aber darauf geeinigt, als Einheit der Teilchenmassen den zwölften Teil der Masse des neutralen $^{12}C$-Atoms zu nehmen. Man nennt diese Materiemenge die *atomare Einheitsmasse*. Sie ist so eingerichtet, daß das $^{12}C$-Atom, der Kern samt seinen sechs Elektronen in der Hülle, die Masse 12 hat. Damit stimmen automatisch für dieses Nuklid Atomgewicht und Massenzahl überein. Die Masse des Elektrons ist im neuen System 0.000549 und die des $^{12}C$-Kerns 12 − 6 x 0.000549 = 11.996.

Heute sind mit dem Massenspektrographen die genauen Massen aller bekannten Nuklide und damit ihr Massendefekt bestimmt. Er ist um so größer, je mehr Nukleonen im Kern vereinigt sind, je größer also das Atomgewicht ist. Beträgt er beim Deuterium ($^{2}H$) etwa 4 Elektronenmassen, so ist die Bindungsenergie des Urankerns ($^{238}U$) so groß, daß der Massendefekt bei 3500 Elektronenmassen liegt, das entspricht nahezu der Masse von zwei Protonen! Beim radioaktiven Zerfall wandeln sich stärker gebundene Kerne in weniger stark gebundene Bruchstücke um, Kerne mit größerem Massendefekt in solche mit geringerem.

Ein Beispiel ist etwa das Tritium ($^{3}H$). Es ist ein Betastrahler, stößt also ein Elektron ab. Dabei wird es zu einem $^{3}He$-Kern. Die Masse des $^{3}H$-Atoms ist 3.01550, die des $^{3}He$-Kerns 3.01493, der Unterschied in der Bindungsenergie macht mehr als eine Elektronenmasse aus. Wenn der radioaktive Tritiumkern ein Elektron abstößt, kann er ihm sogar noch Bewegungsenergie mitgeben.

Die Energie der Sonne rührt daher, daß in ihrem Zentralgebiet Wasserstoff ($^{1}H$) über Zwischenprodukte zu Helium ($^{4}He$) wird. Betrachten wir die Massen:

| | | |
|---|---|---|
| vor der Umwandlung | | |
| vier Protonen | 4 x 1.00728 = 4.02912 | |
| nach der Umwandlung | | |
| Masse des $^{4}He$ | | 4.00151 |

| | |
|---|---|
| Differenz | 0.02761 |

Bei der Umwandlung geht also die Masse 0.02761, das sind 0.69 Prozent, verloren (vgl. Abb. 8.6). Sie geht in Energie über und wird als

**Abb. 8.6:** Der Kern eines Heliumatoms (rechts) besitzt weniger Masse als seine Bestandteile (links). Der Unterschied liegt in der Bindungsenergie. Vereinigt man die Bestandteile zu einem Kern, so bleibt Masse, das heißt Energie, übrig.

Strahlung sowie als Bewegungsenergie der beim Prozeß abgestoßenen Teilchen abgegeben. Es sind diese 0.69 Prozent der Masse, welche die Sonne strahlen lassen und das Leben auf der Erde ermöglichen. So gering dieser Unterschied im Massendefekt im Vergleich zu den Massen der beteiligten Atomkerne auch ist, der Sonne gehen auf diese Weise in jeder Sekunde etwa vier Millionen Tonnen an Masse in Form von Licht und Wärmeenergie verloren. So viel uns das auch erscheint, seit ihrer Entstehung vor 4.6 Milliarden Jahren hat die Sonne nur ein Hundertstel von einem Prozent ihrer Masse eingebüßt. Dabei ist kein einziges Nukleon verschwunden. Zwar haben sich Protonen in Neutronen verwandelt, doch blieb trotz des Massenverlustes durch die abgestrahlte Energie die Zahl der Nukleonen unverändert. Die Sonne strahlt frei werdende Bindungsenergie ab.

### Fusion und Spaltung

Erfahrungsgemäß bereitet die Bindungsenergie dem Verständnis Schwierigkeiten. Man kann sie am besten mit Schulden vergleichen. Jeder Atomkern, mit Ausnahme des einfachen Wasserstoffs, hat Schulden an Energie. Stellen wir uns vor, wir hätten einen großen Vorrat an Nukleonen zur Verfügung, aus denen wir Atomkerne zusammensetzen wollen. Wenn wir etwa aus zwei Neutronen und einem Proton einen $^3$H-Kern (Tritium) basteln, wird Energie frei, die an die Umgebung abgestrahlt wird. Diese Energie fehlt jetzt dem Tritiumkern. Er hat Energieschulden in Höhe der Bindungsenergie, von denen er sich ohne fremde Hilfe nicht befreien kann. Doch Tritium ist ein Betastrahler. Wenn er zerfällt, wird er zum $^3$He-Kern, der eine noch höhere Bindungsenergie besitzt, noch mehr Schulden. Wie unsere Regierungen stürzen sich radioaktive Nuklide in immer noch höhere Verschuldung. Wie bei einem Staat kommt es dabei nicht so sehr auf den gesamten Schuldenbetrag an, sondern auf die Verschuldung pro Kopf, denn ein Staat mit einer großen Bevölkerung kann sich mehr Schulden leisten als ein kleiner. Bei den Atomkernen heißt das, die *Bindungsenergie pro Nukleon* ist entscheidend.

Wenn man versucht, in Gedanken leichtere Kerne zu anderen zusammenzusetzen, so findet man, daß der zusammengesetzte Kern nur dann eine niedrigere Bindungsenergie besitzt als seine Bestandteile, wenn die Bindungsenergie pro Nukleon im zusammengesetzten Kern größer ist als in den Ausgangskernen. Das war zum Beispiel bei dem oben vorgerechneten Fall der Fusion von Wasserstoff zu Helium so. Kann man auf diese Weise stets aus leichteren Atomen schwerere zusammensetzen, ohne Energie aufbringen zu müssen? Könnte man dabei vielleicht sogar Energie gewinnen? Steigt also die Bindungsenergie pro Nukleon an, wenn ich zu immer höheren Elementen vordringe? Wachsen die Schulden pro Kopf mit dem Atomgewicht immer weiter an? Nein, geht man die einzelnen Nuklide vom Wasserstoff bis zum Uran durch, so findet man anfangs einen starken Anstieg der auf das Nukleon bezogenen Bindungsenergie, doch nur bis etwa zur Massenzahl 60. Dort ist der Gipfel des Schuldenberges erreicht. Nach höheren Atomgewichten hin nehmen die Schulden pro Kopf wieder ab, so wie es in der Abbildung 8.7 skizziert ist. Das bedeutet, daß Energie frei wird, wenn leichtere Kerne verschmelzen, wie es etwa in der Sonne geschieht, daß aber bei schwereren Kernen gerade das Umgekehrte gilt. Bei ihnen müßte man Energie aufbringen, wenn man sie zu masse-

**Abb. 8.7:** Die Bindungsenergie pro Teilchen der Atomkerne verschiedener Massenzahlen besitzt in der Nähe der Massenzahl 60 ein Maximum. Kerne links davon geben bei ihrer Vereinigung zu schwereren Kernen Energie ab (Fusionsenergie), bei den Kernen rechts erhält man Energie, wenn man sie spaltet (Fissionsenergie).

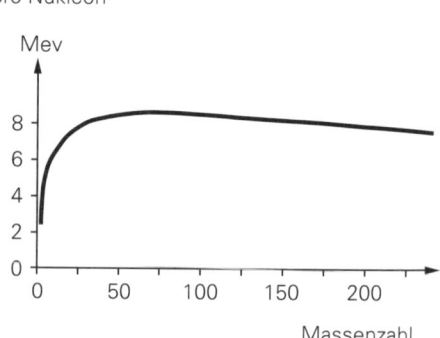

reicheren Kernen vereinigen wollte. Dementsprechend folgt aber, daß Energie frei wird, wenn man einen schweren Kern in leichtere zerteilt. Ein Beispiel dafür ist etwa $^{235}$U, der Bombensprengstoff von Hiroshima. Wenn der Kern des $^{235}$U von einem Neutron getroffen wird, kann er zerplatzen. Oft sind die beiden neu entstehenden Kerne Cäsium $^{140}$Cs und Rubidium $^{94}$Rb. Außerdem werden zwei Neutronen frei. Wenn man die Massen der Endprodukte, also der beiden Atomkerne und der beiden Neutronen, zusammenzählt und mit den Massen der beiden Ausgangsteilchen (Urankern und Neutron) vergleicht, findet man, daß 0.09 Prozent der Masse fehlen. Die Endprodukte haben pro Nukleon weniger Bindungsenergie als der Urankern.

Die Bindungsenergie pro Nukleon steigt also bei den leichten Kernen mit dem Atomgewicht steil an, sie erreicht etwa beim Eisen den Gipfel und sinkt danach wieder ab.

Daraus folgt sofort, daß leichte Kerne keine Alphastrahler sein können, denn dazu fehlt ihnen die Energie. Ohne Energie bringt man aus einem leichten Kern kein Nukleon, geschweige denn ein ganzes Alphateilchen, heraus. Tatsächlich liegt der leichteste Alphastrahler bei der Massenzahl 106, er ist ein Isotop des Elements Tellur, dort, wo in der Abbildung 8.7 die Bindungsenergie wieder leicht abfällt. Die Spaltungsbomben von Hiroshima und Nagasaki beruhten darauf, daß schwere Kerne (Uran, Plutonium) in leichtere gespalten wurden. Auch die heutigen Atomkraftwerke nutzen den Verlauf der Bindungsenergie rechts vom Maximum der Kurve der Abbildung 8.7. Bei den Vorgängen in der Sonne aber verschmelzen leichte Kerne zu schwereren. Dabei wird der Anstieg der Bindungsenergie links vom Gipfel des Schuldenberges benutzt.

Auf der Erde studiert man seit Jahrzehnten den Prozeß der Fusion von Wasserstoff zu Helium, mit dem Ziel, später eine neue nukleare Energiequelle zu erschließen. Wir werden in Kapitel 17 darauf zurückkommen.

# 9. Teilchenkanonen

Die höchsten Protonenenergien, die man heute erreichen kann, liegen etwa bei 1000 GeV. Die Bewegungsenergie entspricht dabei derjenigen einer Fliege. . . . In einem Beschleuniger werden je Beschleunigungszyklus etwa 10 000 Milliarden Protonen gleichzeitig auf Energie gebracht. 10 000 Milliarden Fliegen könnten schon unangenehmen werden. Ein solcher Protonenstrahl besitzt die Bewegungsenergie eines Mittelklasseautos mit einer Geschwindigkeit von etwa 60 km/h.

*Herwig Schopper*[36]

Anfang des Jahres 1896 besuchte der Reporter einer amerikanisch-englischen Zeitschrift Conrad Röntgen in Würzburg. In seinem Bericht beschrieb er die Apparatur[37]: eine Rühmkorffsche Spule als Spannungsquelle, mit der man Funken von 4 bis 6 Zoll Länge erzeugen konnte. Drähte führten in ein Nebenzimmer zur Entladungsröhre. Aus der Funkenlänge kann man schließen, daß die Spannung zwischen den Elektroden etwa 60 000 Volt gewesen ist. Eine starke elektrische Kraft zog die Elektronen in der Röhre von der Kathode zur Anode. So wie ein Stein, der, in der Luft losgelassen, beim Fallen nach unten immer rascher wird, beschleunigten sich die Elektronen, bis sie aufprallten und die Röntgenstrahlung erzeugten. Die Wucht eines fallenden Steines hängt davon ab, in welcher Höhe er losgelassen wurde, denn die Kraft, die ihn nach unten zieht, wirkt länger auf ihn, wenn er aus dem zehnten Stock eines Hochhauses herunterfällt, als aus einem Fenster des Erdgeschosses. Ähnlich ist es mit den Elektronen in der Entladungsröhre. Je stärker die Kraft ist und je länger die Wegstrecke, über die sie wirkt, um so höhere Geschwindigkeiten erreichen die Teilchen und um so mehr Energie wird beim Aufprall frei. Man mißt sie in *Elektronenvolt*, abgekürzt eV. Die Energie eines Elektrons in Röntgens Röhre war 60 000 eV. Ähnlich wie bei Gramm und Kilogramm spricht man auch hier von 60 *Kiloelektronenvolt* (60 keV). Das Elektronenvolt, die Energie also, die ein Elektron erhält, wenn es eine Spannungsdifferenz von einem Volt durchlaufen hat, ist ein fundamentales Maß für die Teilchenphysik geworden. In unseren Fernsehgeräten prallen die Elektronen mit einer Energie von etwa 18 keV von hinten auf den Bildschirm.

## Kilo-, Mega- und Gigaelektronenvolt

Man benutzt die Energieeinheit eV nicht nur für Elektronen, sondern auch für andere geladene Teilchen. So besitzen zum Beispiel Alphateilchen, die aus radioaktiven Stoffen wie Radium oder Polonium kommen, Energien von 2 bis 8 Millionen Elektronenvolt, oder – wenn man als neue Einheit das *Megaelektronenvolt* (MeV) nimmt, das einer Million Elektronenvolt entspricht – von 2 bis 8 MeV. Als Rutherford seine Streuversuche machte, mit denen er die Existenz eines positiv geladenen Atomkerns nachwies, hatten die Teilchen seiner Alphastrahlen 6 MeV. Die Alphateilchen aus der Radioaktivität fliegen mit Geschwindigkeiten von 10 000 bis 20 000 km/s aus den Kernen heraus. Ihre Energie ist also so groß, wie sie ein Elektron hätte, das eine Spannungsdifferenz von 2 bis 8 Millionen Volt durchlaufen hat.

Trotz der hohen Geschwindigkeit sind die Alphateilchen des radioaktiven Zerfalls noch recht energiearm, wenn man sie etwa mit den energiereichsten Teilchen der kosmischen Strahlung vergleicht. In ihr kommen Protonen zu uns, die Energien von weit über einer Milliarde Elektronenvolt besitzen. 1000 MeV nennt man ein *Gigaelektronenvolt* (GeV). Die energiereichsten Teilchen der kosmischen Strahlung erreichen Energien von 100 Millionen GeV – in eV ausgedrückt eine 1 mit 17 Nullen! Diese Energie würde reichen, um auf der Erde ein Pfennigstück nahezu einen Meter hoch zu heben. So gering diese Energie auch erscheint, wir müssen uns vergegenwärtigen, daß sie von einem unsichtbar winzigen Teilchen der Höhenstrahlung kommt.

Man kann das Elektronenvolt auch verwenden, um die Energie eines Lichtquants auszudrücken. Bei einem Quant des sichtbaren Lichtes sind es etwa 2.5 eV. Röntgenstrahlung ist sehr viel energiereicher und enthält Quanten in einem weiten Bereich um 100 eV und 100 keV. Die Quanten der Radiostrahlung sind energiearm. So hat zum Beispiel die für die Radioastronomie wichtige Strahlung der Wellenlänge von 21 Zentimetern eine Energie von nur 6 Millionstel Elektronenvolt pro Quant. Die Gammastrahlen, die aus den radioaktiven Atomen kommen, haben dagegen pro Quant etwa 1 MeV.

## Schnelle Teilchen sind schwerer als langsame

Das Elektron, das mit 18 keV auf den Leuchtschirm der Fernsehröhre trifft, hat eine Geschwindigkeit von 80 000 km/s. Ein Proton der gleichen Energie ist langsamer, denn es bringt mehr Masse mit. Ein Proton, das mit einer Energie von 18 keV kommt, hat nur 1800 km/s, ein gleich energetisches Alphateilchen aber erreicht wegen seiner vierfachen Masse dieselbe Energie schon mit 900 km/s. Die Energie eines daherfliegenden Teilchens hängt von der Masse *und* von der Geschwindigkeit ab. Das ist uns schon aus der normalen Mechanik bekannt: Will ich die Wirkung eines Geschosses vergrößern, kann ich es schwerer machen oder ihm aber eine größere Geschwindigkeit geben. Die normale Mechanik versagt jedoch, wenn das Teilchen so schnell fliegt, daß sich seine Geschwindigkeit der des Lichtes nähert, also einem Tempo von 300 000 km/s. Dann betritt Albert Einstein die Bühne und bestimmt, was geschieht.

Wir hatten schon im letzten Kapitel gesehen, daß Energie und Masse eigentlich ein und dasselbe sind. Wir erfuhren, daß ein Körper seine Masse vergrößert, wenn ihm Energie zugeführt wird, nicht nur, wenn er Wärme in sich aufnimmt, sondern auch, wenn sie die Energie seiner Bewegung erhöht. Dann vergrößert sich seine Masse, der Körper wird träger und ist schwerer zu beschleunigen. Die Energiezufuhr bewirkt also nicht allein eine Erhöhung der Geschwindigkeit, sondern auch eine Vergrößerung der Masse. Fliegt ein Elektron oder irgendein anderes Teilchen mit einer Geschwindigkeit von 261 000 km/s an mir vorbei, dann ist seine Masse das Zweifache der des ruhenden Teilchens. Fliegt es genau mit 298 500 km/s, also mit 99.5 Prozent Lichtgeschwindigkeit, dann ist seine Masse das Zehnfache seiner normalen Masse. Daran sieht man, warum es nicht möglich ist, einem Körper eine Geschwindigkeit zu geben, welche die des Lichtes überschreitet, denn soviel Energie man auch aufbringt, um das Teilchen zu beschleunigen, knapp unter der Lichtgeschwindigkeit wird die Energie in erster Linie dazu benutzt, die *Masse* zu vergrößern, und nicht die *Geschwindigkeit*. Je mehr Energie man dem Teilchen auch zuführt, seine Geschwindigkeit mag sich der des Lichtes noch so sehr annähern – erreichen wird es sie nie. Wenn man Elektronen auf 450 MeV bringt, dann bewegen sie sich mit 99.999936 Prozent der Lichtgeschwindigkeit, bei 30 GeV dagegen sind es 99.999999985 Prozent. Im ersten Fall ist die Masse des Elektrons durch die in ihm enthaltene Bewegungsenergie auf das Tausendfache, im zweiten auf das 39 000fache vergrößert worden.

Was ist damit gemeint? Masse, gleichgültig, ob sie in Ruhe ist oder mit großer Geschwindigkeit an uns vorbeifliegt, ist der Widerstand, den sie jeglicher Änderung ihrer Geschwindigkeit entgegensetzt. Ich verspüre den Widerstand, wenn ich einen ruhenden Körper in Bewegung versetzen will. Daß eine Bleikugel mehr Masse besitzt als ein gleich großer Fußball, merke ich spätestens, wenn ich sie mit einem kräftigen Tritt ins Tor schießen will. Es ist ihre Trägheit, die ich dann verspüre, deshalb spricht Einstein an der auf S. 163 zitierten Stelle statt von der Masse, von der *Trägheit*. Bewegt sich ein Körper, so muß ich Kraft aufwenden, um ihn anzuhalten oder seine Bewegungsrichtung zu ändern. Die träge Masse macht sich aber nicht nur im Widerstreben gegenüber einer Veränderung bemerkbar, sie spiegelt sich auch in seiner Schwere wider. Deshalb können wir die Masse eines Körpers mit der Waage bestimmen. Es mag merkwürdig erscheinen, daß ich das so nebenbei erwähne, denn normalerweise verstehen wir unter der Masse das, was er auf die Waage bringt. Daß das Gewicht keine echte Eigenschaft eines Körpers ist, erkennt man daran, daß ein Körper auf dem Mond weniger wiegt als auf der Erde. Im Raumschiff auf einer Erdumlaufbahn hat ein Körper kein Gewicht, seine Trägheit ist ihm aber geblieben.

Die Masse eines ruhenden Körpers nennt man seine *Ruhmasse*. Für das Elektron beträgt sie, wie wir schon wissen, 0.00054 atomare Einheitsmassen. Die Masse jedes Teilchens, sei es Elektron oder Proton, das mit 86 Prozent der Lichtgeschwindigkeit fliegt, ist das Doppelte seiner Ruhmasse. Die aus der Energie der Ruhmasse und der Bewegungsenergie dieses Elektrons bestehende Gesamtenergie beträgt 1.02 MeV.


**Die Mikroskope der Teilchenphysiker**

Wozu sind Teilchen hoher Energie gut? Geht es nur darum, den neuesten Geschwindigkeitsweltrekord aufzustellen und sie so nahe wie möglich an die Lichtgeschwindigkeit heranzubringen?

Rutherford konnte für seine Streuversuche energetische Alphateilchen von einigen MeV verwenden. Das war auch nötig, denn bei geringerer Energie wären die Teilchen schon in großer Entfernung vom Kern abgestoßen worden. Rutherford hätte nie erfahren, daß es sich wirklich um einen kleinen Kern im Inneren des im Vergleich dazu großen Atoms handelt. Sollen Protonen oder Alphateilchen gar in den

Kern eindringen, müssen sie die besonders starke Abstoßung in der Nähe des Kerns überwinden können. Wer die Welt im Kleinen studieren will, benötigt nicht nur wegen der starken Abstoßung hohe Energien, sondern auch aus einem anderen, prinzipiellen Grund. Machen wir dazu einen kurzen Ausflug in den Bereich des sichtbaren Lichtes.

Da Licht Welleneigenschaften hat, kann man im Mikroskop nur Dinge erkennen, die größer sind als die Wellenlänge. Will man Objekte, die das sichtbare Licht nicht mehr abbilden kann, trotzdem »sehen«, muß man sich eines Elektronenmikroskops bedienen. In ihm werfen Elektronen eines Kathodenstrahls Schattenbilder. Da man den Weg der Elektronen durch elektrische und magnetische Felder beugen kann, so wie das Licht in der Linse eines Mikroskops gebeugt wird, lassen sich mit ihnen Vergrößerungen des Schattenbildes auf dem Bildschirm erzeugen. Doch auch das Elektronenmikroskop hat seine Grenze, denn wie das Lichtquant besitzt auch das Elektron Wellennatur. Es geht um Gegenstände herum, wenn ihre Größe seiner de-Broglie-Wellenlänge vergleichbar wird. Bringt es ein Lichtmikroskop auf eine Vergrößerung von höchstens 2000:1, so kann ein Elektronenmikroskop mit einer noch einmal hundertfach stärkeren Vergrößerung aufwarten. Viren kann es abbilden, Atome liegen an der Grenze seiner Leistung. Die Elektronen besitzen dann Energie von einigen hundert keV. Wir haben aber schon gesehen, daß die de-Broglie-Wellenlänge eines Teilchens mit steigender Geschwindigkeit (genauer: mit steigendem Impuls) kleiner wird. Je höher die Energie eines Elektronenstrahls, um so kleiner sind die Objekte, die in ihm noch Schatten werfen. Hatte Rutherford mit Alphateilchen von 6 MeV die Größe des Kerns eines Goldatoms abschätzen können, so gelang es Robert Hofstadter (1915–1990) im Jahre 1953 mit Elektronen von einem halben GeV, den Durchmesser eines Protons zu bestimmen. Elektronen mit Energien von 20 GeV ließen erkennen, daß auch das Proton in seinem Inneren noch eine Struktur aufweist. Wir werden im Folgenden sehen, mit welch raffinierten Tricks es gelungen ist, Teilchen so hohe Energien zu erteilen.


**Teilchenkanonen**

In der Entladungsröhre entstehen freie Elektronen und positive Ionen. Die Elektronen wandern zur Anode, die Ionen zur Kathode. Durchbohrt man die Anode, so wie es in der Abbildung 9.1 gezeigt ist, so fliegen die Elektronen durch das Loch hindurch. Man kann sie nun mit einer weiteren Anode mit höherer Spannung in einem weiteren elektrischen Feld nochmals beschleunigen. In der Abbildung 9.1 ist das schematisch dargestellt. Im Prinzip könnte man beliebig viele Beschleunigungsstufen folgen lassen.

Um energiereiche Teilchen künstlich zu erzeugen, braucht man also hohe Spannungen. Ein Elektron, das eine Energie von einem GeV hat, muß ein Spannungsgefälle von 1000 Millionen Volt durchlaufen haben. Genauer: Es hätte dieses Gefälle durchlaufen müssen, wäre man nicht schon sehr früh auf einen Trick gekommen, der es gestattet, mit niedrigeren elektrischen Spannungen auszukommen.

Die Idee ist in der Abbildung 9.2 wieder für den Fall von Elektronen dargestellt. Man läßt den Teilchenstrahl durch mehrere durchbohrte Elektroden fliegen, an die man verschiedene, zeitlich wechselnde elektrische Spannungen anlegt. Die Polung sei zu einem bestimmten Zeitpunkt gerade so, wie es im oberen Teilbild gezeigt ist. Ein Elektron, das gerade aus der Elektronenquelle gekommen ist, wird von der Elektrode 1 angezogen. Während es durch das Loch fliegt, werden alle Spannungen so umgepolt, wie es das untere Teilbild zeigt. Wenn das Elektron also Loch 1 verläßt, liegt zwischen den Elektroden 1 und 2 eine Spannung, die es in das Loch 2 zieht – so geht es weiter. Beim Übergang von jeder Elektrode zur nächsten wird es beschleunigt. Nehmen wir an, zwischen benachbarten Elektroden lägen jeweils 1000 Volt. Dann hat das Teilchen auf dem Weg von Loch 1 nach Loch 3 zweimal 1 keV Energie gewonnen. Es hat jetzt 2 keV, obwohl die Apparatur nur eine Spannung von maximal 1000 Volt aufbringt. Danach fliegt es durch die Löcher weiterer Elektroden, die im richtigen Rhythmus umgepolt werden, so daß das Teilchen von Loch zu Loch ein weiteres keV gewinnt. Das ist das Prinzip des *Linearbeschleunigers*. Wir haben es hier für den Fall der Beschleunigung von Elektronen

**Abb. 9.1:** In einer Kathodenstrahlröhre kann man die durch ein Loch in der Anode fliegenden Elektronen weiter beschleunigen, wenn sie von einer zweiten Anode noch höherer Spannung angezogen werden. Durchbohrt man diese wieder, so kann man im Prinzip danach noch weitere Beschleunigungsstufen mit Hilfe von Anoden immer höherer Spannung folgen lassen.

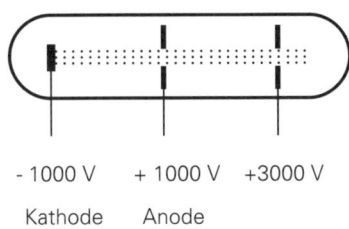

- 1000 V    + 1000 V   +3000 V

Kathode    Anode

besprochen, also von Kathodenstrahlen. Auf die gleiche Weise kann man positive Teilchen, also Kanalstrahlen, auf hohe Geschwindigkeiten bringen. Der Rhythmus der Umpolung der Elektroden sowie ihre Abstände müssen nur entsprechend gewählt werden.

Das Prinzip dieser Teilchenbeschleunigung hat der norwegische Ingenieur Rolf Widerøe in seiner Doktorarbeit in Aachen zum erstenmal benutzt, um Natrium- und Kaliumatome mit einer Wechselspannung von nur 25 keV auf insgesamt 60 keV zu bringen. Es war der Amerikaner Ernest Orlando Lawrence (1901–1958), der das Prinzip

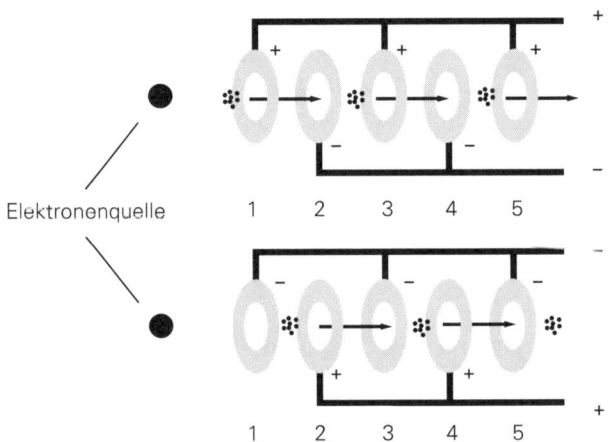

**Abb. 9.2:** Das Prinzip eines modernen Linearbeschleunigers beruht darauf, daß die verschiedenen Beschleunigungsstufen ihre elektrische Polarität wechseln: Gruppen von Elektronen werden in gleichem Takt beschleunigt. Statt der positiv geladenen Anoden der Abbildung 9.1 sind jetzt die durchbohrten Metallplatten wechselweise einmal positiv, einmal negativ geladen. Oben sind die Ladungen gerade so, daß die drei eingezeichneten Elektronenwolken von den positiv geladenen Platten an- und von den negativ geladenen abgestoßen werden: Sie werden nach rechts beschleunigt. Sobald sie durch die positiven Platten hindurchgetreten sind, wechselt die Polarität (unten). Jede Platte, die vorher angezogen hat, stößt jetzt ab und umgekehrt. Die Teilchen werden wieder nach rechts beschleunigt. Da sie am Ende größere Geschwindigkeiten besitzen als am Anfang, müssen die Abstände der Platten nach rechts zu größer werden, damit die Elektronen links wie rechts im gleichen Augenblick durch eine Platte treten. Wenn man allerdings Teilchen hat, die schon nahezu mit Lichtgeschwindigkeit fliegen, werden sie mit Zunahme der Energie nicht schneller, und die Platten müssen auch dann in gleichem Abstand angebracht sein. In Wahrheit verwendet man nicht durchbohrte Platten, sondern läßt die Teilchen durch Rohre wechselnder elektrischer Ladung treten.

der rhythmisch unter Spannung gesetzten Elektroden weiterentwikkelte. Seine Idee war, die Teilchen immer wieder durch *dieselbe* Anordnung hindurchzujagen, indem er sie nicht geradlinig, sondern auf Kreisbahnen fliegen ließ.

Newton, Einstein und Bohr wollten wissen, welches die Gesetze sind, nach denen man die Vorgänge in der Natur verstehen und vielleicht sogar voraussagen kann. Andere große Männer waren an der Grenze zwischen Naturwissenschaft und Technik angesiedelt. Edison und Marconi zählten zu ihnen. Wir wissen bereits, daß Rutherford in seiner Jugend mehr der Technik zugetan war. Erst später schwenkte er ins andere Lager über. Lawrence zählte wohl mehr zu den Edisons und Marconis, und er hat doch zur Erforschung der Atome einen entscheidenden Beitrag geliefert. Er war aber zeit seines Lebens mehr daran interessiert, Maschinen zu bauen, die energiereiche Teilchen erzeugten, als Atomkerne zu studieren.

Der Großvater, damals hieß die Familie noch Lavrens, war aus Norwegen in die USA eingewandert. Auch die Mutter von Ernest Lawrence hatte norwegische Vorfahren. Lawrences Interesse an der Physik erwachte erst, als er an der Universität von South Dakota studierte. Sein Studium mußte er zum Teil als Verkäufer finanzieren, indem er mit Aluminiumgeschirr von Farm zu Farm zog. Er soll schon frühzeitig eine Aversion gegen alles Mathematische gezeigt haben, um so interessierter war er an praktischen Problemen. Schließlich promovierte er an der Universität von Chicago. Im Jahre 1928 nahm der 27jährige Physiker ein Angebot der Universität von Kalifornien in Berkeley bei San Francisco an. Man wunderte sich damals in Chicago, daß Lawrence eine recht unbekannte Lehranstalt im fernen Westen der renommierten Universität von Chicago vorzog. Doch die physikalische Fakultät in Berkeley sollte bald in der wissenschaftlichen Welt höchstes Ansehen gewinnen, vergleichbar mit den Hochburgen Cambridge, Kopenhagen oder Göttingen jener Tage – das war nicht zuletzt dem jungen Lawrence zuzuschreiben.

Die Experimente der Curies und der Rutherfordschen Schule hatten gezeigt, daß man mit den aus radioaktiven Elementen kommenden Teilchenstrahlen entscheidende Erkenntnisse über den Bau der Atome gewinnen kann. Rutherford hatte sein Atommodell durch Bestrahlung von Goldfolien mit Alphateilchen gewonnen. Er hatte die erste künstliche Umwandlung des Atoms eines chemischen Elements in das eines anderen mit Alphastrahlen, die von einem anderen Element ausgingen, bewerkstelligt. Wenn es gelingen würde, geladene Teilchen auf hohe

Geschwindigkeiten zu bringen, so wäre man unabhängig von radioaktiven Stoffen. Man müßte nur die Teilchen auf Energien von einigen MeV beschleunigen. Der Linearbeschleuniger bietet eine Möglichkeit, und seine Wirkung kann vergrößert werden, wenn man mehrere Beschleunigungsstufen hintereinander setzt. Da kam Lawrence auf die Idee, mehrere hintereinandergeschaltete Linearbeschleuniger gewissermaßen zu einer Spirale aufzuwickeln. Er benutzte dabei eine wichtige Eigenschaft geladener Teilchen, die in einem Magnetfeld fliegen.

**Geladene Teilchen im gleichen Rhythmus**

Wir wissen bereits, daß ein Elektron in einem gleichförmigen Magnetfeld im Kreise fliegt. Während der Bewegung spürt es ständig eine magnetische Kraft, die es zur Mitte seiner Bahn zieht. Bei dieser Bewegung hält die Fliehkraft der magnetischen Kraft gerade das Gleichgewicht. Kreisen im gleichen Magnetfeld mehrere Elektronen verschiedener Energie, so sind ihre Bahndurchmesser verschieden. Je höher die Energie, um so größer der Kreis, auf dem sie fliegen. Das Elektron mit der größeren Bahn hat einen größeren Weg zurückzulegen, es sollte also länger brauchen, um einmal im Kreis herumzufliegen. Wegen seiner größeren Energie fliegt es aber auch schneller, das verkürzt seine Umlaufzeit und bewirkt, daß die Zeit, die das Elektron für einen Umlauf benötigt, nicht von seiner Energie abhängt. Das gilt für alle geladenen Teilchen. Sagen Sie einem Physiker die Stärke eines Magnetfeldes, die Ladung des Teilchens und seine Masse, und er sagt Ihnen die Umlaufzeit, ohne daß Sie ihm verraten mußten, wie schnell das Teilchen fliegt. Nehmen wir etwa ein gleichförmiges Magnetfeld von der Stärke des Erdfeldes. In ihm benötigen Elektronen, unabhängig davon, wie schnell sie in ihren Kreisbahnen fliegen, für einen Umlauf etwa 0.0000001 Sekunden, sie fliegen also in der Sekunde eine Million Mal im Kreis herum. Protonen benötigen mehr Zeit und schaffen einen Umlauf erst in einer Tausendstelsekunde. Die Umlaufzeiten werden kürzer, wenn man das Magnetfeld stärker macht. Nimmt man etwa ein Feld vom 50 000fachen der Erdfeldstärke, dann durchläuft ein Elektron in jeder Sekunde seinen Kreis einige hundert Milliarden Mal!

Daß die Umlaufzeit einer Sorte geladener Teilchen im Magnetfeld für die schnellen wie für die langsamen Teilchen dieselbe ist, daß also alle Teilchen einer Sorte im gleichen Rhythmus ihre Kreise ziehen, darauf beruht das Prinzip des *Zyklotrons*.

## Die Idee des Zyklotrons

Das Prinzip der Beschleunigungsmaschine, die Lawrence und seine Mitarbeiter erfunden haben, ist in der Abbildung 9.3 dargestellt. Zwischen den beiden Polschuhen eines großen Magneten befindet sich in einem luftleer gepumpten Raum eine aus zwei voneinander getrennten Hälften bestehende Metalldose. Die beiden Teile sind mit einer Wechselstromquelle verbunden. Stellen wir uns ein geladenes Teilchen vor,

**Abb. 9.3:** Das Prinzip des Zyklotrons. In einem luftleer gepumpten Gefäß, das in der Abbildung weggelassen wurde, stehen sich zwei »Halbdosen« gegenüber. Ein magnetisches Feld, angedeutet durch zwei Pole, geht senkrecht durch diese Anordnung. Die beiden Halbdosen sind elektrisch verschieden geladen. Ihre Polung wechselt in einem bestimmten Rhythmus. Im rechten Teil sind drei zeitlich aufeinanderfolgende Phasen im Blick von oben auf die beiden Halbdosen schematisch dargestellt. Rechts oben: Der linke Teil ist negativ geladen, der rechte positiv. Ein in der Mitte aus einem radioaktiven Präparat entstehendes positives Teilchen wird nach links gezogen. Wegen des Magnetfeldes bewegt es sich auf einem Kreis und verläßt die linke Halbdose nach einem halben Umlauf, um in die rechte zu fliegen (rechts, Mitte). Inzwischen sind die Ladungen umgepolt, in dem Spalt zwischen den beiden Halbdosen wird das Teilchen beschleunigt und bewegt sich im rechten Teil der Anlage auf einer etwas größeren Kreisbahn, bis es nach einem Halbkreis wieder an den Spalt gelangt, wo das neuerdings umgepolte elektrische Feld es wieder beschleunigt und auf eine größere Kreisbahn bringt. So schließen sich Beschleunigung und immer größere Halbkreise aneinander, bis das Teilchen in einer immer größer werdenden Spiralbahn an den Rand kommt, wo es in einem Strahl zur weiteren Untersuchung austritt. Da die Beschleunigung nur immer für die Teilchen eintritt, die sich gerade im Spalt befinden, erhält man statt eines kontinuierlichen Teilchenstroms einen gepulsten Strahl.

etwa ein Proton, das von der im Augenblick negativ geladenen Halbdose angezogen wird. Es fliegt in ihr Inneres und beschreibt dort eine Kreisbahn. Aber nur einen halben Bahnumlauf kann es ungestört fliegen, dann erreicht es wieder den Raum zwischen den beiden Halbdosen. Mittlerweile sind die elektrischen Ladungen der beiden Halbdosen umgepolt worden. Nunmehr ist das Gefäß, welches das Proton verläßt, positiv, das andere negativ geladen. Während es den Zwischenraum durchfliegt, wird also das Proton beschleunigt und in die andere Halbdose hineingezogen. Dort beschreibt es wieder eine halbkreisförmige Bahn, aber eine mit einem etwas größeren Radius. Das Teilchen ist ja schneller geworden, und schnellere Teilchen fliegen in größeren Kreisbahnen. Wenn es nun wieder in den Zwischenraum gerät, dann sind die beiden Halbdosen gerade so gepolt, daß es weiter beschleunigt wird. So gewinnt das Teilchen bei jedem Durchqueren des Zwischenraumes Energie, die Halbkreise seiner Bahn werden immer größer, das Teilchen spiralt allmählich nach außen. Da der Rhythmus, mit dem das Teilchen durch den Zwischenraum fliegt, stets der gleiche ist, unabhängig davon, ob es sich noch verhältnismäßig langsam auf dem inneren Teil seiner Bahnspirale bewegt oder mit hoher Energie am äußeren Rand, erreicht es den Zwischenraum immer gerade dann, wenn das Feld so gepolt ist, daß das Teilchen beschleunigt wird.

Um Teilchen auf 80 keV zu bringen, bedurfte es vor der Erfindung des Zyklotrons Spannungen von 80 000 Volt. Lawrence und seine Mitarbeiter arbeiteten anfangs mit einer Kammer von 11.5 Zentimetern Durchmesser. Protonen von 80 MeV erzeugten sie bereits im Jahre 1931 mit weniger als 1000 Volt zwischen den beiden Halbdosen. Moderne Zyklotrons sind größer und leistungsfähiger geworden. Die Magnete sind einige hundert Tonnen schwer, und die Stärke des Magnetfeldes übersteigt die des Erdfeldes um das 50 000fache. Das elektrische Feld zwischen den beiden Halbdosen muß in jeder Sekunde etwa 100 000mal seine Richtung umkehren, damit die im Magnetfeld kreisenden Teilchen im richtigen Takt beschleunigt werden.

Teilchen hoher Energie sind ein ideales Werkzeug für die Kernphysik. Die Entwicklung immer größerer Beschleuniger wurde Lawrences Lebensziel. Seine Mitarbeiter hatten es nicht leicht, die Maschinen zur Untersuchung der Atomkerne zu verwenden, obwohl man sie ja eigentlich dafür gebaut hatte. Doch bei Lawrence hatte die Wartung der Maschinen Vorrang. Man sagt, seine jungen Mitarbeiter hätten das Zyklotron für wissenschaftliche Zwecke oft heimlich nachts in Betrieb nehmen müssen. Wir werden Lawrence noch begegnen, wenn wir zum

Bau der ersten Atombombe kommen. Das Uranisotop, das über Hiroshima explodierte, stammte aus einer von Lawrences Maschinen. In den Kontroversen um den Bau der amerikanischen Wasserstoffbombe fand man Lawrence unter den Befürwortern, J. Robert Oppenheimer (1904–1967), den Vater der Uran- und Plutoniumbombe, bei den Gegnern. Diese Meinungsverschiedenheit sollte eine langjährige Freundschaft zerstören.

Im Januar 1932 gelang es im Cavendish Laboratorium in England zum erstenmal, mit künstlich beschleunigten Protonen ein Element in ein anderes zu verwandeln. Mit einer Energie von 770 keV schoß man beschleunigte Protonen auf Lithiumkerne. Das Ergebnis waren zwei Alphateilchen. Man hatte Lithium durch Protonenbeschuß in Helium umgewandelt (vgl. Abb. 9.4).

Wenn man sich das Prinzip des Zyklotrons vor Augen hält, könnte man glauben, mit einer solchen Maschine ließen sich Teilchen beliebig hoher Energie erzeugen, wenn man sie nur hinreichend oft im Magnetfeld kreisen läßt. Doch die Natur hat dem eine Grenze gesetzt. Wir hatten gesehen, daß Teilchen gleicher Masse im Magnetfeld eines Zyklotrons ihre Kreisbahnen immer in der gleichen Zeit durchlaufen, unabhängig davon, ob sie schnell oder langsam fliegen, also unabhängig von ihrer Energie. Wir wissen aber, daß sich die Energie, welche die Teilchen aufnehmen, auch als Masse bemerkbar macht, vor allem, wenn sich ihre Geschwindigkeit der des Lichtes nähert. Je rascher die Teilchen, um so größer ihre Masse. Die Umlaufzeit wird größer, die Teilchen kommen aus dem Takt, der Wechsel des elektrischen Feldes

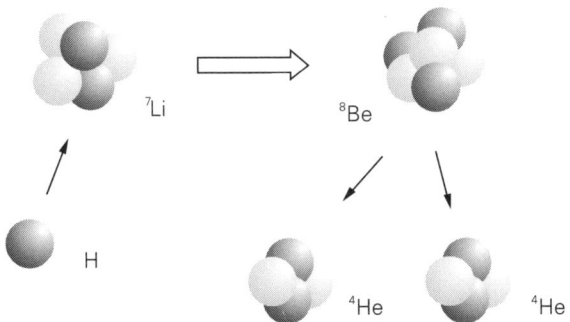

$^7$Li  $^8$Be  H  $^4$He  $^4$He

**Abb. 9.4:** Bei der ersten, durch künstlich beschleunigte Teilchen hervorgerufenen Kernreaktion wurden Protonen auf Lithiumkerne geschossen, und es entstanden Beryllium und Helium.

kann nicht mehr für die langsameren und gleichzeitig auch für die schnelleren im richtigen Augenblick kommen.

Elektronen kommen im Zyklotron schon früher aus dem Takt. Wegen ihrer geringen Masse von nur 511 keV genügen schon Energien von einigen hundert keV, um ihre Masse auf das Doppelte ihrer Ruhmasse zu erhöhen.

## Elektronenschleudern und Elektronen auf der grünen Welle

Für die Beschleunigung von Elektronen hat man daher das *Betatron* erfunden, die Elektronenschleuder. In ihr entsteht in einem evakuierten, ringförmigen Gefäß ein um den Ring führendes elektrisches Feld, erzeugt durch ein mit der Zeit ansteigendes Magnetfeld, das senkrecht zur Ringebene steht. Innerhalb von Bruchteilen von Tausendstelsekunden werden Elektronen auf Kreisbahnen so beschleunigt, daß sie viele Male im Ring herum kreisen und dabei kilometerlange Wege zurücklegen, auf denen sie ständig dem elektrischen Feld ausgesetzt sind, das sie vorwärts treibt. Die Anfänge der Idee gehen schon auf die zwanziger Jahre zurück, und wieder spielte Rolf Wideröe eine wichtige Rolle dabei. Erst während des Zweiten Weltkrieges hat man das erste Betatron in den USA in Betrieb nehmen können. Da ein Magnetfeld das beschleunigende elektrische Feld erzeugt, das den Elektronen ihre Geschwindigkeit gibt, und da dasselbe Magnetfeld die Elektronen auf eine Kreisbahn zwingt, deren Radien wiederum von der Geschwindigkeit abhängen, muß man die Stärke des Magnetfeldes an jeder Stelle in bestimmter Weise wählen, um die Elektronen auf ihren Bahnen zu halten und dafür zu sorgen, daß ein möglichst gut fokussierter Elektronenstrahl entsteht.

Die rasch fliegenden Elektronen im Betatron werden in der Medizin und in der Technik benutzt. Treffen Elektronen von etwa 20 MeV Energie auf eine Wolframschicht, so entstehen extrem energiereiche Quanten der Röntgenstrahlung. Sie werden in der Krebstherapie benutzt. Man kann mit ihnen aber auch die innere Struktur metaller Bauteile untersuchen, etwa um die Schweißnähte in dicken Blechen zu überprüfen.

Die Elektronen eines Betatrons bewegen sich auf Kreisbahnen, sie ändern also ständig ihre Flugrichtung. Deshalb strahlen sie und verlieren Energie. Es handelt sich genau um diejenige Abstrahlung, die man eigentlich von den kreisenden Elektronen des Rutherfordschen Atom-

184

modells erwartet hatte (vgl. S. 108), bis die Quantenmechanik zeigte, daß die Abstrahlung im atomaren Bereich nach anderen Gesetzen verläuft. In den großen Beschleunigungsmaschinen aber, in denen Elektronen auf Bahnen von vielleicht einem halben Meter Durchmesser kreisen, spielen quantenmechanische Effekte praktisch keine Rolle. Die Teilchen strahlen, wie es die Maxwellsche Theorie verlangt.

Die von einem kreisenden Elektron ausgehende Strahlung zielt in jedem Augenblick in einem scharfen Lichtbündel geradlinig in seine Bewegungsrichtung. Man kann sie aus der Maschine austreten lassen und für weitere Untersuchungen benutzen. Man nennt sie *Synchrotronstrahlung*.

Sie spielt auch im Weltall eine große Rolle. Wo immer sich Elektronen nahezu mit Lichtgeschwindigkeit auf gekrümmten Bahnen bewegen, senden sie Synchrotronstrahlung aus. Von Zeit zu Zeit brechen zum Beispiel in den Magnetfeldern der Sonnenoberfläche sogenannte *Flares* aus, die man für höchstens eine Stunde als weiße Punkte im Fernrohr sehen kann. Es ist Synchrotronstrahlung, die dann, dem Sonnenlicht beigemischt, zu uns kommt.

Die Strahlungsverluste setzen der Beschleunigung der Elektronen eine Grenze, denn je schneller sie fliegen, um so mehr verlieren sie Energie durch ihre Synchrotronstrahlung. Trotzdem hat man bereits Elektronen auf 50 GeV gebracht. Das geschah in einem Linearbeschleuniger an der Stanford-Universität in Kalifornien. Das Prinzip hatten wir schon in der Abbildung 9.2 gesehen. Längs eines mehr als drei Kilometer langen Vakuumrohres hat man 240 Hochfrequenzsender, sogenannte Klystrons, eingesetzt. Sie erzeugen in raschem Wechsel elektrische Felder, die so gerichtet sind, daß sie Elektronen einmal beschleunigen, einmal verlangsamen. Sie sind so geschaltet, daß ein Elektron beim Vorbeikommen gerade ein elektrisches Feld vorfindet, das es vorwärts beschleunigt. Wie im richtig gesteuerten Verkehr findet das Elektron stets eine grüne Ampel. Man kann auf diese Weise ganze »Pakete« von Elektronen nacheinander durch die Anlage schicken und beschleunigen.

## Schneller, energiereicher – und teurer

Auch die modernsten Beschleunigungsmaschinen, in denen Teilchen auf kilometerlangen geradlinigen Rennbahnen laufen oder durch kilometerlange Tunnel im Kreis gejagt werden, arbeiten nach dem Prinzip, das schon in den zwanziger Jahren diskutiert worden ist. Die geladenen Teilchen werden durch elektrische Wechselfelder auf immer höhere Geschwindigkeiten gebracht. Sollen die Teilchen ihre Bahnen mehrfach durchlaufen, dann sind Ablenkmagnete nötig, wie sie schon Lawrence beim Zyklotron benutzte.

Es ist nicht nötig, daß das Magnetfeld längs der ganzen Bahn auf die Teilchen einwirkt. Man kann die Magnete so anordnen, daß die Teilchen ein Stück geradlinig fliegen, bis sie von einem Ablenkmagneten um vielleicht 90 Grad abgelenkt werden, um dann weiter geradlinig zu fliegen bis zum nächsten Magneten (vgl. Abb. 9.5). Man kann an mehreren Stellen der Bahn das elektrische Wechselfeld einwirken lassen. Das Schema ist gleichfalls in der Abbildung gezeigt. Da mit jeder Beschleunigung die Geschwindigkeit größer wird, erreicht das Teilchenpaket die Beschleunigungsstrecken in einer immer kürzeren zeit-

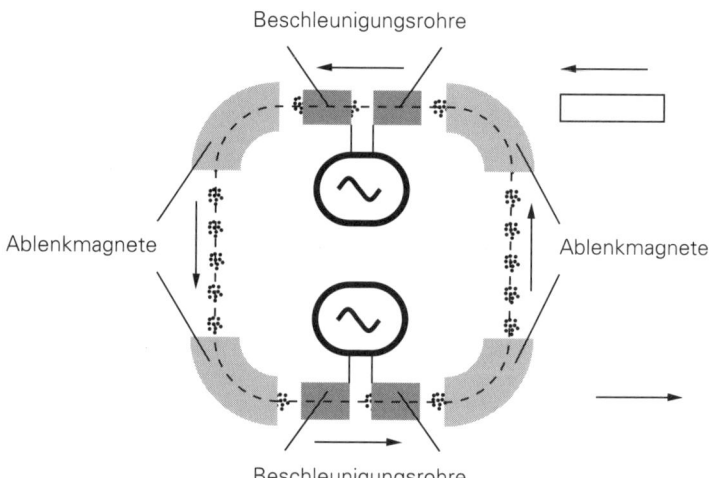

Beschleunigungsrohre

Ablenkmagnete

Ablenkmagnete

Beschleunigungsrohre

**Abb. 9.5:** Das Prinzip moderner Beschleuniger. Geladene Teilchen werden von Ablenkmagneten auf einer geschlossenen Bahn geführt. Zwischen den Magnetfeldern bewegen sie sich geradlinig. Paare von Beschleunigungsrohren ändern ihre elektrische Ladung gerade so, daß die Teilchen beim Durchgang Energie gewinnen. Auch hier können die Teilchen nur in »Paketen« beschleunigt werden, die im richtigen Augenblick durch die Beschleunigungsrohre gehen. Der Teilchenstrom kann durch einen Linearbeschleuniger (im Bild rechts oben schematisch angedeutet) gespeist werden. Durch geeignete Ablenkung läßt man die beschleunigten Teilchenpakete zur weiteren Untersuchung austreten (unten rechts).

lichen Folge. Damit das Paket stets grünes Licht vorfindet, muß die Frequenz des elektrischen Feldes mit der Zeit erhöht werden. Zu Beginn schießt man eine rasch fliegende Gruppe von Teilchen in das Vakuumrohr ein. Dazu kann man zum Beispiel einen kleineren Linearbeschleuniger verwenden. Da er Teilchenpakete nacheinander produziert, können der Reihe nach Gruppen von Teilchen eingeführt werden, die durch einen Ablenkmagneten aus ihrer geradlinigen Bahn in die geschlossene Rennstrecke geleitet werden. Dabei ist der Rhythmus so abzustimmen, daß jedes Paket an den Beschleunigungsstrecken grünes Licht vorfindet. Während die einzelnen Pakete umlaufen, werden sie beschleunigt, denn wenn eine Ampel ein Paket gerade durchgelassen hat, um über Rot zur nächsten grünen Phase zu schalten, dann steht auch schon das nächste Paket vor der Kreuzung. Nach einigen hunderttausend Umläufen haben die Teilchen ihre maximale Energie erreicht. Dann werden sie durch einen Ablenkmagneten aus der Rennbahn herausgezogen und für weitere Untersuchungen verwendet.

Je höhere Energie man erreichen will, um so öfter müssen Teilchen durch Beschleunigungsstrecken hindurch. Beim Linearbeschleuniger ist ein mehr als drei Kilometer langes Vakuumrohr notwendig. Zwingen Magnetfelder die Teilchen in geschlossene Bahnen, auf denen sie jede Beschleunigungsstrecke mehrfach durchlaufen, so muß man immer stärkere Magnetfelder anwenden, um die Bahnen zu krümmen, denn für energiereichere Teilchen sind stärkere Kräfte nötig. Die kreisenden Teilchen verlieren durch Synchrotronstrahlung Energie an den Stellen, an denen die Bahn gekrümmt ist. Deshalb muß man die Bahnen möglichst groß machen, denn eine große Kreisbahn ist schwächer gekrümmt als eine kleine.

Deshalb fliegen zum Beispiel im Hamburger Forschungszentrum DESY (Deutsches Elektronen-Synchrotron) in der Anlage HERA (Hadron-Elektron-Speicherring-Anlage) Elektronen und Protonen auf Bahnen, die etwa 6 Kilometer lang sind. In der Anlage LEP (Large Electron-Proton Collider) des europäischen Forschungszentrums CERN (Conseil Européen pour la Recherche Nucléaire) in Genf ist die geschlossene Bahn 27 Kilometer lang, und der Tunnel, in dem Elektronen und Positronen auf ihren Bahnen geführt werden, reicht von der Schweiz aus ins französische Gebiet, so daß die Teilchenpakete in jeder Sekunde tausendmal die Zollgrenze in beiden Richtungen überschreiten. Die Anlage HERA in Hamburg kostete 1.2 Milliarden DM an Investitionen, LEP in Genf nahezu eine Milliarde Dollar.

## Teilchen im Frontalzusammenstoß

Zweck der teuren Maschinen ist es, möglichst viel Energie auf möglichst engem Raum zu konzentrieren. Aus diesen »Energieballen« kommen neue Teilchen ähnlich den Elektron-Positron-Paaren, die sich aus den Quanten energiereicher Gammastrahlung bilden. Die Energiekonzentrationen entstehen, wenn Teilchen mit hoher Geschwindigkeit aufeinanderprallen, etwa die Elektronen aus einem Beschleuniger auf ruhende Materie. Doch nur ein Teil der Energie der ankommenden Teilchen kann zur Erzeugung neuer, unbekannter Teilchen verwendet werden. Das kann man sich mit einem einfachen Beispiel veranschaulichen.

Stellen wir uns ein Auto vor, das von hinten gegen einen parkenden Wagen, dessen Handbremse nicht angezogen ist, fährt. Beide Wagen bewegen sich nach dem Unfall vorwärts. Ein Teil der Energie wurde nicht dazu verwandt, die Autos zu zerstören, sondern ging in Bewegungsenergie. Ein frontaler Zusammenstoß zweier gegeneinander fahrender Wagen ist dagegen viel effektiver. Wenn gleich schwere Wagen mit gleicher Geschwindigkeit aufeinanderprallen, bewegt sich der Schrott danach nicht mehr. Alle Energie ging in die Zerstörung der Autos.

Diese Erkenntnis benutzt man in den sogenannten Speicherringen. Dort werden zwei Strahlen in zwei Vakuumrohren in entgegengesetzte Richtung bewegt und beschleunigt. Wenn sie hinreichend große Energie haben, werden ihre Teilchenpakete zum Zusammenstoß gebracht. So werden zum Beispiel im Hamburger Speicherring HERA Protonen von 820 GeV und Elektronen von 30 GeV gegeneinander geschossen. Mit Elektronen, die mit so hohen Energien in die Protonen eindringen, will man deren innere Struktur erforschen. Im Tunnel von LEP kreisen Elektronen und Positronen von je 100 GeV im Gegenverkehr, um dann aufeinanderzustoßen.


## Positronen – fabrikmäßig gefertigt

Wir sahen oben, daß bei LEP Positronen und Elektronen auf Kollisionskurs gebracht werden. Elektronen gibt es in Hülle und Fülle, doch woher nimmt man die Positronen? Sie werden in einem sogenannten *Konverter* erzeugt, in den man Elektronen hoher Energie leitet. Heraus kommen Elektronen und Positronen. Der eingeführte Elektronenstrahl wird nämlich auf ein Stück Wolfram gerichtet. In den elektrischen Feldern der Kerne dieses Metalls werden die Elektronen von ihrem geraden Flug abgelenkt, sie senden hochenergetische Synchrotronstrahlen aus, deren Quanten im Bereich extrem kurzwelliger Gammastrahlung liegen. Diese wiederum erzeugen, wie in Kapitel 7 beschrieben, Elektron-Positron-Paare. Wegen ihrer verschiedenen elektrischen Ladung bewegen sich beide Teilchensorten in elektrischen und magnetischen Feldern verschieden, eine Eigenschaft, die man nutzen kann, um neben einem Strahl von Elektronen auch einen Positronenstrahl zu erzeugen.

Im Linearbeschleuniger von Stanford, in dem man Elektronen beschleunigt, wird auf halbem Weg ein Teil der Elektronen aus der Rennstrecke in einen Konverter gelenkt, um dort einen Positronenstrahl zu erzeugen. Diesen führt man mit magnetischen Ablenkfeldern an den Anfang der Rennbahn zurück. Jetzt werden beide Teilchensorten in der Anlage beschleunigt, denn während die Elektronen bei grünen Ampeln durch die Beschleunigungsstrecken sausen, werden die Positronen gerade dann beschleunigt, wenn die Ampeln für die Elektronen auf Rot stehen. Am Ende führt man die Elektronenpakete und die Positronenpakete auf getrennte Bahnen, um sie schließlich gegeneinander auf Kollisionskurs zu bringen.

### Elektronen im Zeichen des Mondes

So einfach die Prinzipien der großen Beschleunigungsmaschinen auch sind, in der Praxis stellen sie die Techniker und Physiker vor Probleme. Die kilometerlangen Beschleunigungsstrecken müssen luftleer sein, denn die zu beschleunigenden Teilchen dürfen nicht immer wieder auf Atome stoßen, von denen sie gebremst werden. Höchstens etwa 1000 Moleküle sollten im Kubikzentimeter sein. Wie wenig das ist, sieht man sofort, wenn man diese Dichte mit der Loschmidtschen Zahl vergleicht, nach der normalerweise im Kubikzentimeter eine zwanzigstellige Zahl von Molekülen zu finden ist. Die luftleer gepumpten Rohre der Beschleunigeranlagen müssen ein Vakuum halten, das etwa der Teilchendichte auf der Nachtseite des atmosphärenlosen Mondes entspricht.

Die Ströme, welche die magnetischen Felder erzeugen, verlieren in normalen Drähten Energie, die in Wärme übergeht. Um diese Verluste so klein wie möglich zu halten, kühlt man die Leitungen auf −269 °C.

Bei dieser Temperatur sind die Spulen supraleitend, das heißt, ihr elektrischer Widerstand ist praktisch auf Null gesunken. Es treten keine Verluste mehr auf.*

Höchste Präzision ist nötig, um die geladenen Teilchen auf ihren Bahnen zu halten und dafür zu sorgen, daß keine Teilchen dem Strahl verlorengehen. Wie empfindlich die Magnete der Anlagen justiert sein müssen, erfuhr man im Jahre 1992 bei LEP. Es stellte sich heraus, daß der Teilchenstrahl unter sonst gleichen Bedingungen zu verschiedenen Zeiten unterschiedliche Energie besitzt. Dann bemerkte man, das seine Intensität im Rhythmus von etwa zwölf Stunden schwankt. Bald erkannte man, daß dies auf die Anziehungskraft des Mondes zurückzuführen ist. So wie die Weltmeere im Rhythmus von Ebbe und Flut steigen und fallen, so wird auch der Erdkörper durch die Gezeiten geringfügig verformt. Kleine Verschiebungen der verschiedenen Magnete im Tunnel verändern die Länge der 27 Kilometer langen Bahn im Rhythmus der Gezeiten um einen Millimeter. Das reicht aus, um die Anlage etwas zu dejustieren, so daß die maximal erreichbare Energie von 55 GeV um bis zu 10 MeV schwankt. Das sind zwar weniger als zwei hundertstel Prozent, aber dieser Unterschied ist meßbar. Infolgedessen konnte man die Masse neuer, im Speicherring entstandener Teilchenarten bisher nur auf 10 MeV, also nur auf etwa 20 Elektronenmassen genau bestimmen. Nun, nachdem man die Ursache des Fehlers kennt, bestimmt man die Teilchenenergie und damit ihre Massen wesentlich genauer.

* Details über die Geschichte und die Technik der Anlagen bei DESY findet man bei Pedro Waloschek: Reise ins Innerste der Materie, Stuttgart 1991. Die Geschichte der Beschleuniger, vor allem die von CERN, findet man bei Schopper (vgl. Anmerkung 36).

# 10. Der Zoo der Kerne

»So dürfen wir … die Entstehung eines neuen Elements mit dem
Atomgewicht 500 erwarten!«…»500, Doktor? Ein Riesenerfolg wäre
das! Ein neues Zeitalter der Chemischen Technik würde das bedeuten,
wenn … Sie sich nicht irren«. »Ich halte einen Irrtum für ausgeschlossen. Ein neues Element mit dem Atomgewicht 500 muß sich bilden, das
nicht strahlt, sondern stabil ist.«

*Hans Dominik[38]*

Mit der Entdeckung des Neutrons wurde das Periodische System der
chemischen Elemente, so kompliziert es zunächst zu sein schien, recht
einfach. Die Atome sind nach dem Rutherfordschen Modell aufgebaut.
Protonen und Neutronen bilden den Kern, um den gerade so viele
Elektronen schwirren, daß das gesamte Atom neutral ist. Die Zahl der
Neutronen eines Elements kann verschieden sein, doch enthält jeder
Kern etwa so viele Neutronen wie Protonen. Deshalb ist die Massenzahl ungefähr das Doppelte der Ordnungzahl. Bei normalem Wasserstoff stimmt das zwar nicht, die beiden Zahlen sind gleich, beim Helium
und etwa beim häufigsten Isotop des Sauerstoffs ist die Regel exakt
erfüllt. Selbst beim häufigsten Isotop des Urans, dem $^{238}$U, ist das
Verhältnis $1:2.6$. Bestimmt die Zahl der Protonen im Atomkern das
chemische Element, so legt die Zahl der Neutronen fest, um welches
Isotop des Elements es sich handelt.

## Das Schachbrett der Kernphysiker

Atomkerne können sich verändern oder können umgebaut werden.
Man kann mit energiereichen Teilchen in die Atomkerne eindringen,
etwa Neutronen, Protonen oder Alphateilchen hineinschießen. Was
daraus wird, hängt davon ab, wie viele Protonen und Neutronen man
dem Kern zuführt und in welche Teile er zerfällt. Bei der Radioaktivität
verlassen ihn Teilchen oder Teilchengruppen. Beim Alphastrahler sind

191

**Abb. 10.1:** Jeder Atomkern ist durch die Anzahl seiner Neutronen und seiner Protonen festgelegt. In der Nuklidkarte, dem »Schachbrett« des Kernphysikers, steht ihm deshalb genau ein Feld zur Verfügung. Isotope liegen horizontal nebeneinander. Kerne gleicher Massenzahl liegen auf Diagonalen, die sich von links oben nach rechts unten erstrecken. Das Bild zeigt die Nuklidkarte der leichtesten Kerne. Die Abbildung 10.2 gibt einen Eindruck davon, wie sich eine Nuklidkarte zu höheren Massenzahlen erstreckt.

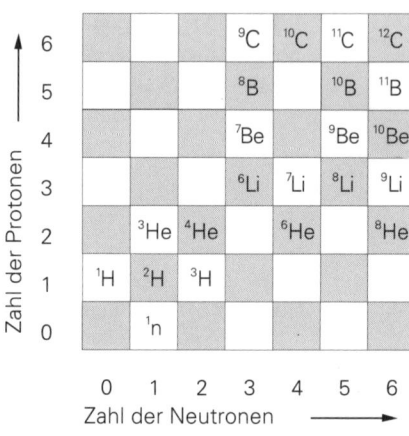

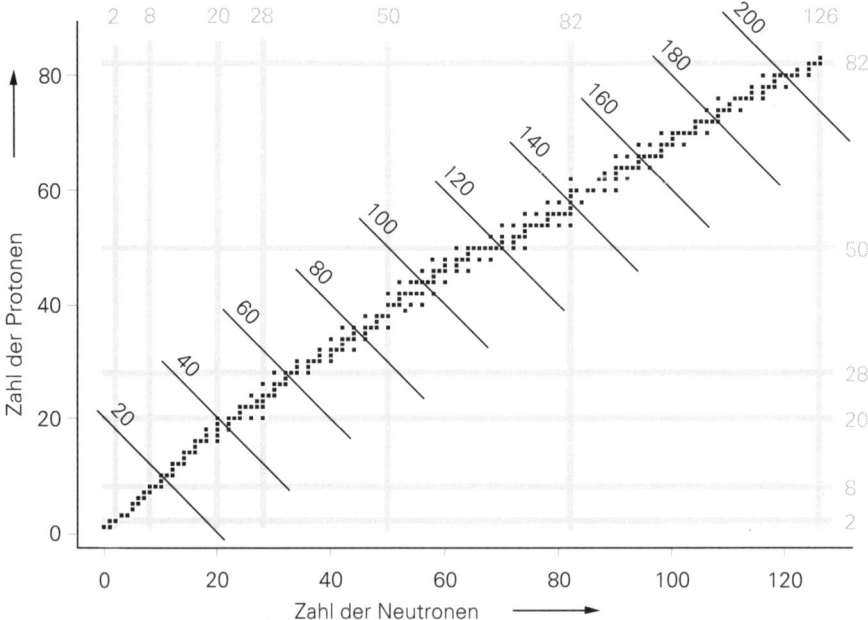

**Abb. 10.2:** Die stabilen Nuklide in der Nuklidkarte. Jedes stabile Nuklid ist als schwarzes Kästchen eingezeichnet. Die magischen Neutronen- und Protonenzahlen sind durch vertikale und horizontale graue Linien angedeutet. Die von links oben nach rechts unten gehenden Linien zeigen die Nuklide gleicher Massenzahl an. Der Stabilitätsbereich ist nach oben, unten und rechts oben von Bereichen nichtstabiler Nuklide umgeben, wie die Abbildung 10.9 zeigt.

es vier Nukleonen, die sich zu einem Heliumkern verbunden haben und die nun gemeinsam aus dem Kern herausfliegen. Beim Betastrahler sind es Elektronen, die den Kern verlassen und die offensichtlich durch Umwandlung eines Neutrons in ein Proton entstanden sind. Deshalb wandelt sich ein betastrahlendes Element in das mit der höheren Ordnungszahl um.

Es kann auch geschehen, daß sich Atome, die ein Teilchen aufgenommen haben, in ein radioaktives Element verwandeln, denn Atomkerne scheinen die Tendenz zu haben, sich vor einer Überzahl von Neutronen oder Protonen zu schützen. Es gibt keinen Kern, der aus 10 Protonen und 50 Neutronen besteht, und umgekehrt keinen, der 50 Protonen und 10 Neutronen enthält. Kerne, bei denen dieses Gleichgewicht gestört ist, versuchen, es durch Radioaktivität zu erreichen.

So wie man jedes Feld eines Schachbrettes durch zwei Zahlen festlegen kann, so läßt sich auch jeder Atomkern durch zwei Zahlen charakterisieren, durch die Ordnungzahl und durch sein Atomgewicht. In der Abbildung 10.1 ist das Atomschachbrett für die leichtesten Elemente wiedergegeben. Die Abbildung 10.2 zeigt das Schachbrett – wissenschaftlich spricht man von der *Nuklidkarte* – für alle stabilen chemischen Elemente und ihre Isotopen.

### Im Rösselsprung zu Kohlenstoff und Sauerstoff

Die Umwandlungen von Atomkernen lassen sich jetzt wie die Züge eines Spiels auf einem Schachbrett darstellen. Nehmen wir zum Beispiel den Zerfall des häufigsten Isotops des Radiums, $^{226}$Ra. Mit einer Halbwertszeit von 1600 Jahren sendet es ein Alphateilchen aus und geht in das Edelgas Radon $^{222}$Rn über, das innerhalb von 3.8 Tagen zu Polonium $^{218}$Po wird, das wiederum radioaktiv ist. In der Abbildung 10.3 ist durch zwei Pfeile nach links unten angezeigt, wie sich das Atom beim Alphazerfall über das Schachbrett bewegt. Aussenden eines Alphateilchens heißt Verlust von zwei Neutronen und zwei Protonen, auf dem Schachbrett also zwei Schritte zurück und zwei nach links, wie Läufer oder Dame. Der Atomkern bewegt sich auf der Diagonalen nach links unten. Ganz allgemein gilt, daß der Atomkern nach links oder rechts rutscht, je nachdem, ob er ein Neutron gewinnt oder verliert, nach oben oder unten, je nachdem, ob er ein Proton einlagert oder eines abgibt.

Das dem $^{226}$Ra benachbarte $^{225}$Ra ist ein Betastrahler. Mit einer

**Abb. 10.3:** Wie radioaktive Nuklide auf dem Schachbrett springen. Da ein Alphastrahler mit dem Teilchen, das er abgibt, die Zahl der Protonen und die Zahl seiner Neutronen um je zwei erniedrigt, springt er beim Zerfall zwei Felder nach links unten, wie hier etwa $^{226}$Ra beim Sprung zum Radon $^{222}$Rn und dieser Alphastrahler zum Polonium $^{218}$Po. Dagegen verliert der Betastrahler $^{225}$Ra durch die Abgabe eines Elektrons ein Neutron und gewinnt gleichzeitig ein Proton. Er bewegt sich also einen Schritt nach links oben.

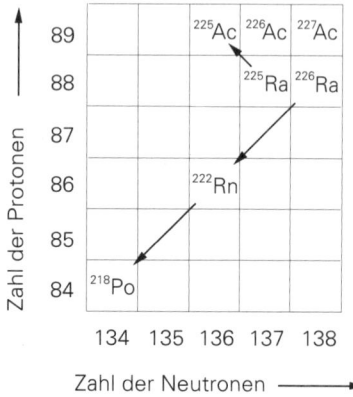

Halbwertszeit von etwa zwei Wochen wird es zum Actinium $^{225}$Ac. Beim Betazerfall verwandelt sich im Kern ein Neutron in ein Proton. Am Schachbrett geht der Kern also einen Schritt nach links und einen nach oben, er bewegt sich schräg nach links oben, wie der Bauer des Schachspiels, der eine links vor ihm stehende Figur schlägt. Die Zahl seiner Nukleonen ändert sich dabei nicht. Kerne gleicher Nukleonenzahl liegen auf Feldern längs Diagonalen von links oben nach rechts unten.

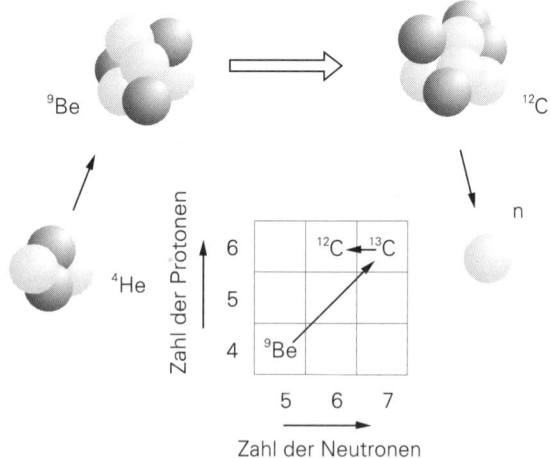

**Abb. 10.4:** Der Vorgang bei der Erzeugung von Neutronen durch Beschuß von Beryllium mit Alphateilchen ist ein Rösselsprung auf dem Schachbrett.

194

**Abb. 10.5:** Rutherfords erste künstliche Kernumwandlung, auf dem Schachbrett dargestellt. Der $^{14}$N-Kern nimmt ein Alphateilchen auf und geht zwei Schritte nach rechts oben. Doch statt als Fluorkern $^{18}$F zur Ruhe zu kommen, stößt er ein Proton ab und wird zum Sauerstoff.

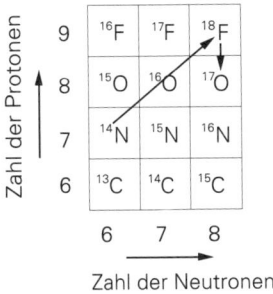

Das Neutron wurde beim Beschuß von Beryllium mit Alphastrahlen entdeckt. Später hat es sich als nützliche Neutronenquelle bewährt. Beschießt man es mit Alphastrahlen, so kann es ein Alphateilchen aufnehmen und dafür ein Neutron abgeben. In der Nuklidkarte der Abbildung 10.4 läßt sich der Vorgang in zwei Schritten darstellen. Der erste entspricht der Aufnahme des Alphateilchens, das heißt zwei vor und zwei nach rechts, dann folgt die Abgabe eines Neutrons, also ein Schritt nach links. Das Fazit: Der Kern hat sich im Rösselsprung nach rechts vorwärts bewegt.

Ein Rösselsprung war auch die erste künstliche Kernumwandlung, bei der Rutherford aus einem Stickstoffatom ($^{14}$N) durch Alphabeschuß Sauerstoff $^{17}$O machte. Man kann sich den Vorgang so vorstellen, daß der Stickstoffkern erst das Alphateilchen aufnimmt und vorübergehend zu Fluor $^{18}$F wird, dann aber sofort ein Proton abgibt und auf dem Schachbrett einen Schritt zurückgeht (vgl. Abb. 10.5).

### Vier Familien mit alter Tradition

Oft vererbt sich Radioaktivität von einer Generation zur anderen. Man bemerkte schon sehr früh, daß die Mehrzahl der radioaktiven Stoffe zu zwei Familien gehört. Das Uran, an dem Becquerel zuerst die Aktivität entdeckt hatte, ist gewissermaßen der Urvater einer Familie, in der die Tradition der Radioaktivität bis ins 14. Glied gepflegt wird. Die Reihe endet erst bei dem stabilen Bleiisotop $^{206}$Pb. In der Abbildung 10.6 ist der Weg eines $^{238}$U-Kerns durch alle Generationen wiedergegeben.

Doch nicht alle radioaktiven Elemente sind Nachkommen des $^{238}$U. Das radioaktive Thorium, das schon die Curies kannten, ist der Urvater

**Abb. 10.6:** Zwei Zerfallsreihen radioaktiver Nuklide, dargestellt in einem Diagramm, in dem die Ordnungszahl (Protonenzahl) nach rechts, die Massenzahl nach oben aufgetragen ist. Die Isotope stehen jetzt übereinander. In dieser Darstellung sind Alphazerfälle Sprünge um zwei Schritte nach links und vier Schritte nach unten, Betazerfälle aber, bei denen sich ja die Massenzahl nicht ändert, sind Schritte nach rechts. Sowohl der Weg vom Uran wie auch der vom Thorium (jeweils am rechten oberen Ende) verzweigen sich links unten, bis sie beide beim Blei (Ordnungszahl 82) enden. Die Massenzahlen der Thoriumreihe sind sämtlich durch vier teilbar, die der Uranreihe nicht. Deshalb haben die beide Reihen keine Nuklide gemeinsam. Dementsprechend endet die eine beim $^{208}$Pb, die andere beim $^{206}$Pb.

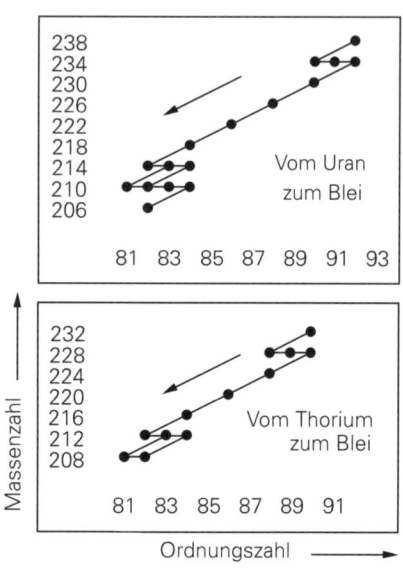

einer anderen Dynastie mit ähnlicher Familientradition. Auch diese Generationsfolge endet beim kinderlosen Blei, diesmal allerdings beim Bleiisotop $^{208}$Pb. Es gibt noch zwei weitere Reihen. Der Bombenstoff $^{235}$U endet nach vielen Zwischenstufen beim $^{207}$Pb. Die Familie des $^{233}$U dagegen macht eine Ausnahme. Auch sie führt bis zum Blei, allerdings zum Bleiisotop $^{209}$Pb, das ein Betastrahler ist und nach etwa drei Stunden zum stabilen Wismut $^{209}$Bi wird. Daß $^{233}$U selbst nicht Urvater ist, lernte man erst, als man während des Zweiten Weltkrieges Elemente kennenlernte, deren Atomgewichte die des Urans übertreffen, die sogenannten *Transurane*. Der Ursprung des $^{233}$U liegt beim betastrahlenden Isotop $^{241}$Pu des Transurans Plutonium.

### Radioaktive Einsiedler

Nicht alle in der Natur vorkommenden radioaktiven Elemente sind Mitglieder der vier großen Familien. Das Kaliumisotop $^{40}$K zum Beispiel, ein Betastrahler, der zu etwa einem Prozent im natürlichen Kalium vorkommt, entsteht nicht durch radioaktiven Zerfall eines anderen Elementes – es ist einfach da. Man kennt noch eine Anzahl anderer solcher radioaktiven elternlosen Nuklide. Ihre Halbwertszeiten sind so groß, daß sie seit Bestehen unseres Sonnensystems noch nicht verschwunden sind. Damit bietet sich für die Herkunft der radioaktiven Elemente folgendes Bild: Irgendwann vor langer Zeit, als sich im Weltall die chemischen Elemente bildeten, entstanden auch alle ihre Isotope. Die kurzlebigen radioaktiven wandelten sich in andere stabile Nuklide um. Übrig blieben nur diejenigen radioaktiven Isotope, deren Halbwertszeit so lang ist, daß sie noch heute existieren. Sie sind die radioaktiven Einzelgänger ohne Familie. Dieses Bild läßt offen, was »am Anfang« geschehen ist. Wir werden in Kapitel 18 darauf zurückkommen.

In der Natur gibt es noch andere radioaktive Elemente, die dadurch entstehen, daß Teilchen der kosmischen Strahlung Kernreaktionen auslösen. So verwandeln sie zum Beispiel Stickstoffatome der Luft in das radioaktive Kohlenstoffisotop $^{14}C$. Auch die Tritiumatome, die in mehr als milliardenfacher Verdünnung im natürlichen Wasserstoff zu finden sind, müssen ständig neu gebildet werden. – Doch davon wußte man Anfang der dreißiger Jahre noch nichts. Es schien, als ob die Radioaktivität ihren Ursprung allein irgendwo in der Frühgeschichte des Weltalls hat. Die Radioaktivität war damit gewissermaßen eine Jugendsünde des Kosmos. Wenn man nur lange genug warten könnte, wäre man Zeuge, wie die immer noch vom Anfang herrührenden radioaktiven Atome langsam aussterben. Dieses Bild mußte im Jahre 1934 revidiert werden.

**Radioaktivität von Menschenhand**

»Die glorreiche, alte Laborzeit ist wiedergekehrt!« rief Madame Curie ein halbes Jahr vor ihrem Tod aus, als sie von der Entdeckung ihrer Tochter und ihres Schwiegersohnes erfuhr. Frédéric Joliot-Curie und seine Frau Irène hatten, ein Jahr nachdem man das Positron kennengelernt hatte, eine überraschende Beobachtung gemacht. Auch sie hatten energiereiche Gammastrahlen sich zu Elektron-Positron-Paaren materialisieren sehen. Sie fanden in der Nebelkammer aber auch die Spuren einzelner Positronen, wenn Alphateilchen auf Aluminium trafen. Um dem nachzugehen, hatten sie eine Aluminiumfolie auf ein Polonium-Präparat gelegt und beobachtet, daß sowohl Neutronen wie auch Positronen ausgesandt werden. Die Überraschung kam, als sie das

**Abb. 10.7:** Wie ein Aluminiumkern durch Aufnahme von einem Alphateilchen und gleichzeitige Abgabe eines Neutrons zum radioaktiven Phosphor ³⁰P wird. Dieses Nuklid ist ein Positronenstrahler und verwandelt sich in ³⁰Si. Die Abgabe eines Positrons auf dem Schachbrett führt einen Schritt nach rechts unten. Zusammen ist das wieder ein Rösselsprung.

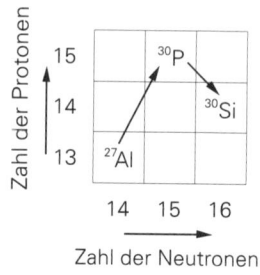

Zahl der Neutronen

Aluminium vom Polonium nahmen und damit die Wirkung der Alphastrahlen auf das Aluminium unterbanden. Sofort blieben die Neutronen aus, Positronen aber kamen weiter. Nur langsam, mit einer Halbwertszeit von etwa drei Minuten, ließ die Positronenstrahlung nach. Die Lösung des Rätsels ist in Abbildung 10.7 dargestellt. Wenn Aluminium ein Alphateilchen aufnimmt, verwandelt es sich in das Phosphor-Isotop ³⁰P und gibt ein Neutron ab. Doch der Phosphor verwandelt sich unter Abgabe eines Positrons in Silizium ³⁰Si. Aus dem Aluminium war ein neues, in der Natur nicht vorkommendes und bis dahin unbekanntes radioaktives Isotop des Phosphors entstanden, seine Halbwertszeit beträgt 2.5 Minuten.

Zwei Dinge waren damals neu. Durch Beschuß von Atomkernen können neue, künstliche radioaktive Atome erzeugt werden. Heute kennt man etwa zwanzig natürliche Betastrahler und mehr als tausend künstlich erzeugte betastrahlende Nuklide. Die Entdeckung der Joliot-Curies brachte aber auch eine neue Art von Radioaktivität an den Tag. Sie ist ähnlich dem Betazerfall, nur daß statt eines *Elektrons* ein *Positron* ausgesandt wird. Führt der Verlust eines Elektrons den Kern auf dem Nuklid-Schachbrett einen Schritt nach links oben, so bringt die neue Radioaktivität ihn einen Schritt nach rechts unten.

Für die Entdeckung der künstlichen Radioaktivität erhielten die Joliot-Curies ein Jahr später den Nobelpreis für Chemie.

### Der Drang zur Mitte

Atomkerne, die wesentlich mehr Neutronen als Protonen haben, sind Betastrahler. Durch das Aussenden eines Elektrons »verbessern« sie das Verhältnis von Protonen und Neutronen im Kern. Auf dem Schachbrett nähern sie sich dabei der Mitteldiagonalen. Das sieht man in der Abbildung 10.8 zum Beispiel am Atom des Kohlenstoffs. Im Kern des häufigsten Isotops, dem $^{12}$C, stecken sechs Protonen und sechs Neutronen. Der Kern liegt exakt auf der Mitteldiagonalen des Schachbretts. Das Isotop $^{14}$C dagegen hat zwei Neutronen mehr. Es ist radioaktiv und gibt mit der Halbwertszeit von 5730 Jahren ein Elektron ab. Damit erhöht sich die Ladung seines Kerns. Aus dem $^{14}$C wird Stickstoff, genauer $^{14}$N, das häufigste Isotop dieses Elements. Jetzt haben wir wieder einen Kern, der genau auf der Mitteldiagonalen liegt.

Anders aber ist es mit den Kohlenstoffisotopen $^{10}$C und $^{11}$C. Sie haben weniger Neutronen als Protonen und geben ein Positron ab. Im Kern verwandelt sich ein Proton in ein Neutron, und aus dem Kohlenstoff wird das in der Ordnungszahl um 1 niedrigere Bor. Aus den beiden Kernen werden die Isotope $^{10}$B und $^{11}$B. Das an Protonen stark »überlastige« $^{10}$C lebt nur etwa 20 Sekunden, das weniger überlastige $^{11}$C immerhin 20 Minuten. Danach befreit es sich von seiner positiven Ladung. Das $^{11}$B steht zwar, anders als das $^{10}$B, nicht exakt auf der Mitteldiagonalen, doch kann es wegen der ungeraden Anzahl seiner Nukleonen weder durch Aussenden eines Elektron, noch eines Positrons näher an die Mittellinie rücken. Auf ihr selbst können nur Kerne mit gerader Massenzahl sitzen, weil dort die Zahl der Protonen und der Neutronen gleich ist.

Wenn ein Kern ein Elektron oder ein Positron abstößt, ändert er seine Ladung. Dementsprechend kann er nunmehr ein Elektron mehr oder eines weniger in seiner Hülle halten. Mit dem verlorenen Elektron

**Abb. 10.8:** Die Mittellinie der Nuklidkarte in der Gegend des $^{12}$C (gestrichelt). Atomkerne rechts von ihr sind »neutronenlastig« und versuchen ihre Neutronenzahl durch Abgabe eines Elektrons zu erniedrigen. Sie sind Betastrahler. Links von der Mittellinie sind die Positronenstrahler, die »protonenlastig« sind und sich durch Abgabe eines Positrons von ihrer Last zu befreien versuchen. In der Nähe der

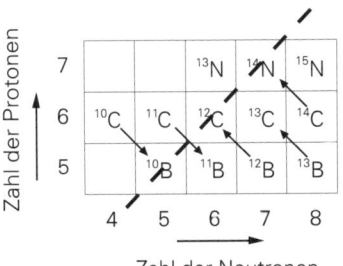

Mittellinie sind die meisten Nuklide stabil. Die Mittellinie selbst ist nicht immer die Diagonale, bei der, wie hier im Bild, Protonen- und Neutronenzahl übereinstimmen. Bei höheren Kernen ist ein gewisser Überschuß an Neutronen durchaus stabilisierend (vgl. Abb. 10.9).

des Kerns ist in der Hülle Platz für ein neues entstanden, da der Kern stärker positiv geworden ist. Mit jedem Positron, das den Kern verläßt, muß ein Elektron aus der Hülle entweichen.

Hatte der Mathematiker Leopold Kronecker, dessen Ausspruch am Anfang von Kapitel 2 steht, die ganzen Zahlen Gott zugeschrieben, so scheint es, als ob bei der Erschaffung der Atomkerne die geraden Zahlen seiner besonderen Zuneigung teilhaftig wurden. Wenn man sich die Abbildung 10.2 aufmerksam ansieht, erkennt man, daß die stabilen Nuklide an mehreren Stellen eine Treppe bilden. Meist geht es um zwei Ordnungszahlen nach oben und dann wieder um eine gerade Neutronenzahl nach rechts. Die horizontalen Teile liegen meist bei geraden Protonenzahlen. Die Abbildung zeigt uns aber auch, daß die stabilen Kerne nicht nur wie bei niedrigen Massenzahlen auf oder nahe bei der Mitteldiagonalen liegen. Bei den Nukliden mit höherer Massenzahl überwiegt die Zahl der Neutronen. Beim $^{238}U$ zum Beispiel bilden 146 Neutronen zusammen mit nur 92 Protonen den Urankern. Die stabilen Kerne drängen sich um eine Kurve, die auf der Nuklidkarte links unten wie die Mitteldiagonale beginnt, sich aber dann leicht nach rechts krümmt. Kerne, die noch weiter rechts unten liegen, sind Betastrahler, die sich durch Abgabe eines Elektrons der Kurve nähern. Links über den stabilen Kernen stehen Positronenstrahler, die durch Abgabe eines Positrons ihren Abstand zur Kurve verringern. In der Abbildung 10.9 ist das schematisch dargestellt. Am oberen rechten Ende des Streifens liegen die Alphastrahler, deren Kerne durch Abgabe eines Alphateil-

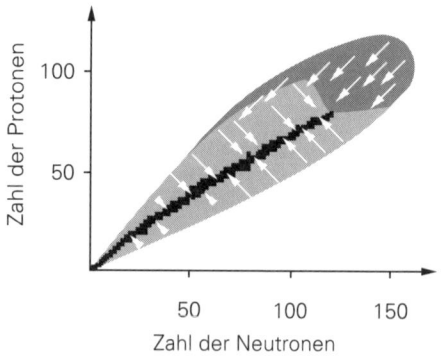

**Abb. 10.9:** Die Radioaktivität in der Nuklidkarte. Der Bereich der stabilen Nuklide ist schwarz angedeutet, der Bereich der Betastrahler liegt darunter, der Bereich der Positronenstrahler darüber. Rechts oben stehen die Alphastrahler. Man erkennt, daß die Radioaktivität bei nicht zu hohen Massenzahlen die Kerne durch Beta- und Positronstrahlung näher an den stabilen Bereich heranbringt. Die Alphastrahlung bewegt Kerne von rechts oben nach links unten in die Bereiche der stabilen oder der Elektronen oder Positronen abstrahlenden Kerne.

chens dem Bereich der stabilen Nuklide zustreben. Der schwerste stabile Kern ist der des Wismuts $^{209}$Bi, der 83 Protonen und 126 Neutronen enthält.

## Der Atomkern als Tropfen

Was bestimmt nun, ob ein Atomkern stabil oder radioaktiv ist, ob er ein Elektron oder ein Positron aussendet oder gar ein Alphateilchen? Welche Gesetze regeln die Vorgänge? Die Kernkräfte halten die Nukleonen im Kern trotz der abstoßenden elektrischen Kräfte zusammen. Der Atomkern hat gewisse Ähnlichkeiten mit einem Wassertropfen, der ja auch durch Kräfte zwischen seinen Molekülen zusammengehalten wird. So wie bei ihm das Volumen des Kügelchens bei der doppelten Flüssigkeitsmenge doppelt so groß wird, so ist auch das Volumen eines Kalziumkerns $^{40}$Ca etwa doppelt so groß wie das des Neons $^{20}$Ne, denn er besitzt ja auch die doppelte Anzahl von Nukleonen.

Die Quantenmechanik gilt auch für die Teilchen im Atomkern. Neben den Kernkräften spielen dort quantenmechanische Effekte eine wichtige Rolle. So wie die Elektronen im Atom nur bestimmte Energiewerte annehmen dürfen, so stehen den Nukleonen im Kern nur bestimmte Energiewerte zur Verfügung. Das wird bei den Alphastrahlern deutlich.

Wenn man die Spuren betrachtet, die von einem radioaktiven Präparat in der Wilson-Kammer ausgehen, sieht man, daß fast alle gleich lang sind (vgl. Abb. 7.3). Das bedeutet, daß sie fast alle die gleiche Energie besitzen, die sich beim Zusammenstoß mit den Teilchen des Gases in der Nebelkammer längs der gleichen Weglänge erschöpft. Doch gelegentlich ist eine Spur länger. Das rührt daher, daß sie vom Zerfall eines Kerns kommt, dessen Nukleonen gerade in einem Zustand höherer Energie waren.

Wir hatten bei den Elektronenbahnen gesehen, daß sie Schalen bilden und daß jede Schale nur eine begrenzte Anzahl von Elektronen fassen kann. Diese durch die Quantenmechanik festgelegten Zahlen sind gerade. Auch die Ordnungszahlen der chemisch nur schwer reagierenden Edelgase sind geradzahlig. Eine ähnliche Erscheinung haben wir bei den Kernen schon an der »Treppe« der stabilen Elemente gesehen. Die Bindungsenergie ist besonders groß, wenn sowohl die Anzahl der Protonen wie auch die Zahl der Neutronen gerade sind.

Ganz besonders eng ist die Bindung, wenn die Neutronenzahl oder die Protonenzahl einen der Werte 2, 8, 20, 28, 50, 82 oder 126 einnimmt. Diese Zahlen, bei denen wegen quantenmechanischer Effekte ein Kern besonders stabil ist, heißen die *magischen Zahlen*. Sie sind in der Abbildung 10.2 sowohl für die Protonenzahl wie auch für die Neutronenzahl besonders hervorgehoben. Bei ihnen ist entweder die Treppenstufe besonders hoch (magische Neutronenzahl, bei der es mehrere stabile Nuklide gibt) oder die Stufe besonders breit (magische Protonenzahl, bei der es mehr Isotope gibt). Schließlich folgt noch, daß es für den Kern besonders günstig ist, wenn die Zahl der Neutronen und die der Protonen übereinstimmen. Die Unsymmetrie des Kerns in bezug auf die Zahl der Protonen und Neutronen verringert die Bindungsenergie. Dem wirkt entgegen, daß zu viele Protonen wegen ihrer elektrischen Abstoßung die Stabilität verringern. Nimmt man alle diese Effekte zusammen, so findet man, daß die stabilen Nuklide, bei denen die Bindungsenergie besonders hoch ist, genau dort liegen müssen, wo man sie auch wirklich findet. Dementsprechend läßt sich auch die Kurve in der Abbildung 8.7 verstehen, obwohl das Tröpfchenmodell für niedrige Massenzahlen keine allzu gute Näherung ist. Je mehr Nukleonen im Kern sind, um so mehr binden sie sich gegenseitig durch ihre Kernkräfte und um so weniger liegen an der Oberfläche, wo sie nur Kräfte in eine Richtung verspüren. Die wechselseitige Abstoßung sorgt dafür, daß die Protonen bei den schwereren Kernen in der Minderheit bleiben, doch das stört die Symmetrie. Zu viele Neutronen verringern die Bindungsenergie. Deshalb sinkt die Kurve nach rechts wieder ab.

Ein Kern geht radioaktiv in einen anderen über, wenn die neu entstehenden Teilchen eine höhere Bindungsenergie haben als der Ausgangskern. Die Bindungsenergie der Atomkerne hat wohl auch bei der Entstehung der chemischen Elemente eine wichtige Rolle gespielt. Etwa 80 Prozent der Erdkruste bestehen aus Kernen, die sowohl gerade Protonen- wie auch gerade Neutronenzahl besitzen, sie sind gewissermaßen ganze Vielfache des $^4$He. Zu ihnen zählen $^{12}$C, $^{16}$O, $^{20}$Ne, $^{24}$Mg, $^{28}$Si und $^{32}$S, sowie $^{56}$Fe. Es gibt überhaupt nur sechs stabile Nuklide mit ungerader Protonen- und ungerader Neutronenzahl. Von den Kernen mit ungerader Protonenzahl gibt es jeweils nicht mehr als zwei stabile Isotope.

## Atome jenseits des Uran

Ist das System der chemischen Elemente mit dem $^{238}$U zu Ende? Im Jahre 1940 entdeckte man in den USA das Element der Ordnungszahl 93. Es erhielt den Namen *Neptunium*. Dann wurden, vor allem im Zusammenhang mit der Entwicklung der Atombombe, die Elemente der Ordnungszahlen 94 bis 102 gefunden. Das Element 94 ist das Plutonium, Element 99 bekam den Namen *Einsteinium*. Sie alle sind radioaktiv.

Noch wissen wir nicht, ob es stabile oder langlebige Nuklide mit noch höheren Massenzahlen gibt. Wenn man die Bindungsenergien für Kerne jenseits des Urans theoretisch bestimmt, indem man alle die in einem Kern wichtigen Kräfte berücksichtigt, so scheint es, als ob in der Nuklidkarte noch zwei Bereiche weit jenseits des Urans stabile Kerne enthalten könnten. Der eine liegt bei der Ordnungzahl 114 und der Neutronenzahl um 190, der andere liegt bei der Ordnungzahl 164 mit Neutronenzahlen zwischen 272 und 318. Im letzteren Fall hätte man also ein Atomgewicht von etwa 482, gar nicht so weit von dem Atomgewicht, das der am Anfang dieses Kapitels zitierte Science-fiction-Autor Hans Dominik (1872–1945) annahm. Allerdings existieren diese Transurane vorläufig nur auf dem Papier, in der Natur kommen sie nicht vor. Ob man sie künstlich wird herstellen können, ist nicht sicher. Man müßte schwere Kerne aufeinander schießen. Man könnte sich zum Beispiel vorstellen, daß man Kerne des Transurans Curium $^{248}$Cm mit Argonatomen $^{40}$Ar, oder besser noch höherer Massenzahl, beschießt. Das Ergebnis könnte eine neues Element mit der Ordnungszahl 114 und dem Atomgewicht 288 sein.

Kürzlich las ich, ein Physiker namens Bob Lazar habe das Element mit der Ordnungszahl 115 gefunden. Bei einem Fernsehauftritt in den USA im November 1989 sagte er, daß es vom Antriebssystem eines außerirdischen Raumschiffes stammt.[39] Allzusehr wurde mein physikalisches Weltbild durch diese dubiose Nachricht nicht erschüttert.

## Welt und Antiwelt

Das Positron ist gewissermaßen das Gegenstück zum Elektron. Das Elektron besteht aus Materie, das Positron aus Antimaterie. Bringt man Materie und Antimaterie zusammen, dann verstrahlen sie in einem Gammablitz.

Heute wissen wir, daß es nicht nur das Gegenteilchen zum Elektron gibt, auch zum Proton hat man das *Antiproton* gefunden. Es besitzt alle Eigenschaften des Protons, trägt aber die entgegengesetzte elektrische Ladung. Es wurde 1955 gefunden, als man Protonen von mehreren GeV auf eine Kupferfolie schoß. In den Bruchstücken der zertrümmerten Atomkerne des Kupfers entdeckte man gelegentlich Teilchen von der gleichen Masse wie das Proton, die aber eine negative Einheitsladung mit sich tragen. Auch die Antiprotonen leben nicht lange, sie stoßen bald auf reguläre Materie und verstrahlen mit ihr in einem Gammablitz. Daß man eine so hohe Energie benötigt, um Proton-Antiproton-Paare zu bilden, leuchtet ein, wenn man sich überlegt, daß die Masse zweier Protonen einer Energie von 1.86 GeV entspricht. Wenigstens diese Energie, in Wahrheit noch mehr, muß man aufbringen, um solche Paare zu erzeugen.

Entspricht jedem Teilchen ein Widerpart, ein Antiteilchen? Man fand tatsächlich auch das *Antineutron*. Bisher unterschieden wir die Antiteilchen von den Teilchen durch die entgegengesetzte Ladung. Das Neutron aber ist elektrisch neutral. Worin soll sich das Antineutron vom Neutron unterscheiden? Ich habe bisher das Bild stark vereinfacht. Nicht nur die Ladung eines Antiteilchens ist anders. Auch andere, zum Beispiel magnetische Eigenschaften, auf die wir hier nicht weiter eingehen, kehren sich beim Übergang von Teilchen zum Antiteilchen um. Zwar ist das Neutron elektrisch neutral, aber es besitzt auch magnetische Eigenschaften. Durch sie unterscheidet man das Antineutron vom Neutron. Es gibt tatsächlich zu jedem Teilchen ein Antiteilchen, auch zum Neutron. Es gibt auch Teilchen, die mit ihrem Antiteilchen identisch sind. Ein Beispiel dafür ist das Photon. Photon und Antiphoton sind ein und dasselbe. Da in unserer Welt die Materie vorherrscht, haben die Antiteilchen keine Chance zu überleben. Wo immer sich ein Antiteilchen bildet, es trifft früher oder später mit einem Teilchen der allgegenwärtigen Materie zusammen und verstrahlt mit ihm.

Mit Antiteilchen kann man Gebilde schaffen, die in der Natur nicht vorzukommen scheinen. Stellen wir uns ein Antiproton vor, es stellt den Kern eines Antiwasserstoffatoms dar. Während der normale Wasserstoff ein positives Proton als Kern hat, besteht der Atomkern nunmehr aus einem negativen Antiproton. Wegen seiner negativen Ladung kann er zwar kein (negatives) Elektron an sich binden. Gibt es aber in der Nähe Positronen, dann kann sich eines von ihnen an das Antiproton anlagern und mit ihm zusammen ein Atom des Antiwasserstoffs bilden. Er gleicht im Bau seiner Atome dem gewöhnlichen Wasserstoff – nur alle elektrischen Ladungen sind umgekehrt. Natürlich kann sich das neuartige Atom nicht lange halten. Es gelang sogar, zwei Antiprotonen mit einem Antineutron zu einem Atomkern zu vereinen. In Analogie zum Heliumisotop $^3$He hat man damit einen Kern des entsprechenden Isotops des Antiheliums gebildet. Auch ihm war kein langes Leben beschieden.

Das kurze Schicksal der »Antimaterie«, wie sie von den Physikern genannt wird, rührt daher, daß unsere Welt von Materie dominiert wird. Sie rottet alle Minderheiten von Antimaterie aus. Wäre die Antimaterie in der Mehrheit, dann hätte die Materie dieses Schicksal erlitten. Man kann sich eine Welt vorstellen, in der Antiprotonen, Antineutronen und Positronen die Atome des Systems der Elemente aufbauen. Alle chemischen Eigenschaften der Materie wären genau dieselben wie in unserer Welt, Antiwasserstoff und Antisauerstoff würden das Antiwasser bilden, Antikohlenstoff und Antiwasserstoff organische Verbindungen. Das Licht, das die Antiatome aussenden, wenn Positronen von einer Bahn zur anderen springen, bestünde aus Antiphotonen. Da diese aber dieselben sind wie Photonen, könnte man dem ausgesandten Licht nicht ansehen, ob es von Materie oder von Antimaterie stammt.

So wäre es denkbar, daß es irgendwo im Weltall, weitab von aller Materie, sogar Sterne, Planeten, ja vielleicht auch Lebewesen aus Antimaterie gibt. Dort gäbe es dann keine gewöhnliche Materie, höchstens wenn gewisse radioaktive Stoffe sie ausstoßen würden. Das an Antiprotonen »überlastige« $^{11}$C der Antimaterie etwa stößt gelegentlich ein Elektron aus, so wie sein irdisches Spiegelbild ein Positron wegschleudert. Das Schicksal der Elektronen in jener fremden Welt wäre ebenso traurig wie das der Positronen bei uns – sie würden nicht lange überleben. Das gleiche Schicksal hätten dort Protonen, die von Antiphysikern erzeugt werden, indem sie Antiprotonen auf die Kerne des Antikupfers schießen. Solange es keinen Kontakt zwischen jener Welt und der unsrigen gibt, können beide nebeneinander existieren. Selbst wenn wir solch ein Sternsystem aus Antimaterie im Fernrohr sähen, wir würden nicht erkennen, daß es aus einem uns fremden Stoff besteht, denn das Licht, das von dort kommt, unterscheidet sich nicht von dem, das unsere Atome aussenden. Sind vielleicht einige der Spiralnebel, die wir in populären Astronomiebüchern in voller Farbenpracht abgebildet sehen, in Wahrheit Gebilde aus Antimaterie?

Das ist recht unwahrscheinlich, denn der Raum zwischen den Sternen und auch der zwischen den Sternsystemen ist nicht leer. Gasatome schwirren dort umher, denn Sternsysteme stoßen Gaswolken aus, die sich im nahezu leeren Raum verdünnen und mit Materie aus anderen Systemen mischen. Wären einige aus Antimaterie, müßte dabei Gammastrahlung entstehen, die uns die Existenz von Antimaterie verraten würde. Bisher hat man nichts gefunden, was auf größere Mengen von Antimaterie in unserem Weltall hinweist.

Es müßten sich eigentlich Materie und Antimaterie zu gleichen Teilen gebildet haben. Im Urknall, mit dem alles begonnen haben soll, entstanden in einem gewaltigen Strahlungsblitz Teilchenpaare aus Materie und Antimaterie. Irgendwie muß die Materie einen leichten Vorteil gehabt haben. Materie und Antimaterie waren anfangs nur *fast* gleich häufig, es gab einen geringen Überschuß an Materie. Unter 100 Millionen Teilchenpaaren gab es vielleicht nur ein überschüssiges Proton. Im Laufe der Zeit verstrahlten Materie und Antimaterie, zurück blieb der kleine Überschuß. Er ist die Materie von heute. Ich will hier nicht auf das Für und Wider kosmologischer Theorien eingehen, sondern nur zeigen, wie die von den Atomphysikern entdeckte Antimaterie – so kurzlebig sie auch ist – unsere Vorstellungen vom Weltall beeinflußt. Wer das Weltall erklären will, muß auch sagen, wo die Antimaterie geblieben ist.

Die Antimaterie gestattet aber auch noch andere skurrile Gebilde. Eines zum Beispiel ist gar kein richtiges Atom. Es besitzt nicht einmal einen schweren Kern, um den leichtere Teilchen kreisen. Wenn nämlich ein Positron während seiner kurzen Lebenszeit in die Nähe eines Elektrons kommt, dann ziehen sich die beiden Teilchen, ehe sie miteinander verstrahlen, wegen ihrer entgegengesetzten elektrischen Ladung an und bewegen sich umeinander. Ähnelt das Wasserstoffatom einem Planetensystem mit einer massereichen Sonne, um die ein leichter Planet kreist, so ähnelt dieses Gebilde, das den Namen *Positronium* trägt, eher einem Doppelsternsystem, in dem zwei Sterne gleicher Masse ihre Bahnen um den gemeinsamen Schwerpunkt ziehen. Natürlich lebt das Positronium nicht lange. In weniger als einer millionstel Sekunde verstrahlen seine beiden Bestandteile zu einem Photon der Gammastrahlung.

Es scheint, als ob in unserer Welt Antimaterie keine Zukunft hat. In einem früheren Buch warnte ich junge Raumfahrer: »Wenn ihr an einem Mädchen aus einer Antiwelt Gefallen findet, so muß die Beziehung unbedingt platonisch bleiben!«

# 11. Die Spaltung des Urankerns

Unmittelbar nach der Veröffentlichung über die Entstehung von Barium aus dem Uran erschien als erste Mitteilung eine Arbeit von L. Meitner und O. R. Frisch, in der die Möglichkeit des Zerplatzens schwerer Kerne in zwei Kerne mittlerer Kernladung ... auf Grund des Bohrschen Tröpfchenmodells der Atomkerne erklärt wurde.

*Otto Hahn\**

Wir sind in den letzten beiden Kapiteln der historischen Entwicklung weit vorausgeeilt, denn ich wollte den Leser möglichst rasch in die modernen Vorstellungen über den Atomkern einführen. Jetzt aber kehren wir wieder zur Geschichte zurück, so wie sie letztlich zum Kernreaktor und zur Atombombe geführt hat.

Vergessen wir also LEP und HERA und versetzen wir uns zurück in das Jahr 1934. Im Januar war die Nachricht von der Entdeckung der künstlichen Radioaktivität durch die Joliot-Curies um die Welt gegangen. In Rom arbeitete der 33jährige Physiker Enrico Fermi (1901– 1954), eines jener naturwissenschaftlichen Genies, von denen eine Nation in einem Jahrhundert nur wenige hervorbringt.

## Enrico Fermi

Der Erfolg eines Genies ist nicht nur in ihm selbst begründet, er hängt auch von der Umgebung ab, in der es auftaucht. Vielleicht wäre die große Begabung des Sohnes eines Verwaltungsangestellten der italienischen Eisenbahn unentdeckt geblieben, hätte nicht ein Arbeitskollege seines Vaters das außergewöhnliche Talent des 14jährigen erkannt und hätte er ihm nicht seine Mathematikbücher geliehen, die der Junge sogleich verschlang. Mühelos bestand er das Abitur und belegte den ersten Platz bei der Zulassungsprüfung für die Scuola Normale Supe-

---

\* Nobel-Vortrag am 13. Dezember 1946 in Stockholm.

riore in Pisa. Mit 21 Jahren kehrte er nach Rom zurück, das Doktordiplom in der Tasche. Wäre er wohl auch dann der große Fermi geworden, als der er in die Geschichte einging, wenn sich in Rom der Direktor des Physikalischen Instituts, Professor Orso Mario Corbino (1876–1937), nicht für ihn interessiert hätte? Corbino war nicht nur Physikprofessor, er war auch politisch tätig, saß im italienischen Senat während einer Zeit, in der in Italien der Faschismus immer mehr an Boden gewann.

Nach seiner Promotion ging Fermi mit einem Stipendium nach Deutschland, um am Institut von Max Born zu arbeiten. Irgendwie scheint in Göttingen der Funke nicht übergesprungen zu sein. War der junge Fermi zu schüchtern, so daß Born nicht bemerken konnte, welch große Begabung da aus Italien an sein Institut gekommen war? Nach einem recht glücklosen Aufenthalt in Deutschland ging der in seinem Selbstbewußtsein nicht gerade gestärkte junge Mann nach Holland, wo man in Leyden offensichtlich sein großes Können bemerkte. Nach dem Auslandsaufenthalt bewarb er sich in Italien um eine Stelle und lehrte vorübergehend in Florenz. Doch nicht alles fiel ihm in den Schoß, und eine Bewerbung um eine Professur in Sardinien war ohne Erfolg. Dafür wurde er Professor für Theoretische Physik in Rom. Dort hatte Corbino, der Physiker und Politiker, einen Lehrstuhl einrichten können. Er bot ihn Fermi an, der sich inzwischen internationales Ansehen erworben hatte. Corbino plante, eine ganze Schule von jungen Physikern aufzubauen. Tatsächlich zählten auch Ettore Majorana dazu und Emilio Segrè (1905–1989), der später das Element Nr. 43, das Technetium, entdeckte. In dieser Gruppe befaßte man sich vor allem damit, den Betazerfall zu verstehen. Man wollte die Vorgänge, die man bei den zahlreichen unter Aussendung von Betastrahlung zerfallenden Elementen beobachtet, mit Mitteln der Quantenmechanik beschreiben. Fermi schuf eine Theorie des Betazerfalls, die noch heute gültig ist. Groteskerweise weigerte sich damals die englische Wissenschaftszeitschrift »Nature«, seinen Artikel zu veröffentlichen.

**Man schießt mit Neutronen**

Kurz nachdem die Arbeiten über den Betazerfall abgeschlossen waren, erfuhren die römischen Physiker von der Entdeckung der künstlichen Radioaktivität durch Joliot und Curie in Paris. Dort hatte man Aluminium mit Alphateilchen beschossen und radioaktiven Phosphor erhalten. Die Ausbeute war nicht sehr groß gewesen, unter etwa einer Million Alphateilchen gelang es im Durchschnitt nur einem, in einen Aluminiumkern einzudringen. Die Kerne und die ankommenden Teilchen stoßen einander ab, so wird das Geschoß in alle möglichen seitlichen Richtungen abgelenkt und verfehlt den Atomkern. Fermi kam der Gedanke, statt der positiven Alphateilchen Neutronen als Geschosse zu verwenden. Da sie keine elektrische Ladung mit sich tragen, verspüren sie beim Annähern an den Kern auch keine abstoßende Kraft und können ungehindert in den Kern eindringen. Bei den Versuchen in Paris hatte man als Quelle für die Alphateilchen ein radioaktives Präparat genommen, doch man wußte bereits, wie man Neutronen erzeugen kann.

Wie schon bei der Entdeckung des Neutrons, beschoß man Beryllium mit Alphastrahlen. Als Quelle für die Alphastrahlung nahmen die Physiker um Enrico Fermi das gasförmige Radon, das frei wird, wenn Radium zerfällt. Glücklicherweise hatte die Gesundheitsbehörde von Rom ein Gramm Radium in ihrem Besitz. Dort gab es auch eine Apparatur, um das ständig aus dem Radium entstehende gasförmige Radon abzusaugen. Von dort holten sich damals die römischen Physiker das Radon, um es zusammen mit Berylliumpulver in einer nachträglich zugeschmolzenen Glasröhre aufzubewahren. Die Halbwertszeit von Radon liegt bei nicht ganz vier Tagen. Während dieser Zeit verloren die Neutronenquellen in den Glasröhren ihre Kraft. So mußten sich die Physiker jede Woche frisches Radon vom Gesundheitsamt holen.

Man nahm sich nun vor, alle chemischen Elemente, deren man habhaft werden konnte, dem Beschuß von Neutronen auszusetzen und zu sehen, welche neuen radioaktiven Stoffe dabei entstehen. Dazu war es notwendig, die abklingende Radioaktivität nach dem Neutronenbeschuß zu messen, um die Halbwertszeiten der neu entstandenen Radioaktivität zu bestimmen. Unglücklicherweise lag der Raum, in dem mit Neutronen geschossen wurde, an einem Ende des Ganges, das Zimmer mit der Meßapparatur am anderen. Da die Halbwertszeiten oft nur wenige Sekunden betrugen, mußte man die frisch bestrahlten Proben zum Messen im Eilschritt den Gang entlang tragen. Es zeigte sich, daß Fermi und sein Kollege Edoardo Amaldi (1908–1989) die besten Läufer waren. In dieser Zeit kam auch ein junger Physiker zur Gruppe, Bruno Pontecorvo (1913–1993). Auch er beteiligte sich an der Untersuchung der Wirkung von Neutronen auf verschiedene Materialien. Pontecorvo arbeitete während des Zweiten Weltkrieges in Atomforschungsanlagen in den USA, in Kanada und in England. Im Herbst 1950 verschwand er plötzlich spurlos nach einem Urlaub in Italien. Erst fünf Jahre später meldete sich das langjährige Mitglied der Kommunistischen Partei Italiens in einem Brief an die »Prawda« wieder zu Wort. Er war still und heimlich in die Sowjetunion emigriert. Bis zu seinem Tode betonte er in Interviews mit westlichen Reportern immer wieder, wie glücklich er dort wäre. An seinem 50. Geburtstag im Jahre 1963 wurde er mit dem Lenin-Orden ausgezeichnet.

Zurück in die Frühzeit der Atomphysik, zurück nach Rom in Fermis Labor. Amaldi und Pontecorvo stießen eines Tages durch Zufall auf eine Erscheinung, von der man wohl sagen kann, daß sie nicht nur die Geschichte der Physik beeinflußt, sondern Weltgeschichte gemacht hat.


## Der Beitrag der Goldfische

Die beiden untersuchten Metalle auf ihre Eigenschaften bei Neutronenbeschuß. Sie nahmen Hohlzylinder aus dem betreffenden Metall, in deren Innerem die Neutronenquelle, das Glasröhrchen mit Beryllium und Radon, Platz fand. Während der Bestrahlungszeit bewahrte man den Zylinder in einer Kiste aus Blei auf. Eines Tages arbeiteten sie mit Silber. Dabei stellte Pontecorvo fest, daß die künstliche Radioaktivität, die dabei entstand, bei gleicher Bestrahlungszeit nicht immer gleich stark war. Warum? Offensichtlich hing das Ergebnis davon ab, an welcher Stelle in der Bleikiste man die Probe plaziert hatte. Auch Fermi konnte sich das nicht erklären. Schließlich schlug er vor, die Probe während der Bestrahlungszeit nicht einzuschließen. Da stellte man zur großen Überraschung fest, daß die Stärke der künstlichen Radioaktivität offensichtlich davon abhing, in welcher Umgebung die Probe während der Bestrahlung gelegen hatte. Man beachte: Die Neutronen aus dem Glasröhrchen mußten erst den Silberzylinder durchdringen, ehe sie auf das umgebende Material trafen. Wie konnte ihre Wirkung auf das Silber davon abhängen, was danach mit ihnen geschah? Warum war die neu entstandene Radioaktivität stark, wenn die Probe während der Belichtung auf einem Holztisch gelegen hatte, warum viel schwächer, wenn das Silber auf einem Metalltisch bestrahlt worden war? Um dem nachzugehen, brachte man verschiedene Materialien während der Bestrahlungszeit in die Nähe der Probe. Blei verstärkte die Radioaktivität kaum. Je leichteres Material man nahm, um so stärker strahlte das Präparat danach. Da schlug Fermi vor, es mit Paraffin zu versuchen. Das Experiment machten sie am 2. Oktober 1934[40]. Sie setzten die

Neutronenquelle mit dem Silberzylinder in das Loch eines Paraffin-blocks. Der Geiger-Zähler knatterte pausenlos. Das Paraffin hatte die künstliche Radioaktivität des Silbers um das Hundertfache verstärkt. Fermi schloß daraus, daß es die Wasserstoffatome im Paraffin sein müssen, die dafür verantwortlich sind. Sie haben praktisch die gleiche Masse wie die Neutronen. Werden Neutronen in das Paraffin geschossen, so können sie sich dem Atomkern des Wasserstoffs nähern und mit ihm zusammenstoßen, ohne mit ihm zu verschmelzen. Der Atomkern erhält einen Stoß, das Neutron wird zurückgeworfen. So wie zwei Billardkugeln, die aufeinandertreffen, bewegen sie sich nach dem Stoß anders als vorher.

Ehe wir Fermis Gedankengang weiter verfolgen, wollen wir uns mit dem Stoß zweier Kugeln auf einem Billardtisch befassen. (vgl. Abb. 11.1). Normalerweise treffen beim Billard gleich große und gleich schwere Kugeln aufeinander. Nehmen wir den Fall an, daß eine Kugel eine zweite, die auf dem Tisch ruht, zentral trifft. Dann bleibt nach dem Stoß die ankommende Kugel stehen, während die vorher ruhende losrollt. Die ankommende Kugel hat ihre Geschwindigkeit an die andere abgegeben. Wenn wir nicht ganz genau zielen, werden sich nach dem Stoß beide Kugeln bewegen. Doch die stoßende Kugel wird danach langsamer rollen als zuvor. Sie wurde gebremst. Ganz anders wäre es, wenn eine leichte Kugel auf eine schwere trifft. Denken wir uns

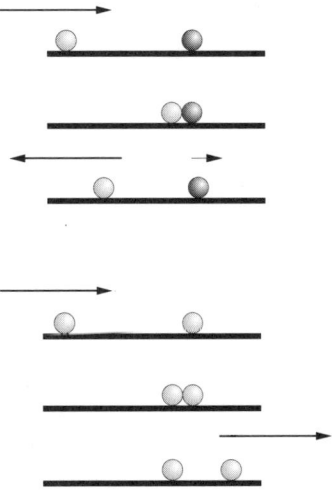

**Abb. 11.1:** Obere drei Teilbilder: Rollt eine leichte Billardkugel gegen eine schwere, so wird diese kaum beeinflußt. Die Bewegungsrichtung der ankommenden Kugel wird umgekehrt, sie kommt mit fast der gleichen Geschwindigkeit wieder zurück. Untere drei Teilbilder: Je mehr sich die Massen der beiden stoßenden Kugeln gleichen, um so mehr wird die gestoßene Kugel beeinflußt. Im hier dargestellten Fall zweier Kugeln gleicher Masse bleibt die anrollende Kugel nach dem Stoß stehen, während die gestoßene die Geschwindigkeit der anderen übernimmt.

wieder zwei gleich große Kugeln, die ruhende sei aus Blei, die andere aus einer leichten Holzsorte. Der Zusammenstoß hat auf die Bleikugel kaum einen Einfluß, sie rührt sich praktisch nicht von der Stelle. Die leichte Holzkugel dagegen prallt von der Bleikugel zurück, so wie wenn sie auf eine feste Wand gestoßen wäre und wieder zurückgeworfen würde. Sie rollt fast mit der gleichen Geschwindigkeit, mit der sie gekommen ist, zurück.

Ähnliches gilt für Neutronen. Treffen die aus der Neutronenquelle kommenden Neutronen auf ein Metall, dessen Atomkerne wesentlich mehr Masse besitzen als ein Neutron, wie die des Eisens eines metallenen Labortisches, dann werden sie zurückgeworfen oder zur Seite abgelenkt, ohne ihre Geschwindigkeit merklich zu verringern. Wenn aber die Masse der Teilchen, auf welche die Neutronen treffen, leicht ist, etwa wie die Wasserstoffatome im Paraffin, dann übertragen die Neutronen beim Stoß einen Teil ihrer Geschwindigkeit und werden verlangsamt. So schloß Fermi, daß die Neutronen, die mit großer Geschwindigkeit aus der Quelle geschossen kommen, im Paraffin durch die Atomkerne des Wasserstoffs verlangsamt worden sind. Durch die vielen Stöße werden sie wie die schnellen Neutronen immer wieder nach allen Richtungen abgelenkt, ein Teil wird wieder zurückgeworfen und dringt nun schon zum zweitenmal in das Silber der Probe ein. Die fundamentale Erkenntnis war: Die Wasserstoffkerne im Paraffin verlangsamen die Neutronen. Langsame Neutronen aber reagieren sehr viel stärker mit anderen Atomkernen als schnelle.

Wenn Fermis Hypothese richtig sein sollte, dann mußte dieser Effekt nicht nur beim Paraffin, sondern auch beim Wasser auftreten. Die Wassermenge sollte möglichst groß sein, da die Neutronen sich über weite Wegstrecken durch das Wasser bewegen können. Zum Institut gehörte ein großer Garten mit einem Goldfischteich. Die Physiker versenkten die Probe im Teich, und siehe da, auch das Wasser verstärkte die Wirkung der Neutronen.

Bisher waren radioaktive Stoffe selten, Radium war teuer. Nun ergab sich eine Möglichkeit, radioaktive Stoffe mit Hilfe von langsamen Neutronen in größerem Maße herzustellen. Heute wissen wir, daß Neutronen, die mit einer Energie von 5 MeV, das entspricht einer Geschwindigkeit von 30 000 km/s, im Mittel nur etwa 19 Stöße mit Kernen gleicher Masse ausführen müssen, um so verlangsamt zu werden, daß ihre Energie nur noch $1/40$ eV beträgt. Dann fliegen sie nur noch mit 2 km/s. Man beachte, die Energie der Neutronen wurde durch die 19 Stöße auf ein Zweihundertmillionstel des ursprünglichen Wertes gebracht! Dieser von Fermi entdeckte Effekt war für den späteren Bau von Reaktoren und Bomben von entscheidender Bedeutung. Heute spricht man von *Moderatoren,* mit denen man Neutronen verlangsamt, um sie wirkungsvoller zu machen. Wasserstoff wäre von der Masse her der ideale Moderator, doch nimmt man in der Praxis heute auch Deuterium oder chemisch reinen Kohlenstoff in Form von Graphit.* Kohlenstoff ist bei weitem nicht so effektiv, da sein Atomkern die zwölffache Masse des Neutrons besitzt. Immerhin bewirken etwa 120 Stöße mit Kohlenstoffatomen, daß Neutronen von etwa 20 000 km/s auf Geschwindigkeiten von etwa 2 km/s verlangsamt werden.

In der Fermischen Schule wurden an die 40 neue radioaktive Substanzen entdeckt. Es war nicht leicht, die neu entstandenen Stoffe, die ja nur als einzelne Atome entstanden, chemisch zu analysieren.

Im Frühjahr 1934 beschoß man Uran mit Neutronen. Unter all den radioaktiven Elementen, die dabei entstanden, glaubte man, auch das Element mit der Ordnungszahl 93 gefunden zu haben. Man beachte, daß das Periodische System bis dahin beim Uran, also bei der Nummer 92, endete. Sollte man ein Element jenseits des Urans, ein Transuran, erzeugt haben? Auch andere Forschergruppen meldeten, daß sie Transurane erzeugt hatten.

Die Jagd nach Transuranen war in der ersten Hälfte der dreißiger Jahre in Mode. Damals schrieb Hans Dominik seinen Zukunftsroman »Atomgewicht 500«, in dem er die Entdeckung eines Elements so hohen Atomgewichts in den Mittelpunkt stellte. In seinen Lebenserinnerungen erwähnt er, daß man im Jahre 1935 bereits Körper mit dem Atomgewicht 250 hergestellt und er dies als Grundlage für seinen Roman gewählt hätte.[41] – Doch das war ein Irrtum.

---

* Man muß beachten, daß die Neutronen, die ja von den elektrischen Kräften nicht beeinflußt werden, durch die Kernkräfte abgelenkt werden. Die Übertragung der Energie des Neutrons und die Ablenkung geht also über die Kernkräfte vor sich. Atomkern und Neutron müssen sich so nahe kommen, daß die Kernkräfte wirksam werden. Dann aber kann es auch passieren, daß die Kernkräfte das Neutron in den Kern hineinziehen. Deshalb eignen sich nicht alle leichten Substanzen gleich gut als Moderatoren. Normale Wasserstoffkerne verschlucken zu oft die auf sie treffenden Neutronen. Deuteriumkerne sind zwar nicht ganz so gute Bremser, da sie die doppelte Masse eines Neutrons besitzen, sie verschlucken aber wesentlich weniger Neutronen.

## Die Frau, der niemand glaubte

Es war sehr schwer, neu entstandene chemische Elemente, die nur in winzigsten Spuren in den bestrahlten Proben auftraten, chemisch zu identifizieren. Man mußte sie dazu bringen, Verbindungen mit anderen Stoffen einzugehen, mit deren Hilfe man sie vom restlichen Material trennen konnte, ein sehr schwieriger chemischer Prozeß. Man hätte besser auf Ida Noddack hören sollen, die im Herbst 1934 die Identifizierung des Transurans mit der Ordnungszahl 93 durch die italienische Gruppe kritisierte und die darauf hinwies, daß man die bei Neutronenbeschuß neu entstandenen radioaktiven Elemente nicht unbedingt im Periodischen System in der Nachbarschaft des bestrahlten Stoffes suchen sollte. Sie erläuterte das mit einem wahrhaft prophetischen Satz: »Es wäre denkbar, daß bei der Beschießung schwerer Kerne mit Neutronen diese Kerne in mehrere *größere* Bruchstücke zerfallen, die Isotope bekannter Elemente, aber nicht Nachbarn der bestrahlten Elemente sind[42].« Wendet man das auf die Bestrahlung des Urans an, so hat Ida Noddack fünf Jahre vor Hahn und Straßmann die Spaltung des Urankerns vorhergesagt. Es war nur eine Vermutung, und niemand nahm sie ernst.

Vielleicht hatte ihre Glaubwürdigkeit bei den Kollegen auch wegen der vorangegangenen Entdeckung des Elements Masurium gelitten. Vor ihrer Heirat mit Walter Noddack (1893–1960) hatte Ida Tacke (1896–1978) zwei Leerstellen des Periodischen Systems gefüllt. Im Jahre 1925 entdeckten beide das Element Nr. 75, das Rhenium, ein sehr hartes, weißglänzendes Metall, das heute in der Technik verwendet wird, sowie das Element Nr. 43, dem sie den Namen *Masurium* gaben. Die Existenz des Rheniums war unbestritten, doch die Entdeckung des Masuriums konnte keiner bestätigen. Das radioaktive Element Nr. 43 wurde 1937 in den USA durch die Beschießung des Elements Molybdän mit Protonen künstlich hergestellt. Seither heißt es *Technetium*. Irgendwie gelang es den Noddacks nicht, ihre Kollegen von der Realität ihres Masuriums zu überzeugen. Man sagte ihnen nach, daß sie die Fotoplatten der Spektren, auf denen sie die Linien des neuen Elements entdeckt hatten, nicht vorweisen konnten. Darunter litt das Ansehen der beiden Forscher. Dabei hatten sie ein Bild des Spektrums mit den Linien ihres Masuriums längst veröffentlicht. Ich bin Frau Noddack nach dem Zweiten Weltkrieg begegnet und fragte sie, warum ihr Gatte und sie damals nicht mehr Anstrengungen unternommen hätten, ihre Entdeckung zu verteidigen. Sie antwortete mir, sie wären in jener Zeit voll damit beschäftigt gewesen, das von ihnen entdeckte Rhenium zu untersuchen.

Als dann Ida Noddacks Arbeit mit der Bemerkung über das Zerplatzen eines schweren Kerns in mehrere größere Teile veröffentlicht wurde, hing dem Forscherehepaar noch der Ruf der Unseriosität an. Auch Fermis Gruppe in Rom, an die sie ein Exemplar ihrer Arbeit geschickt hatte, nahm sie nicht ernst, wohl wegen der zweifelhaften Entdeckung des Masuriums.[43]

Heute bestehen kaum noch Zweifel, daß die Noddacks das Element Nr. 43 wirklich gefunden hatten und daß seine Eigenschaften einen deutlichen Hinweis auf die Kernspaltungen gegeben hätten.[44] Wir wissen heute, daß das Technetium mit seiner Halbwertszeit von einigen Millionen Jahren nicht schon seit der Entstehung der Erde da ist, es wäre längst zerfallen. Wenn es heute in der Natur vorhanden sein soll, muß es sich ständig neu bilden. Es entsteht beim Zerfall des Urans in einer in der Abbildung 10.6 nicht wiedergegebenen Nebenreaktion. Tatsächlich fanden die Noddacks das Element nur in uranhaltigen Erzen. Heute hat man es auch in der Pechblende aus den Uranlagern im Kongo nachweisen können. Von alledem konnte Ida Noddack noch nichts ahnen, als sie ihre Kritik an den Fermischen Arbeiten veröffentlichte.

Für die Entdeckung neuer radioaktiver Substanzen erhielt Fermi im Jahre 1938 den Nobelpreis. Als er ihn im Dezember in Stockholm entgegennahm, stand für ihn schon fest, daß er nach einem bevorstehenden Gastaufenthalt in den USA nicht mehr in das faschistische Italien zurückkehren würde. Obwohl die Quote für italienische Einwanderer nach den USA schon ausgeschöpft war, gelang es den Fermis, ein Visum zu erhalten, doch nicht – Ordnung muß schließlich sein! – ehe der Nobelpreisträger den damals üblichen Intelligenztest bestanden und gezeigt hatte, daß er die Fragen »14 + 27 = ?« und »29 : 2 = ?« richtig beantworten konnte.[45]

Etwa zur gleichen Zeit, als Fermi in Stockholm geehrt wurde, glaubten zwei Forscher in Berlin-Dahlem endlich verstanden zu haben, was bei ihren langjährigen Versuchen vor sich ging, bei denen sie Uran in einem Paraffinblock gebremsten Neutronen ausgesetzt hatten.

## Die Ausländerin, die zu ihrem Unglück plötzlich Deutsche wurde

Die Geschichte ging bis in den Dezember des Jahres 1934 zurück. Der Radiochemiker Otto Hahn und die Physikerin Lise Meitner (1878–1968) hatten – wie Fermi – Uran mit langsamen Neutronen beschossen. Auch sie hatten danach zwei radioaktive Stoffe gefunden. Der eine hatte eine Halbwertszeit von 13 Minuten, die Radioaktivität des anderen ging innerhalb von 90 Minuten auf die Hälfte zurück. Auch sie vermuteten zunächst, daß sie die Elemente 93 und 94 vor sich hätten.

Lise Meitner war Jüdin österreichischer Herkunft, die als Ausländerin von den Rassegesetzen der Nazis vorerst nicht betroffen wurde. Das wurde anders, als Hitler Österreich besetzte und sie automatisch die deutsche Staatsangehörigkeit erhielt. Im Juli 1938 mußte sie Deutschland heimlich verlassen, nach mehr als 30jähriger Zusammenarbeit mit Otto Hahn. Sie emigrierte nach Schweden. Damals hatten sich viele Wissenschaftler für die jüdische Physikerin eingesetzt, ohne Erfolg. Man sagt, daß Hitler dem Physiker Max Planck die Fürsprache für eine Jüdin nie verziehen hat und deshalb noch im Januar 1945 Plancks Sohn hinrichten ließ, der im Zusammenhang mit dem Attentat auf Hitler vom 20. Juli 1944 im Gefängnis saß.

Hahn setzte seine Arbeiten am Uran mit Fritz Straßmann (1902–1980) fort, der vorher bei Lise Meitner am Kaiser-Wilhelm-Institut gearbeitet hatte. Immer wieder versuchten sie, die beim Beschuß von Uran entstandenen Elemente chemisch zu isolieren. Anfangs glaubten die beiden, Isotope des Radiums in ihren Proben vor sich zu haben, das sich von dem chemisch ähnlichen Barium nicht trennen läßt. Immer wieder aber kamen sie zu dem Ergebnis, daß sich einer der entstandenen Stoffe nicht wie ein Nachbarelement des Urans verhält, nicht wie Thorium, nicht wie Polonium oder Wismut, sondern wie Barium. Die Massenzahl des Bariums liegt bei 138, weitab von den Massenzahlen der Elemente in der Nähe das Urans. Am 19. Dezember 1938 schreibt Otto Hahn an Lise Meitner in Stockholm: »Aber immer wieder kommen wir zu dem schrecklichen Schluß: Unsere Ra-Isotope verhalten sich nicht wie Ra, sondern wie Ba. Wie gesagt, andere Elemente, Transurane, U, Th, Ac, Pa, Pb, Bi, Po kommen nicht in Frage ... Vielleicht kannst Du irgendeine phantastische Erklärung vorschlagen. Wir wissen dabei selbst, daß es (das von Neutronen beschossene Uran) eigentlich nicht in Ba zerplatzen kann«. Darauf antwortet Lise Meitner: »Eure Radiumresultate sind sehr verblüffend. Ein Prozeß, der mit langsamen Neutronen geht und zum Barium führt! ... Mir scheint vorläufig die Annahme eines so weitgehenden Zerplatzens sehr schwierig, aber wir haben in der Kernphysik so viele Überraschungen erlebt, daß man auch nicht ohne weiteres sagen kann, es ist unmöglich«.[46]

Am 22. Dezember 1938 geht in der Redaktion der Zeitschrift »Die Naturwissenschaften« ein Manuskript von Hahn und Straßmann ein: »Über den Nachweis und das Verhalten der bei der Bestrahlung des Urans mittels Neutronen entstehenden Erdalkalimetalle.*« Darin erklären die Autoren, daß die Ansichten in den früheren Arbeiten Hahns mit Meitner, in denen sie noch vermutet hatten, daß die entstandenen Elemente Nachbarn des Urans sind, revidiert werden müssen. Bei der Bestrahlung ist Barium entstanden, der Urankern muß dabei in mehrere Bestandteile zerplatzt sein.

Doch wie sollte das geschehen? Hatte man bisher nicht immer bei der Bestrahlung durch Neutronen Elemente erhalten, deren Masse sich nur wenig von der des Urans unterschied, weil meist nur ein Neutron in den Kern eingedrungen war, der dann in einem Betazerfall ein Elektron abgab? Die Lösung des Rätsels lieferte Lise Meitner am 1. Januar 1939 in einem Brief an Hahn. Sie hatte die Hahn-Straßmannschen Ergebnisse zusammen mit ihrem Neffen, dem gleichfalls aus Deutschland emigrierten Physiker Otto Robert Frisch (1904–1979), diskutiert. Frisch arbeitete damals in Kopenhagen und war nach Schweden gekommen, um das Weihnachtsfest mit seiner Tante zu verbringen. Die beiden hatten herausgefunden, warum der Urankern zerplatzt, wenn er ein Neutron in sich aufnimmt.

### Der Wassertropfen teilt sich

Die Vorstellungen der beiden waren wesentlich von dem neuen Modell des Atomkerns geprägt, das kurz vorher Niels Bohr vorgeschlagen hatte. Wir hatten es bereits im Zusammenhang mit der Bindungsenergie erwähnt. Unter der Wirkung der Kernkräfte zwischen den einzelnen Kernbausteinen zieht sich der ruhige, sich selbst überlassene Atomkern wie ein Wassertropfen auf möglichst kleinen Raum zusammen und bildet eine Kugel, so wie ein Wassertropfen, der frei im Raum schwebt. Was aber geschieht, überlegten Frisch und Meitner, wenn ein Neutron in den Kern eindringt und das Bild vom ruhigen Tropfen stört? Könnte es nicht geschehen, daß der Tropfen in Schwingungen gerät, eine

---

* Das Element Barium zählt in der Chemie zur Gruppe der Erdalkalimetalle.

längliche Form bekommt, dann wieder durch die Kernkräfte zur abgeplatteten Kugel zusammengezogen wird, um danach wieder eine längliche Form anzunehmen? Könnte die Form also nicht zwischen Zigarre und plattem Seifenstück wechseln? Wir wissen, daß die Kernbausteine von den Kernkräften zusammengehalten werden, obwohl die elektrische Abstoßung den Kern zerreißen möchte. Aber die Kernkräfte sind stärker, der Kern bleibt zusammen. Die Kernkräfte wirken aber nur über sehr kurze Entfernungen. Solange der Kern kugelförmig ist, kann jedes Kernteilchen jedes andere an sich ziehen, die elektrische Abstoßung richtet nichts aus. Wenn aber der Kern während einer Schwingung eine längliche Form annimmt, dann sind die Kernbausteine, die an einem Ende der Zigarre sitzen, von denen des anderen Endes weiter entfernt (vgl. Abb. 11.2). Die Kernkräfte reichen nicht so weit, wohl aber die abstoßenden elektrischen Kräfte: Die beiden Zigarrenhälften fliegen auseinander. Lise Meitner und Otto Frisch hatten verstanden, was in den Experimenten am Kaiser-Wilhelm-Institut in Berlin-Dahlem vorgegangen war.

Doch nicht nur die beiden Emigranten in Schweden hatten sich mit der Hahn-Straßmannschen Arbeit beschäftigt. Überall in der Welt wiederholten Physiker und Chemiker das Experiment und bestätigten, daß der Atomkern des Urans bei der Bestrahlung mit langsamen Neutronen zerplatzt. Wenn dabei weitere Neutronen freiwerden, könnten sie auch weitere Urankerne zum Platzen bringen. Wie ein Feuer würde sich die Reaktion von Kern zu Kern durch das Uran fressen.

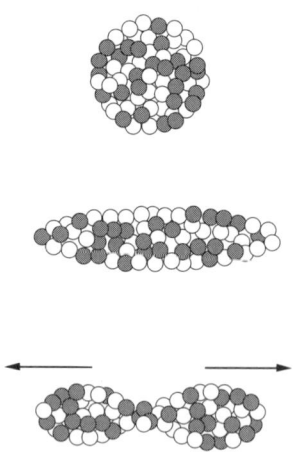

**Abb. 11.2:** Warum ein Urankern (oben) platzen kann, wenn er von einem Neutron getroffen wird. Die Nukleonen werden durch die Kernkräfte, deren Reichweite kurz ist, zusammengehalten. Wenn der Kern nach dem Eindringen eines Neutrons ins Schwingen gerät und für kurze Zeit eine längliche Form annimmt (Mitte), dann reichen die Kernkräfte nicht mehr von einem Ende zum anderen. Dann überwiegen die abstoßenden elektrischen Kräfte und treiben die beiden Enden weiter auseinander (unten). Es entstehen zwei Kerne von vergleichbarer Masse.

Das ist eine *Kettenreaktion:* Man stelle sich einen großen Block aus Uran vor und bringe mit Hilfe eines Neutrons ein Uranatom zum Platzen. Nehmen wir an, neben den Bruchstücken entstünden 2 Neutronen, von denen jedes auf seinem Weg nach außen wieder auf ein Uranatom stößt. In der nächsten Generation zerplatzen 2 Atome, die nunmehr 4 Neutronen liefern, von denen 4 Uranatome gespalten werden, worauf 8 Neutronen frei werden. Die nächsten Generationen bringen 16, 32, 64 Neutronen hervor, die zehnte liefert bereits 1024 Neutronen, und die 20. Generation 1 048 576. Jedes Neutron spaltet ein Uranatom, und dabei wird Bindungsenergie frei. Da im Bruchteil einer Sekunde viele Generationen von Neutronen entstehen, können in kürzester Zeit nahezu alle Uranatome des Blocks zerstört werden, die dabei freiwerdende Energie ist von unvorstellbarer Stärke. Die Vision der Uranbombe stand also bereits 1939, noch ehe der Zweite Weltkrieg begann, drohend vor den Augen der Physiker.

Ich habe das Problem stark vereinfacht. Zwar stellte sich später durch Messungen heraus, daß jeder zerplatzte Urankern, genauer jeder Kern von $^{235}U$, 2 bis 3 Neutronen liefert. Doch Neutronen werden vom Rest der Materie geschluckt, vor allem wenn der Uranblock aus natürlichem Uran besteht. Dann nehmen auch die $^{238}U$-Kerne Neutronen auf, ohne jedoch zu platzen. Dadurch gehen Neutronen der Fortpflanzung in einer Kettenreaktion verloren. Zum anderen fliegen viele Neutronen zwischen den Atomkernen nach außen aus dem Uranblock heraus, ohne zu treffen. Auch sie sind für weitere Reaktionen verloren. Man wußte schon damals, daß es einer bestimmten Mindestmenge an Uran bedarf, der sogenannten *kritischen Masse,* um eine Kettenreaktion in Gang zu halten.

Nachdem die Entdeckung von Hahn und Straßmann bekannt geworden war, meldete sich Ida Noddack und wies darauf hin, daß sie schon fünf Jahre zuvor auf die Möglichkeit der Spaltung des Urankerns hingewiesen hatte. Nach den Spielregeln wissenschaftlicher Veröffentlichungen hätten Hahn und Straßmann das in ihrer Arbeit erwähnen müssen. Wenn man den sich daran anschließenden Briefwechsel liest, so wundert man sich über die scharfen Reaktionen, nicht nur bei den beiden Berliner Forschern, sondern auch bei Lise Meitner, die zum Beispiel an Hahn schrieb: »Es tut mir leid, daß Du jetzt diese unschöne Schwierigkeit mit Frau Ida hast. Daß sie eine unangenehme Urschel ist, habe ich immer gewußt. An die Arbeit selbst erinnere ich mich nur dunkel, ein Beweis, wie wirkungslos sie war.«

Als Hahn seine Priorität um die Uranspaltung verteidigte, konnte er noch nicht ahnen, daß er sechs Jahre später, nach dem Fall der Bombe von Hiroshima, vielleicht froh gewesen wäre, wenn Frau Ida tatsächlich die Spaltung des Urankernes entdeckt hätte. Sie hat es nicht, sie hat als erste die Vermutung ausgesprochen, daß es so sein könnte, eine *Vermutung,* die ihr niemand abnahm. *Bewiesen* haben es Hahn und Straßmann.

Prioritätsstreitigkeiten zwischen Wissenschaftlern hat es schon immer gegeben, und große Entdecker haben oft vergessen, Kollegen zu zitieren, die vor ihnen schon ähnliche Gedanken hatten. Das trifft sowohl auf Kopernikus zu wie auf Albert Einstein. Er griff übrigens auch in die Prioritätsfrage bei der Uranspaltung ein, indem er behauptete, die ganze Entdeckung wäre eigentlich die Leistung von Lise Meitner, die unglücklicherweise vor der Veröffentlichung der Ergebnisse Deutschland hatte verlassen müssen[47]. Das ist wohl nur aus der Solidarität des Emigranten Einstein mit der Emigrantin Meitner heraus zu verstehen. Sie selbst hatte niemals Anspruch auf diese Entdeckung erhoben.

Am 2. Februar 1939 schrieb der Physiker Leo Szilard (1898–1964) an Frédéric Joliot: »In Deutschland beginnt man sich ernsthaft mit Fragen der Nutzung der Uranspaltung zu befassen.« Im April 1939 veröffentlicht eine französische Gruppe um Joliot eine Arbeit, in der sie feststellt, daß die Ausbeute sogar bei 3.5 Neutronen pro Kernspaltung liegt. Kurz danach trat in Deutschland eine Gruppe von Wissenschaftlern zusammen, die später einmal den Namen *Uranverein* erhalten sollte. Nun schalteten sich das Reichserziehungsministerium und das Kriegsministerium ein.

Im Juni 1939 veröffentlichte der Physiker Siegfried Flügge einen Artikel unter dem Titel: »Kann der Energieinhalt der Atomkerne technisch nutzbar gemacht werden?« Darin schreibt er: »Wenn jedes Neutron, das eine Aufspaltung hervorruft, im Gefolge der Aufspaltung 2 oder 3 Neutronen frei macht, so muß es möglich sein, daß diese Neutronen wiederum neue Aufspaltungen anderer Kerne herbeiführen und auf diese Weise ihre Zahl noch weiter vergrößert wird, so daß eine Kettenreaktion ohne Ende schließlich zu einer Umsetzung des ganzen im betrachteten Präparat vorhandenen Urans führen kann.«[48]

In den USA erschien im September 1939 eine Arbeit, in der gezeigt wurde, daß das Uran $^{235}U$ mit seiner ungeraden Massenzahl und das geradzahlige $^{238}U$ sich bei Neutronenbeschuß verschieden verhalten. Es war auch klar geworden, daß die Neutronen, die bei der Spaltung der Uranatome entstehen, verlangsamt werden müssen, so wie Fermi seine Neutronen im Goldfischteich verlangsamt hatte, damit sie wieder mit $^{235}$U-Kernen reagieren können.

Am 6. Dezember 1939 berichtete Werner Heisenberg über »Die Möglichkeiten der technischen Energiegewinnung aus der Uranspaltung« an das Heereswaffenamt: »Danach ist die sicherste Methode dazu die Anreicherung des Isotops $^{235}$U im Uran. Je weiter die Anreicherung getrieben wird, desto kleiner kann die Maschine gebaut werden. Die Anreicherung ... ist ferner die einzige Methode, um Explosivstoffe herzustellen, die die Explosivkraft der bisherigen Explosivstoffe um Zehnerpotenzen übertreffen. Zur Energieerzeugung kann man aber auch das normale Uran ohne Anreicherung von $^{235}$U benutzen, wenn man Uran mit anderen Substanzen verbindet, die die Neutronen von Uran verlangsamen, ohne sie zu absorbieren.[49]«

Die Jagd nach Reaktor und Bombe beginnt noch vor Beginn des Zweiten Weltkrieges. Zu dieser Zeit entsteht in den Vorstellungen von Fermi ein Kernreaktor. Doch es gibt eine Anzahl von europäischen Emigranten, die Hitlers Eroberungspolitik aus nächster Nähe erlebt hatten und die in großer Angst leben, daß Nazideutschland einen Vorsprung in der Uranforschung gewinnen und Hitler als erster im Besitz einer Uranbombe sein könnte. Es sind die ungarischen Flüchtlinge Leo Szilard, Edward Teller und Eugen Wigner, die »drei ungarischen Musketiere«, wie man sie scherzhaft nennt. Sie überreden im Sommer 1939 Albert Einstein, den amerikanischen Präsidenten Roosevelt in einem Brief vor der Gefahr einer deutschen Atombombe zu warnen.

# 12. Krieg, Reaktor, Bombe

> Denn vielleicht erkennen wir Menschen eines Tages, daß wir tatsächlich die Macht besitzen, die Erde vollständig zu zerstören, daß wir also durch eigene Schuld durchaus einen »jüngsten Tag« ... heraufbeschwören können.
>
> *Werner Heisenberg, 1. Oktober 1941*[50]

Am 1. September 1939 greifen Hitlers Truppen Polen an, der Zweite Weltkrieg beginnt. In ihm werden 27 Millionen Soldaten und 25 Millionen Zivilisten ihr Leben lassen. Wenn die Physiker recht haben, dann halten sie ein Bombenmaterial in der Hand, das die konventionellen Sprengstoffe in unvorstellbarem Maße übertrifft! Die Welt fürchtet, daß deutsche Physiker und Chemiker dabei eine wichtige Rolle spielen werden. Einen Monat nach Hitlers Einfall in Polen beschließt die deutsche Regierung, die Forschung am Uran als geheim einzustufen.

## Ein Uranisotop macht von sich reden

Zufälligerweise am Tag des Kriegsbeginns bringt die amerikanische wissenschaftliche Zeitschrift *Physical Review* den schon erwähnten Artikel über den Mechanismus der Kernspaltung. War im Flüggeschen Artikel noch allgemein vom Uran die Rede, so hatten die beiden Autoren, Niels Bohr und John Wheeler, mit Hilfe der Bohrschen Vorstellungen vom Atomkern als Flüssigkeitstropfen herausgefunden, daß bei der Bestrahlung des Urans mit langsamen Neutronen vor allem die $^{235}$U-Kerne gespalten werden, von denen es im natürlichen Uran unter tausend Atomen nur sieben gibt. Das weitaus häufigere $^{238}$U ist für langsame Neutronen wesentlich unempfindlicher. Es ist aber möglich, auch aus natürlichem Uran einen Reaktor zu bauen. Die Menge Uran, die man anhäufen muß, darf jedoch keine Stoffe enthalten, welche die bei jeder Spaltung entstehenden Neutronen verschlucken.

Ist die Kettenreaktion einmal angelaufen, muß man dafür sorgen, daß die gesamte Uranmenge nicht auf einmal in die Luft geht. Um den Vorgang unter Kontrolle zu halten, muß man aber auch in der Lage sein, zuviel entstandene Neutronen wieder aus dem Verkehr zu ziehen. Da die Kerne des Elements Kadmium Neutronen in sich aufnehmen, ist es dafür geeignet. Schon Flügge hatte in einer deutschen Tageszeitung eine derartige »Uranmaschine« beschrieben: »Es werden 4.2 Tonnen Uranoxid mit 56 Gramm Kadmium gut vermischt, und das ganze mit 280 Liter Wasser aufgeschlemmt. Eine solche Anordnung sollte, vorbehaltlich der zur Zeit immer noch großen Unsicherheit, mit der alle Zahlenangaben behaftet sind, bei einer Temperatur von 350 °C langsam verbrennen.«[51] Aus der Arbeit von Bohr und Wheeler lernt man nun, daß sich die kritische Menge verringern läßt, wenn man das $^{235}U$ anreichert. Das bedeutet, daß aus dem natürlichen Uran ein Teil des $^{238}U$ irgendwie entfernt werden muß.

Die Kettenreaktion läuft um so leichter ab, je mehr das benutzte Uran mit $^{235}U$ angereichert ist. Da es die gleiche Elektronenhülle hat wie das $^{238}U$ – die Ordnungszahl ist ja in beiden Fällen 92 –, so hat es auch die gleichen chemischen Eigenschaften. Die beiden Isotope lassen sich also nicht chemisch trennen. Sie haben auch nahezu die gleichen physikalischen Eigenschaften. Der einzige Unterschied besteht darin, daß das eine Atom um 0.12 Prozent leichter ist als das andere. Will man die beiden Isotope trennen, so muß man diesen geringen Gewichtsunterschied nutzen – ein schwieriges Problem.

Für den Bau eines Reaktors aber braucht man die Uranisotope nicht zu trennen. Die bei der Spaltung entstehenden Neutronen sind allerdings für eine Kettenreaktion zu schnell. Mit ihrer Energie von etwa einem MeV haben sie Geschwindigkeiten von mehr als 10 000 km/s. Um eine Kettenreaktion aufrechtzuerhalten, muß man einen geeigneten Moderator verwenden, der die entstandenen Neutronen auf Geschwindigkeiten im Bereich von einigen Kilometern pro Sekunde verlangsamt. Wir hatten schon gesehen, daß als Moderatoren möglichst leichte Atomkerne verwendet werden müssen. Normaler Wasserstoff wäre von seiner Masse her der geeignetste Moderator, doch seine Kerne verbinden sich mit den Neutronen häufig zu Deuterium. Die dabei vom Wasserstoff eingefangenen Neutronen gehen der Kettenreaktion verloren. Geeigneter ist Deuterium. Als man den Bau eines Uranreaktors plant, entscheidet man sich in Deutschland für Deuterium, das man in seiner Verbindung mit Sauerstoff verwendet, als sogenanntes *schweres Wasser*, zwei Deuteriumatome mit einem Sauerstoffatom verbunden.

Chemisch sind seine Eigenschaften dieselben wie die des gewöhnlichen Wassers. Der Hauptunterschied liegt im Preis. Schweres Wasser kommt zwar in Spuren im gewöhnlichen Wasser vor, doch bedarf es großer Anstrengungen, um es davon zu trennen. In der Fermi-Gruppe in Amerika wählt man als Moderator Kohlenstoff. Schon im Frühjahr 1940 experimentiert Fermi an der Columbia Universität in New York mit einigen Tonnen reinen Graphits. In Deutschland wird man bis zum Kriegsende vergeblich versuchen, eine Kettenreaktion mit von schwerem Wasser moderierten Neutronen in Gang zu bringen.

### Das spaltbare Transuran

Obwohl auf beiden Seiten des Atlantiks die Arbeiten am Uran inzwischen Geheimsache geworden sind, kommt man in Deutschland und in den USA unabhängig voneinander auf eine neue Idee. Im Juli 1940 befaßt sich Carl Friedrich von Weizsäcker mit der Frage, was denn mit dem an sich nutzlosen $^{238}$U in einem Reaktor geschehen würde, wenn es längere Zeit dem starken Strom von Neutronen ausgesetzt ist. Obwohl kaum ein Kern dieses Isotops gespalten wird, nimmt es doch gelegentlich ein schnelles Neutron auf und wird zum $^{239}$U. Es gab Gründe, anzunehmen, daß dieser Kern ein Betastrahler ist. Das bedeutet, daß er sich in einen Kern der Ordnungszahl 93 umwandelt. War es Fermi in Rom auch nicht gelungen, das Element 93 nachzuweisen, in einem Reaktor müßte es entstehen. Nach allem, was man über die Atomkerne damals wußte, sollte daraus, nach einem weiteren Betazerfall, ein spaltbarer Kern der Ordnungszahl 94 werden. Auf diese Weise könnte man aus dem nutzlosen $^{238}$U ein Transuran erhalten, das sich von Neutronen wieder spalten läßt. Aus dem $^{238}$U, das es in der Natur in Massen gibt, erbrütet man ein spaltbares Transuran. Später wird man es *Plutonium* nennen.

Am 15. Dezember 1940 diskutieren auch an der Columbia-Universität in New York drei Physiker das gleiche Problem. Fermi, Lawrence, der Erfinder des Zyklotrons, und der frühere Fermi-Mitarbeiter Emilio Segrè kommen gleichfalls zu dem Schluß, daß in einem Reaktor aus $^{238}$U ein spaltbares Transuran entstehen müßte. Sowohl von Weizsäcker in Deutschland wie auch den drei Männern in New York war die Bedeutung dieses Transurans sofort klar.

Während man im natürlichen Uran das spaltbare Isotop $^{235}$U nur mit Mühe anreichern kann, ist der erbrütete spaltbare Stoff ein anderes

224

chemisches Element, das heißt, er unterscheidet sich chemisch vom $^{238}$U und kann herausgelöst werden. Die Gewinnung großer Mengen spaltbaren Stoffes scheint plötzlich leicht geworden zu sein – vorausgesetzt, man hat schon einen Reaktor in Betrieb.

Heute wissen wir es genau. Durch Neutronenbeschuß entsteht aus $^{238}$U das Isotop $^{239}$U, ein Betastrahler, der sich innerhalb von weniger als einer halben Stunde in das Transuran *Neptunium* (Np), genauer in das Nuklid $^{239}$Np, verwandelt. Dieses ist wieder ein Betastrahler, der innerhalb weniger Tage zu einem Kern des Elements Nr. 94, des Plutoniums (Pu), wird. Die Namensgebung erfolgte einfach nach der Reihenfolge der Planeten. Geht man von der Sonne nach außen, so folgen dem Uranus die Planeten Neptun und Pluto. Bereits aus dem Jahre 1940 stammen also die ersten Überlegungen zum Erbrüten spaltbaren Materials aus $^{238}$U und damit die Grundgedanken zum im Reaktor erbrüteten Plutonium $^{239}$Pu, aus dem man Bomben bauen und das in Reaktoren gleichfalls der Energiegewinnung dienen kann.

Wenige Wochen nach der Besprechung in New York erhalten Wissenschaftler unter der Leitung des amerikanischen Chemikers Theodore Glenn Seaborg im Zyklotron von Berkeley durch Beschuß von Uran die ersten Spuren von Plutonium. Im Januar 1941 steht schließlich ein millionstel Gramm dieses Stoffes zur Verfügung, den man nun weiter untersucht. So gering die Menge des neuen Stoffes auch ist, sie reicht, um nachzuweisen, daß das Plutonium alle vorausgesagten Eigenschaften besitzt – man wird es im Reaktor und in einer Bombe verwenden können.


**Die Versuche der deutschen Atomphysiker**

Bei der Planung einer Uranmaschine stand man in Deutschland vor zwei Problemen. Man mußte genügend Uran zur Verfügung haben und einen geeigneten Moderator ausfindig machen. Das Beschaffen des Urans war ein organisatorisches Problem, allerdings kein einfaches, da verschiedene Wissenschaftlergruppen Anspruch auf das plötzlich wichtig gewordene Uran erhoben. Die Wahl des Moderators verlangte eine wissenschaftliche Entscheidung. Man mußte die Ausbreitung von Neutronen im Moderator studieren.

Deuterium schien von der Theorie her geeignet zu sein, aber auch Kohlenstoff wäre in Frage gekommen. Man teilte sich die Arbeit. Bei Heisenberg in Leipzig wurden die Eigenschaften des Deuteriums untersucht, man verwendete also schweres Wasser. In Heidelberg rückte man dem Kohlenstoff in Form von Graphit zu Leibe. Das Ergebnis war: Schweres Wasser ist als Moderator geeignet, Graphit nicht. Erst 1944 sollte man lernen, daß die Heidelberger Messungen falsch waren. Doch da war der Zug längst in Richtung Deuterium abgefahren.

Am 9. April 1940 besetzt Hitler Dänemark und Norwegen. Am 10. Mai fällt er in Frankreich ein. Noch gibt es in Deutschland nur einige Gramm schweren Wassers, aber im besetzten Norwegen arbeitet eine Düngemittelfirma, die nebenher auch schweres Wasser produziert. Die Norsk Hydro kann pro Monat 10 Kilogramm schweres Wasser liefern. Die Deutschen verstärken die norwegische Schwerwasserproduktion, und im Sommer 1941 produziert das Werk monatlich 140 Kilogramm.

Am 6. April ziehen deutsche Truppen über den Balkan, und am 22. Juni greift Hitler die Sowjetunion an. Im Oktober 1941 prüfen Heisenberg und zwei Mitarbeiter, das Ehepaar Döpel, in Leipzig eine kugelförmige Anordnung ineinander liegender Schalen von schwerem Wasser und von Uranoxid. Die Stoffe sind jeweils durch dünne Aluminiumbleche voneinander getrennt. Aluminium ist ein Neutronenfresser, viele der entstandenen Neutronen gehen für weitere Spaltungen verloren. Doch die Anlage gestattet abzuschätzen, daß man mit etwa 5 Tonnen Uran und einer entsprechenden Menge von schwerem Wasser, natürlich dann ohne störende Aluminiumteile, eine Uranmaschine bauen könnte. Wird das Natururan etwas mit $^{235}$U angereichert, kommt man mit weniger aus. Im Frühjahr 1942 erscheint es aber aussichtslos, eine Bombe zu bauen, denn dazu hätte man durch Isotopentrennung mehrere Kilogramm reines $^{235}$U gewinnen müssen.

Wer einen Reaktor aus natürlichem Uran herstellen will, braucht große Mengen des Moderators. Die deutschen Physiker glauben an schweres Wasser – bis zum Ende des Krieges werden sie nicht genug davon zur Verfügung haben. Wahrscheinlich wäre in Deutschland die Entwicklung anders gelaufen, wenn man Kohlenstoff als Moderator genommen hätte. Graphit steht in ausreichendem Maße zur Verfügung, er muß jedoch gereinigt werden, damit er keine Spuren neutronenfressender Elemente enthält. Diesen Weg beschreitet Fermi in den USA und baut einen mit Graphit moderierten Reaktor aus natürlichem Uran.

## Der erste Reaktor der Menschheit

Am 7. Dezember 1941 greifen 183 japanische Flugzeuge ohne jede Vorwarnung die Bucht von Pearl Harbor auf Hawaii an, in der amerikanische Kriegsschiffe vor Anker liegen. Nach dem Angriff ist ein großer Teil der amerikanischen Pazifikflotte vernichtet. Etwa 2400 Amerikaner haben an diesem Tag den Tod gefunden. Mehr als 1000 Menschen werden während des Angriffes verwundet. Daraufhin erklärt Präsident Roosevelt Japan, Italien und Deutschland den Krieg. In diesem Augenblick wird in den USA Atomphysik Kriegsforschung – und in diesem Augenblick wird der italienische Emigrant Enrico Fermi zum feindlichen Ausländer.

Nach Pearl Harbor wird die Kernphysik in den USA zum wichtigsten Teil der Kriegsforschung. Natürlich müssen die Arbeiten geheim bleiben. Die Forscher einigen sich auf eine neue Sprachregelung. Um möglichst wenig von ihrer Arbeit nach außen dringen zu lassen, nennen sie das Plutonium fortan »Kupfer«, das $^{235}$U bekommt den Tarnnamen »Magnesium« und Uran wird »tube alloy« genannt, was wörtlich »Röhrenlegierung« heißt und im Englischen nicht mehr Sinn gibt als im Deutschen. Es bedurfte einer Ausnahmegenehmigung, um Fermi die Mitarbeit zu ermöglichen. Erst im Juli 1944 wurde er amerikanischer Staatsbürger.

Im September 1941 hatte Fermis Gruppe in New York einen kleinen Uranmeiler gebaut. Bis zur Decke des Laboratoriums hatten sie Uranziegel und Briketts aus Graphit aufeinandergelegt. Sie waren aber noch weit von der kritischen Masse entfernt, viel zu viele Neutronen entwichen. Wenn die Anlage kritisch werden sollte, war mehr Platz nötig, als die Columbia-Universität zur Verfügung stellen konnte. Ende des Jahres 1941 setzen Fermi und seine Mitarbeiter ihre Arbeiten in Chicago fort. In einer Tennishalle beginnen sie mit dem Bau eines Reaktors, der wirklich kritisch werden sollte. Niemand weiß zu dieser Zeit genau, wieviel Uran nötig ist, um eine kritische Masse beisammen zu haben. Nur ein kleiner Prozentsatz der entstehenden Neutronen darf in den Raum entweichen, ohne eine Spaltung hervorgerufen zu haben. Fermi entschließt sich für eine kugelförmige Anordnung. Dazu müssen die Schichten aus Graphit und Uran durch Holzpfeiler gestützt werden. Insgesamt benutzen sie 394 725 Kilogramm hochwertigen Graphits, das die Neutronen aus 5625 Kilogramm reinen Urans und 36 556 kg Uranoxid moderieren soll. Am Morgen des 16. November 1942 beginnt man mit dem Bau. Einige Graphitziegel bestehen aus reinem Graphit, in andere sind zwei Uranstücke von je 4$^1$/$_2$ Pfund eingefügt worden. In zwei Zwölfstunden-Schichten wird rund um die Uhr gearbeitet. Jede Schicht schafft zwei Lagen. Die Ziegel müssen ausgerichtet werden. Kanäle bleiben frei für Kadmiumstäbe. Sie werden die Neutronen absorbieren und damit den Reaktor unter Kontrolle halten. Immer wieder muß man die Neutronenhäufigkeit bestimmen, um herauszufinden, wie weit man noch von der kritischen Masse entfernt ist. Mit jeder Schicht wächst der Neutronenstrom, den die Geräte messen. Insgesamt setzt man 57 Lagen übereinander.

In der Nacht vom 1. auf den 2. Dezember 1942 wird die oberste Schicht aufgelegt, etwas mehr als drei Meter über dem Boden. Die Kadmiumstäbe sind in die Kanäle eingeführt. Noch werden die Neutronen zum größten Teil vom Kadmium absorbiert. Die Neutronenzähler knattern, als die Stäbe langsam herausgezogen werden. Bald können die Zähler dem immer schneller werdenden Klicken nicht mehr folgen. Man schaltet auf einen Schreiber um. Dann hebt Fermi die Hand: »Der Reaktor ist kritisch«, sagt er. Die Kettenreaktion ist angelaufen.

Der 2. Dezember 1942 ist ein für die gesamte Menschheit entscheidender Tag. Die erste Kettenreaktion ist angelaufen. Neutronen spalten Uranatome, die wieder Neutronen freigeben, die wiederum Uranatome spalten. Der Reaktor gewinnt Energie aus Atomkernen.

## Uranisotope für die Bombe

Parallel dazu hat man in den USA mit der Planung einer Bombe begonnen, letztlich war Einsteins Brief nicht ohne Wirkung geblieben. Wer Bomben bauen will, kann nicht mit natürlichem Uran arbeiten, er braucht $^{235}$U oder Plutonium. Deshalb hing das Bombenprogramm in den USA wesentlich davon ab, ob es gelingen würde, hinreichende Mengen des spaltbaren Uranisotops vom natürlichen Uran zu trennen oder Plutonium in hinreichender Menge in einem Reaktor zu erbrüten.

Die USA packen die Aufgabe im großen an. Am 23. September 1942 übernimmt General Leslie Richard Groves, der stellvertretende Leiter aller Bauvorhaben der US-Armee, die organisatorische Leitung des Bombenprojekts, das den Tarnnamen »Manhattan Engineers' District«, kurz »*Manhattan Project*« erhält. Er hatte eben das Pentagon fertiggestellt. Aus der Gruppe der Physiker, die inzwischen die Möglichkeit des Baus einer Bombe geprüft hatten und zu dem Schluß gekommen waren, daß sie machbar sei, übernimmt Julius Robert Oppenheimer die wissenschaftliche Leitung. Unter den Wissenschaftlern, die er um sich schart, sind unter anderen der Amerikaner Glenn Seaborg, der Deutsche Hans Bethe, der Ungar Edward Teller und Enrico Fermi. Im Herbst 1942 beginnt das »Manhattan Project« seine Arbeit in Los Alamos in New Mexico.

Man entschließt sich für beide Wege: Uran und Plutonium. Als dann später amerikanische Bomben auf japanische Städte niedergingen, wurde Hiroshima von einer $^{235}$U-Bombe getroffen, während in Nagasaki die Menschen an den Folgen einer Plutoniumbombe starben.

Wie reichert man $^{235}$U an? Lawrence sah eine Möglichkeit in seinem Zyklotron. Magnetfelder biegen die Bahnen geladener Teilchen zu Kreisbögen. Teilchen verschiedener Masse beschreiben Bahnen von verschiedenem Radius. Das gestattet, im Massenspektrographen die Teilchen nach ihrer Masse zu ordnen. Ein Strahl, der Ionen beider Uranisotope enthält, spaltet sich daher im Magnetfeld in zwei Strahlen auf. Wenn man ein Kilogramm Uran verdampfen und das Gas durch den Massenspektrographen jagen würde, so könnte man die verschiedenen Isotope an verschiedenen Stellen auffangen (vgl. Abb. 7.7). Doch ist es nicht leicht, größere Mengen eines Stoffes in einem Strahl von Ionen zu transportieren. In den letzten Monaten des Jahres 1941 hatte Lawrence sein Zyklotron in Berkeley umgebaut. Ein Magnet lenkte nunmehr einen Strahl ionisierter Uranatome in einen Halbkreis um. Der Bogen der etwas leichteren $^{235}$U-Atome war geringfügig kleiner als der Bogen der Atome des $^{238}$U. In einmonatigem Betrieb konnte Lawrence ein zehntausendstel Gramm mit $^{235}$U angereichertes Uran erhalten. Damals schätzt man den $^{235}$U-Bedarf einer Atombombe auf etwa 100 Kilogramm. Das umgebaute Zyklotron in Berkeley hätte 833 Millionen Jahre lang, Tag und Nacht, arbeiten müssen, um diese Menge zu produzieren. Später baut Lawrence Maschinen, die darauf angelegt sind, mehr Uran in kürzerer Zeit zu trennen. Der Gerätetyp erhält den Namen *Calutron*. Inzwischen weiß man, daß bereits 30 Kilogramm angereicherten Urans für eine Bombe ausreichen. Lawrence schätzt, daß 2000 Calutrons von je 1.2 Meter Durchmesser nötig wären, diese Menge in 300 Tagen zu produzieren. Jedes dieser Calutrons würde Tausende von Tonnen wiegen. Der elektrische Strom, der die starken Magnetfelder erzeugt, muß seine Spannung sehr genau einhalten. Die geringste Spannungsänderung ließe die Stärke des Magnetfeldes variieren und damit den Durchmesser der Halbkreise ändern, in denen die Teilchen der beiden Isotope fliegen. Der Strahl mit dem $^{238}$U könnte in das für $^{235}$U vorgesehene Loch treffen.

Anfang 1943 beginnt in Oak Ridge im US-Staat Tennessee eine neu erbaute Calutronanlage zu arbeiten. Oak Ridge ist eine der Geheimstädte, die während des Krieges in den USA geschaffen wurden. Innerhalb von zwei Jahren wird sie mit ihren 79 000 Einwohnern zur fünftgrößten Stadt von Tennessee. Die Leute von Oak Ridge arbeiten fast alle am Bau der Atombombe – und sie wissen es nicht. Jeder kennt nur seinen eigenen Arbeitsbereich und hat keine Ahnung, was in diesem aus dem Boden gestampften Werk produziert werden soll. Man sagte später, daß der durchschnittliche Arbeiter in Oak Ridge, wenn er von einem Fremden gefragt wurde, was er denn mache, antwortete; »I make a dollar thirty five the hour.« (Ich mache in der Stunde einen Dollar und 35 Cent).

Für die Drahtwindungen der Elektromagneten in den Calutrons reicht das in den USA vorhandene Kupfer nicht aus. Auch Silberdraht ist geeignet. Das Schatzamt muß dafür Silber im Wert von 300 Millionen Dollar ausleihen. Erst nach dem Krieg wird es sein Silber zurückbekommen.

Die elektromagnetische Trennmethode mit Hunderten von Calutrons bereitet immer wieder Probleme. Nie hat man damit reines $^{235}$U in größeren Mengen gewinnen können. Insgesamt hat die riesige Calutronfabrik bis zum Juli 1944 nur 50 Gramm reines $^{235}$U produziert – damit kann man keine Bombe bauen. Doch man hatte in den USA nicht nur auf ein Pferd gesetzt.

## Uran in der Zentrifuge und durch enge Kanäle gepreßt

Uran verbindet sich mit Fluor zu Uranhexafluorid, dessen Moleküle ein Uranatom mit sechs Fluoratomen enthalten. Die einzelnen Moleküle verhalten sich, je nachdem, ob das Uranatom ein $^{235}$U oder ein $^{238}$U ist, etwas verschieden. Versetzt man gasförmiges Uranhexafluorid in einer Zentrifuge in rasche Rotation, so sammeln sich mehr Moleküle mit dem $^{238}$U am Rand an als in der Mitte. So wie man in der Milchzentrifuge Rahm von den schwereren Eiweißteilchen der Magermilch trennt, so lassen sich auch Hexafluoridsorten trennen. Das mit $^{235}$U angereicherte Gas kann man in einer zweiten Zentrifuge wieder trennen und ein Gas abziehen, das stärker angereichert ist. So kann man fortfahren. Man schätzte Anfang der vierziger Jahre, daß eine Zentrifugenanlage täglich ein Kilogramm $^{235}$U herstellen könnte, wenn in 40 000 bis 50 000 etwa einen Meter langen rotierenden Zylindern das angereicherte Gas der einen Zentrifuge in der nächsten weiter angereichert würde.

Nicht nur durch die Fliehkraft machen sich die geringen Gewichtsunterschiede der beiden Sorten von Uranatomen bemerkbar. Preßt man Uranhexafluorid durch eine poröse Membran, so gehen die Moleküle des leichteren $^{235}U$ etwas besser durch die dünnen Kanäle als die schwereren. Als man Ende 1943 in Oak Ridge eine Fabrik baut, in der man in aufeinanderfolgenden Arbeitsgängen Uranhexafluorid durch poröse Trennwände pressen will, weiß man noch nicht, ob dieses Verfahren wirklich im großen Stil angewandt werden kann. Hinter jeder Trennwand soll ein Gas zum Vorschein kommen, das geringfügig stärker angereichert ist als das Gas davor. Man will es tausende Male hintereinander durch immer neue poröse Wände zwängen. Jedesmal enthält das Gas einen etwas höheren Prozentsatz an Atomen des wertvollen $^{235}U$. Doch als man den Plan für diese Gasdiffusionsanlage entwirft, weiß noch niemand, woraus die wichtigsten Teile, die porösen Trennwände, überhaupt bestehen sollen. Welches Material wird von dem chemisch aggressiven Fluorid nicht angegriffen, welches verstopft nicht? Poröse Kupferschichten bieten sich an, doch dann entscheidet man sich für Nickel. Die Pumpen müssen versiegelt werden, damit das Gas nicht entweichen kann. Kilometerlange Röhren sind abzudichten. Dazu entwickelt man ein Versiegelungsmaterial, das später als Teflon bekannt wird. Noch hat man sich nicht für die geeignete Membran entscheiden können, da arbeiten bereits 20 000 Menschen am Bau der Diffusionsfabrik. Eine grobe Abschätzung zu dieser Zeit läßt Gesamtkosten von 300 Millionen Dollar erwarten. Für die Tausende von Pumpen, die das Hexafluorid durch die Membrane pressen sollen, braucht man Strom. Es wird ein eigenes Kohlekraftwerk gebaut. Man weiß nicht, welche Frequenz der Wechselstrom haben soll, der die Pumpen treiben muß, und legt daher das Kraftwerk auf mehrere Frequenzen aus. Erst im März 1945 beginnt die Fabrik, $^{235}U$ anzureichern.

### $^{235}U$, durch Wärme angelockt

Für ein Gasgemisch zweier Atomsorten, von denen die eine geringfügig schwerer ist als die andere, gibt es noch ein weiteres Trennverfahren. Bringt man das Gas in ein Gefäß mit einer kalten und einer heißen Wand, dann sammeln sich die leichteren Atome im Bereich der höheren Temperatur an. Schematisch ist diese Isotopentrennung in Abbildung 12.1 gezeigt. Zwischen zwei vertikal ineinander stehenden Röhren befindet sich Uranhexafluorid. Die innere Röhre ist warm, die äußere kalt. Die Moleküle mit $^{235}U$, also die etwas leichteren, bevorzugen die Wärme und sammeln sich in der Nähe der Oberfläche der inneren Röhre. Das Gas dort ist also etwas wärmer als in der Nähe der Außenröhre. Deshalb steigt es auf und sammelt sich am oberen Ende der Säule. Die Moleküle dieses geringfügig angereicherten Gases bekommen in der nächsten Stufe wieder die Möglichkeit, sich für heiß oder kalt zu entscheiden. Im Sommer 1944 beginnt man in den USA mit der Planung einer Anlage zur Isotopentrennung durch *Thermodiffusion*, wie dieses Verfahren heißt. In 2100 nacheinander geschalteten Säulen soll aus natürlichem Uran bestehendes Uranhexafluorid verarbeitet werden. Im Oktober liefert sie das erste leicht angereicherte Uran, das in der Calutronfabrik weiter verarbeitet werden kann.

### Plutonium aus dem Brutkasten

Mit Fermis Reaktor hat sich die Möglichkeit eröffnet, größere Plutoniummengen zu erbrüten. Auch Plutonium ist atomarer Sprengstoff. In Hanford im US-Staat Washington entsteht mitten in der Wildnis eine

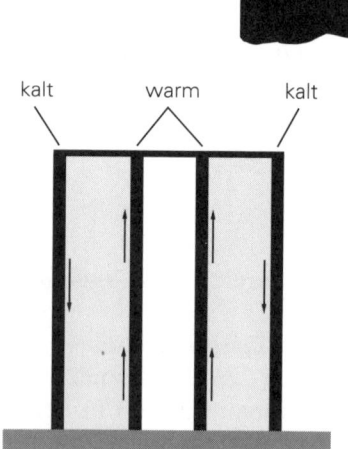

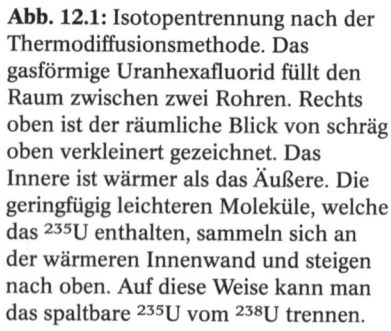

kalt    warm    kalt

**Abb. 12.1:** Isotopentrennung nach der Thermodiffusionsmethode. Das gasförmige Uranhexafluorid füllt den Raum zwischen zwei Rohren. Rechts oben ist der räumliche Blick von schräg oben verkleinert gezeichnet. Das Innere ist wärmer als das Äußere. Die geringfügig leichteren Moleküle, welche das $^{235}U$ enthalten, sammeln sich an der wärmeren Innenwand und steigen nach oben. Auf diese Weise kann man das spaltbare $^{235}U$ vom $^{238}U$ trennen.

weitere Geheimstadt. 45 000 Arbeiter sind über ein Jahr lang mit dem Bau einer Anlage beschäftigt, in der in mehreren Reaktoren $^{239}$Pu produziert werden soll. Im September 1944 stehen in Hanford drei Plutonium-Brutreaktoren.

Doch als man sie mit Uran beschickt, gibt es Probleme. Anfangs scheint alles gut zu gehen. Noch wird der Reaktor durch bremsende Kadmiumstäbe im Zaum gehalten. Das Wasser des Columbia River fließt durch die Kühlrohre, um die Temperaturen in Grenzen zu halten. Man zieht die neutronenfressenden Bremsstäbe Stück für Stück heraus, und die Kettenreaktion setzt ein. Das Kühlwasser, das mit 10 °C in den Reaktor hineinfließt, kommt mit einer Temperatur von 60 °C wieder heraus. Aber nach einer Stunde läßt die Kraft des Reaktors nach. Daraufhin werden die Steuerstäbe etwas weiter herausgezogen, das hilft zunächst. Doch die Kadmiumstäbe müssen immer weiter herausgezogen werden, um die Kettenreaktion in Gang zu halten. Schließlich erlischt der Reaktor doch. Am Tag danach kann man ihn zwar wieder hochfahren, er arbeitet auch für einige Zeit, doch bald steht er wieder still.

Nach einigen Tagen weiß man, warum: Der Reaktor hatte sich selbst vergiftet. Neben Barium, Strontium und weiteren Atomen, die bei der Spaltung des Urans entstehen, bildet sich auch ein Isotop des Elements Xenon, das $^{125}$Xe. Dieses Nuklid zerfällt mit einer Halbwertszeit von etwas mehr als neun Stunden. Das $^{125}$Xe schluckt Neutronen. Wenn sich im Reaktor zuviel Xenon angesammelt hat, bricht die Kettenreaktion ab. Am Tag nach der Inbetriebnahme war das Xenon zerfallen und störte nicht mehr. Der Reaktor lief anfangs, dann ging das Spiel von neuem los. Um Abhilfe zu schaffen, mußte man den Reaktor vergrößern, mehr Uran auf möglichst engem Raum ansammeln, um genügend Spaltungsneutronen zu haben, damit trotz des Xenons die Kettenreaktion in Gang blieb.

## Der Weg zur Bombe

Genügend spaltbares Material für eine Bombe herzustellen, ist ein Problem, das $^{235}$U oder das Plutonium zu zünden, ein anderes. Vor allem über das Plutonium weiß man im Sommer 1943 nur wenig. Man hat es ja bisher nur in winzigen Spuren im Zyklotron erzeugt. Die ersten erbrüteten Proben des Plutoniums verhalten sich anders als das Plutonium aus dem Zyklotron, die verschiedenen Isotope kommen in

233

anderer Häufigkeit vor. Wer eine Bombe bauen will, muß seinen Sprengstoff genau kennen.

Von Anfang an war klar, eine schlagartige Kettenreaktion läßt sich dadurch herbeiführen, daß man zwei unterkritische Mengen zusammenbringt, damit eine überkritische Menge entsteht. Wenn dann langsame Neutronen vorhanden sind, beginnt die Kettenreaktion. Um die Neutronen muß man sich nicht kümmern, einige sind immer da, denn schwere Kerne können gelegentlich auch von selbst zerplatzen. Wenn der Vorgang auch sehr selten ist – in einem Kilogramm $^{235}U$ spalten sich ohne Einwirkung von außen in jeder Sekunde sechs Kerne –, so werden doch Neutronen frei, die in einer überkritischen Masse eine Kettenreaktion auslösen können.

Zwei unterkritische Massen zu einer überkritischen zusammenzuführen, ist leichter gesagt als getan. Wenn man sie zu langsam zusammenbringt, so verstärkt sich der Fluß der Neutronen, je näher die beiden Teilmassen aufeinander zukommen. Immer mehr Neutronen, die dem einen Block entweichen, ohne dort ein Atom des spaltbaren Materials getroffen zu haben, rufen im anderen Block eine Reaktion hervor. Doch in dem Maße, in dem immer mehr Kernreaktionen ablaufen, wird Energie erzeugt. Der spaltbare Stoff erhitzt sich und verdampft, ehe die kritische Masse erreicht ist. Der Druck des Dampfes treibt die beiden Teile, die man für einige Zeit zusammenhalten will, wieder auseinander. Die Explosion »verpufft«. Deshalb beschlossen die Bombenbauer, die beiden unterkritischen Massen mit konventionellem Sprengstoff aufeinander zu schießen.

Bei Plutonium kam man nach mehreren Versuchen auf das *Implosionsprinzip,* auf das wir in Kapitel 14 ausführlicher zu sprechen kommen werden. Bei ihm hält der Explosionsdruck eines konventionellen Sprengstoffs das Plutonium genügend lange zusammen, bis hinreichend viele Spaltungen stattgefunden haben, ohne daß das Plutonium vorher verpufft.

### Hitler ist tot – die Bombe lebt

Sommer 1945: Der Krieg in Europa ist beendet. Der amerikanische Präsident Roosevelt ist kurz vor dem Sieg verstorben. Sein Nachfolger Truman trifft in Potsdam mit Stalin, Churchill und dessen vorgesehenem Nachfolger Attlee zusammen. Man will festlegen, wie die deutsche Wirtschaft neu entstehen und der Lebensstandard in Deutschland in

Zukunft beschränkt werden soll. Man beschließt auch eine ethnische Säuberung durch Umsiedlung der in Polen, in der Tschechoslowakei und in Ungarn lebenden Deutschen.

Die treibende Kraft bei der amerikanischen Atombombenentwicklung war die Furcht gewesen, Hitler könne früher als die Alliierten in den Besitz der Atombombe kommen. Im November 1944 stößt ein amerikanisches Spezialkommando im eroberten Straßburg auf Carl Friedrich von Weizsäckers Aufzeichnungen. Von Weizsäcker ist zu dieser Zeit Professor an der Straßburger Universität. Man findet auch Material über die deutsche Uranforschung, aus dem hervorgeht, daß aus dem untergehenden Deutschland keine atomare Gefahr droht. Doch das dämpft den Arbeitseifer der Atomforscher von Los Alamos nicht, der Bombenbau geht zügig weiter, denn nur in Europa herrscht Frieden.

Im Pazifik führen die Japaner einen verzweifelten Kampf. Zwar ist das Ende vorauszusehen, doch man weiß nicht, wie lange die Kämpfe dauern werden. Die Amerikaner fürchten hohe Verluste auf ihrer Seite, vor allem angesichts der japanischen Mentalität. Nicht nur Nippons Soldaten scheinen den Tod nicht zu fürchten, die Zivilbevölkerung hatte durch einen Massenselbstmord auf der Insel Saipan gezeigt, daß viele Japaner einer amerikanischen Besetzung lieber den Tod vorziehen würden.

Es läßt sich wohl schwer klären, wer von den Atomforschern damals wußte, daß kurz vor dem Abwurf der ersten Bombe auch Japan bereit gewesen war, den aussichtslosen Kampf aufzugeben. Es ging nur noch um die *bedingungslose* Kapitulation[52]. Ebensowenig läßt sich klären, wer von den damals in Amerika arbeitenden Atomforschern sich dafür einsetzte, daß man den Japanern zunächst durch ein Experiment, das keine Menschenleben fordern würde, die Schlagkraft der Bombe vorführen sollte, und wer dafür plädierte, eine japanische Stadt zu vernichten. Wir wissen, daß man sich für den Abwurf von zwei Bomben auf japanische Städte entschied.

### Unter dem Zeichen der Dreifaltigkeit

In Los Alamos wird also weiter an der Bombe gebaut. Wegen der Unsicherheit bei der Zündung des Plutoniums will man noch einen Test durchführen. Man wählt ein Gelände im US-Staat New Mexico. Die Gegend mit ein paar verlassenen Bergwerksdörfern ist abgeschieden und fast unbewohnt, nur einige Viehzüchter leben da. Es ist nicht leicht, sie zu evakuieren, ohne ihnen erklären zu können, wofür das Gelände benötigt wird. In der Hitze der Wüste bereiten mehr als 300 Mann das Experiment vor, 75 Fahrzeuge müssen auf extra dafür geteerten Zufahrtsstraßen Mannschaft und Material herbeischaffen. Oppenheimer gibt dem Gelände den Namen *Trinity*, Dreifaltigkeit, nach einem Sonett des englischen Dichters John Donne (1573–1631), das er gerade gelesen hatte. Anfang Juni baut man dort ein $33^1/2$ Meter hohes Stangengerüst mit einer Hütte an der Spitze, dort soll die Plutoniumbombe gezündet werden. Die Wissenschaftler wollen im Abstand von 10 bis 15 Kilometern den Vorgang verfolgen. Fluchtwege werden geplant, denn niemand kann die Stärke der Explosion genau voraussagen. Es ist keine Bombe im eigentlichen Sinn, was man da zusammengebastelt hat, es ist eine riesige Apparatur, in deren Herz das Plutonium sitzt, umgeben von konventionellem Sprengstoff.

Sollte man vorher die verbündete Sowjetunion informieren? Man unterläßt es. Am 16. Juli 1945 wird um 5h29 die erste Atombombe der Welt gezündet. Am Horizont blitzt ein Licht auf, zu hell, als daß man direkt hineinsehen könnte. Ein kugelrundes Feuer voller Farben steigt zum Himmel, mit der Erde nur noch durch einen Stengel von aufgewirbeltem Staub verbunden. Alles geschieht lautlos, denn die Druckwelle kommt erst nach 40 Sekunden, dann aber mit unerträglicher Stärke. Fermi, der den Vorgang verfolgt, schätzt, daß die Explosion der Sprengkraft von etwa 10 000 Tonnen des herkömmlichen Sprengstoffs TNT entspricht.

In diesem Augenblick weilt Präsident Truman mit seinem Stab auf der Konferenz in Potsdam. Er erhält ständig geheime Informationen über das Experiment. Es ist erfolgreich. Mit Trinity ist der Weg frei für »Fat Man«, die Bombe von Nagasaki.


**Uran und Plutonium werden kritisch über Hiroshima und Nagasaki**


»Little Boy«, die Bombe für Hiroshima, enthält $^{235}U$, das man in einer Kombination von Calutron, Filterdiffusion und Thermodiffusion gewonnen hatte. In einem Stahlgefäß mit rundem Kopf und mit Schwanzflossen ist ein vertikales Rohr eingeschlossen, am unteren Ende mit einer unterkritischen Menge $^{235}U$ gefüllt. Oben im Rohr sitzt eine zweite unterkritische Menge $^{235}U$, und darüber eine Ladung

Kordit, ein konventioneller Sprengstoff. Als am Morgen des 6. August 1945 um 8h16 der Bombenschütze Thomas Ferebee die Bombe über Hiroshima auslöst, fällt sie im freien Fall nach unten. Radargeräte verfolgen ihre Höhe. Bei 2100 Metern über dem Boden, 43 Sekunden nachdem »Little Boy« den Bombenschacht verlassen hat, wird die Korditladung gezündet. Das unterkritische $^{235}$U-Geschoß am oberen Ende fliegt wie in einem Kanonenrohr auf den unterkritischen $^{235}$U-Kern am unteren Ende. Die Kettenreaktion setzt ein. Der Stahlmantel verhindert, daß sich das verdampfende Uran zu schnell ausdehnt. Die Energie tötet 100 000 Menschen, mindestens ebenso viele werden innerhalb der nächsten fünf Jahre an den Folgen der Bombe sterben.

Am 9. August 1945 um 11 Uhr 2 Minuten explodiert die Plutoniumbombe »Fat Man« in 500 Metern Höhe über der japanischen Hafenstadt Nagasaki. Ein raffiniertes System konventioneller Sprengstoffe verschiedener Stärke und Brenngeschwindigkeit, an genau vorausberechneten Stellen angebracht, konzentriert letztlich alle Sprengkraft im gleichen Augenblick auf eine Hohlkugel von Plutonium und drückt sie zusammen. Das Plutonium wird kritisch und zündet. Diese Technik hatte sich im Trinity-Versuch bewährt. Wie in Hiroshima, liegt in Nagasaki die Todesrate bei etwa 54 Prozent der Bevölkerung. Fünf Jahre später werden insgesamt 140 000 Opfer zu beklagen sein.

Die deutschen Versuche, eine Uranmaschine zu bauen, enden am 24. April 1945. Wenige Wochen zuvor hat man in Haigerloch auf der Schwäbischen Alb, wohin man die Versuchsanordnung im Sommer 1943 aus Berlin verlegt hatte, über 600 Würfel Uran und 1.5 Tonnen schweres Wasser in einer Versuchsanordnung zusammengebracht. Noch immer ist die Anlage nicht kritisch, aber jetzt ist man nahe daran, eine Kettenreaktion in Gang zu bringen. Doch dann nimmt eine amerikanische Gruppe führende deutsche Atomforscher gefangen, darunter Werner Heisenberg, Otto Hahn und Carl Friedrich von Weizsäkker. Sie alle ahnen in diesem Augenblick nicht, daß es Fermi bereits 2$^{1}$/$_{2}$ Jahre zuvor gelungen war, Uran mit Graphit als Moderator zur Kettenreaktion zu bringen.

Wäre es den Deutschen gelungen, einen Reaktor noch während des Krieges in Betrieb zu setzen, wenn sie statt des knappen schweren Wassers Graphit als Moderator genommen hätten? Fermi hatte bei seinem Reaktor allerdings mehr Uran benutzen müssen, als den Deutschen je zur Verfügung stand. Eine Bombe hätten sie während des Krieges niemals bauen können. Nie hätten ihnen so gewaltige Industriewerke zur Verfügung gestanden, wie sie die Amerikaner aus dem

Boden gestampft haben. Mehrere Zehntausende von Bauarbeitern arbeiteten gleichzeitig am Bau der Werke in Hanford und am Bau der Anlagen von Oak Ridge. Deutschlands durch einen verzweifelten Krieg ausgebeutete Wirtschaft war zu solchen Leistungen nicht mehr fähig gewesen.

Ich will hier nicht auf die Frage eingehen, ob die deutschen Atomphysiker letztlich eine Bombe bauen wollten oder nicht. Es ist viel darüber geschrieben worden, ob sie gewollt, aber nicht gekonnt oder gekonnt, aber nicht gewollt haben. Hitler ist auf jeden Fall nicht in den Besitz der Atombombe gekommen. In seinem Reich konnte Heisenberg in den dreißiger Jahren als »weißer Jude in der Physik« beschimpft werden. Es wollte dem »Führer«, der viele der besten Wissenschaftler aus Deutschland vertrieben hat, der Max Plancks Sohn noch kurz vor Kriegsende hinrichten ließ, nicht ins Hirn, daß in den Atomen der »weißen Juden« die Macht steckt, die er sich immer gewünscht hat. Glücklicherweise hat er sie nie bekommen.

# 13. Kernreaktoren

Solange der Brand nicht gelöscht gewesen ist – und Graphitbrände, Bruder, das wirst du nicht wissen, sind, so schwer sie entstehen mögen, unglaublich schwer zu löschen, haben wir erfahren müssen –, solange die Kettenreaktion weitergeht, kann der Reaktorkern, sich durch den Erdmittelpunkt schmelzend, aktiv bleiben, bis er, verwandelt sicherlich, aber immer noch strahlend, bei den Antipoden wieder herauskäme.

*Christa Wolf*[53]

Unser Jahrhundert begann mit der Geburt der modernen Atomphysik. In seiner Mitte wurden gezielt Menschen zu Tausenden mit Atomenergie umgebracht. Während seiner zweiten Hälfte bestimmte die Existenz atomarer Massenvernichtungsmittel die Weltpolitik. In vielen Ländern übernahmen Kernkraftwerke einen wesentlichen Teil der Produktion elektrischer Energie. Mindestens zweimal verlor der Mensch die Kontrolle über seine Kernreaktoren. Neben der Kern*physik* entstand die Kern*technik.* Der Kernphysiker von heute untersucht nach wie vor die Eigenschaften der Atomkerne, er will herausfinden, warum etwa ein Kern für vorbeikommende andere Teilchen besonders empfänglich ist, wenn sie eine ganz bestimmte Energie haben. Er will wissen, warum ein Kern Gammastrahlung aussendet. Der Physiker ist aber meist überfragt, wenn er etwas über die Sicherheit von Atomkraftwerken sagen soll. Das ist Kerntechnik. So widmet zum Beispiel ein deutsches Standardlehrbuch über Kernphysik[54], nach dem sich viele deutsche Physikstudenten auf ihre Prüfungen vorbereiten und das ich beim Schreiben dieses Buches oft herangezogen habe, von seinen 338 Textseiten nur zwei den Themen der Kernreaktoren und Kernwaffen. Der Übergang von der Kernphysik zur Kerntechnik fand statt, nachdem Fermis Reaktor in Chicago gezündet hatte, also Ende des Jahres 1942. Nachdem man wußte, daß er funktionieren kann, wurde der Reaktor industriell eingesetzt, erst zum Bau der Bombe, dann zur Gewinnung von Energie.

Moderne Kernreaktoren arbeiten im Prinzip nicht anders als Fermis Uranmeiler. Man braucht spaltbares Material und einen Moderator, der die Energie der bei der Spaltung freiwerdenden schnellen Neutronen – sie liegt bei etwa 2 MeV – auf weniger als ein Millionstel erniedrigt. Dann können die gebremsten Neutronen weitere Kerne des spaltbaren Materials zerteilen und so die Kettenreaktion in Gang halten.

Um die ständige Vermehrung der Neutronen durch immer weitere Spaltungen kontrollieren zu können, muß man einen neutronenfressenden Stoff verwenden. Kadmium und Bor eignen sich dafür. In Fermis Reaktor waren es Kadmiumstäbe, die vorsichtig herausgezogen werden konnten, bis die Kettenreaktion von selbst ablief. Gewissermaßen als »Feuerwehr« hielten über dem Meiler zwei junge Mitarbeiter mit einer Kadmiumlösung gefüllte Eimer bereit. Im Ernstfall hätten sie die Flüssigkeit auf den Reaktor geschüttet, um die Zahl der Neutronen zu verringern und so die Kettenreaktion zu stoppen.

Will man mit einem Reaktor Energie gewinnen, muß man ihn von einem Kühlmittel durchströmen lassen, das die freiwerdende Wärme aufnimmt und nach außen leitet. Als Moderator kann man den Wasserstoff gewöhnlichen Wassers, das Deuterium des schweren Wassers oder den Kohlenstoff des Graphits verwenden.

Aber so wie das Prinzip des Verbrennungsmotors einfach ist und wir trotzdem den Zweitakter, den Otto- und den Diesel-Motor angeboten bekommen, so wird auch das Prinzip der Energiegewinnung aus der Spaltung des Urans in Reaktoren auf verschiedene Weise verwirklicht.

### Wasser moderiert und kühlt

Die heute gebräuchlichen Reaktoren unterscheiden sich, wie der Zweitakter vom Vierzylinder, durch den Brennstoff oder, wie der wassergekühlte vom luftgekühlten Motor, durch das Prinzip der Wärmeabfuhr, also des Abtransportes der bei der Spaltung freiwerdenden Energie. Man kann aber auch verschiedene Moderatoren verwenden. Heisenberg hatte schon am Anfang des Krieges darauf hingewiesen, daß man mit gewöhnlichem Wasser auskommt, wenn man das Isotop $^{235}U$ im natürlichen Uran nur genügend anreichert.

Wenn schnelle Neutronen auf die Atome des gewöhnlichen Wasserstoffs stoßen, werden sie besser gebremst als beim Zusammenstoß mit irgendeinem anderen Atomkern, denn beide Massen sind gleich groß, die Bremsung ist dann am effektivsten. Wasserstoff wäre also der beste

Moderator. Man kann zum Beispiel Wasser nehmen. Seine Sauerstoffatome bremsen zwar bei weitem nicht so gut wie die des Wasserstoffs, aber sie stören auch nicht allzuschr. Doch Wasserstoffkerne können auch Neutronen aufnehmen und sich in Deuterium verwandeln. Deswegen gehen Neutronen zum Teil der Spaltung verloren. Dem kann abgeholfen werden, wenn man statt natürlichen Urans mit $^{235}$U angereichertes nimmt. Statt der 0.7 Prozent dieses leicht spaltbaren Nuklids im natürlichen Uran sind dann im Brennstoff davon um die 3 Prozent. Reaktoren, die mit einfachem Wasser arbeiten, heißen *Leichtwasserreaktoren*. Die an den Brennstäben freiwerdende Energie wird in ihnen mit dem gleichzeitig moderierenden Wasser abgeführt.

Im sogenannten *Siedewasserreaktor* treibt Dampf, der direkt mit den radioaktiven Brennelementen in Berührung gekommen ist, die Turbine. In der Abbildung 13.1 ist das Schema eines Siedewassereaktors dargestellt. In ihm stehen das Wasser und der sich beim Sieden bildende Dampf unter einem Druck von etwa dem 70fachen des normalen Luftdruckes. Das Wasser des Kühlkreislaufes tritt mit etwa 215 °C in den Reaktorkern ein und hat sich, nachdem es die Brennelemente umspült hat, auf Dampf von 290 °C erhitzt. Dieser wird zur Turbine geleitet, so werden zum Beispiel im Kraftwerk Gundremmingen pro Sekunde 14 Kubikmeter Wasser durch den Reaktorkern gejagt.

Im Reaktor nimmt das Sauerstoffatom des Wassermoleküls ein Neutron auf und wird nach der Abgabe eines Protons zum Stickstoffnuklid

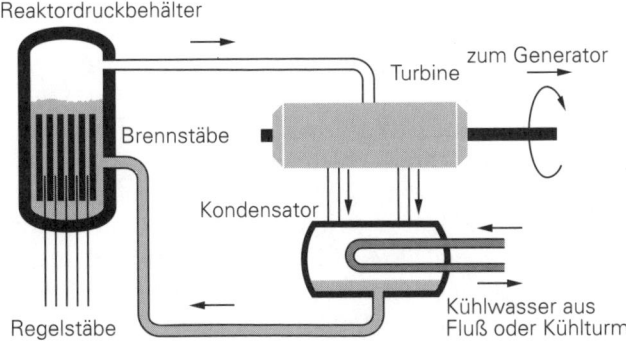

**Abb. 13.1:** Das Prinzip eines Siedewasserreaktors. Die Brennelemente werden vom Wasser umspült, das im Reaktordruckbehälter zum Sieden kommt. Der Dampf treibt eine Turbine und wird dann mit Hilfe von Kühlwasser wieder verflüssigt und in den Reaktordruckbehälter geleitet.

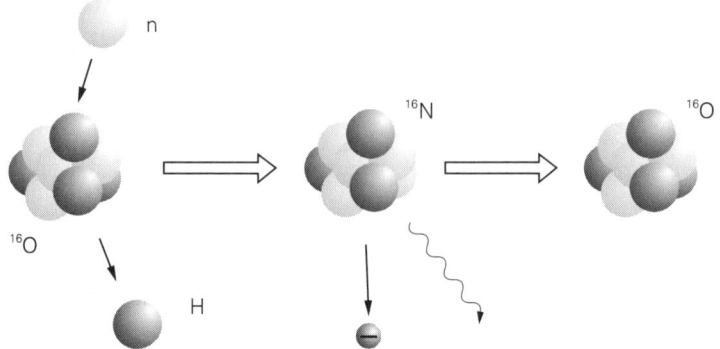

**Abb. 13.2:** Der Sauerstoff im Kühlwasser eines Reaktors nimmt gelegentlich ein Neutron auf und wird zu einem betastrahlenden Stickstoffnuklid, das innerhalb von Sekunden wieder zu stabilem Sauerstoff wird.

$^{16}N$, einem Beta- und Gammastrahler, der sich mit einer Halbwertszeit von nur sieben Sekunden wieder in normalen Sauerstoff $^{16}O$ zurückverwandelt (vgl. Abb 13.2). Die rasch abklingende Radioaktivität infolge dieses Prozesses ist verhältnismäßig harmlos. Nach einigen Minuten ist kaum noch etwas davon übrig. Doch das Wasser aus dem Reaktor enthält auch Tritium. Dieses entsteht bei der Spaltung des Urans in den Brennstäben und kann, wie auch gewöhnlicher Wasserstoff, Metallwände durchdringen. Es geht durch die Schutzhüllen der Brennstäbe in das Kühlwasser. Auch radioaktives Krypton $^{85}Kr$, dessen Halbwertszeit mehr als zehn Jahre beträgt, gelangt auf diesem Weg während des regulären Betriebes in den Kühlwasserkreislauf. Wegen dieser Nuklide ist das Wasser radioaktiv und darf deshalb nicht so einfach ins Freie entlassen werden.

Etwas verschieden davon, doch im Prinzip gleich, sind die *Druckwasserreaktoren,* etwa die von Biblis. Auch sie arbeiten mit leichtem Wasser. Doch bei ihnen fließt es unter doppelt so hohem Druck und bei noch höherer Temperatur durch den Reaktorkern. Der Druck sorgt dafür, daß das Wasser nicht kocht, also kein Dampf erzeugt wird. In der Abbildung 13.3 ist dargestellt, wie es dann einen Dampferzeuger durchströmt, in dem von außen zugeleitetes Wasser niedrigeren Druckes zum Sieden gebracht wird. Der jetzt entstehende Dampf kann eine Turbine treiben. Der Vorteil liegt darin, daß das radioaktive Wasser in einem eng gehaltenem Kreislauf verbleibt und die Turbine nicht mit radioaktivem Dampf in Berührung kommt. Verschiedene Störfälle in Kernkraftwerken zeigten aber, daß das radioaktive Wasser auch dann nicht immer in Bann gehalten werden kann.

In beiden Reaktortypen verwendet man als Brennstoff mit $^{235}$U angereichertes Uran. Die Anreicherung muß über 3 Prozent liegen. Im Jahre 1993 lag der Preis von einem Kilogramm Natururan bei DM 44.00, der des mit $^{235}$U auf 4 Prozent angereicherten Urans bei DM 1551.00. Das mühevolle Anreichern will bezahlt werden. Die etwa 3.5 Meter langen Brennstäbe haben eine Dicke von etwa einem Zentimeter. In ihnen ist Uran in Form von Uranoxid-Tabletten in einer Hülle aus einer Speziallegierung des Elements Zirkonium, sogenanntem *Zirkalloy*, aufeinandergeschichtet. In Gundremmingen hat man 37000 Brennstäbe, die zu quadratischen Paketen von je 49 zusammengefaßt sind. Diese 750 Brennelemente reichen vertikal in den Reaktorkern und werden vom moderierenden Kühlwasser umströmt. Pro Jahr muß man etwa 190 Brennelemente auswechseln, so daß jeweils nach drei Jahren der ganze Brennstoff erneuert ist. Als Neutronenfresser sind jedem Brennelement Kontrollstäbe beigefügt. Diese müssen im Laufe der Zeit, wenn mehr und mehr spaltbarer Stoff verbraucht ist, stück-

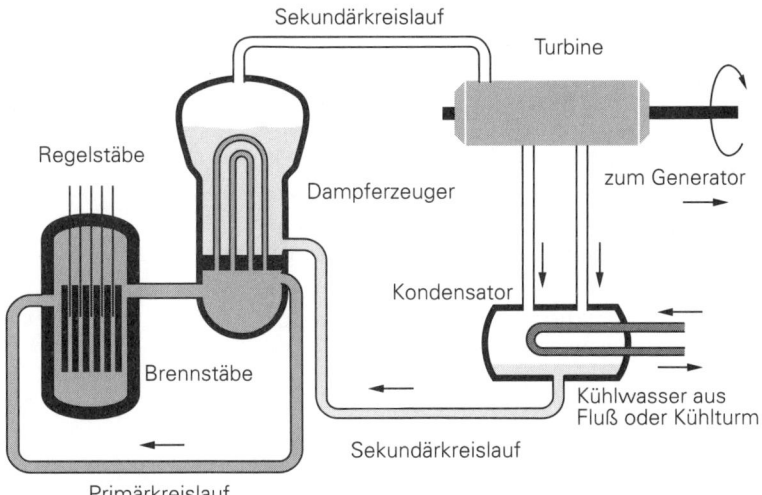

**Abb. 13.3:** Das Prinzip eines Druckwasserreaktors. Im Unterschied zu einem Siedewasserreaktor wird das durch den Reaktordruckbehälter strömende Wasser im Primärkreislauf durch hohen Druck am Sieden gehindert. Mit seiner Wärme bringt es im Dampferzeuger das Wasser des Sekundärkreislaufes zum Sieden, dessen Dampf eine Turbine treibt.

weise herausgezogen werden, um die Kettenreaktion auch dann in Gang zu halten, wenn sich die Rate der Spaltungen mit der Verringerung des $^{235}$U-Gehalts in den Brennstäben erniedrigt.

Schwerer Wasserstoff ist ein besserer Moderator als leichter. Deuteriumkerne bremsen zwar nicht ganz so gut, doch sie verschlucken seltener Neutronen. Die Mühe, schweres Wasser zu gewinnen, wird dadurch belohnt, daß der *Schwerwasserreaktor* mit natürlichem Uran betrieben werden kann. Das schwere Wasser dient dann gleichzeitig als Moderator und als Kühlmittel. Wie schon beim Druckwasserreaktor wird die Wärme in einem Dampferzeuger weitergegeben.

Der Wirkungsgrad eines Reaktors ist um so besser, je höher die Temperatur des Kühlmittels ist. Wird ein Gas verwendet, läßt sich der Reaktor bei höheren Temperaturen betreiben. Kohlendioxid ist für einen Betrieb bei Temperaturen von etwa 600 bis 700 °C geeignet. Für noch höhere Temperaturen ist Helium das richtige Kühlmittel. Ein Reaktor dieses Typs ging 1986 in Uentrop bei Hamm in Westfalen ans Netz. Dieser sogenannte *Hochtemperaturreaktor* wurde mit Uran betrieben, das stark mit $^{235}$U und mit dem Thoriumisotop $^{232}$Th angereichert war. Aus dem $^{232}$Th wurde beim Betrieb das spaltbare $^{233}$U erbrütet, das zur weiteren Energiegewinnung diente. Im Kern des Reaktors war ein Hohlzylinder aus Graphitblöcken, dessen Inneres nach unten trichterförmig auslief. Der Brennstoff war, in Form von etwa 700 000 Kugeln gepreßt, im Hohlraum angehäuft. Jede hatte einen Durchmesser von 6 Zentimetern und war mit einer Graphitschicht umgeben. Am unteren Ende des Trichters wurden die verbrauchten Brennelementkugeln abgezogen, neue wurden oben nachgefüllt. Man ersetzte täglich etwa 100 Kugeln. Heliumgas führte die Hitze aus dem Reaktorkern in einen äußeren Wasserkreislauf, wo der Dampf für die Turbinen erzeugt wurde. Die elektrische Leistung lag bei 300 Megawatt. Im Mai 1986 trat radioaktives Kühlgas aus dem Kamin ins Freie. Das Kraftwerk wurde 1989 stillgelegt.

### Kernsprengstoff aus dem Reaktor

Betreibt man einen Reaktor mit natürlichem beziehungsweise mit angereichertem Uran, so sind mehr als 99 Prozent beziehungsweise mehr als 96 Prozent der Uranatome solche des Isotops $^{238}$U. Die bei der Spaltung des $^{235}$U freiwerdenden Neutronen sind schnell. Der Moderator bringt sie auf niedrige Energien. Auf dem Weg von der hohen zur niedrigen Geschwindigkeit kommen die Neutronen vorübergehend auch auf Energien im Bereich von etwa 10 eV. Das $^{238}$U nimmt solche Neutronen auf und verwandelt sich vorübergehend in den Betastrahler $^{239}$U, der nach einigen Stunden nahezu vollständig zu $^{239}$Np geworden ist. Dieses betastrahlende Neptuniumisotop zerfällt innerhalb von etwas mehr als zwei Tagen zu Plutonium $^{239}$Pu, dem Sprengstoff der Nagasaki-Bombe. Es ist giftig und radioaktiv, und es wird, einmal aufgenommen, vom Körper innerhalb eines Menschenlebens praktisch nicht mehr ausgeschieden.

Das in den Brennelementen entstehende $^{239}$Pu wird von den Neutronen im Reaktor gespalten, deshalb verringert sich die Menge des so erbrüteten Plutoniums im Laufe der Zeit wieder. Außerdem kann es ein weiteres Neutron aufnehmen und sich in $^{240}$Pu verwandeln, ein Nuklid, das nicht zum Bombenbau geeignet ist. Wer aus seinem Reaktor Bomben-Plutonium herausholen will, darf die Brennelemente höchstens etwa 30 Tage im Kern belassen. Je mehr $^{240}$Pu das Reaktorplutonium »vergiftet«, um so größere kritische Massen sind nötig, um daraus eine Bombe bauen zu können. Mit Plutonium aus Brennelementen, welche jahrelang im Reaktorkern verblieben sind, kann man nicht so leicht einsatzfähige Waffen herstellen. Wir werden noch darauf zurückkommen.

Man muß nicht unbedingt aus dem erbrüteten Plutonium Bomben bauen, man kann es verwenden, um mit ihm Natururan anzureichern und damit weiteren Reaktorbrennstoff zu erhalten. Damit hat man das normalerweise nutzlose $^{238}$U auf dem Umweg über das Plutonium der Energiegewinnung zugeführt. Da es in jedem Kilogramm Natururan nur 0.7 Prozent $^{235}$U gibt, während das $^{238}$U praktisch den Rest ausmacht, steht durch das Erbrüten von $^{239}$Pu plötzlich ein etwa 140 mal größerer Energievorrat zur Verfügung. Das aber geht nur über das $^{239}$Pu, das sich hervorragend als Bombenmaterial eignet.

In Wiederaufarbeitungsanlagen werden Uran und Plutonium aus abgebrannten Brennstäben zur Anreicherung des Urans in neuen Brennstäben gewonnen. Die Trennung des Plutoniums vom Uran erfolgt chemisch, ist also leichter als die Trennung von Isotopen ein und desselben chemischen Elements. Mehrere Kernkraftwerke in Deutschland benutzen solche mit Plutonium angereicherte Brennstäbe, sogenannte *MOX-Elemente*. Der Name kommt von der Abkürzung für Mischoxid, da sie Uran und Plutonium in Oxidform enthalten. Die Wiederaufarbeitung erfolgt in Frankreich. Dort sind vorläufig auch die stark radioaktiven Rückstände, die bei der Wiederaufarbeitung übrigbleiben, zwischengelagert, bis man sich endlich einig wird, wo sie in Deutschland endgültig verbleiben sollen.

Man hatte das Plutonium für die Nagasaki-Bombe in den Reaktoren von Hanford gewonnen. Die sowjetischen Kernkraftwerke vom Tschernobyl-Typ sind darauf ausgelegt, daß man während des laufenden Betriebes Uranbrennstäbe austauschen kann, wenn sich in ihnen aus dem $^{238}$U gerade die richtige Menge $^{239}$Pu gebildet hat. Ein Kernkraftwerk von der Art des Druckwasserreaktors vom Typ Biblis könnte jährlich Plutonium für mehr als 20 Bomben vom Nagasaki-Typ liefern, wenn man es darauf anlegen würde. Die internationale Atomenergiebehörde in Wien (IAEA) kontrolliert in regelmäßigen Abständen Kernkraftwerke daraufhin, ob alle Brennstäbe so lange im Reaktor verbleiben, bis das $^{239}$Pu wieder zerstört ist. In den Kernkraftwerken der Staaten, die den Atomwaffensperrvertrag unterzeichnet haben, fotografiert eine vom Betreiber nicht manipulierbare Kamera alle 20 Sekunden das Lagerbecken der Brennstäbe im Raum über dem Reaktordruckbehälter. Es ist nicht möglich, Brennelemente auszutauschen, ohne ertappt zu werden. Kein Unterzeichner des Vertrages darf Kernkraftwerke oder Teile davon an ein Nichtunterzeichner-Land liefern. Fast scheint es, als wäre dem Schwarzbrennen von Plutonium ein Riegel vorgeschoben. Nicht ganz: Ein Land kann aus dem Vertragswerk austreten. Wer dann selbst einen Kernreaktor entwickelt, kann sein Plutonium unbehelligt ausbrüten. Wenn der Reaktor vorher aus dem Ausland geliefert worden war, so kann man nach dem Austritt zwar keine Pannenhilfe und keine Ersatzteile von außen erwarten, doch man kann unbehelligt mit der Plutoniumproduktion beginnen. Im Jahre 1990 hatten Indien, Pakistan, Brasilien, Argentinien und Kuba den Vertrag nicht unterzeichnet. Vorläufig konnte sich auch die neue Atommacht Ukraine noch nicht zu einer Unterschrift entschließen. Das Plutonium der ersten Atombombe Indiens kam aus einem indischen Forschungsreaktor, der von Kanada geliefert worden war.


**Plutonium mit dem Grünen Punkt**


Das mit der nuklearen Abrüstung in Ost und West freiwerdende Plutonium und das ständig in Reaktoren neu erbrütete stellen eine steigende Belastung der Menschheit dar, die vorläufig auch durch das Verheizen von Plutonium in MOX-Elementen nicht merklich verringert wird.

Wir kennen den gesamten Vorrat an Waffenplutonium, der zur Zeit in der Welt vorhanden ist, nicht genau – vielleicht sind es 100 bis 150 Tonnen.[55] Dazu kommt das Plutonium, das noch nicht in Bomben eingebaut war und das noch auf Vorrat liegt.

Einige hundert Tonnen Plutonium, wenn auch in weniger waffentauglicher Isotopenzusammensetzung, haben sich bis heute in den Brennstäben der Kernkraftwerke angesammelt. Jährlich kommen von Leichtwasserreaktoren etwa 70 Tonnen hinzu, eine Menge, die man merklich reduzieren könnte, wenn man die Brennstäbe hinreichend lange in den Reaktoren ließe. In Kürze wird uns also nicht so sehr das für Waffen produzierte, sondern das Reaktorplutonium Sorgen bereiten.

Dem könnte zum Teil abgeholfen werden, wenn man mit Hilfe der MOX-Technik anfallendes Plutonium im Reaktor verbrennt. Plutonium mit dem Grünen Punkt? In einigen Staaten, wie etwa in der Bundesrepublik und in Japan, setzt man voll auf Recycling. Aus den abgebrannten Brennelementen kann man 97 Prozent des Materials nach der Wiederaufarbeitung weiter nutzen, nur 3 Prozent sind hochaktive Spaltprodukte, die endgelagert werden müssen. Andere Staaten, wie etwa die USA, sind zögerlich. Sie wollen lieber alle aus dem Reaktor kommenden Stoffe endlagern, aus Furcht, beim Kreislauf könnte Plutonium in falsche Hände geraten, denn es gibt kein »harmloses« Plutonium.

Abgesehen von der Radioaktivität und von seiner lebenslangen Aufenthaltsdauer im menschlichen Körper, ist alles Plutonium, das aus dem Reaktor kommt, potentieller Bombenstoff, auch wenn sein $^{240}$Pu-Gehalt hoch ist. So schreibt der frühere Direktor der Theoretischen Abteilung der Los-Alamos-Laboratorien, J. Carson Mark: »Reaktor-Plutonium, wie lange es auch bestrahlt wurde, ist potentieller Explosivstoff. Die Schwierigkeit, eine effektive Sprengvorrichtung zu bauen, ist ... bei Reaktor-Plutonium nicht viel größer als bei solchem, das für Waffen hergestellt wurde.«[56] Dann schreibt er unmißverständlich: »Die Sicherheitsvorkehrungen, die notwendig sind, um Abzweigung und Mißbrauch zu verhindern, gelten praktisch für alle Arten von Plutonium.« Mit anderen Worten: Es gibt kein harmloses Plutonium. Wer es vom Uran der Brennstäbe trennt, muß sicher sein, daß es nicht kilogrammweise verlorengeht.

Zur Zeit besteht kein großer Bedarf an Plutonium als Reaktorbrennstoff. Noch ist $^{235}$U reichlich vorhanden und daher billig. Doch das Problem ist damit nicht vom Tisch. Irgendwann wird man auch auf das Reaktorplutonium zurückgreifen.

## Radioaktive Stoffe auf Abwegen

In unseren Kernkraftwerken wird über jedes Kilogramm Uran – sei es frisch für den Reaktor aufbereitet oder gerade aus dem Reaktor gekommen – sorgfältig Buch geführt. Die internationale Atomenergiebehörde wacht darüber. Kann sie aber wirklich verhindern, daß ein Staat mit Plutonium angereichertes Uran aus dem Reaktor nimmt und heimlich beiseite schafft? Selbst in Staaten, die ihre Atomanlagen für jede Kontrolle offen halten, kann Uran seltsame Wege gehen. Auch bei uns stimmte die Buchführung nicht immer.

Im Sommer des Jahres 1991 fehlten in der Wiederaufarbeitungsanlage in Karlsruhe plötzlich 4 Kilogramm Uran. Als man sich auf die Suche begab, entdeckte man, daß noch weitere 47 Kilogramm verschwunden waren, wahrscheinlich schon zehn Jahre zuvor. War das Uran gestohlen worden? Wer hätte die 1.8 Meter langen Stäbe herausschmuggeln können? Da es sich um nicht angereichertes Uran handelte, hätte niemand damit eine Bombe bauen können. Was war geschehen? Um Mitarbeiter im Umgang mit Brennstäben zu schulen, standen zunächst 37 mit Natururan gefüllte Röhren bereit. Später lagerte man vorübergehend diese Übungsstäbe im gleichen Raum wie mehrere mit Blei gefüllte schwach radioaktive Attrappen, die sich äußerlich nicht von den Uranstäben unterschieden. Dabei muß eine Verwechslung passiert sein. Erst zehn Jahre später merkte man, daß die jetzt benutzten Übungsstäbe aus Blei waren.[57] Wo war das Uran geblieben? Offensichtlich hatte man die echten Uranstäbe beerdigt, sie sind wahrscheinlich zusammen mit anderem radioaktiven Müll irgendwo in einigen der 808 Fässer, die seit 1981 in 125 Containern zwischengelagert werden.

Doch nicht nur Uran, auch hochexplosives Plutonium kann schon einmal unter der Hand verschwinden. Im Dezember 1989 wurde in der Nähe von Denver im US-Staat Colorado eine Atomwaffenfabrik stillgelegt. In ihr waren Plutoniumzünder für Wasserstoffbomben hergestellt worden. Eine umfangreiche Anlage diente zur Trennung des Plutoniums vom Reaktoruran. Sie hatte 30 Jahre lang Plutoniumzünder geliefert. Allein die zahlreichen Rohrleitungen hätten aneinandergereiht eine Gesamtlänge von 2000 Metern ergeben. In den Rohren und in den eingebauten Filtern fand man beim Abbruch insgesamt 28 Kilogramm Plutonium. Im Laufe der Zeit hatte sich der Bombenstoff, der für mehrere Plutoniumbomben ausgereicht hätte, dort niedergeschlagen[58].

## Wenn Reaktoren außer Kontrolle geraten

Der Graphitzylinder in Block 4 des Kraftwerkes Tschernobyl hatte einen Durchmesser von etwa 12 Metern. Er war 8 Meter hoch und von etwa 1700 Kanälen durchzogen, durch die in Druckrohren Kühlwasser floß. Der Reaktor war ein mit Graphit moderierter Siedewasserreaktor. Die Kanäle enthielten auch Bündel von Brennstäben und Kontrollstäbe mit neutronenschluckendem Material. Die Betriebstemperatur lag bei einigen hundert Grad.

Am 26. April des Jahres 1986 um 1 Uhr ist der Reaktor auf nur 7 Prozent seiner vollen Leistung heruntergeschaltet. Plötzlich steigt seine Energieproduktion an, innerhalb von zehn Sekunden verdoppelt sie sich. Irgendwo wird es im Reaktorkern zu heiß, ein Druckrohr platzt. Heißer Wasserdampf trifft auf Graphit, und die Moleküle des Wassers zerfallen – Wasserstoffgas wird frei, das mit dem Sauerstoff der Luft Knallgas bildet und explodiert.

Das Maschinenhaus wird zerstört, die elektrische Versorgung fällt aus. Da die Bremsstäbe von unten her mit elektrischer Kraft eingeführt werden müssen, können sie den Neutronenstrom nicht dämmen und die Kettenreaktion nicht beenden. Aber es kommt noch schlimmer. Bei höheren Temperaturen verbessert sich die moderierende Wirkung des Graphits. Noch mehr Neutronen werden verlangsamt, noch mehr Urankerne gespalten. Die Temperatur steigt, die Brennstäbe schmelzen. Durch die Hitze steigt die aus dem zerstörten Gebäude quellende Wolke über 1000 Meter hoch. Sie enthält die im Laufe des Betriebes in den Brennstäben angesammelten Spaltprodukte, vor allem Jod, genauer $^{131}$I mit einer Halbwertszeit von 8 Tagen, Cäsium ($^{137}$Cs, dessen Halbwertszeit bei 30 Jahren liegt) und Strontium ($^{90}$Sr mit etwa der gleichen Halbwertszeit). Über Schweden finden sich in den darauffolgenden Tagen in der Wolke aus Tschernobyl Spuren von Neptunium $^{239}$Np, das nur bei Temperaturen von mehr als 2000 °C verdampft.

Nach dem Unfall versucht man, den Brand zu löschen und die Lecks, aus denen die radioaktiven Stoffe austreten, zu verstopfen. 4000 Tonnen Sand, Bor, Blei und Lehm sollen die Löcher schließen und den Neutronenfluß eindämmen. Erst am 13. Mai 1986 gibt der havarierte Reaktor endlich keine Radioaktivität mehr an die Luft ab. Doch selbst wenn die Kettenreaktion in einem Reaktor unterbrochen wird, kühlt er keineswegs sofort ab, denn die bei der Spaltung der Uranatome entstandenen radioaktiven Stoffe zerfallen weiter und produzieren Wärme.

Von unten her kühlt man daher den Reaktorkern mit Stickstoff. Schließlich betoniert man den ganzen Reaktorblock in einen 61 Meter hohen Betonklotz ein, der mit Stahlplatten verstärkt ist.

Das Grab des Reaktors, der Sarkophag von Tschernobyl, birgt auch heute noch Gefahren. Im Juni 1990 vervierzigfachte sich in seinem Inneren plötzlich die Stärke der Neutronenstrahlung. Anscheinend wirkte eindringendes Regenwasser als Moderator. Die verlangsamten Neutronen spalteten Atome des noch verbliebenen $^{235}$U und des während der Betriebszeit entstandenen $^{239}$Pu und fachten vorübergehend die Kettenreaktion wieder an. Ein Jahr später untersuchte eine internationale Kommission den Ort des Unglücks und stellte fest, daß der Reaktorkern in seiner Gruft keine Ruhe findet. Das geschmolzene Material war in den Betonboden eingesunken und hatte schon knapp die Hälfte der dicken Bodenplatte zerstört. Die Platte selbst aber war 4 Meter tiefer in den Boden gesunken. Die Innentemperatur betrug fünf Jahre nach dem Unfall noch immer 260 °C. Radioaktive Strahlung, die in den Beton eindringt, macht ihn brüchig. Der sumpfige Boden kann die 400 000 Tonnen, die auf ihm lasten, nicht tragen. Langsam sinkt die Ruine weiter nach unten. Die Verlagerung des Gewichtes und der sich ständig ändernden, auf den Block wirkenden Kräfte kann plötzlich Risse im Material entstehen lassen, durch die wieder radioaktive Dämpfe nach außen dringen können. Im Jahre 1990 erlebte Tschernobyl ein Erdbeben der Stärke 4 auf der Richterskala.

Tschernobyl war nicht das erste Reaktorunglück. Am 28. März 1979 wird im Kontrollraum des Druckwasserreaktors Three Mile Island in Harrisburg, der Hauptstadt des US-Staates Pennsylvania, Alarm ausgelöst. Die Pumpen des Sekundärkreislaufes im Reaktorblock 2 arbeiten nicht einwandfrei. Als die Bedienungsmannschaft eingreift, begeht sie mehrere Fehler. Der schlimmste: Sie schaltet das Notkühlsystem, das sich automatisch eingeschaltet hatte, wieder ab. Ventile funktionieren nicht, Wasser tritt aus dem Primärkreis, der obere Teil der Reaktorkerns wird nicht mehr gekühlt. Dampf tritt aus, Wasserstoff bildet sich, der abgelassen werden muß, um eine Explosion zu vermeiden. Mit dem Wasser gelangen radioaktive Isotope des Jod und des Xenon, $^{131}$I und $^{133}$Xe, in die Atmosphäre. Wasser, verunreinigt mit radioaktiven Isotopen des Cäsiums und des Strontiums, strömt in den Susquehanna-Fluß. Bei mehr als 3000 °C schmilzt das Uranoxid, etwa 20 Tonnen davon fließen auf den Boden des Reaktordruckbehälters. Ein Teil des Kerngefüges fällt in die Tiefe. Glücklicherweise hält die Bodenkalotte des Druckbehälters dicht. Erst drei Stunden nach dem Störfallbeginn gelingt es der Betriebsmannschaft, wieder Kühlwasser einzuspeisen. Eine Katastrophe, wie sie sich sieben Jahre später in Tschernobyl ereignen sollte, ist um Haaresbreite vermieden worden.

## Wie macht man ein Kernkraftwerk sicher?

Hätte sich der Unfall von Tschernobyl in einem Kernkraftwerk im dicht besiedelten Mitteleuropa ereignet, die Folgen wären noch viel furchtbarer gewesen. Der aufgeschreckte Bürger wird seitdem mit dem Hinweis beruhigt, daß unsere Kernkraftwerke ungleich sicherer ausgelegt sind. Ein solcher Vorfall sei bei uns praktisch unmöglich. Worauf beruht diese Zuversicht? Welche Sicherheitsvorkehrungen sind getroffen worden, um uns vor der radioaktiven Strahlung zu schützen, die auf unserem Planeten für jede Kilowattstunde, die wir aus einem Kernkraftwerk beziehen, neu entsteht und die in abgeschwächter Form auch in Jahrtausenden noch da sein wird?

Wird dem in den Kernreaktor eingeführten $^{235}U$ die Spaltungsenergie entzogen, besitzt das übrigbleibende Material die zehnmilliardenfache Radioaktivität. Sie klingt zwar ab, doch selbst zehn Jahre später strahlt der Reststoff noch mit der millionenfachen Stärke, die sich danach immer langsamer abschwächt. Was also wird in den Kernkraftwerken getan, um uns vor dem in den Brennstoffen entstehenden Strontium $^{90}Sr$, dem Cäsium $^{137}Cs$, dem Jod $^{131}I$ und all den anderen Strahlern zu schützen?

Ich will an dieser Stelle nur darauf eingehen, wie man zu vermeiden sucht, daß der Reaktor außer Kontrolle gerät und die Spaltstoffe freiwerden. Sie entstehen in den Brennstäben mit einer Hülle aus Zirkalloy, die weniger Neutronen schluckt als etwa Eisen. Die Brennstäbe in den Brennelementen stehen im Reaktordruckbehälter (vgl. Abb. 13.4), dessen etwa 10 Zentimeter starke Wände für hohe Drucke ausgelegt sind. Der Reaktordruckbehälter ist mit einer Betonhülle umkleidet, dem *biologischen Schild*. Das ganze steht in einem nahezu kugelförmigen *Sicherheitsbehälter*, der auf einen Druck von etwa 6 Bar ausgelegt ist. Dies entspricht dem Druck in einer Wassertiefe von etwa 60 Metern. Der Sicherheitsbehälter ist von einer Stahlbetonhülle umgeben.

Die größte Gefahr liegt in der Aufheizung der Brennstäbe, die so stark werden kann, daß das Material schmilzt. Das geschah in Harrisburg, weil die Kühlung versagte und die Bedienungsmannschaft den Zustand der Anlage nicht richtig erkannte, es geschah in Tschernobyl

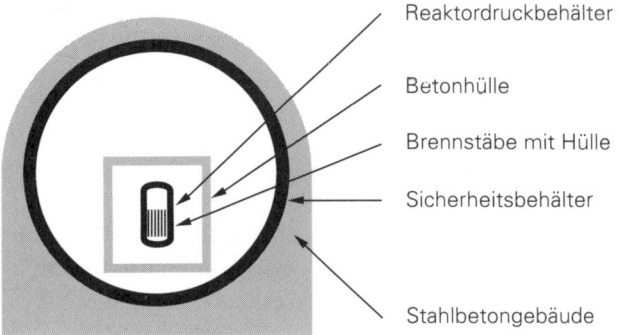

Reaktordruckbehälter

Betonhülle

Brennstäbe mit Hülle

Sicherheitsbehälter

Stahlbetongebäude

**Abb.13.4:** Das Sicherheitssystem, mit dem man in einem Kernkraftwerk die Außenwelt vor Radioaktivität schützt. Die in den Brennstäben entstehenden radioaktiven Nuklide werden zum größten Teil durch Hüllen aus einer Legierung des Elements Zirkonium zurückgehalten. Der Reaktorkern ist im Reaktordruckbehälter gelagert, den eine Betonwand, der sogenannte biologische Schild, umgibt. Darum schließt sich der Sicherheitsbehälter, den wiederum ein Stahlbetonmantel vor Einwirkungen von außen schützt.

als Folge einer Reihe von groben Bedienungsfehlern. Im Gefahrenfall muß der Reaktor sofort abgeschaltet werden. Neutronenfressende Regelstäbe werden eingeschossen, neutronenfressendes Bor dem Kühlwasser hinzugefügt. Die Siede- und Druckwasserreaktoren haben darüber hinaus ein von Natur aus eingebautes Regelsystem. Wird die Temperatur zu hoch, bilden sich in der Kühlflüssigkeit Dampfblasen, also Bereiche, in denen die Wassermoleküle sehr viel dünner verteilt sind als im flüssigen Zustand. Da das Kühlwasser gleichzeitig Moderator ist, werden weniger Neutronen gebremst, die Zahl der Kernreaktionen sinkt, und mit ihr die Energieerzeugung. Die Dampfbildung stoppt also die Kettenreaktion.

Mit der Schnellabschaltung ist die Gefahr nicht gebannt. Noch sind die während des Betriebes entstandenen radioaktiven Spaltprodukte da, die bei ihrem Zerfall Wärme abgeben, die sogenannte *Nachzerfallswärme,* die gefährlich wird, wenn die Brennelemente nicht weiter gekühlt werden. Sie beträgt unmittelbar nach dem Abschalten immerhin etwa 5 bis 7 Prozent der normalen Reaktorleistung. Auch ein abgeschalteter Reaktorkern kann deshalb noch schmelzen. In einem mittleren Kernkraftwerk muß auch nach einem planmäßigen Abschalten pro Stunde etwa die Wassermenge eines Swimmingpools, nämlich 70 bis 80 Kubikmeter, verdampft oder etwa die zehnfache Menge durch den Reaktorkern gespült werden, um die Nachwärme abzuführen. Bei Störfällen mit Kühlwasserverlust muß das dem System verlorengegangene Wasser nachgeliefert werden. Mehrere voneinander unabhängige Pumpen füllen den Reaktordruckbehälter wieder auf.

Aus den vielen Fällen, die man in der Reaktor-Sicherheitsforschung theoretisch durchgespielt und in Teilexperimenten verfolgt hat, will ich als Beispiel herausgreifen, daß schlagartig eine große Menge des Kühlwassers aus dem Primärkreislauf eines Druckwasserreaktors verloren geht und es nicht möglich ist, rasch Kühlwasser in ausreichender Menge nachzuliefern. Wenn die Brennstäbe nicht mehr vollständig von Flüssigkeit umgeben sind und mit ihren oberen Enden in Wasserdampf ragen, steigt dort wegen der Nachwärme die Temperatur innerhalb weniger Minuten von etwa 300 °C Betriebstemperatur auf 1400 °C an. Dann verbindet sich das Zirkalloy mit dem Sauerstoff des Wasserdampfes. Wasserstoffgas wird frei. Wenn es mit Luft in Berührung kommt, kann es, wie in Tschernobyl, explodieren. In den nächsten Minuten wird die Schmelztemperatur des Zirkalloys erreicht. Dann schmilzt auch das Uranoxid in den Stäben, während mit weiter ansteigender Temperatur das restliche Wasser verdampft. Nach etwa einer Stunde gibt die Tragestruktur des Reaktorkerns nach, die schmelzende Masse fällt auf den Boden des Reaktordruckbehälters. So war es in Harrisburg.

Wenn im Reaktorbehälter alles Wasser verdampft ist, bildet sich am Boden des Druckbehälters ein Schmelzsee, der tonnenweise Uran, Zirkalloy und geschmolzenes Material der Tragestrukturen enthält. Das geschieht etwa $1^{1}/_{2}$ Stunden nach Beginn des Unfalls. Wenn keine der eingeplanten Notfallmaßnahmen erfolgreich gewesen sein sollte, würde die Wand des Druckbehälters nachgeben, der Schmelzsee würde auf den Boden der Betonumhüllung treffen und sich in den Beton fressen. Während der nächsten Tage würde der Druck im Sicherheitsbehälter ansteigen. Da man den radioaktiven Dampf nicht einfach aus dem Sicherheitsbehälter ins Freie strömen lassen kann, muß er durch Kühlung von außen zur Kondensation gebracht werden. Außerdem muß die Nachwärme aus der Schmelze abgeführt werden. Es würde auch eine Entlastung bringen, wenn ein Teil des Dampfes gefiltert abströmen könnte. Die radioaktiven Stoffe würden in den Filtern zurückbleiben. Erst wenn es nach etwa fünf Tagen immer noch nicht gelungen wäre, den Druck im Sicherheitsbehälter zu beherrschen, würde der Behälter bersten und die radioaktiven Spaltstoffe gelangten unkontrolliert ins Freie.

Ich folgte hier einer Studie, die im Rahmen des Forschungsprogramms zur Reaktorsicherheit erstellt worden ist[59]. In ihr wird grundsätzlich angenommen, daß weder die Notkühlung noch die Druckentlastung im Sicherheitsbehälter Abhilfe schafft. Hier handelt es sich um theoretische Überlegungen, die nur in einigen Einzelpunkten im Experiment geprüft werden konnten.

Beim Reaktor von Tschernobyl waren kein richtiger Druckbehälter und kein Sicherheitsbehälter vorhanden. Beim Unfall von Harrisburg schmolz zwar der Kern, doch es gelang durch Wiederauffüllen des Primärkreislaufes mit Wasser, ein vollständiges Schmelzen des Reaktorkerns zu verhindern. Der Druckbehälter hielt dicht.

Auch wenn Schäden im Kühlsystem zu keiner Erhitzung des Reaktorkerns führen, sind sie gefährlich. Aus dem System darf kein radioaktives Wasser aus dem Primärkreislauf nach außen entweichen. In der Vergangenheit ist es immer wieder geschehen, daß Kernkraftwerken radioaktiver Dampf entwichen ist. Nach allem, was man darüber weiß, war die Radioaktivität der Umgebung aber nie merklich höher geworden als die ohnehin in der Natur vorhandene Strahlung.

Neben den oben erwähnten wichtigsten Sicherheitseinrichtungen gibt es noch weitere. In Kernkraftwerken liegt der Luftdruck im Sicherheitsbehälter geringfügig unter dem Außendruck. Man kann nur durch eine Schleuse in das Innere gelangen. Ist die Radioaktivität innen höher, so kann sie nicht durch Lecks unkontrolliert nach außen entweichen.* In Siedewasserreaktoren ist das Innere des Sicherheitsbehälters bei Betrieb nicht mit Luft, sondern mit Stickstoff gefüllt. Wenn bei einer Reaktorschmelze Wasserdampf mit den Hüllrohren reagiert und Wasserstoffgas freiwird, so findet dieses keinen freien Sauerstoff, mit dem es eine gefährliche Knallgasmischung bilden könnte.

### Der Schnelle Brüter

Erbrütetes Plutonium ist nicht nur Bombenstoff, es kann in einem Reaktor auch Energie liefern. Auf den ersten Blick ist das Rezept einfach: Man nehme natürliches Uran und schichte es zusammen mit

---

* Als 1986 der radioaktive Regen von Tschernobyl über Bayern niedergegangen war, sagte mir der Münchner Nobelpreisträger Rudolf Mößbauer, daß im Augenblick der radioaktiv sauberste Raum das Innere des allgemein als »Garchinger Atomei« bezeichneten Forschungsreaktors sei.

einem Moderator, bis die Kettenreaktion einsetzt, so wie es Fermi und seine Mitarbeiter im Jahre 1942 taten. Die entstehenden Neutronen treffen auf beide Isotopensorten des Urans. Die vom Moderator verlangsamten Neutronen spalten das $^{235}$U und halten so die Kettenreaktion in Gang, viele der schnelleren aber treffen auf das $^{238}$U und erzeugen Plutonium. Im Reaktor reichert sich also spaltbares Plutonium an. Alles Uran wird letztlich entweder direkt oder auf dem Umweg über Plutonium gespalten. Ganz so einfach geht es allerdings nicht.

Vergegenwärtigen wir uns noch einmal den Ablauf der Reaktionen. Am Anfang haben wir das $^{235}$U-Atom, das von Neutronen gespalten wird und dann zwei oder drei schnelle Neutronen abgibt. Schnellere Neutronen machen aus nichtspaltbarem $^{238}$U spaltbares $^{239}$Pu. Will man alles Uran über Plutonium verbrennen, steht man vor dem Dilemma, daß die Kettenreaktion am besten mit langsamen Neutronen in Gang gehalten wird, das Plutonium aber durch Neutronen mittlerer Energie erzeugt wird. Doch es läßt sich ein Kompromiß finden. $^{235}$U wird auch von schnellen Neutronen gespalten, zwar nicht so häufig wie von langsamen, aber man kann eine Kettenreaktion mit ungebremsten Neutronen in Gang halten, wenn man das $^{235}$U entsprechend anreichert. Wir beginnen also im Reaktor, in dem wir Plutonium erbrüten wollen, mit einer stark mit $^{235}$U angereicherten Ausgangsmischung. Doch ein mit $^{239}$Pu angereicherter Reaktorbrennstoff gibt bei der Spaltung mehr Neutronen ab und ist daher besser zu gebrauchen. Außerdem läßt sich Plutonium verhältnismäßig leicht aus abgebrannten Brennelementen gewinnen. Der Reaktor darf keinen Moderator haben. Dieser würde zwar die Neutronen verlangsamen und die Spaltungsrate erhöhen, doch es würden merklich weniger Plutoniumkerne entstehen. Wer ohne Moderator arbeitet, muß stark anreichern.

Ein Reaktor dieses Typs heißt *Schneller Brüter*. Der Reaktorkern besteht aus zwei Teilen. In einer inneren Zone wird entweder das $^{235}$U oder das Plutonium des stark angereicherten Brennstoffes gespalten. Diese *Spaltzone* ist von einem Bereich umgeben, der hauptsächlich $^{238}$U enthält (vgl. Abb. 13.5). Das ist die *Brutzone*. Aus der Spaltzone entweichende schnelle Neutronen verwandeln das $^{238}$U der Brutzone in Plutonium.

Da die Spaltzone aus hochangereichertem Material besteht, ist die Energieerzeugung auf einen kleinen Raum konzentriert. Dort herrschen hohe Temperaturen. Wasser ist als Kühlmittel nicht mehr geeignet. Man läßt die Brennstäbe von flüssigem Natrium umströmen. Mit

**Abb. 13.5:** Im Reaktor vom Typ des Schnellen Brüters enthält die Spaltzone mit $^{235}$U oder $^{239}$Pu hoch angereicherten Brennstoff. Die bei der Spaltung freiwerdenden schnellen Neutronen halten einerseits die Kernreaktionen in der Spaltzone aufrecht, zum anderen verwandeln sie in der Brutzone $^{238}$U in Plutonium.

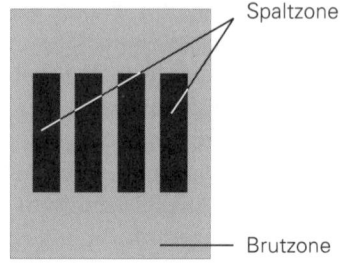

Spaltzone

Brutzone

einer Temperatur von etwa 500 °C bringt es in einem Dampferzeuger Wasser zum Sieden, dessen Dampf dann eine Turbine treiben kann.

Den ersten Versuchsbrüter hatte schon Fermi im Jahre 1946 gebaut. Er benutzte Quecksilber als Kühlmittel. In Schevtschenko am Kaspischen Meer steht ein Reaktor, in dem 7 Tonnen stark angereichertes Uran in 211 langen Stahlhülsen die Spaltzone erfüllen. Die Brutzone enthält 40 Tonnen natürliches Uran. Die in der Spaltzone entstehende Wärme wird durch Natrium an einen Dampferzeuger weitergegeben. Ein Reaktor in Bjelojarsk, der nach dem gleichen Prinzip arbeitet, hat eine elektrische Leistung von 600 Megawatt (MW). In Dounreay in Nordschottland liefert ein Schneller Brüter 10 MW elektrischer Energie. Versuche, einen Schnellen Brüter in Deutschland ans Netz zu bringen, sind gescheitert. Ein 20-MW-Versuchsreaktor im Kernforschungszentrum Karlsruhe ist nach zwanzigjähriger Betriebszeit Ende August 1991 endgültig abgeschaltet worden. An ihm versuchte man, Probleme der Sicherheit zu studieren, um für den geplanten deutschen Brutreaktor in Kalkar, der 300 MW liefern sollte, Erfahrungen zu sammeln. Das Kraftwerk von Kalkar ist niemals ans Netz gegangen.

### Der Reaktor, den niemand baute

Als Siegfried Flügge kurz nach der Hahn-Straßmannschen Entdeckung seinen Artikel in der Zeitschrift *Naturwissenschaften* veröffentlichte und die Bedingungen für das Eintreten einer Kettenreaktion diskutierte, wonach man, grob gesagt, nur genügend Uran auf engem Raum häufen müßte, um eine kritische Masse zu erzeugen, da war ihm auch klar, daß viele seiner Leser die Frage stellen würden, warum denn nicht längst die Uranvorräte der Welt ganz von selbst kritisch geworden sind. Flügge rechnete vor, daß das Uran selbst in den uranreichsten Gruben des Erzgebirges nicht dicht genug gepackt ist. Er ahnte damals nicht, daß es auf der Erde wirklich eine Stelle gibt, an der sich vor langer Zeit auf ganz natürliche Weise ein Kernreaktor gebildet hat.

Die Republik Gabun liegt direkt südlich des Äquators. Ihre Bewohner sind Bantus und Pygmäen. Die Amtssprache ist französisch, denn das Land war früher eine französische Kolonie. Obwohl die Gabuner hauptsächlich in der Landwirtschaft arbeiten, spielt die Ausfuhr von Erdöl und von Erzen eine wichtige Rolle in der Wirtschaft. In den Bergwerken von Gabun wird Uranerz gefördert. Der wichtigste Handelspartner ist Frankreich, und französische Physiker entdeckten im Jahre 1972, daß es mit dem Uran aus Gabun eine besondere Bewandtnis hat.

Während das natürliche Uran, das man aus anderen Ländern der Welt bezieht, 0.7 Prozent des Isotops $^{235}U$ enthält, liegt der $^{235}U$-Gehalt des gabunischen Urans bei 0.4 Prozent, vereinzelt sogar nur bei 0.2 Prozent. Wer Brennstoff für einen Leichtwasserreaktor herstellen will, muß das $^{235}U$ auf einige Prozent anreichern. Mit dem Uran von den Oklo-Minen in Gabun ist das mühevoller als mit dem Erz aus anderen Gruben. Das ungewöhnliche Verhältnis von $^{235}U$ zu $^{238}U$ erinnerte an Uran, das bereits einmal in einem Reaktor gebrannt hat, in dem also ein Teil seines $^{235}U$ gespalten wurde. Wie aber kommt solches Uran in die Erzlager von Gabun?

Man kommt der Antwort näher, wenn man etwas mehr über das üblicherweise in der Natur vorkommende Uran nachdenkt. Heute kommen auf 1 Kilogramm Natururan 7 Gramm $^{235}U$, 993 Gramm sind $^{238}U$. Doch beide Isotope sind radioaktiv und zerfallen im Laufe der Zeit. Die Zerfallszeiten sind verschieden lang: $^{238}U$ hat eine Halbwertszeit von 4.5 Milliarden Jahren, $^{235}U$ dagegen eine von nur 700 Millionen Jahren. Im Laufe der Jahrmilliarden ist also vom $^{235}U$ mehr zerfallen als vom $^{238}U$. Daraus folgt, daß vor langer Zeit der Prozentsatz des $^{235}U$ im natürlichen Uran höher gewesen sein muß. Sind es heute nur 0.7 Prozent, so waren es vor 700 Millionen Jahren 1.3 Prozent und vor zwei Milliarden Jahren sogar 4 Prozent. Das heißt, daß damals mit natürlichem Uran ein Leichtwasserreaktor hätte betrieben werden können. In ihm wäre das $^{235}U$ gespalten worden, und sein Anteil am gesamten Uran wäre gesunken. Entstand vielleicht in der Vergangenheit in Gabun aus den Uranmassen im Berg ganz von selbst ein Reaktor? An Wasser als Moderator war sicher kein Mangel.

Diese Vermutung wird durch die Häufigkeitsverhältnisse anderer Nuklide im Uranerz von Gabun bestätigt. Wenn dort in der Vergangenheit $^{235}$U in größerer Menge gespalten worden ist, dann müssen auch die dabei entstandenen Spaltprodukte zu finden sein. Das bestätigte sich vor allem an der Häufigkeit der Isotope des Elements Neodym. So besteht kein Zweifel, daß vor etwa zwei Milliarden Jahren in Afrika natürliches Uran kritisch geworden ist und über einen Zeitraum von etwa 100 000 Jahren $^{235}$U in einer Kettenreaktion gespalten wurde. Das war zu einer Zeit, als das Leben das feste Land noch nicht erobert hatte. Kein Wald, nicht einmal Steppen zogen sich über die Landmassen des Riesenkontinents hin, der alle unsere heutigen Erdteile in sich vereinigte. Dort, wo heute die Wassermassen des Atlantik strömen, gab es zwei große Binnenseen, in denen sich das primitive Leben noch nicht einmal zu Korallen und Muscheln entwickelt hatte.

Die schnellen unter den Neutronen haben wahrscheinlich aus den $^{238}$U-Kernen Neptunium und danach Plutonium entstehen lassen, das gleichfalls von den Neutronen gespalten wurde. Die Spaltprodukte des Urans und die des Plutoniums haben verschiedene Häufigkeitsverhältnisse. Aus den Spaltprodukten, die man in Gabun findet, kann man schließen, daß das Erz damals vorübergehend auch 5 Prozent Plutonium enthalten haben muß. Wahrscheinlich lief dieser natürliche Reaktor nicht pausenlos, sondern wurde vom Zufluß des Wassers gesteuert. Blieb dieser Moderator aus, dann schaltete sich der Reaktor ab, bis die nächste Wasserzufuhr ihn wieder in Gang setzte, so wie heute im Sarkophag von Tschernobyl.

# 14. Kernwaffen

Die Gefahr, mit der die Wissenschaftler unser Leben vergiftet haben, entspringt einst unbekannten Eigenschaften des physikalischen Universums, aber es ist keine rein äußerliche, eigengesetzliche Gefahr. . . . Die Gefahr erwächst vielmehr aus unserem eigenen Handeln – aus uns.

*Jonathan Schell*[60]

Im Jahre 1991 verfügten die USA über 12 066 nukleare Sprengköpfe, die Sowjetunion hielt 10 741 dagegen. Inzwischen hat man begonnen abzurüsten. Die Konfrontation der Supermächte ist zwar zunächst beendet, doch in der zerfallenen Sowjetunion ist die Situation unübersichtlich geworden, mehrere Staaten der GUS sind jetzt Atommächte. Die Gefahr, daß jemand versehentlich oder wegen interner Auseinandersetzungen eine Atombombe zündet, ist geblieben. Neben den Staaten, in denen Kernwaffen hergestellt werden, gibt es andere, die heimlich an einer eigenen arbeiten. Die Atombombe ist kein Geheimnis mehr, mit der fortschreitenden Technik wird ihr Bau von Jahr zu Jahr leichter.

## Experimente am Rande des Todes

Die Uran- und die Plutoniumbombe beruhen auf dem Prinzip, daß spaltbares Material schlagartig zu einer kritischen Masse vereinigt wird. Als Fermi im Dezember 1942 die erste Kettenreaktion in Gang setzte, hatte er natürliches Uran zusammen mit Graphit als Moderator so lange aufgeschichtet, bis die kritische Masse erreicht war. Doch für die Bomben brauchte man nahezu reines $^{235}U$ oder $^{239}Pu$ ohne Moderator. Zwar konnte man aus den Fermi-Versuchen abschätzen, wie groß die kritische Masse des $^{235}U$ ist, doch war man sich über den genauen Wert nicht sicher. Da halfen nur direkte Experimente, vor allem, da die kritische Masse auch von der Form abhängt, in die das spaltbare

Material gebracht wird. Im Frühsommer 1945 hatte man in Los Alamos endlich so viel $^{235}$U beisammen, daß man es zu einer kritischen Masse hätte vereinigen können. Man begann, kleine Stückchen des spaltbaren Stoffes, eines nach dem anderen, vorsichtig zu einem kugelförmigen Körper zusammenzusetzen. Je näher man der kritischen Masse kam, um so mehr Neutronen wurden von den Kontrollzählern registriert. Schließlich genügten schon kleine Zusatzmengen, um den Strom der Neutronen gewaltig steigen zu lassen. Man war hart an der kritischen Masse, aber auch hart an einer Katastrophe.

Otto Robert Frisch, der Neffe von Lise Meitner, hätte bei solch einem Versuch beinahe eine tödliche Strahlendosis abbekommen. Er beugte sich über eine nahezu kritische Masse und dachte nicht daran, daß die Wasserstoffatome in seinem Körper als Moderatoren wirken. Beinahe hätte eine Kettenreaktion eingesetzt.

Wie gefährlich das Arbeiten nahe der kritischen Masse sein kann, erfuhr man in Los Alamos drastisch zwei Wochen nach dem Abwurf der Bombe von Nagasaki. Ein junger Physiker arbeitete mit Uranblökken und fast kritischen Plutoniummengen. Als ihm ein Uranblock entglitt und auf anderes spaltbares Material fiel, wurde die kritische Masse erreicht. Im letzten Augenblick gelang es ihm, die Kettenreaktion zu unterbrechen. Er sah die Luft blau leuchten, die tödliche Dosis, die er erhielt, sah er nicht. Zwei Wochen später war er tot.

Im Mai 1946 versuchte ein Mitarbeiter von Frisch, die kritische Masse des Spaltmaterials für einen geplanten Bombentest im Pazifik zu ermitteln. Er hatte ähnliche Versuche schon oft ausgeführt. Auf einer Schiene schob er zwei Halbkugeln spaltbaren Materials vorsichtig einander entgegen, bis die Kettenreaktion gerade begann. In diesem Augenblick mußten die beiden Halbkugeln sofort auseinandergezogen werden – ein Experiment am Rande des Todes. Doch der junge Mann hatte Übung, er wußte den richtigen Moment abzupassen. An jenem Tag aber rutschte sein Schraubenzieher ab, die beiden Halbkugeln kamen zu schnell zusammen. Greller blauer Schein erhellte den Raum. Der Physiker riß die beiden Hälften auseinander. Damit rettete er das Leben der anderen im Raum anwesenden Personen, nur er selbst hatte eine tödliche Dosis bekommen, an der er neun Tage später verstarb.

## Die Kanone in der Bombe

Hätte er nicht im letzten Augenblick mit bloßen Händen zugegriffen, die Kettenreaktion hätte voll eingesetzt. Es wäre aber nicht zu einer Explosion etwa von der Stärke der Hiroshima-Bombe gekommen. Die beiden Hälften wären von den verdampfenden Stoffen der einander zugewandten Flächen der Halbkugeln auseinandergetrieben worden, noch ehe die meisten spaltbaren Atomkerne zerplatzt wären. Wer eine Bombe bauen will, muß dafür sorgen, daß das spaltbare Material hinreichend lange zusammenbleibt.

Wie lange es zusammengehalten werden muß, damit es nicht wirkungslos verpufft, hängt davon ab, wie »träge« die Atome des spaltbaren Materials sind. Muß der Spaltstoff länger als eine Sekunde zusammengehalten werden, oder genügt eine Tausendstelsekunde? Im November 1943 wußten die Leute von Los Alamos, daß die Atome des $^{235}$U extrem rasch reagieren. Innerhalb einer tausendmillionstel Sekunde werden die Neutronen frei, bereit, die Uranatome des nächsten Gliedes der Kette zu spalten. Doch das war noch immer langsam genug, um mit einer recht einfachen Anordnung die kritische Masse zu erreichen und hinreichend lange zusammenzuhalten. Das Schema ist in der Abbildung 14.1 dargestellt. Oben und unten sitzen unterkritische

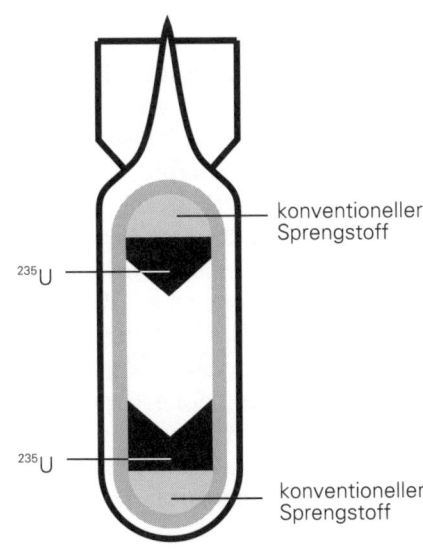

**Abb. 14.1:** Das Prinzip einer Uranbombe. Zwei unterkritische Massen von $^{235}$U werden mit einem konventionellen Sprengstoff zu einer überkritischen Masse vereinigt.

$^{235}$U

$^{235}$U

konventioneller Sprengstoff

konventioneller Sprengstoff

Uranmassen, die mit einem konventionellen Sprengstoff gegeneinander geschossen werden. Das ist eine Möglichkeit, in der Bombe die kritische Masse zu erreichen, aber nicht die einzige.

## Explosion durch Implosion

Als man in Los Alamos parallel zur $^{235}$U-Bombe die später in Nagasaki eingesetzte Plutoniumbombe plante, stand man vor einem neuen Problem. Die Gefahr, daß die Sprengladung vorzeitig verpufft, ist beim Plutonium größer als beim $^{235}$U. Würde man das Plutonium in Form von zwei unterkritischen Massen aufeinanderschießen, so würde die Vereinigung zu langsam vor sich gehen, das Plutonium würde wieder auseinanderfliegen, ohne daß ein merklicher Teil seiner Atome gespalten wurde. Man mußte sich eine andere Möglichkeit überlegen.

Um sie zu verstehen, müssen wir noch einmal über den Begriff der kritischen Masse nachdenken. Sie ist erreicht, wenn die bei jeder Spaltung freiwerdenden Neutronen mindestens eine neue Spaltung hervorrufen. Es geht nicht nur um die Menge an spaltbarem Material, die zusammengebracht werden muß, sondern auch um die Form. Ein Draht von einem Millimeter Dicke aus spaltbarem Material kann viele Kilometer lang und viele Tonnen schwer sein, die Masse wird nicht kritisch, denn nahezu jedes Neutron, das bei einer Spaltung frei wird, verläßt den Draht seitlich, ehe es einem neuen spaltbaren Kern begegnet. Erst wenn man den Draht aufwickelt, kann er kritisch werden. Ein dünnes Blech aus Plutonium mag noch so groß sein, es wird nicht kritisch. Erst wenn man es zu einem kompakten Klumpen ballt, zieht jede Spaltung eine weitere nach sich. Hier wird der Sprengstoff nicht durch Erhöhung der Masse, sondern durch Änderung der Form kritisch.

Der spaltbare Stoff der Plutoniumbombe wird in die Form einer Hohlkugel gebracht. Außen umgibt sie konventioneller Sprengstoff. Wenn dieser gezündet wird, preßt eine Druckwelle die Hohlkugel zur vollen Kugel zusammen. War die Hohlkugel noch unterkritisch, wird sie durch die Formänderung jetzt kritisch. Dieses Verfahren hat den Vorteil, daß man den kritischen Zustand sehr rasch erreicht. Darüber hinaus preßt der hohe Explosionsdruck das in der Hitze gasförmig gewordene Plutonium noch dichter zusammen. Auf diese Weise werden noch mehr Atome gespalten, ehe die freiwerdende Energie das Material auseinanderbläst. Doch auch diese *Implosionsmethode* hat ihre Probleme.

Wenn die Explosion des konventionellen Sprengstoffes auf einer Seite rascher verläuft als auf der anderen, wird die Hohlkugel nicht genau symmetrisch zu einer Kugel zusammengepreßt. Dann wird die Kugel platt gequetscht und verpufft oder zündet überhaupt nicht. Normalerweise ist Sprengstoff nie so gleichförmig, daß die Abbrenngeschwindigkeit überall exakt die gleiche ist. Doch der Abbrand im Sprengstoff läßt sich steuern, wenn man Sprengstoffe verschiedener Abbrenngeschwindigkeiten verwendet. Mit ihnen lassen sich »Sprengstofflinsen« formen, welche die Front, in welcher der Sprengstoff zündet, ablenken, so wie ein Brennglas das Sonnenlicht. In Los Alamos setzte man bei der Entwicklung der Plutoniumbombe die ersten damals verfügbaren Computer ein, um die Ausbreitung von Brennfront und Druckwelle im Sprengstoff zu studieren. Beim Trinity-Versuch explodierten 32 Sprengkapseln gleichzeitig, welche die äußeren Linsen aus schnell abbrennbarem Sprengstoff zündeten. Die Brennfront wurde durch sie auf langsamer reagierende Einschlüsse geleitet. Schließlich erreichten die Wellen die Plutoniumhohlkugel und preßten sie von allen Seiten gleichmäßig zu einer kompakten Kugel zusammen, die dann nur noch die Größe eines Augapfels hatte. Im Inneren der Hohlkugel befand sich eine Neutronenquelle: Eine Mischung aus Beryllium und Polonium schoß Neutronen in das sie umgebende Plutonium, in dem sie sich in über 80 Generationen von Spaltungen

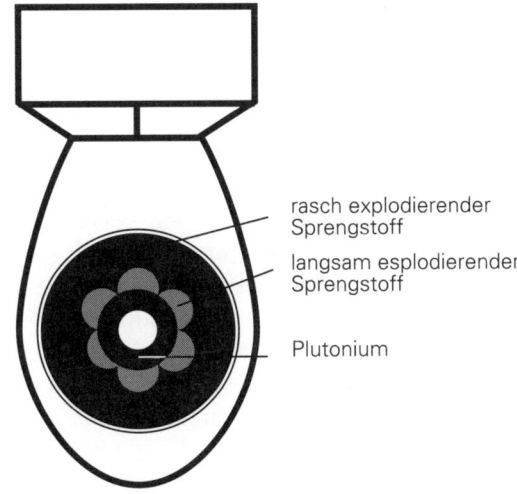

**Abb. 14.2:** Das Prinzip einer Plutoniumbombe. Eine Hohlkugel aus Plutonium wird durch konventionellen Sprengstoff von außen zusammengedrückt. Durch diese Formänderung wird die kritische Masse überschritten, die Kettenreaktion läuft an. Damit das Plutonium nicht »verpufft«, muß es von allen Seiten gleichzeitig und gleichförmig zusammengepreßt werden. Dazu dient ein »Linsensystem« von Sprengstoffen verschiedener Brenngeschwindigkeit.

rasch explodierender Sprengstoff

langsam esplodierender Sprengstoff

Plutonium

vervielfachten. Die Abbildung 14.2 zeigt das Schema der nach diesem Prinzip gebauten Bombe von Nagasaki.

Bei den beiden über Japan abgeworfenen Bomben hatte man das Problem der zu frühen Verpuffung noch nicht vollständig gelöst. Nachträglich stellte sich heraus, daß von den 60 Kilogramm hochangereicherten Urans der Hiroshima-Bombe nur etwa 700 Gramm, also nur 12 Prozent, gespalten worden waren. Von den 6.2 Kilogramm des Plutoniums der Nagasaki-Bombe waren es immerhin schon 20 Prozent.


## Die Superbombe

Wir hatten bereits in Kapitel 8 gesehen, daß Kerne, die schwerer sind als die des Eisens, bei der Spaltung Energie freigeben, leichtere Kerne dagegen bei ihrer Verschmelzung. Schon im Jahre 1928 stand fest, daß die Sterne ihre Energie aus der Verschmelzung leichter Elemente beziehen, vor allem des Wasserstoffs, der sich über mehrere Zwischenschritte zu Helium verwandelt. Dieser Prozeß ist ergiebiger als die Spaltung. Wenn man ein Kilogramm reines $^{235}U$ spaltet, so wird eine Energie frei, die einem Heizwert von 2500 Tonnen Steinkohle entspricht. Verwandelt man dagegen ein Kilogramm Wasserstoff in Helium, so gewinnt man die achtfache Menge an Energie. Schon während des Krieges plante Edward Teller, eine Superatombombe zu bauen, deren Sprengkraft aus der Fusion des Wasserstoffs kommt. Könnte es nicht gelingen, Wasserstoff für kurze Zeit in den Zustand zu versetzen, den er im Zentrum der Sonne hat? Mit der Spaltungsbombe hätte man das Werkzeug in der Hand, den Wasserstoff in diesen Zustand zu bringen. Das Problem wurde in den USA besonders dringend, als am 23. September 1949 die Sowjets ihre erste Atombombe zündeten und den USA und Großbritannien das Atommonopol nahmen.

Nicht mit gewöhnlichem Wasserstoff gelingt die Fusion am leichtesten, sondern mit einem Gemisch seiner Isotope Deuterium und Tritium. Diese beiden Nuklide verschmelzen bei hinreichend hoher Temperatur nach der in Abbildung 14.3 (oben) angegebenen Reaktion zu Helium. Das Prinzip einer Wasserstoffbombe ist dann einfach: Eine normale Uran- oder Plutoniumbombe komprimiert und erhitzt ein Gemisch dieser Wasserstoffisotope, damit die Atomkerne sich so rasch bewegen, daß sie trotz ihrer elektrischen Abstoßung ineinander eindringen können. Man beachte dabei einen grundsätzlichen Unter-

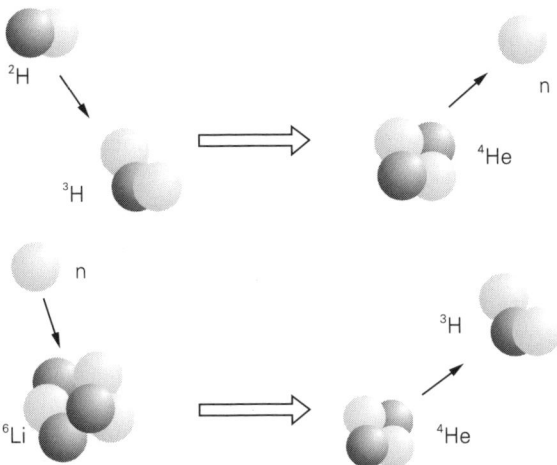

**Abb. 14.3:** Die Kernreaktionen in einer Wasserstoffbombe. Oben: Die beiden Wasserstoffkerne Tritium und Deuterium vereinigen sich zu einem Heliumatom. Dabei wird ein (schnelles) Neutron frei. Unten: Für die praktische Anwendung benutzt man eine Verbindung aus Lithium und Deuterium. Wird das Lithium von einem Neutron getroffen, so entstehen ein Alphateilchen und ein Tritiumkern, der zusammen mit dem Deuterium die dargestellte Reaktion auslöst, bei der wiederum ein Neutron frei wird, das einen weiteren Lithiumkern spalten und damit einen Tritiumkern erzeugen kann.

schied: Für die Spaltung ist eine kritische Masse nötig. Die eine Kettenreaktion auslösenden ladungslosen Neutronen fliegen ungehindert über verhältnismäßig weite Strecken, ehe sie auf einen Kern treffen. Sie können daher bei zu kleiner Masse oder bei ungünstiger Form des Spaltstoffes (Draht) nach außen verlorengehen. Anders ist es bei der Fusion. Sie kann auch bei kleinen Mengen ablaufen. Bei ihr müssen zwei Atomkerne aufeinandertreffen. Wegen ihrer elektrischen Ladung lenken alle Kerne einander ständig von ihren geraden Bahnen ab. Sucht einer den Weg nach außen, so nähert er sich doch so oft anderen, daß er auch einmal trotz der abstoßenden elektrischen Kräfte mit einem anderen Kern verschmilzt.

Am 1. November 1952 zündete man auf dem Eniwetok-Atoll im Pazifik eine so mit Wasserstoff als »Nachbrenner« verstärkte Bombe. Sie war zwar stärker als alle vorher dagewesenen Bomben, aber nicht so stark, wie man eigentlich erwartet hatte. Zwei in den USA arbeitende Mathematiker, der aus Polen stammende Stanislaw Ulam (1909–1984) und der Ungar John von Neumann (1903–1957), zeigten, daß die von der Fissionsbombe ausgehende Druckwelle den Wasserstoff nicht genügend zusammengepreßt hatte. Erst später fand man einen Ausweg. Diese erste amerikanische Wasserstoffbombe hätte niemals als Waffe eingesetzt werden können. Es war eigentlich gar keine Bombe, sondern ein ganzes Laboratorium von etwa 60 Tonnen, das im Augenblick der Zündung zusammen mit dem Gebäude, ja mitsamt mit der ganzen Insel Elugelab verschwand. Ein Nachteil des Deuterium-Tritium-Gemisches war, daß Tritium wie Plutonium im Reaktor hergestellt werden muß. In den ersten Nachkriegsjahren, in denen Amerika möglichst viele Bomben bauen wollte, um den Vorsprung vor den Sowjets zu halten, waren die Kernreaktoren voll mit der Plutoniumproduktion ausgelastet. Außerdem kam die Herstellung eines Gramms Tritium achtzigmal so teuer wie die der gleichen Menge Plutonium. Darüber hinaus ist Tritium radioaktiv und zerfällt mit einer Halbwertszeit von etwa zwölf Jahren. Wollte man die Bomben jahrelang einsatzfähig halten, mußte man von Zeit zu Zeit im Tank des tiefgekühlten Wasserstoffs flüssiges Tritium nachfüllen. Doch auch dieser Nachteil der Wasserstoffbombe konnte beseitigt werden.

**Der glückliche Drache im radioaktiven Regen**

Im Januar des Jahres 1954 war aus dem japanischen Hafen Yaizu »Der glückliche Drache« ausgelaufen, ein 31 Meter langes Fischerboot. Am 1. März steht es etwa 170 Seemeilen östlich der Insel Bikini. Da sehen die Männer am Morgen plötzlich im Westen ein helles Licht aufleuchten, eine Erscheinung, die sie sich nicht erklären können. Als nach kurzer Zeit das Licht wieder verlischt, gehen sie zur normalen Tagesarbeit über. Da ertönt lauter Donner, die See wird unruhig, das Schiff beginnt zu schwanken. Die Männer ziehen die Fangleinen ein und verlassen so schnell wie möglich das unheimliche Seegebiet. Dann fällt Asche auf das Deck und auf die Männer. Sie klebt an den Gesichtern, im Haar und an der Kleidung. Die Leute spülen sie ab, waschen sich und reinigen das Deck. Dann erbricht einer sein Frühstück. Auch den anderen wird übel. Die Männer haben das Gefühl, ihre Hände wären verbrannt. Die Haut juckt, die Augen triefen. Noch ehe sie den Heimathafen erreichen, fallen ihnen die Haare aus. Erst zwei Wochen später, bei ihrer Ankunft zu Hause, erfahren sie, daß die Amerikaner eine Wasserstoffbombe gezündet hatten. Die Mannschaft ist radioaktiv verseucht. Im September des gleichen Jahres stirbt der Funker. Es war die verbesserte Wasserstoffbombe, die man ausprobiert hatte. Statt flüssigen Wasserstoffs war diesmal ein fester Sprengstoff in der Bombe gewesen, die Wasserstoffverbindung Lithiumhydrid.

Erhitzt man das weißglänzende Metall Lithium auf mehr als 600 °C und läßt es von Wasserstoffgas umströmen, so verbindet sich je ein Lithiumatom mit einem Atom des Wasserstoffs. Es entsteht eine harte, weiße Masse, das Lithiumhydrid, das in der Kunststoffherstellung verwendet wird. Nimmt man für das Wasserstoffgas das Isotop Deuterium, dann verbinden sich gleichfalls die Atome – wir wissen ja, daß die Isotope eines Elements chemisch gleich reagieren. Das jetzt entstehende Lithiumhydrid ermöglichte es, »handliche« Wasserstoffbomben

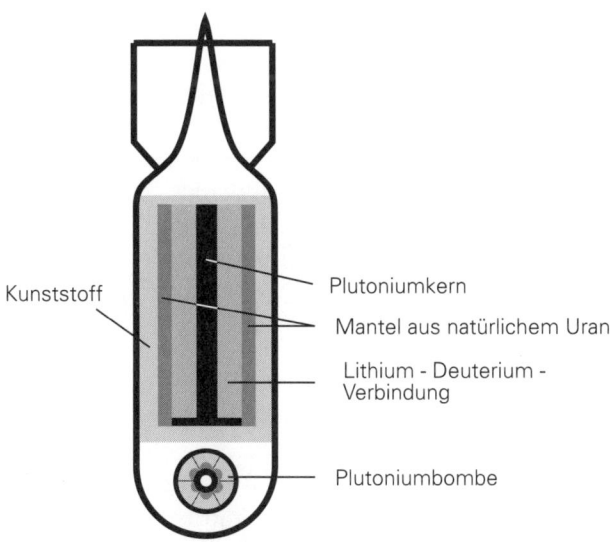

Kunststoff

Plutoniumkern

Mantel aus natürlichem Uran

Lithium - Deuterium - Verbindung

Plutoniumbombe

**Abb. 14.4:** Das Prinzip einer Wasserstoffbombe. Durch einen konventionellen Sprengstoff wird eine überkritische Masse Plutonium erzeugt. Die Neutronen der anlaufenden Kettenreaktion erzeugen in der Lithium-Deuterium-Verbindung Tritium. Unter dem Explosionsdruck des Zünders können die in der Abbildung 14.3 beschriebenen Reaktionen ablaufen. Um das Tritium-Deuterium-Gemisch möglichst lange zusammenzupressen, löst die Strahlung des Plutoniumzünders (unten) auch eine Kettenreaktion im Plutoniumkern aus. Der Druck der verdampfenden Kunststoffummantelung und der Plutoniumexplosion sorgen dafür, daß das Fusionsgemisch hinreichend lange zusammenbleibt. Ein Mantel aus natürlichem Uran reflektiert die Neutronen und verstärkt so die Explosionswirkung.

herzustellen. Der Bombenstoff muß nicht mehr gekühlt werden, und seine Menge verringert sich nicht mehr wegen radioaktiven Zerfalls.

Die Neutronen einer Plutoniumbombe wandeln jetzt das Lithium in Tritium, das dann mit dem Deuterium reagiert (vgl. Abb. 14.3 unten). Das explosive Fusionsgemisch entsteht also erst nach der Explosion des Zünders. In der modernen Wasserstoffbombe beschreitet man diesen Umweg über das Lithium und löst außerdem auch das Problem des genügend langen Einschlusses des Tritium-Deuterium-Gemisches. Zwei Spaltungsbomben pressen den Wasserstoff besser zusammen. Das Schema ist in der Abbildung 14.4 wiedergegeben. Die Neutronen der ersten Explosion (Plutoniumbombe Nr. 1, im unteren Teil der Bombe) lösen eine zweite Kettenreaktion aus – in einem Plutoniumkern inmitten des Lythiumhydrids (Plutoniumbombe Nr. 2). Der Wasserstoff wird nun von zwei Plutoniumexplosionen zusammengepreßt und so lange zusammengehalten, daß genügend viele Wasserstoffatome verschmelzen. Die erste mit schwerem Lithiumhydrid gebaute Bombe funktionierte hervorragend – zu hervorragend. Man hatte die Stärke der Explosion auf 6 Millionen Tonnen TNT geschätzt, tatsächlich wurden 15 Millionen Tonnen an Sprengkraft frei – das Tausendfache der Hiroshima-Bombe. Die vorgesehene Sicherheitszone erwies sich als viel zu klein. Südseeinsulaner mußten evakuiert werden, doch da war die radioaktive Asche schon gefallen. Die gesamten nördlichen Marshall-Inseln waren verseucht worden. Nicht nur der »Glückliche Drache« war davon betroffen, der radioaktive Niederschlag ging auch auf einen amerikanischen Tanker nieder, der in 180 Seemeilen Entfernung mit Kurs auf Pearl Harbor fuhr.

**Die Neutronenbombe**

Blenden wir zurück in die siebziger Jahre. Damals führte die Konfrontation mit dem Osten zur Entwicklung einer neuen Bombe. Wie läßt sich ein Panzerangriff mit Atombomben abwehren? Was soll geschehen, wenn die Truppen des Warschauer Paktes mit Panzern über Westeuropa herfallen? Wollte man sie mit atomaren Waffen aufhalten, so gefährdete man die eigenen Truppen und die Zivilbevölkerung. Die Bomben würden auch Städte und Landschaften vernichten. Solch einem Angriff konnte man eigentlich nur mit einer Waffe begegnen, die auf möglichst kleinem Raum wirkt und die so optimiert ist, daß sie pro Kilotonne Sprengkraft so viele feindliche Soldaten wie möglich tötet,

ohne anderen Schaden anzurichten.* Normalerweise geht der weitaus
größte Teil der bei einer Atombombenexplosion freiwerdenden Energie
in die Druckwelle und in die Hitzestrahlung. Eine Bombe der Sprengkraft von 50 Kilotonnen TNT läßt in 600 Meter Abstand Autos
verdampfen, sie in einem Kilometer Distanz noch schmelzen. Gebäude
werden bis in mehr als zwei Kilometer Entfernung vom Zentrum
zerstört. Demgegenüber ist die Wirkung der radioaktiven Strahlung
verhältnismäßig gering. Sie ist tödlich für alle Menschen, die näher als
800 Meter stehen, während 50 Prozent der Menschen überleben
würden, die in einem Kilometer Abstand von der radioaktiven Strahlung der Bombe überrascht werden. Wenn es gelänge, die Druckwelle
und die Hitzestrahlung zu reduzieren, würden mehr der gefährdeten
Gebäude erhalten bleiben. Könnte man dafür möglichst viele und
energiereiche Neutronen abstrahlen, so könnten sie auch noch in
großem Abstand tödlich wirken.

Die bei den Reaktionen in einer Wasserstoffbombe freiwerdenden
Neutronen schmelzen keine Autos und zerstören keine Gebäude – sie
sind lediglich tödlich. Ihre Energie von etwa 14 MeV läßt sie ungehindert über weite Strecken fliegen und sogar durch den Stahl eines
Panzers die Besatzung kampfunfähig machen. Da es für die Fusion
keine kritische Masse gibt, könnte man im Prinzip kleine Fusionsbom-
ben geringer Sprengkraft bauen, die nur ihrer Neutronenstrahlung
wegen gefährlich sind. Doch die »saubere« Neutronenwaffe wäre sie
nicht. Wir haben gesehen, daß jede Wasserstoffbombe mit einer Spaltungsbombe gezündet wird. Ob das mit einer Uran- oder einer Plutoniumbombe geschieht, in jedem Fall benötigt man für die Kettenreaktion im Zünder eine kritische Masse. Deshalb ist die Sprengkraft einer
Wasserstoffbombe mindestens so groß wie die ihres Zünders. Wer also
eine Bombe bauen will, die möglichst viel der freiwerdenden Energie in
Form von schnellen Neutronen abgibt, muß zur Zündung die Spaltung
eines Nuklids verwenden, dessen kritische Masse möglichst klein ist. Je
dichter man das Plutonium bei der Zündung durch konventionelle
Sprengstoffe komprimiert, um so geringere Massen sind nötig. Wenn
man andere Nuklide nimmt, kann man mit noch geringeren kritischen
Massen auskommen. $^{241}$Pu, zum Beispiel hat eine geringere kritische
Masse als $^{239}$Pu. Bei normalen Wasserstoffbomben umgibt man das
Lithiumhydrid, in dem die Fusion ablaufen soll, mit einem Mantel aus

---

* Der Leser möge mir nachsehen, daß ich in diesem Abschnitt einen makabren Ton
  gebrauche – ich habe die Sprache dem schrecklichen Thema angepaßt.

natürlichem Uran, das die freiwerdenden schnellen Neutronen reflektiert oder schluckt und selbst gespalten wird (vgl. Abb. 14.4). Sollen die bei der Fusion freiwerdenden Neutronen entweichen, muß man den Mantel weglassen.

Eine Neutronenbombe mit einer Sprengkraft von einer Kilotonne TNT zerstört Gebäude, die bis zu 200 Metern entfernt sind, Soldaten bis zu einem Kilometer Distanz werden kampfunfähig. Von den Menschen, die in einem Abstand von $1^1/2$ Kilometern von den Neutronen der Bombe überrascht werden, wird die Hälfte nach Wochen den Strahlentod gestorben sein.

### Die Atombombe für den Heimwerker

Heute ist bekannt, wie eine Uran- oder Plutoniumbombe funktioniert. Ist es möglich, daß ein geschickter Bastler eine Bombe baut? Muß er den langen Weg gehen, den die Männer von Los Alamos zurückzulegen hatten, und muß er unbedingt die großen finanziellen Mittel aufwenden, welche die USA im Zweiten Weltkrieg für die Entwicklung der Bombe zur Verfügung hatten? Gibt es das – eine Hiroshima-Bombe, im Schuppen auf dem Hinterhof zusammengebaut? Man kann die Frage auch ernster formulieren: Können kleinere Staaten heutzutage die Bombe bauen, geleitet von dem, was trotz aller Geheimhaltung nach außen gedrungen ist?

Es gibt kein großes Geheimnis mehr um die Atombombe. Im Jahre 1976 veröffentlichte John Aristotle Phillips, ein 21jähriger Student der Universität Princeton, eine 34seitige Anleitung zum Bau einer Plutoniumbombe. Sein Physikprofessor bestätigte später, daß eine danach gebaute Waffe tatsächlich funktionieren würde. Von einer deutschen Illustrierten befragt, schätzte damals ein bekannter deutscher Kernphysiker, daß unter tausend deutschen Physikstudenten der damaligen Bundesrepublik etwa 300 in der Lage seien, eine Bombe zu bauen. Das war zu der Zeit, als terroristische Anschläge nicht gerade selten waren, eine beunruhigende Nachricht gewesen. Aber die Fachleute hatten immer wieder darauf hingewiesen, daß es zwar relativ leicht sei, den Mechanismus herzustellen, der zwei unterkritische Massen $^{235}U$ zusammenbringt und die Explosion auslöst, doch es sei praktisch unmöglich, in den Besitz des spaltbaren Materials zu kommen. Tatsächlich kann man die zur Anreicherung von $^{235}U$ nötige Anlage nicht im Hinterhof verstecken. Graphit zum Moderieren muß chemisch rein sein und kann nicht einfach aus Bleistiftminen genommen werden. Auch ist es nicht möglich, schweres Wasser als Moderator in der nötigen Menge heimlich zu sammeln. Wenn Einzelpersonen auch in der Lage sind, einen Bombenmechanismus zu bauen, so stehen sie immer noch vor dem Problem, sich die genügenden Mengen spaltbaren Materials zu beschaffen.

Der amerikanische Wissenschaftsjournalist und Physiklehrer George Harper veröffentlichte im Jahre 1979 einen Artikel[61], in dem er den beunruhigenden Verdacht von damals, es könne jemand heimlich seine eigene Atombombe bauen, mit makabrem Humor ad absurdum führte. Er beschrieb, wie man eine Anlage errichtet, die bei der Explosion bis zu einem Abstand von etwas mehr als einem halben Kilometer alles zerstören und großen Schaden bis zum doppelten Abstand anrichten könnte. Innerhalb von drei Kilometern wäre die direkte Strahlung tödlich. In der Richtung des augenblicklich herrschenden Windes würden die Menschen noch bis in 70 Kilometer Abstand schwere Strahlenschäden davontragen. Der Autor schätzte die Kosten der Anlage auf 3000 US-Dollar und meinte, man könne billiger wegkommen, wenn man Einzelteile auf dem Gebrauchtwarenmarkt zusammensuchen würde.

Harpers Bombe ist nicht transportabel. Sie wird in einem zweistöckigen Haus fest eingebaut. Natürlich wäre es unrentabel, das Haus zu kaufen, meint er, denn der Wert würde später extrem sinken. Man sollte es mieten, und die Miete wäre zum obengenannten Preis noch hinzuzufügen. Hauptbestandteil der Anlage ist ein 6 Meter langes Rohr von 10 Zentimeter Durchmesser, das vom ersten Stock über das Erdgeschoß vertikal bis zum Kellerboden reicht (vgl. Abb. 14.5). Dort wird es mit einer Betonhülle umgeben und der Keller vollständig mit Sand, Steinen und Zement aufgefüllt. Um diese Mischung mit Wasser aus einem Schlauch zu binden, braucht man nicht allzu sorgfältig vorzugehen, meint Harper, da die Anlage ja nur ein einziges Mal benutzt würde.

Als Sprengladung werden zwei Halbkugeln aus $^{235}$U benötigt, insgesamt, schätzt der Autor, kommt der Bastler mit etwa 30 Pfund Uran aus. Natürlich muß der Terrorist diese Menge getrennt in zwei Teilen aufbewahren, da sie zusammen die kritische Masse überschreiten und in einer Kettenreaktion explodieren würde. Um die richtige Halbkugelform der beiden Hälften zu erhalten, muß er das Uran mit Azetylenbrennern schmelzen. Dazu wünscht der Autor dem entschlossenen Bastler viel Glück, denn selbst wenn er eine Taucherausrüstung mit

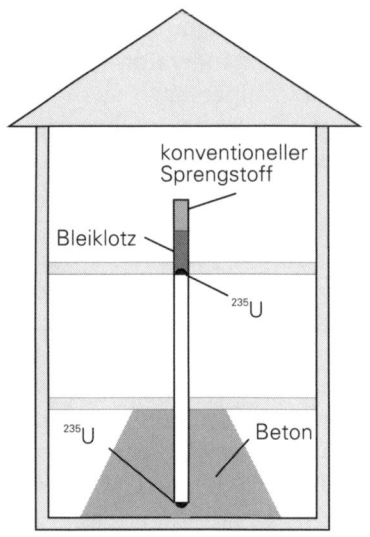

**Abb. 14.5:** Das Schema von George Harpers Terroristenbombe. In den beiden Enden eines langen, lotrecht aufgestellten Rohres befinden sich zwei unterkritische Massen von $^{235}$U, die durch einen Sprengsatz am oberen Ende und durch einen Bleiklotz zu einer überkritischen Masse vereinigt werden.

konventioneller Sprengstoff

Bleiklotz

$^{235}$U

$^{235}$U

Beton

Preßluftflasche benutzt, um die entstehenden tödlichen Urandämpfe nicht einatmen zu müssen, so kann das Uran dabei explosionsartig verbrennen – es sei denn, der todesmutige Heimwerker schmilzt und formt das Uran in einem abgeschlossenen, mit Stickstoff gefüllten Gefäß. Wenn es dem Bastler dann endlich gelungen ist, zwei Halbkugeln herzustellen, so soll er die erste im Rohr am unteren Ende anbringen, so daß die flache Seite nach oben zeigt. Die zweite Hälfte wird im oberen Ende befestigt. Doch Vorsicht! Wenn sie der sorglose Terrorist versehentlich in das Rohr fallen läßt, dann kommt sie postwendend wieder zurück, nachdem die beiden Halbkugeln für kurze Zeit eine überkritische Masse gebildet haben. Harper schlägt vor, einen zylindrischen Block aus Blei von etwa 100 Kilogramm, der genau in das Rohr paßt, herzustellen und die obere Halbkugel am unteren Ende des Bleiblocks, jetzt mit der flachen Seite nach unten, zu befestigen. Eine Haltevorrichtung sorgt dafür, daß der Bleiblock mit der Uranladung nicht nach unten fällt. Oberhalb des Bleizylinders soll im Rohr noch soviel Platz sein, daß dort eine Ladung Schießpulver samt elektrischem Zünder untergebracht werden kann. Oben wird das Rohr dann mit einem Deckel verschlossen. Die Atombombe ist fertig.

Wenn das Schießpulver gezündet wird, drückt es auf den Bleiblock, die Arretierung gibt nach, der Block fällt, das Uran vorneweg, nach unten. Die kritische Masse wird erreicht, die Kettenreaktion läuft an.

Die Länge des Rohres und das Gewicht des Bleiblocks sind so bemessen, daß die Wucht des unten auftreffenden Blocks die beiden Uranhälften hinreichend stark zusammenhält, lange genug, daß ein merklicher Teil der Uranatome gespalten wird.

Sieht man vom Beschaffen und Bearbeiten des Urans ab, so kann jeder diese Anlage bauen. Die Hauptschwierigkeit liegt in der Frage: Woher das spaltbare Material nehmen? Ich muß an Herbert Rosendorfers Geschichte denken, in der ein Junge erklärt, daß er seinen Großvater mit einem Nachttopf voll Dynamit in die Luft sprengen will. Er sei mit seinen Vorbereitungen schon sehr weit. Das Nachtgeschirr habe er schon, jetzt fehle ihm nur noch das Dynamit.[62]

Jetzt zeigt Harper, wie irreal die ganze Unternehmung ist. Er schlägt vor, das $^{235}$U vom nächstliegenden Kernkraftwerk zu stehlen und erteilt viele Anweisungen dafür, etwa wie man mit Hilfe eines Kranes den ganzen Reaktorkern auf einen Lastwagen hebt und wie man dafür sorgen muß, daß der Boden des Wagens nicht unter der Reaktorhitze schmilzt. Wem das zu kompliziert und gefährlich ist, dem rät Harper zur Isotopentrennung, entweder mit Hilfe der Gasdiffusion oder mit einer elektromagnetischen Lasermethode. Schließlich kommt er zu dem Schluß, daß die benötigte Menge $^{235}$U aus mehreren Tonnen Natururan innerhalb einer Zeit von 4 Jahren gewonnen werden könnte. Dabei darf man aber die Strahlendosis nicht vergessen, der man ohne die Schutzvorrichtungen, die sich ein großes Industriewerk leisten kann, ausgesetzt ist. Die Isotopentrenner im Hinterhof würden den nötigen Zeitraum von vier Jahren nicht überleben, und Harper schließt seine Bauanleitung mit der Empfehlung, am besten drei Ersatzmannschaften bereitzuhalten, die einspringen, wenn das vorangegangene Team weggestorben ist.

So sehr Harpers wissenschaftlich einwandfreie Satire uns darüber beruhigt, daß der Bastler nicht mit einer Atombombe gemeingefährlich werden kann, so sehr beunruhigt sie aber auch. Wer auch immer nahezu reines $^{235}$U oder Plutonium in seine Finger bekommt und eine Bombe bauen will, steht nur noch vor der Aufgabe, zwei Körper dieses Spaltmaterials möglichst schnell miteinander zu vereinigen und Bruchteile einer Sekunde zusammenzuhalten. Dieses technische Problem wird keinem Staat, der in den Besitz spaltbaren Materials gekommen ist, große Schwierigkeiten bereiten. Es ist nur eine Frage der Zeit, bis auch kleinere Länder Atombomben besitzen, mögen die Staaten nun demokratisch von Parlamenten regiert werden oder nicht. Deshalb versucht man, über das spaltbare Material, das in Kernkraftwerken verwendet wird, und über das Plutonium, das sich während des Betriebes in den Brennstäben eines Reaktors bildet, die Kontrolle zu behalten. Wenn man bei Fragen der Sicherheit der Kernkraftwerke menschliches Versagen als einen wichtigen Faktor mit einkalkulieren muß, so muß man auch mit der Existenz einer Uran-Plutonium-Mafia rechnen. Wahrscheinlich gibt es sie schon. Atomarer Brennstoff wird heutzutage schwarz gehandelt. Die Abrüstung des atomaren Arsenals der Großmächte bedeutet nicht, daß der Atomsprengstoff vernichtet, sondern daß er aus den Waffen genommen, registriert und vorläufig sorgsam gelagert wird. Aus der Welt verschwunden ist er noch lange nicht.

Im Jahre 1993 ging die Nachricht von der Bombenexplosion unterhalb des New Yorker World Trade Centers um die Welt. Es war zwar nur konventioneller Sprengstoff, doch mit Harpers Bauanleitung im Hinterkopf und der Unklarheit, wo der atomare Sprengstoff der GUS-Länder bleiben wird, lief mir ein kalter Schauer über den Rücken.

# 15. Der bestrahlte Mensch

Die Becquerelstrahlen verwandeln Sauerstoff in Ozon, und es ist ja bekannt, daß Ozon ein ganz hervorragend desinfiscirender Körper ist. ... Wir dürfen also erwarten, daß wir in Zukunft in unseren Wohnräumen die reine Luft, die wir jetzt im Freien nach einem Gewitter genießen, einfach dadurch hervorrufen können, dass wir in ihnen einen Körper aufstellen, der Becquerelstrahlen aussendet.

*Astronomische Rundschau 1901, S. 159*

Ein wundervolles Gesicht – dieser Knochenbau! Wie bei mir. Ob seine Haare so kurz sind, weil er radioaktiv verseucht ist oder weil ihm dieser Haarschnitt gefällt?

*Marlene Dietrich über J. Robert Oppenheimer*[63]

Leide, die sechsjährige Tochter des Schrotthändlers Desair Alvez Ferreira, freute sich über den blauen Stein, der zum Vorschein kam, als ihr Vater den schweren Metallzylinder endlich zerschlagen hatte. Sie faßte danach, ein glitzerndes Pulver blieb an der Haut haften. Vergnügt rieb sie sich Gesicht und Arme ein. Aus einem Stück des wunderbaren Steines wollte der Vater einen Ring für seine Frau anfertigen lassen. Einen Monat später starben Mutter und Tochter in einem Marinekrankenhaus in Rio de Janeiro.

## Radioaktivität ist kein Spielzeug

Der blaue Stein war Cäsium gewesen, genauer $^{137}$Cs, ein Beta- und Gammastrahler, der mit einer Halbwertszeit von etwa 30 Jahren zerfällt. Das Präparat stammte aus einer medizinischen Bestrahlungsanlage, mit der man krebskranke Patienten behandelt hatte. Doch inzwischen war das Gerät veraltet, keiner konnte es mehr brauchen, und als das Institut umziehen mußte, ließ man den mehrere Tonnen schweren Bestrahlungsapparat zurück. Juristische Querelen verhinderten eine ordnungsgemäße Entsorgung. Anfangs wurde das Gerät mit seiner gefährlichen Strahlungsquelle bewacht. Als später die Wachmänner abgezogen wurden, kamen Einbrecher. Einer stahl das ganze Gerät und verkaufte es. Ein Teil der ursprünglich zur radioaktiven Abschirmung eingebauten Bleiwände wanderte in eine Druckerei, die daraus ihre Lettern goß. Dann wurden die ersten Erkrankungen bekannt, denn die Splitter des ursprünglichen Steins waren zu Freunden und Bekannten gelangt. Die Mutter eines Erkrankten warf den teuflischen blauen Stein, den ihr Sohn nach Hause gebracht hatte, in die Toilette und stellte damit später die Suchkommandos vor die schwierige Aufgabe, nach einem Splitter radioaktiven Cäsiums in den Kloaken von Rio zu fahnden. Radioaktivität ist kein Spielzeug.

Wie gefährlich die radioaktive Strahlung ist, hatte man schon sehr frühzeitig erkannt. Bereits im Jahre 1900 erschien in einer deutschen chemischen Zeitung der Bericht eines Chemikers über einen Versuch, den er am eigenen Körper angestellt hatte. Genauer beschreibt Pierre Curie im Sommer 1901 einen Selbstversuch, bei dem er zehn Stunden lang ein radioaktives Bariumpräparat auf seinen Arm einwirken ließ. Die Haut rötete sich an der Stelle, auf der das Präparat aufgelegen war, die Rötung wurde stärker, breitete sich aber nicht aus. Nach 20 Tagen bildete sich ein Schorf. Selbst nach 42 Tagen waren auf der Haut noch Spuren der Bestrahlung zu sehen. Curie berichtete auch, daß Becquerel ein radioaktives Präparat sechs Stunden lang in der Westentasche herumgetragen hätte. An der entsprechenden Hautstelle zeigten sich Rötungen, die in den darauffolgenden Tagen stärker wurden, Gewebeteile starben ab und erst nach 52 Tagen begann die Heilung.

Die Meldungen über die gesundheitsschädlichen Wirkungen radioaktiver Stoffe wurden selbst Jahrzehnte danach wenig beachtet. Das zeigte das Unglück der Frauen und Mädchen, die Anfang der zwanziger Jahre Zifferblätter von Armbanduhren mit Leuchtfarbe bemalten. Man kann das Leuchten mancher Farbstoffe im Dunkeln durch die Beimengung von Radium verstärken. Deshalb verwendete man es für die Zifferblätter von Uhren. In den Uhrenfabriken in Amerika und in Europa trugen Arbeiterinnen die Farbe auf und spitzten die Pinsel mit den Lippen an. Niemand dachte sich etwas dabei, Radium galt damals als ein Heilmittel. Man konnte sogenannte Radiumlösungen zum Trinken kaufen – zwei Mikrogramm auf 60 Kubikzentimeter Wasser. Man ließ sich radiumhaltige Lösungen intravenös einspritzen, als Mittel gegen chronische Gelenk- und Muskelschmerzen oder gegen hohen Blutdruck. Die Radiumspritze war angeblich auch gut gegen Nierenleiden und sollte gegen perniziöse Anämie helfen. Zahncreme galt als besonders gut, wenn sie radioaktiv war. Dann erkrankten auffallend viele Zifferblattmalerinnen an Knochentumoren und Geschwülsten im Nebenhöhlenbereich. Schließlich merkte man, daß das durch den Mund in den Körper aufgenommene Radium die Ursache war.

Der Tod unterbezahlter Arbeiterinnen erregte damals nicht allzuviel Aufsehen, die Behörden nahmen sich des leichtsinnigen Umgangs mit Radium nicht an. Ein zwielichtiger Geschäftsmann, der bereits mehrfach wegen Gaunerei und Betrug im Gefängnis eingesessen hatte, etwa weil er ein angeblich potenzförderndes Präparat verkauft hatte, das einfach aus Strychnin bestand, vertrieb die Patentmedizin »Radiathor«. Man findet in den USA gelegentlich auf Flohmärkten auch heute noch leere Fläschchen, in denen man vor etwa 70 Jahren diese radiumhaltige Flüssigkeit kaufte. Sie strahlen noch heute. Dem Wundermittel Radiathor verfiel ein Mann, der damals in den USA allgemein bekannt war, der Industrieboß, Millionär und USA-Amateur-Golf-Champion des Jahres 1907, Eben M. Byers (1880–1932): Man schätzt, daß er in den Jahren von 1927 bis 1930 mehr als 1000 Fläschchen Radiathor geleert hat, weil er fühlte, »wie gut ihm das tat«. Wahrscheinlich hat ihn die im Laufe der Jahre in seinem Körper angesammelte Radioaktivität mehr als 100 000 Mal so stark bestrahlt wie die natürliche Radioaktivität. Anfang 1931 erkrankte der Sportsmann Byers, er verlor an Gewicht, die Knochen korrodierten und brachen, seine Zähne fielen aus. Nun erkannten seine Ärzte, daß er an der gleichen Strahlenkrankheit litt wie die Zifferblattmalerinnen. Teile seines Kiefers und seines Kinns mußten operativ entfernt werden. Endlich verbannte man die Wundermedizin vom Markt. Doch Byers half es nicht mehr. Er starb im März 1932. Als man den Leichnam untersuchte, schwärzten seine Zähne fotografische Filme. Heute stünde man vielleicht vor der Frage, ob man den Leichnam beerdigen oder die Gebeine entsorgen sollte.

Man könnte glauben, in unserer Zeit wären wir so aufgeklärt, daß jedermann wüßte, wie sehr beim Umgang mit radioaktivem Material Vorsicht geboten ist. Im Herbst 1992 jedoch gab ein Schweizer Arzt der deutschen Polizei den Hinweis auf einen seiner Patienten, der starke Strahlenschäden aufwies. Der Arzt vermutete, daß der Mann auf illegale Weise mit radioaktivem Material in Berührung gekommen war. Tatsächlich fand die Frankfurter Polizei in einem Schließfach am Hauptbahnhof ein Bleigefäß, das Cäsium $^{137}$Cs und radioaktives Strontium $^{90}$Sr enthielt. Außerdem fand man radioaktives Material in einem Auto. Bald darauf wurden zwei polnische und ein deutscher Staatsbürger in der Schweiz verhaftet. Zwei von ihnen hatten starke, möglicherweise tödliche Strahlendosen erhalten. Sie hatten ein Gramm $^{137}$Cs in ihren Taschen herumgetragen, in der Meinung, es wäre nichtstrahlendes Osmium. Das radioaktive Material kam aus Osteuropa.[64]

**Ionen unter der Haut**

Was geschieht, wenn uns radioaktive Strahlung trifft? Die Vorgänge in unserem Körper werden durch Moleküle geregelt, die aus elektrisch neutralen Atomen bestehen. Diese bilden Enzyme, die es möglich machen, die Nährstoffe dem Körper zuzuführen und die für die Atmungs- und Gärungsvorgänge in unserem Körper notwendig sind. Wir tragen in unseren Zellen Erbsubstanz, so etwa in der Basisschicht der Oberhaut, von der ständig gesunde Zellen an die Oberfläche geliefert werden. Sichtbares Licht kann diesen Molekülen nichts anhaben. Es hat gerade die richtige Energie, um ein Elektron eines Atoms aus seiner Bahn auf eine äußere zu heben, wird verschluckt und nach einiger Zeit wieder ausgesandt. Anders aber verhält es sich bei Strahlung höherer Energie, also kürzerer Wellenlänge. Es beginnt bereits bei der *Ultraviolettstrahlung* der Sonne. Wir wissen, daß wir uns bei intensiver Sonnenbestrahlung durch chemische Wirkung des ultravioletten Strahlungsanteils einem erhöhten Risiko von Hautkrebs aussetzen. Noch stärkere Wirkung haben die ionisierenden Strahlen des Sonnenlichtes. Sie können Elektronen aus den Atomen oder Molekülen herausschlagen. Die zurückbleibenden Atom- oder Molekülrümpfe sind positive Ionen. Durch Anlagern der freigesetzten Elektronen an Molekülen entstehen auch negative Ionen, insgesamt also sogenannte *Ionenpaare*. Das gleiche bewirken auch die Bestandteile der Teilchenstrahlung. So wie ein positives Alphateilchen in der Nebelkammer eine Spur ionisierten Gases hinter sich läßt, so läßt es im Gewebe eine Spur ionisierter Atome und Moleküle zurück, aus denen bei seinem Vorbeiflug ein Elektron herausgerissen wurde. Ähnlich ist es auch bei den Elektronen der Betastrahlung, die mit ihrer Ladung auf die Elektronenhüllen der Atome wirken. Auch Quanten der Röntgen- und Gammastrahlung haben eine so große Energie, daß sie längs ihres Weges Elektronen aus den Atomen herausschlagen, die mit hoher Energie wegfliegen. Diese Quanten bilden auch Elektron-Positron-Paare, die selbst wiederum ein Stück weit durch die Materie fliegen und Atome ionisieren können.

278

Auch die elektrisch neutralen Neutronen können auf indirekte Weise Ionen erzeugen. Wir wissen aus Kapitel 11, daß ein Neutron, das zentral auf ein Proton stößt, praktisch zur Ruhe kommt, während das Proton mit der gleichen Geschwindigkeit weiterfliegt. Ein Proton, das von einem Neutron mit der Energie von 30 bis 40 MeV aus einem Atom herausgestoßen wurde, kann auf seinem Weg Millionen von Atomen ionisieren. Das wird in der Krebstherapie benutzt, um Krebszellen zu vernichten. Wenn Neutronen im Atomkern steckenbleiben, wird Energie in Form von Gammaquanten abgestrahlt, die wieder Ionen erzeugen. Diese physikalischen Prozesse lösen physikalisch-chemische und biochemische Vorgänge aus. Die entstandenen Ionen und Elektronen reagieren mit den anderen Molekülen des Körpers, zum Beispiel mit dem Wasser und mit den biologisch wichtigen Makromolekülen. Die Stränge der Desoxyribonukleinsäure, abgekürzt DNS, in denen die Erbinformationen gespeichert sind, können dabei beschädigt werden. Die meisten Fehler kann die Zelle durch ihr angeborenes Reparatursystem wieder beheben, doch auf etwa 5000 durch Strahlung hervorgerufene reparable Schäden in einer Säugetierzelle kommt einer, der nicht beseitigt werden kann. Dafür sind vor allem die Strahlungsteilchen verantwortlich, längs deren Bahn die Ionen dicht liegen.

Meist stirbt die beschädigte Zelle ab. Bei geringen Strahlungsdosen können Nachbarzellen die Funktionen einzelner abgestorbener Zellen übernehmen. Starke Strahlendosen aber töten viele Zellen und rufen die »Strahlenkrankheit« hervor, auf deren Symptome wir noch zurückkommen werden. Die ionisierende Strahlung kann aber auch eine gesunde Zelle in eine Tumorzelle verwandeln. Wie das im einzelnen geschieht, ist noch nicht bekannt, doch lieferten Strahlungsunfälle und vor allem die Atombombenabwürfe des Jahres 1945 und das Ereignis von Tschernobyl Untersuchungsmaterial zum Studium der Folgen der radioaktiven Strahlung. Man befürchtet, daß in Weißrußland als Folge des Tschernobyl-Unglücks eine Vermehrung der Leukämiefälle eingetreten ist. Darüber hinaus sind dort Fälle von Schilddrüsenkrebs nachweislich häufiger geworden, sie werden zum Teil in Deutschland medizinisch behandelt.

Die Teilchen der Alphastrahlung werden in festen oder flüssigen Körpern rasch gebremst. Ihre Reichweite beträgt dann weniger als ein zehntel Millimeter. Treffen sie von außen auf den menschlichen Körper, so kommen sie schon in der Haut zur Ruhe. Gefährlich werden sie aber im Körperinneren. Wenn jemand durch Atmung oder durch Nahrungsaufnahme einen Alphastrahler in sich aufgenommen hat, so gibt jedes

Alphateilchen seine Energie im Inneren der Körpers ab und erzeugt dort viele Ionen auf kleinem Raum. Ähnlich wirken auch die Protonen, die von hochenergetischen Neutronen aus einem Molekül herausgeschossen werden. Die Millionen von Ionenpaaren, die sie dann bilden, verteilen sich längs einer Wegstrecke von einem zehntel Millimeter.

Demgegenüber haben Betastrahlen einen längeren Bremsweg. Die einzelnen Ionenpaare liegen nicht so dicht nebeneinander. Die molekularen Schäden dieser »lockeren« Ionisation sind im Durchschnitt besser reparabel als die der Alphastrahlen oder der durch Neutronenstoß in Bewegung gesetzten Protonen. Gammastrahlung geht durch den Körper hindurch, erzeugt aber gleichfalls durch die ausgelösten hochenergetischen Elektronen eine lockere Ionisation.

### Die Becquerel im Rehbraten

Als die radioaktive Wolke von Tschernobyl sechsmal um die Erde zog, erhöhte der radioaktive Niederschlag die Stärke der natürlichen Radioaktivität. Meßwerte wurden veröffentlicht, in manchen Ländern auch zunächst geheimgehalten, je nachdem, ob die entsprechenden Behörden willens oder in der Lage waren, die Bevölkerung zu informieren. Aber auch die veröffentlichten Meßwerte waren und sind für den Normalbürger in der Regel ein Buch mit sieben Siegeln. Was bedeuten die Becquerel in der Milch der Kühe, die »verstrahltes« (d. h. mit Radioaktivität verschmutztes) Gras gefressen hatten? Wie viele Millisievert im Jahr darf der menschliche Körper aufnehmen, ohne einen deutlichen Schaden davonzutragen? Was bedeutete es, daß in Fischbachau in Oberbayern die höchsten Werte bei etwas mehr als einem Mikrosievert pro Stunde lagen, noch höher als im Unterallgäu? Ich will im Folgenden versuchen, einen ungefähren Überblick über die Vielfalt der Meßgrößen zu geben.

Schon die Curies hatten bemerkt, daß nicht alle radioaktiven Elemente gleich starke Strahler sind. Wir wissen aus Kapitel 5, daß sie eine Methode der Messung der Stärke der Radioaktivität entwickelt und benutzt hatten. Dazu nahmen sie das Radium zu Hilfe. Es sendet Alpha-, Beta- und Gammastrahlen aus, die sämtlich die umgebende Luft ionisieren. Sie verglichen die Stärke ihrer Proben mit der eines Gramms $^{226}$Ra. Im Jahre 1911 gab man dieser Maßeinheit für die Radioaktivität den Namen *Curie*. Man beachte dabei, daß ein Gramm Radium eine ungeheure Menge an Radioaktivität besitzt. In jeder

Sekunde zerfallen in ihm 37 Milliarden Atome! Einem Stoff, der mit einem Curie strahlt, sollte man aus dem Weg gehen.

Für den heutigen Gebrauch hat man die Maßeinheit *Becquerel* eingeführt, abgekürzt Bq (vgl. Abb. 15.1, oben). Eine Stoffmenge hat die Aktivität von einem Bq, wenn in ihr im Mittel in jeder Sekunde ein radioaktives Atom zerfällt. Das heißt, ein Gramm Radium hat eine Aktivität von 37 Milliarden Bq. Im Oktober 1986, also ein halbes Jahr nach Tschernobyl, schoß ein Jäger im Bayerischen Wald ein Reh, dessen Fleisch pro Kilogramm 15 000 Bq aufwies. Diese Aktivität wurde noch übertroffen. Allgäuer Schwammerlsucher sammelten Pilze, deren Radioaktivität pro Kilogramm bei 40 000 Bq lag.

Fassen wir zusammen: Die *Aktivität* wird in Becquerel gemessen. Sie gibt an, wie viele Zerfälle in einem radioaktiven Stoff in der Sekunde stattfinden. Sie hängt von der Menge des Stoffes ab: Zwei Kilogramm Pilze haben zusammen eine doppelt so hohe Radioaktivität wie eines.

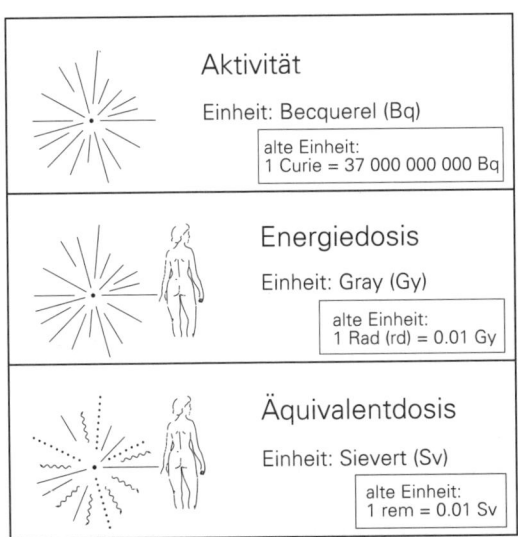

**Abb. 15.1:** Maßeinheiten der Strahlung: Oben: Die Aktivität ist allein die Eigenschaft des radioaktiven Stoffes. Sie wird in Bq gemessen. Mitte: Die Energiedosis bezieht sich auf die Gewichtseinheit des Gewebes, das der Strahlung einer radioaktiven Quelle ausgesetzt ist. Sie wird in Gy gemessen. Unten: Wie die Energiedosis bezieht sich auch die Äquivalentdosis auf das empfangende Gewebe. In ihr wird aber die verschiedene Gefährlichkeit der einzelnen Strahlenarten berücksichtigt. Die Äquivalentdosis wird in Sv gemessen.

Den besorgten Bürger interessiert aber nicht so sehr, wie aktiv ein Stoff ist, sondern wie gefährlich. Zwar wissen wir aus den Angaben in Becquerel, wie viele Atome in jedem Kilogramm in der Sekunde zerfallen, doch die Becquerel sagen uns nicht, um welche Strahlung es sich handelt. Waren es Alpha-, Beta- oder Gammastrahlen oder alle drei Strahlenarten zusammen? Außerdem gefährdet das strahlende Reh im Bayerischen Wald den Bundesbürger in Dresden nicht, solange es nicht auf seinen Tisch kommt. Nicht anders die Allgäuer Pilze und der Körper der Marktfrau: Sie wird nicht bestrahlt, so lange die Pilze noch unentdeckt im Wald stehen; wieviel Strahlung empfängt sie aber, wenn sie sich an ihrem Stand in der Nähe der radioaktiven Pilze aufhält?

**Die Strahlendosis**

Es kommt also nicht nur darauf an, wie viele Zerfälle in der Sekunde stattfinden und wie viele Strahlungsteilchen ausgesandt werden, seien sie nun Alphateilchen, Elektronen oder Strahlungsquanten. Wichtig ist, von wie vielen der Mensch wirklich getroffen wird, wie stark die eintreffende Strahlung ist, welche Teilchen sie enthält und eine wie hohe Energie sie besitzen.

Viele der Teilchen werden in der Luft und in unseren Kleidern steckenbleiben und den Körper nicht erreichen. Die Alphateilchen, die mit Geschwindigkeiten von vielleicht 10 000 km/s herausschießen, kommen in der Luft schon nach 1 bis 2 Zentimetern zur Ruhe, denn sie erzeugen auf ihrer kurzen Wegstrecke vielleicht 40 000 Ionen und verbrauchen dabei ihre Energie. Betastrahlen können in der Luft bis zu 10 Meter weit fliegen und durch die Haut einige Zentimeter tief in uns eindringen.

Da nach dem Zerfall eines Atomkerns die Teilchen und Strahlungsquanten in jede Richtung fliegen können, strahlt ein radioaktiver Stoff nach allen Seiten hin gleich stark. Dann aber ist die Zahl der Teilchen, welche den Menschen treffen können, um so kleiner, je weiter er von der Quelle entfernt ist. Es gibt eine einfache Gesetzmäßigkeit: Doppelte Entfernung – ein Viertel der Treffer, dreifache Entfernung – ein Neuntel, vierfache – ein Sechzehntel. Vor Strahlung, die von einer Stelle nach allen Richtungen ausgeht, ist die Entfernung der sicherste Schutz.

Doch leider kann man der Strahlung nicht immer so leicht entkommen, zum Beispiel, wenn die radioaktive Substanz nicht wie Pilze im

Korb auf einen Ort konzentriert ist. In der Gegend von Tschernobyl waren nach dem Unglück 10 000 Quadratkilometer mit $^{137}$Cs so verseucht, daß jeder Quadratmeter mit mehr als 55 000 Bq strahlte. In unmittelbarer Nähe des Unfalls gab es sogar Zonen mit mehr als 1.5 Millionen Bq pro Quadratmeter. Auf einer Fläche von 10 000 Quadratkilometern wird die Strahlung, die man empfängt, nicht schwächer, wenn man von einer Stelle zur anderen läuft. Hier kann man der Strahlung nur dadurch entgehen, daß man das verseuchte Gebiet verläßt.

Das Entfernungsgesetz hilft auch dem nichts, der die Pilze verzehrt. In welche Richtung dann ein zerfallender Atomkern auch seine Bruchstücke schleudert, sie treffen immer Magen- oder Darmwände und wirken auf die Organe, in welchen die Nahrungsstoffe transportiert und zum Teil abgelagert werden. Der große Unterschied zwischen Bestrahlung von außen und von innen wurde während der hektischen Tage von Tschernobyl und danach oft vergessen. Die radioaktive Molke, die aus der Milch von Kühen stammte, die vom Tschernobyl-Regen verseuchtes Gras gefressen hatten, durfte nicht als Futtermittel für Schlachttiere verwendet werden, da dann die Strahlung beim späteren Verzehr des Fleisches beim Menschen von innen her gewirkt hätte. Daß sich aber die Bewohner von Orten dagegen wehrten, daß die Molke in Waggons am Bahnhof ihrer Stadt zwischengelagert wurde, war unbegründet. Hier handelte es sich um Bestrahlung von außen. So war auch das Eisenbahnpersonal nur sehr kleinen Dosiswerten ausgesetzt.

## Strahlung ist nicht gleich Strahlung

Die beiden Cäsiumschmuggler, mit einem Gramm $^{137}$Cs in der Tasche, hatten sich einer starken Strahlungsbelastung ausgesetzt. Die Radioaktivität betrug etwa 3000 Milliarden Bq – das ist eine 3 mit 12 Nullen! In jeder Sekunde zerfielen 3000 Milliarden Cäsiumatome und sandten ihre Gammastrahlen aus. Etwa die Hälfte der Strahlen drangen in die Körper der Unglücklichen ein und ionisierten die Atome längs ihres Weges.

Da für jede Ionisation Energie nötig ist, kommt es vor allem auf die Energiemenge an, die in der Strahlung steckt, des weiteren auf die Art, wie diese Energie von dem bestrahlten Gewebe aufgenommen wird (vgl. Abb. 15.1 Mitte). Energie wird im täglichen Leben in Joule gemessen. Wenn ein Kilogramm eines Stoffes durch Bestrahlung die

Energie von einem Joule aufgenommen hat, so spricht man von einer *Energiedosis* von einem *Gray* (abgekürzt Gy), benannt nach dem englischen Physiker Louis Harold Gray (1905–1965). Aus der allgegenwärtigen kosmischen Strahlung nimmt jedes Kilogramm unseres Körpers täglich drei hunderttausendstel Gy auf. Dabei ist zu beachten, daß es sich hierbei um die vom Kilogramm Körpergewicht *aufgenommene* Strahlungsenergie handelt, nur sie erzeugt im Körper Ionen. Die Strahlung, die durch den Körper hindurchgeht, spielt keine Rolle. Für Säugetiere sind kurzzeitig aufgenommene Dosen von etwa 5 Gy tödlich. Schnecken gehen erst bei 200 Gy zugrunde.*

Doch es kommt gar nicht allein auf die Energiemenge an. Das nämlich ist das gefährliche: Die Energie der radioaktiven Strahlung ist auf kleinstem Raum konzentriert! Insgesamt ist die Energieaufnahme unseres Körpers selbst bei tödlicher Dosis gering. Wenn wir eine Tasse Tee trinken, dann nehmen wir mit der Flüssigkeit Wärme auf, also Energie. Würden wir die gleiche Energiemenge in Form von radioaktiver Strahlung empfangen, so wären wir einer absolut tödlichen Dosis ausgesetzt.[65] Während die Wärme des Getränks im Körperinneren über Milliarden und Abermilliarden Moleküle verteilt wird und höchstens die Bewegung der Moleküle ändert, nicht aber ihre Natur beeinflußt, wird die Energie bei radioaktiver Strahlung punktuell auf wenige Atome oder Moleküle konzentriert. Die dann jedem Teilchen zugeteilte Energiemenge reicht aus, um bleibende Veränderungen an den Bausteinen der Materie zu verursachen. Im Mittel ist im Körpergewebe für eine Ionisation eine Energie von 34 eV nötig. Jedes Gy, das vollständig zur Ionisation verwendet wird, liefert also in jedem Kilogramm Körpergewicht eine 17stellige Anzahl an Ionen.

Bestimmt die aufgenommene Energie die Zahl der im Körper gebildeten Ionen, so reagiert der Körper verschieden empfindlich, je nachdem, ob die Ionen auf kleinem Raum entstehen oder sich lose im Körper verteilen. Alphastrahlen sind ungleich gefährlicher als Beta- oder Gammastrahlen. Das berücksichtigt man in der *Äquivalentdosis*. Man erhält sie, indem man die in Gy gemessene Energiedosis mit einer für die Strahlenart charakteristischen Zahl multipliziert, einer Art »Gefährlichkeitsfaktor«. Für Beta-, Gamma- und Röntgenstrahlen ist er 1, für Alphastrahlen 20, für schnelle Neutronen 10 und für langsame

---

* Anstelle der Energiedosis wird bisweilen auch die *Ionendosis* angegeben, die früher in der Einheit *Röntgen* (R) gemessen wurde. Die Ionisationsdosis von 1 R entspricht etwa der Energiedosis von 0.01 Gy.

Neutronen nur 3. Die Äquivalentdosis mißt man in *Sievert,* abgekürzt Sv, benannt nach dem schwedischen Physiker Rolf M. Sievert (1896–1966). Auf sie bezieht sich der untere Teil der Abbildung 15.1. Ein Tausendstel eines Sievert ist ein Millisievert (mSv).

Die Äquivalentdosis ist ein sehr nützlicher Begriff, weil der »Gefährlichkeitsfaktor« darin bereits berücksichtigt ist. Daher erfolgen viele wichtige Dosisangaben im Strahlenschutz in Form von Äquivalentdosen, vor allem die gesetzlich festgelegten Grenzwerte und die Ergebnisse von Kontrollmessungen.

Doch selbst wenn man weiß, wie viele Ionen durch radioaktive Strahlung pro Kilogramm Körpergewicht erzeugt werden und wie gefährlich die jeweils empfangene Strahlenart ist, so sagt das noch wenig über die Gefährlichkeit der Bestrahlung aus. Verschiedene Organe unseres Körpers sind nämlich verschieden stark empfindlich in bezug auf ionisierende Strahlung. Die Keimdrüsen eines Menschen sind etwa achtmal so empfindlich wie die Schilddrüse. Der Gießener Strahlenbiologe Ludwig Rausch gibt ein anderes, sehr drastisches Beispiel: »Bestrahlt man die Brüste junger Frauen mit 100 rem, so kann man damit rechnen, daß bei so bestrahlten Frauen – wenn auch erst 15 Jahre später beginnend – deutlich vermehrt Brustkrebs auftreten wird. Die gleiche Dosis auf das Gesäß der gleichen Frauen eingestrahlt, wird einen solchen Effekt nicht oder ungünstigenfalls in wesentlich geringerem Ausmaß zur Folge haben.«[66] Wenn man die Strahlenwirkung auf den menschlichen Organismus durch eine Dosisangabe kennzeichnen will, muß also das betroffene Organ mit angegeben werden, oder es muß klargestellt sein, daß der ganze Körper gemeint ist.

**Die Skala des Leidens**

Die Strahlenmediziner unterscheiden verschiedene Arten von Strahlenschäden. Wer von radioaktiver Strahlung getroffen wird, muß die Folgen nicht unbedingt am eigenen Körper erleben. Vielleicht haben erst seine Kinder und Kindeskinder darunter zu leiden. Wird der Bestrahlte selbst von der biologischen Wirkung betroffen, spricht man von *somatischen,* treffen die Folgen der Bestrahlung die Nachkommen, von *genetischen* Schäden.

Zu den somatischen Schäden zählen die Frühwirkungen, etwa die Veränderungen der Haut, die Henri Becquerel an sich feststellte, nachdem er ein radioaktives Präparat in der Tasche getragen hatte, die

Veränderungen des Blutbildes, die auf Schädigungen von Knochenmarkszellen zurückzuführen sind, oder etwa die Erkrankungen der Fischer des »Glücklichen Drachen«. Auch Krebs, hervorgerufen durch Bestrahlung, zählt dazu, wie auch der Schaden, den Kinder davontragen, die schon im Mutterleib bestrahlt worden sind.

Die genetischen Schäden beruhen auf irreparablen Brüchen der langen DNS-Molekülstränge der männlichen oder weiblichen Keimzellen im Hoden beziehungsweise in den Eierstöcken. Normalerweise treten immer wieder vererbbare Veränderungen in den DNS-Molekülen der Keimzellen auf. Wenn die Zelle daran nicht zugrunde geht, tragen die Nachkommen die gleiche Veränderung im Erbgut. Man spricht von einer *Mutation*. Radioaktivität erhöht die Zahl der Mutationen. Normalerweise kommen von 1000 lebend geborenen Kindern etwa 60 mit einem genetischen Defekt zur Welt, nur bei jedem sechsten davon wirkt sich dieser Schaden nachteilig oder gar lebensgefährlich aus. Wenn man von Versuchen an Säugetieren auf den Menschen schließen darf, würden bei einer Bestrahlung von 0.2 bis 2 Gy (bei Alphastrahlung sind das 4 bis 40 Sv, bei Betastrahlung 0.2 bis 2 Sv) doppelt so viele Mutationen auftreten.[67] Man beachte, welch gewaltige Strahlungsmengen das sind. Im Durchschnitt erhalten wir pro Jahr 0.002 Sv von der natürlichen Radioaktivität, der wir nicht entgehen können!

Strahlenschäden lassen sich auch anders unterteilen. Ob nach einer Bestrahlung ein Tumor auftritt oder nicht, ist eine Frage des Zufalls. Gleiches gilt für genetische Schäden. Je stärker die Dosis, um so *wahrscheinlicher* ist es, daß ein Schaden eintritt. Die Höhe der Dosis hat nur einen Einfluß auf die *Häufigkeit,* sie beeinflußt aber die *Schwere* der Schädigung nicht. Man spricht hier von *stochastischen*\* Strahlenschäden.

Anders dagegen sind die *nichtstochastischen* oder *deterministischen* Schäden. Bei ihnen muß ab einer hinreichend starken Dosis mit einem Eintreten der Wirkung sicher gerechnet werden, nur der Schweregrad nimmt mit wachsender Dosis zu. Typisch für deterministische Schäden ist auch die geringere Wirkung auf den Körper bei längerer zeitlicher Ausdehnung der Bestrahlung. Er kann mit schwachen Dosen, die über lange Zeit wirken, leichter fertig werden. Wer einer kurzzeitigen Bestrahlung von mehr als 6 Sv, über den ganzen Körper verteilt, ausgesetzt war, hat kaum Chancen zu überleben. Wer an der schon

---

\* stochastisch = einer Zufallsverteilung folgend, nach einem Zufallsgesetz eintretend.

erwähnten brasilianischen Atlantikküste lebt, wo die jährliche Strahlendosis bei 120 mSv liegt, nimmt innerhalb von 50 Jahren gleichfalls eine Äquivalentdosis von 6 Sv auf, ohne einen deterministischen Schaden davonzutragen.

Die Rettungsmannschaften in Tschernobyl hatten natürlich in erster Linie unter somatischen, deterministischen Schäden zu leiden. Von den eingesetzten Feuerwehrleuten starben 29 nach kurzer Zeit. Doch auch die Krebshäufigkeit bei den Rettungsmannschaften und in der bestrahlten Bevölkerung ist größer geworden – somatische, stochastische Schäden. Die Bestrahlung, der sie ausgesetzt waren, hat darüber hinaus genetische (also stochastische) Folgen hinterlassen, die sich erst in den nächsten Generationen zeigen werden.

Was geschieht, wenn ein Mensch bei einem nuklearen Unfall plötzlich einer starken Strahlung ausgesetzt wird? Für kurzzeitige Bestrahlungen zeichnet sich etwa das folgende Bild ab:
- Bis zu einer Dosis von 200 mSv sind keine unmittelbaren Symptome zu erkennen.
- Im Bereich von 200 mSv bis 1 Sv zeigt sich eine vorübergehende Veränderung des Blutbildes.
- Wer 1 bis 2 Sv erhält, verspürt Übelkeit. Das Blutbild bleibt über längere Zeit gestört.
- Bei 2 bis 3 Sv erbricht das Opfer und bekommt Fieber.
- Bei 3 bis 6 Sv gesellen sich noch Durchfall und Blutungen dazu. Nun spricht man von einem Fall schwerer Strahlenkrankheit. Waren Menschen kurzzeitig 4.5 Sv oder mehr ausgesetzt, so wird innerhalb der nächsten vier Wochen die Hälfte von ihnen sterben.
- Wer mehr als 6 Sv erhalten hat, wird kaum überleben.

Die Aufzählung bezieht sich nur auf die somatischen, nichtstochastischen Schäden. Unabhängig davon sind die stochastischen Schäden, die der Bestrahlte erwarten muß, also etwa die Erhöhung der Krebshäufigkeit, oder Schäden im Erbgut, welche die noch nicht geborenen Generationen betreffen.

**Die Radioaktivität der Natur**

Die radioaktive Strahlung ist aber keine Erfindung der Menschheit. Wir werden in jeder Sekunde von etwa 1000 Teilchen der kosmischen Strahlung getroffen, die aus dem Weltall oder aus den obersten Schichten der Lufthülle der Erde zu uns kommen. Die Gesteine unserer Gebirge enthalten Uran und alle Tochterelemente, die sich aus seinem Zerfall bilden. Aus dem Boden steigt ständig radioaktives Radongas auf und durchdringt die Wände unserer Keller. Auch jeder Leser dieses Buches und der Autor sind radioaktive Strahler. Jedes Kilogramm unserer Nahrungsmittel und jedes Kilogramm des menschlichen Körpers strahlt wegen des in ihm enthaltenen radioaktiven Kaliums $^{40}$K mit etwa 50 Bq. Die kosmische Strahlung bildet in der Luft durch Kernreaktionen Tritium und $^{14}$C. Wir sind also ständig radioaktiver Strahlung ausgesetzt. Wir wissen nicht, inwieweit sich die Organismen und der menschliche Körper in Millionen Jahren an diese »natürliche« Strahlenbelastung so angepaßt haben, daß überhaupt keine nachteiligen Wirkungen auftreten. Eine Reihe von Abwehrmechanismen sind zweifellos entwickelt worden. Jedenfalls können wir der natürlichen Strahlenbelastung nicht entgehen und sollten an den Verhältnissen möglichst wenig ändern.

Der Umgang mit Radioaktivität erfordert genaue Messungen ihrer Stärke. Wieviel Störstrahlung geht von einem neu entwickelten medizinischen Gerät aus? Wie viele Bq fließen mit dem Wasser ab, in dem sich die Angestellten einer Fabrik, in der mit radioaktiven Stoffen umgegangen wird, die Hände gewaschen haben? Sind die Dosismeßgeräte der verschiedenen europäischen Länder gleich geeicht? Wer sehr geringe Strahlendosen messen will, den stört die Radioaktivität der Natur. Deshalb hat die Physikalisch-Technische Bundesanstalt in Braunschweig für ihre Messungen ein Meßlabor im ehemaligen Salzbergwerk Asse in 925 Metern Tiefe eingerichtet. Das Steinsalz, das es umgibt, enthält kein $^{40}$K. Die kosmische Strahlung dringt nicht bis in das unterirdische Labor durch. Dort unten ist die natürliche Strahlenbelastung ein Hundertstel der oberirdischen.

Insgesamt erhalten wir pro Jahr etwa 2 mSv an natürlicher Strahlung. Je etwa ein Drittel kommt von natürlichen radioaktiven Stoffen in der Erdrinde, von denen in unserem Körper und von der kosmischen Strahlung. Doch die 2 mSv sind nur ein Mittelwert. Mit wechselnder Zusammensetzung des Erdbodens wechselt auch der Gehalt an natürlicher Radioaktivität. Bimsstein und Granit enthalten zum Beispiel erheblich mehr natürliche Radioaktivität als Sandstein und Muschelkalk. Wer im Schwarzwald lebt, nimmt bis zum 30fachen der normalen Jahresdosis aus der Radioaktivität der Steine des Erdbodens auf. Die Menschen in manchen Gegenden Brasiliens empfangen bis zum 240fachen der mitteleuropäischen Durchschnittsdosis aus radioaktiven

Stoffen der Erdrinde. Der Aufenthalt in größerer Höhe verstärkt den Dosisanteil der kosmischen Strahlung, auf der Zugspitze ist er zum Beispiel doppelt so hoch wie in Hamburg.

Diese Schwankungsbreite der natürlichen Strahlenbelastung wird als ein wichtiger, naturgegebener Hinweis dafür angesehen, welcher Spielraum uns für eine zusätzliche, vom Menschen gemachte Strahlenbelastung zur Verfügung steht. Ein Flug über den Atlantik zum Beispiel setzt den Passagier je nach Flughöhe und Route einer Dosis von 0.02 bis 0.05 mSv aus. An einem Aufenthaltsort in der Nähe eines Kernkraftwerkes darf durch Ableitung von Radioaktivität mit der Abluft oder dem Abwasser maximal eine Dosis von 0.3 mSv pro Jahr aufgenommen werden. An den gewaltigen, inzwischen stillgelegten Industrieanlagen des Uranbergbaus in Sachsen und Thüringen müssen Reinigungsarbeiten ausgeführt werden, die an keiner Stelle eine Strahlenbelastung von mehr als 1 mSv pro Jahr übrig lassen. Eine Röntgenaufnahme der Lunge belastet den Oberkörper mit 0.05 bis 0.5 mSv. Bei der Anwendung anderer Untersuchungsmethoden, die höhere Dosen verlangen, etwa der Computertomographie, ist stets abzuwägen, ob die Untersuchung gerechtfertigt ist, und wenn es sein muß, sollte die Untersuchung mit der kleinsten möglichen Strahlenbelastung durchgeführt werden.

Viele Personen sind beruflich ionisierender Strahlung ausgesetzt. Da gibt es zum Beispiel die Radiologen, die Arbeiter in Kernkraftwerken und die Forscher in vielen Gebieten der Naturwissenschaften. Für sie ist durch Gesetz eine maximale Strahlenbelastung festgelegt. Dieser Strahlenschutz wird bei uns überall konsequent durchgeführt. Die zugelassene Strahlenbelastung hat sich etwa auf die Höhe der mittleren natürlichen Belastung eingependelt.

Es gibt aber auch natürliche Strahlungsquellen, gegen die man etwas tun sollte.

## Radioaktivität, die aus dem Keller kommt

Ein Fluch schien auf den Gruben des Erzgebirges zu lasten. Viele der Bergleute, die jahrelang unter Tage gearbeitet hatten, um silberhaltiges Erz zu fördern, erlagen der *Schneeberger Krankheit*. Auch die Bergleute von Joachimsthal, auf der südlichen Seite des Gebirgskammes, blieben von ihr nicht verschont. Georg Agricola (1494–1555), den man heute als den Begründer der Bergbaukunst ansieht, und ebenso sein Zeitgenosse Theophrastus Bombastus von Hohenheim, der unter dem Namen

Paracelsus bekannt geworden ist, beschrieben das rätselhafte Leiden, das die Bergleute heimsuchte.

Erst 1897 erkannte man: Die Bergmannskrankheit von Schneeberg ist Lungenkrebs. Im Jahre 1937 fand Boris Rajewsky (1893–1974) in Frankfurt, daß das radioaktive Edelgas Radon $^{222}$Rn dafür verantwortlich ist, jenes Gas, auf das schon Rutherford aufmerksam geworden war und das er Emanation genannt hatte. Das Radon erscheint in der siebten Generation der mit $^{238}$U beginnenden Zerfallsreihe (vgl. Abb. 10.6, oben) und entsteht direkt aus dem Radium. Die Radioaktivität der Gesteine erzeugt im Erdboden ständig neues Radon, einen Alphastrahler, der mit einer Halbwertszeit von nahezu vier Tagen weiter zerfällt. In der nächsten und in zwei später nachfolgenden Generationen entstehen Isotope des Elements Polonium, die selbst wieder Alphastrahler sind. In der Abbildung 10.6 erscheinen sie oben als die drei übereinanderliegenden Nuklide der Protonenzahl 84. Sie leben nicht lange, innerhalb von Minuten oder auch schon in Bruchteilen von Sekunden geben sie ein weiteres Alphateilchen ab. Während das Edelgas Radon in der Lunge kaum aufgenommen wird, bleibt das Polonium dort und bestrahlt die Körperzellen. Seine Alphateilchen lösen den Lungenkrebs aus.

Das Radon verseucht nicht nur die Luft in den Stollen der Bergwerke, es dringt auch durch die Poren der Erdkruste zur Oberfläche. Im Freien vermischt es sich mit der Luft und trägt zur allgemeinen natürlichen Strahlenbelastung bei. Nach oben hin sinkt seine Konzentration stark ab. In Gebäuden dringt es durch die Grundmauern der Häuser ein, durch Risse im Estrich des Kellerfußbodens und durch Fugen, etwa dort, wo Leitungen und Rohre von außen in das Gebäude führen. Es sammelt sich in den Kellerräumen, vermischt sich mit der Luft und erhöht die Radioaktivität im ganzen Haus.

Seit man von der Gefahr des aus dem Boden aufsteigenden Edelgases weiß, mißt man seine Konzentration in den Häusern. Bis 1988 hatte man international etwa 100 000 Wohnungen in vielen Ländern der Erde untersucht. Die Ergebnisse variieren sehr stark. Da gibt es Häuser, in denen ein Kubikmeter Luft mit nur einem Bq strahlt, es gibt aber auch solche mit 100 000 Bq pro Kubikmeter. Überall war der Radongehalt der Luft im Keller größer als in den oberen Stockwerken. In Schweden ist er im Mittel fünfmal so hoch wie in Deutschland. Ein typischer Konzentrationswert für Deutschlands Wohnräume liegt bei 40 Bq pro Kubikmeter. Radonwerte in diesem Bereich werden allgemein als unbedenklich angesehen, da sie einen normalen Anteil der natürlichen Strahlenbelastung darstellen. Es gibt jedoch auch Wohngebiete mit deutlich höheren Radonwerten in den Häusern, je nach Gebäudeart.

Kann man sich vor dem allgegenwärtigen Radon schützen? Eine Möglichkeit besteht darin, die Kellerfußböden und Grundmauern möglichst gut abzudichten, so daß durch Fugen keine Gase eindringen können. Zum anderen empfiehlt es sich, Kellerräume möglichst gut zu lüften, also die Kellerfenster offen zu halten und dafür zu sorgen, daß die Luft in Bewegung gehalten und mit der Außenwelt ausgetauscht wird. Bei Neubauten in Gebieten mit erhöhtem Radonvorkommen hat man eine Art Luftdrainage im Erdreich unter dem Keller erprobt. Mit einer kleinen Pumpe wird das Radon unter dem mit einer Folie abgedichteten Kellerfußboden laufend abgesaugt.

## Strahlen im täglichen Leben

Neben der natürlichen empfangen wir ständig zusätzliche ionisierende Strahlung, auch in einer Zeit, in der Atombomben, wenn überhaupt, nur noch unter der Erde gezündet werden und normalerweise keinem Kernkraftwerk unzulässige Mengen Radioaktivität entkommen.

Nehmen wir etwa eine medizinische Untersuchung. Eine Röntgenaufnahme der Lunge oder des Oberschenkels setzt das zu untersuchende Gewebe einer Dosis von einem halben mSv aus. Zahnaufnahmen belasten den Kieferbereich mit einer Dosis von 6 bis 30 mSv. Eine Röntgenaufnahme der weiblichen Brust bei der Mammographie kann bis zu 30 mSv Strahlenbelastung bedeuten. Bei der Computertomographie kommen Dosen von 500 mSv im untersuchten Körpergebiet zur Anwendung. Bestrahlungen im Rahmen der Krebstherapie, gezielt auf den Tumor angewandt, bringen ungleich höhere Dosen. Ihr Zweck ist es ja auch, Zellen zu zerstören. Dementsprechend liegen die Äquivalentdosen im Tumorgewebe bei 20 bis 100 Sv. Die medizinische Anwendung der radioaktiven Stoffe und der Röntgenstrahlen belasten uns im Durchschnitt pro Jahr mit 0.5 mSv. In allen Fällen handelt es sich um kurzzeitige Bestrahlung, die meist nur auf Teile des Körpers trifft.

Es gibt noch andere Strahlenbelastungen, die wir durch unsere Zivilisation auf uns nehmen müssen. Die radioaktiven Überreste der Kernwaffenversuche steuern zusätzlich etwa ein hundertstel mSv bei. In diesem Bereich, also weit unterhalb der natürlichen Strahlenbelastung, liegen auch die Strahlendosen, die wir im Haushalt bekommen, etwa vom Bildschirm des Fernsehers oder des Computers. Insgesamt schätzt man, daß uns die zivilisatorischen Einflüsse, einschließlich der Medizin, jährlich mit 0.6 mSv belasten. Das entspricht etwa einem Drittel der natürlichen Strahlenbelastung. Die Belastung, der wir in Deutschland durch den radioaktiven Regen von Tschernobyl ausgesetzt waren, lag im Bereich von 1 mSv pro Jahr, und damit also im Bereich der natürlichen Strahlung.

Zum Schutz der Bevölkerung hat die Bundesrepublik seit 1976 eine Rechtsgrundlage erlassen, die »Strahlenschutzverordnung«. Sie zwingt alle Strahlenanwender zu Schutzmaßnahmen, zum Beispiel zur Errichtung von Strahlenabschirmungen und zu ständigen Kontrollmessungen. Einzelpersonen der allgemeinen Bevölkerung dürfen, etwa durch die Ableitung von Radioaktivität mit Luft und Wasser, keine Gesamtstrahlenbelastung erhalten, die jährlich 0.3 mSv überschreitet. Die Grenze ist so gewählt, daß sie kleiner ist als die Unterschiede der natürlichen Radioaktivität an verschiedenen Orten in unserem Land, der wir ständig ausgesetzt sind.

Für Personen, die beruflich mit Strahlung umgehen, ist der Grenzwert auf 20 mSv pro Jahr festgelegt worden. Untersuchungen bei Strahlenunfällen und an Atomkriegsopfern haben ergeben, daß das Krebsrisiko um etwa 5 Prozent steigt, wenn eine Person eine Ganzkörperdosis von 1 Sv, also das fünfzigfache des Grenzwertes, erhält. Zum Vergleich sei erwähnt, daß das Krebsrisiko bei uns normalerweise bei 20 Prozent liegt – jeder fünfte stirbt an Krebs. Die beruflich strahlenbelasteten Menschen übernehmen also ein zwar kleines, aber immerhin zahlenmäßig angebbares Risiko, an Krebs zu erkranken. Man ist daher allgemein bestrebt, die tatsächlichen Dosiswerte weit unterhalb des verordneten Grenzwertes zu halten.

Bei der Abschätzung der Strahlengefahr spielen auch biologische Faktoren eine Rolle. Wer mit Tritium verseuchtes Wasser trinkt, also Wasser, das statt des normalen Wasserstoffs das chemisch gleichwertige Tritium enthält, muß nicht 12 Jahre lang warten, bis die strahlenden Tritiumatome zerfallen sind. Die Hälfte aller im Körper gespeicherten Wassermoleküle wird innerhalb von 12 Tagen wieder ausgeschieden. Radioaktives Cäsium $^{137}$Cs hat eine physikalische Halbwertszeit von 30 Jahren, im Körper verbleibt es aber im Mittel nur 100 Tage. Bei diesen Stoffen ist der Mensch von der aufgenommenen Radioaktivität bald wieder befreit. Das ist nicht immer so. Wer Radium, Strontium oder Plutonium aufgenommen hat, wird es für den größten Teil seines Lebens mit sich herumtragen.

## Warmes Wasser, kaltes Wasser – Radium

Das erste Bild, das mir aus meiner frühesten Kindheit vor Augen steht, ist eine große Badewanne, über deren Rand drei Wasserhähne aus der Wand ragen. Wenn man einen der beiden ersten öffnete, sprudelte klares Wasser in die Wanne. Der dritte aber brachte nur einen müden, spärlichen Strahl einer grünlichen Flüssigkeit. »Das ist Radium«, sagte meine Mutter. Die Worte »Warmes Wasser, kaltes Wasser, Radium« plapperte ich immer wieder nach, wie einen Abzählreim. Im Alter von zwei Jahren erkrankte ich an spinaler Kinderlähmung (Poliomyelitis) und war zwei Jahre lang am ganzen Körper gelähmt. Da Polio damals noch recht unerforscht war, wußten die Ärzte nicht, wie sie mir helfen sollten. Viren kannte man noch nicht. So gab ein Arzt meinen Eltern den Rat, sie mögen es doch mit Radiumbädern im benachbarten Kurort St. Joachimsthal versuchen, von wo das Erz stammte, aus dem die Curies das erste Radium extrahiert hatten. Ich weiß nicht, wie viele Millisievert mein Körper damals erhalten hat, und ich glaube nicht, daß meine spätere Heilung etwas mit den Radiumbädern zu tun hatte. Die grünliche Flüssigkeit war natürlich kein reines Radium gewesen, sondern eine Lösung, in der irgendeine Verbindung dieses Schwermetalls verdünnt enthalten war.

Was hat es mit der angeblich heilenden Wirkung radioaktiver Strahlen auf sich? Daß hohe Dosen dem Organismus Schaden zufügen, darüber besteht kein Zweifel. Wie aber wirken sich relativ geringe Strahlenbelastungen aus? Was ist zu erwarten, wenn 100 000 Personen neben der natürlichen Belastung von 2 mSv pro Jahr plötzlich mit einem weiteren mSv bestrahlt werden? Werden bei ihnen Krebs und Leukämie häufiger auftreten? Etwa 20 000 dieser Menschen werden, so sagt die Statistik, an Krebs sterben, auch wenn sie keine zusätzliche Bestrahlung erhalten. Wie viele mehr sterben infolge der zusätzlichen Strahlendosis? Niemand weiß es, denn es gibt keine Erfahrungswerte für die Wirkungen geringer Strahlungsdosen. Die natürliche Strahlenbelastung schwankt. Wer reist, kommt an Orte höherer oder niedrigerer Belastung, wer fliegt, bekommt eine zusätzliche Dosis, wer sich einer Röntgenuntersuchung unterzieht, ebenfalls. Aus all diesen Schwankungen unserer ständigen Bestrahlung ragt die zusätzliche Dosis von einem mSv nicht besonders hervor.

Nimmt die Anzahl der Krebsfälle im gleichen Maße zu oder ab wie die Dosis? Erzeugt die halbe Strahlenbelastung im Mittel nur halb so viele Krebsfälle – ein Zehntel der Belastung nur ein Zehntel der Fälle?

Man glaubt, daß man die Zahl der Schadensfälle nicht unterschätzt, wenn man nach dieser Regel, der sogenannten »linearen Dosis-Wirkungs-Beziehung«, von dem besser bekannten Risiko höherer Dosen auf kleinere umrechnet. Die Regel ist zwar nicht bei kleinen, wohl aber bei größeren Dosen durch statistische Untersuchungen bestätigt.

Halten wir uns bei unserem Beispiel an diese Regel, dann finden wir, daß von den 100 000 mit nur 1 mSv zusätzlich belasteten Menschen, von denen 20 000 ohnehin am Krebs sterben werden, noch fünf weitere Krebstote kommen. Ob diese Abschätzung einen ausreichenden Anspruch an Genauigkeit erheben kann, ist fraglich, sie ist aber nach dem Vorsorgeprinzip durchaus von Wert.

Neuerdings wird von einigen Forschern überlegt, ob nicht vielleicht niedrige Strahlendosen sogar eine positive biologische Wirkung haben. Seit Milliarden von Jahren gibt es auf der Erde Lebewesen, stets waren sie der natürlichen Radioaktivität einschließlich der kosmischen Strahlung ausgesetzt. Im Laufe der Evolution haben sie Mechanismen zum Überleben entwickelt und verbessert, auch zum Überleben in einer radioaktiven Umwelt. Das Ergebnis sind zum Beispiel Enzyme, die in jeder Zelle eine Art Wartungsdienst ausüben. Sie beseitigen Gifte wie Bruchstücke von Molekülen, die durch Strahlung zerstört worden sind, und sie verbinden Molekülstränge, die durch Strahleneinwirkung gerissen sind.

In jeder Sekunde werden von den Billionen Zellen in unserem Körper einige Millionen von Teilchen der natürlichen Radioaktivität getroffen. Jeder einzelne Treffer könnte eine Krebszelle erzeugen. Der Reparaturdienst in den Zellen verhindert das nahezu immer. In einer einzigen Zelle kann dieser Schnelldienst in jeder Minute 1000 Reparaturen ausführen. Es könnte sein, daß eine zusätzliche geringe Strahlendosis den Reparaturdienst noch stärker aktiviert und daher eine positive biologische Wirkung ausübt. Dem Pflanzenwuchs scheint radioaktive Strahlung gelegentlich recht gut zu bekommen. Beim Menschen können Gelenkschmerzen durch geringe Strahlendosen behoben werden. Es ist allerdings nicht sicher, ob in unseren Radiumkurorten die heilende Wirkung tatsächlich auf die erhöhte Strahlendosis zurückzuführen ist oder darauf, daß gleichzeitig andere Kurmittel zur Anwendung kommen.

So erfreulich positive Strahlenwirkungen vor dem Hintergrund der viel besser bekannten schädigenden Wirkungen wären, so wenig erforscht und gesichert sind sie heute noch. Bei der Festlegung gesetzlicher Dosisgrenzwerte bleiben sie nach dem heutigen Stand der Wissenschaft außer Betracht. Niemand kann sagen, ob die Vorsichtsmaßnahmen später einmal aufgrund neuerer Erkenntnisse gelockert werden können.

## Mit der Neutronenkanone gegen den Tumor

Die Schäden, die Henri Becquerel und Pierre Curie davongetragen hatten, als sie radioaktive Präparate auf ihre Haut einwirken ließen, zeigen, daß der menschliche Körper auf die Strahlung reagiert. Welche Kraft war es, die da auf den Körper wirkte? Pierre Curie und zwei angesehene französische Mediziner versuchten das zu klären. Sie ließen Radiumstrahlen auf Gewebe im Körper einwirken und entdeckten, daß kranke Zellen zerstört und Krebsgeschwülste angegriffen wurden. So entstand in Frankreich die *Curie-Therapie.* Kranke Personen wurden erfolgreich mit der Strahlung von Emanation, also von Radon, das sich die Ärzte von Marie Curie holten, behandelt. Radium war plötzlich nicht mehr nur der rätselhafte Stoff, für den sich die Physiker und die Chemiker interessierten, es hatte praktischen Nutzen. Als man nach Ende des Ersten Weltkrieges in Paris ein neues Institut zur Erforschung des Radiums einrichtete, plante man bereits zwei Teilinstitute. In dem einen untersuchte Marie Curie die physikalischen Eigenschaften des Radiums, im anderen sollten seine biologischen Wirkungen untersucht, vor allem die Curie-Therapie weiterentwickelt werden. Zwischen 1919 und 1935 wurden hier mehr als 8000 Patienten behandelt.

Doch das seltene, schwer zu gewinnende Radium war knapp. Als der Erste Weltkrieg ausbrach, besaß Marie Curie ein Gramm davon, das sie im Safe der Bank von Bordeaux deponierte und 1915 dem Staat zur Verfügung stellte. Es wurde nicht direkt für die medizinische Anwendung benutzt. Statt dessen zog sie jede Woche das entstandene Radongas ab, zur Verwendung in der Strahlentherapie. Auch in den dreißiger Jahren, als ihre Tochter und ihr Schwiegersohn die künstliche Radioaktivität entdeckten und man damit weitere radioaktive Nuklide herstellen konnte, waren radioaktive Stoffe noch knapp und teuer.

Das wurde erst anders, als nach dem Zweiten Weltkrieg Kernreaktoren zur Verfügung standen. Jetzt ließen sich radioaktive Nuklide in größeren Mengen herstellen – man mußte nur lange genug warten, bis sich in einer in den Reaktor gebrachten Probe durch Neutronenbeschuß hinreichend viele Atomkerne umgewandelt hatten. Die Zahl der heute bekannten radioaktiven Nuklide liegt bei etwa 1200. Das berühmteste und wichtigste ist das Kobaltisotop $^{60}$Co. Der Kern des in der Natur vorkommenden natürlichen Kobalts $^{59}$Co kann im Reaktor ein Neutron aufnehmen und zum $^{60}$Co werden. Es ist ein Beta- und Gammastrahler mit einer Halbwertszeit von 5.26 Jahren. Seine Strahlung kann die des Radiums ersetzen und für die Krebsbekämpfung eingesetzt werden. Radium hat damit an Wert verloren. Vor der Entdekkung der künstlichen Radioaktivität kostete ein Gramm Radium 100 000 bis 200 000 Reichsmark. Heute muß man einen hohen Preis zahlen, um überflüssig gewordene Radiumpräparate an die Herstellerfirma zurückgeben zu können.

Aber nicht nur die Neutronen im Reaktor, auch die bei der Fusion des Wasserstoffs frei werdenden Neutronen erzeugen radioaktive Nuklide. Wenn man eine Wasserstoffbombe mit Kobalt $^{59}$Co umkleidet, so entsteht bei der Explosion das radioaktive $^{60}$Co. Zehn dieser Bomben würden eine so große Menge des radioaktiven Kobaltisotops erzeugen, daß die Menschheit die über die Jahre hinaus erfolgende Bestrahlung wohl nicht überleben könnte.[68]

Mit der Gammastrahlung des radioaktiven Kobalts bekämpft man Tumoren, aber nicht nur damit rückt man den Geschwülsten im Körper zu Leibe. Bald nachdem Chadwick das Neutron gefunden hatte, begann die Behandlung von Tumoren mit energiereichen Neutronen. In Lawrences Beschleuniger erhielten Deuteriumkerne hohe Energien und trafen auf Beryllium, wo sie Neutronen erzeugten. Doch niemand wußte genau, mit welchen Dosen man die Patienten belasten kann. Die Neutronenbestrahlung richtete damals mehr Schaden an als Nutzen. Erst in den fünfziger Jahren begann man von neuem, die therapeutische Wirkung von Neutronen zu untersuchen und sie mit den Erfolgen der Krebsbehandlung durch energiereiche Röntgenstrahlen zu vergleichen. Diese Strahlen dringen in den Körper ein, ionisieren Atome, und die abgeschleuderten Elektronen besitzen so viel Energie, daß sie anderen Atomen und Molekülen des Körpers Elektronen entreißen können. Es entstehen Molekülionen, die mit den Molekülen des Gewebes chemisch reagieren. Ähnlich ist es beim Neutron. Da es keine elektrische Ladung hat, dringt es wie ein Quant der Röntgenstrahlung unter die Haut, ehe es mit einem Atomkern reagiert. Ein energiereiches Neutron schlägt in der Regel aus einem der zahlreichen Wasserstoffatome das Proton heraus. Dieses fliegt nur tausendstel oder hundertstel Millimeter weit und gibt auf dieser kurzen Wegstrecke alle seine Energie ab. Das kann im Inneren einer einzigen Zelle sein, die damit abstirbt.

Wie bei der Therapie mit Röntgenstrahlung muß man beachten, daß möglichst wenig gesundes Gewebe geschädigt wird. Das kann man etwa dadurch erreichen, daß man dem kranken Gewebe eine borhaltige Verbindung zuführt. Das Borisotop $^{10}$B nimmt Neutronen besser auf als die sonst im Körper vorhandenen Nuklide. Es wandelt sich in $^7$Li um, indem es ein Quant der Gammastrahlung und ein Alphateilchen aussendet. Da das Alphateilchen im Körperinneren entsteht, kann es an Ort und Stelle die benachbarten Krebszellen zerstören oder dort zumindest die Zellteilung verhindern.

Der wesentliche Unterschied der Neutronentherapie zur Therapie mit Röntgenstrahlen besteht also darin, daß die Ionisierung durch Protonen und Alphateilchen und nicht durch Elektronen erfolgt. Man hat jahrzehntelang forschen müssen, bei welchen Tumoren dies Vorteile bringt, und hat schließlich kleine, aber nicht unbedeutende Anwendungsgebiete gefunden, zum Beispiel die Therapie von Speicheldrüsentumoren.

Röntgenstrahlen und Neutronen lassen sich nur schwer gezielt an die Stelle bringen, an der sie wirken sollen. Sie lassen sich nicht von Magnetfeldern ablenken und fokussieren, sie lassen sich nicht beschleunigen. Das gelingt mit Elektronen, Protonen und Alphateilchen, die man in einem Beschleuniger auf hohe Energien bringt und dann gezielt in einem scharf gebündelten Strahl auf das Gewebe schießt. Da sie beim Durchgang durch die Materie um so leichter ionisieren, je langsamer sie sind, geben Protonen und Alphateilchen einen großen Teil ihrer Energie erst am Ende ihrer Wegstrecke in einem einstellbaren Tiefenbereich ab und erlauben daher besser die Schonung von gesundem Gewebe. Darin unterscheiden sie sich von den Röntgenstrahlen, die dort am stärksten wirken, wo sie in den Körper eindringen. Man kann also auch mit geladenen Teilchen tiefer im Körper gelagerte Tumoren durch Bestrahlung zerstören, ohne das äußere Gewebe allzusehr zu schädigen.

# 16. Nukleare Spurensuche

Tatsächlich glich Libbys Arbeitsraum bald einem Kuriositätenkabinett. Da waren Stücke von Mumien aus Ägyptens großer Zeit, Holzkohle von einem Feuer, an dem sich ein prähistorischer Mensch gewärmt hatte, der Zahn eines Mammuts, . . ., die Sandale aus einem Indianergrab in Ohio . . .

*C. W. Ceram*[69]

Sie hatten die elektronische Alarmanlage ausgeschaltet und waren so durch das Gitter gekommen. Sie hatten die schwere Holztruhe geöffnet und dann den Silberschrein, den sie barg. Sie hatten die Decke aus Seide weggenommen und die feuerfeste Umhüllung aus Asbest beiseite geschlagen. Nun lag das Tuch vor ihnen, von dem der Evangelist Johannes schreibt[70]: »Da nahmen sie den Leichnam Jesu und banden ihn in leinene Tücher mit den Spezereien, wie die Juden pflegen zu begraben.«

## Das falsche Grabtuch und der echte Ötzi

Die katholische Kirche ist reich an Reliquien. Da gibt es die Holzsplitter vom Kreuz Christi, in verschiedenen Kirchen werden noch 130 Stoffteile aufbewahrt, die das echte Grabtuch oder Teile davon sein sollen. Mit dem Tuch aber, das der britische Textilforscher Michael Tite an diesem 21. April 1988 berührte, hat es eine besondere Bewandtnis. Das Gewebe von 1.10 mal 4.36 Metern war 1357 aufgetaucht. Als es die Witwe eines französische Tempelritters als das Grabtuch Christi für Geld sehen ließ, hatte der damalige Papst sich geweigert, es als Reliquie anzuerkennen. Er gestattete nur, daß es als »bildliche Darstellung des Grabtuches des Gekreuzigten« gezeigt wurde, nicht als das Original. Diese diplomatische Formulierung hatte die Kirche der Schwierigkeit enthoben, zur Frage nach der Echtheit Stellung zu beziehen.

Das Grabtuch von Turin hatte am Ende des letzten Jahrhunderts Aufsehen erregt, als es ein Fotograf ablichtete, um davon Souvenirbildchen herzustellen. Auf der gegen das Licht gehaltenen Negativplatte erkannte er in den Flecken das Abbild einer menschlichen Gestalt, das Antlitz eines bärtigen Mannes mit schulterlangem Haar. Mehr noch, die Färbung des Tuches war so, daß das Bild auf der Negativplatte positiv erschien. Stellen, die in einem Gesicht dunkler sind als andere, erschienen auch auf der Platte dunkler, ganz im Gegensatz zu einem normalen Negativ. Offensichtlich zeigte das Tuch das Negativbild des Mannes, das die fotografische Platte nun positiv zeigte, mit Wundmalen, wie sie bei einer Kreuzigung entstehen. Man glaubte sogar, Striemen am Körper zu erkennen – die Folgen einer Geißelung? Hatte jemand das Bild auf das Tuch gemalt? Man experimentierte mit Leichen, die man in Tücher wickelte. Ein Arzt soll sogar heimlich Verstorbene an Holzkreuze genagelt haben, um an den Leichen, die dann in die Position des Mannes vom Grabtuch gebracht wurden, zu prüfen, ob die Wundmale an die richtigen Stellen zu liegen kommen. Man glaubte auch, die Geschichte des Tuches vom französischen Kreuzritter bis zurück zur Kreuzigung verfolgen zu können. Die katholische Kirche blieb vorsichtig und betrachtete den bärtigen Mann auf dem Tuch immer nur als ein Abbild Christi, nie aber als den echten Abdruck seines Körpers. Deshalb erlitt die päpstliche Kirche auch keinen Schaden durch das Ereignis, das an jenem 21. April seinen Anfang nahm, als Michael Tite in Gegenwart des Turiner Kardinals Ballestrero etwa 20 Quadratzentimeter Stoff vom unteren Ende des Tuches abschnitt.

Der Kardinal hatte beschlossen, die Echtheit nach einer modernen Methode prüfen zu lassen. Das abgetrennte Stück wurde in drei Streifen zerschnitten und in drei Metallbehältern versiegelt. Drei Wissenschaftlergruppen, ein Team der Eidgenössischen Technischen Hochschule in Zürich und je eines der Universitäten von Oxford und von Tucson in Arizona, erhielten einen der Behälter. Dazu bekam jede Gruppe noch zwei weitere, äußerlich von den anderen nicht zu unterscheidende Gefäße, die gleichfalls Stoffreste enthielten, von denen der Kardinal die Zeit ihrer Herstellung kannte. Die Wissenschaftler hatten die Aufgabe, das Alter jeder Probe herauszufinden. Sie wußten nicht, welche Stoffprobe vom Turiner Grabtuch stammte. Wenige Monate danach hatten alle ihre Hausaufgaben gemacht. Jedes Team hatte die Stoffproben bekannten Alters richtig datiert. Alle drei Gruppen waren aber auch für die Stücke vom Grabtuch zu dem gleichen Ergebnis gelangt: Das Gewebe des Tuches stammte aus der Zeit zwischen 1260 und 1390 nach Christus! Als man es zum erstenmal in der Öffentlichkeit gezeigt hatte, war es also keinesfalls älter als 100 Jahre.

Die Möglichkeit der Altersbestimmung organischer Materialien verdanken wir dem amerikanischen Chemiker Willard F. Libby (1908 bis 1980). Nahezu aller Kohlenstoff der Welt wird vom Nuklid $^{12}$C gebildet. Es gibt aber auch das radioaktive Kohlenstoffisotop $^{14}$C. Wir hatten bereits in Kapitel 10 (vgl. Abb. 10.8) gesehen, daß dieses Nuklid ein Betastrahler ist, der beim Zerfall zu $^{14}$N wird, dem häufigsten Isotop des Stickstoffs. Die Halbwertszeit des $^{14}$C beträgt 5730 Jahre. Wieviel $^{14}$C es zu Beginn der Welt auch gegeben hat, in den Milliarden Jahren, die seither verflossen sind, muß es sich restlos in Stickstoff umgewandelt haben – und doch findet man Spuren davon auf der Erde, etwa im Kohlendioxid der Luft. Auf etwa eine Billion Atome des $^{12}$C kommt eines des Isotops $^{14}$C, denn ständig wird $^{14}$C neu gebildet.

Aus dem Weltall prasseln in jedem Augenblick die Teilchen der kosmischen Strahlung auf unsere Atmosphäre, zertrümmern Atome der Luft und schlagen neue Teilchen aus den Kernen heraus, die wiederum auf Atome der Luft treffen. Nahezu 80 Volumenprozent unserer Luft sind Stickstoff, davon wiederum bestreiten die Atome des $^{14}$N mehr als 99 Prozent. Wenn ein Neutron in den Kern eines Stickstoffatoms der Atmosphäre eindringt, stößt es ein Proton heraus. Es entsteht ein $^{14}$C-Kern, wie in der Abbildung 16.1 angedeutet ist. Auf diese Weise bilden sich in der Atmosphäre ständig radioaktive $^{14}$C-Atome, die wieder zerfallen.

Pflanzen, die ihren Kohlenstoff hauptsächlich aus dem Kohlendioxid der Luft aufnehmen, erhalten also stets auch radioaktiven Kohlenstoff in dem Verhältnis, in dem er in der Luft vorhanden ist, also im Verhältnis eins zu einer Billion. Wenn die Pflanze jedoch stirbt, kommt kein neuer Kohlenstoff hinzu. In den Pflanzenresten ist dann nur noch Kohlenstoff, den die Pflanze während ihrer Lebenszeit aufgenommen hat, also der, dessen Isotope im gleichen Verhältnis vorhanden sind wie in der Atmosphäre. Im Laufe von 5730 Jahren zerfällt aber die Hälfte der $^{14}$C-Atome, während die stabilen Atome des $^{12}$C unverändert bleiben. Das Verhältnis $^{14}$C/$^{12}$C wird also im Laufe der Zeit in der Pflanze immer kleiner. Das gilt nicht nur für den Kohlenstoff der Pflanzen, sondern auch für den in den Kadavern der Tiere, die sich von Pflanzen ernährt haben. Es gilt auch für die Lebewesen, die mit dem Fleisch der Pflanzenfresser deren Kohlenstoff aufgenommen hatten. Alle organischen Materialien besitzen während ihrer Lebenszeit das atmosphärische Häufigkeitsverhältnis der Kohlenstoffatome. Nach

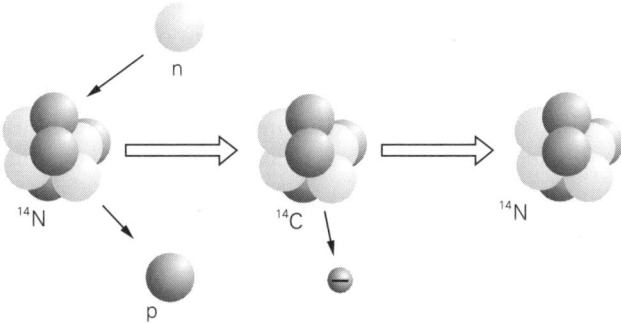

**Abb. 16.1:** Wie das radioaktive $^{14}$C in der Natur entsteht. Von kosmischer Strahlung aus anderen Atomen herausgeschlagene Neutronen dringen in Stickstoffkerne ein, die sich unter Abgabe eines Protons in betastrahlende Kohlenstoffkerne ($^{14}$C) verwandeln. Mit einer Halbwertszeit von 5730 Jahren geht der Kohlenstoff wieder in Stickstoff über.

dem Tod nimmt der Anteil des $^{14}$C in berechenbarer Weise ab. So kann man an dem Häufigkeitsverhältnis von $^{14}$C zu $^{12}$C erkennen, wann ein Organismus gelebt hat. Im Kohlenstoff des Grabtuches von Turin fand man mehr $^{14}$C-Atome, als zu erwarten wäre, wenn der Austausch des Kohlenstoffs mit der Atmosphäre schon vor 2000 Jahren beendet worden wäre.

Die $^{14}$C-Methode zur Altersbestimmung ist heute ein wichtiges Hilfsmittel in der Geschichtsforschung geworden. Sie verrät uns das Alter des Holzes, das die Indianer Zentralamerikas beim Bau ihrer Pueblos verwandten. Ägyptische Grabbeigaben enthalten $^{14}$C-Mengen, die nahezu der Hälfte der gegenwärtigen $^{14}$C-Häufigkeit der Luft entsprechen, so daß sie also etwa 5000 Jahre alt sind.

So gelang es auch, das Alter des mumifizierten Leichnams zu bestimmen, der am 19. September 1991 am Similaun-Gletscher in den Ötztaler Alpen gefunden worden ist und der despektierlich »Ötzi« genannt wird. Gewebeproben, die unabhängig voneinander in Instituten in Zürich und in Oxford auf ihren $^{14}$C-Gehalt untersucht wurden, ergaben, daß Ötzi seine letzte Kohlenstoffzufuhr aus der Luft vor 5300 Jahren erhalten hat.

Die $^{14}$C-Methode versagt, wenn man das Alter junger Stoffe finden will. Der Jahrgang einer Flasche Wein läßt sich nicht nach der $^{14}$C-Methode bestimmen, denn in zehn Jahren ändert sich der $^{14}$C-Anteil viel zu wenig. Dazu würde sich das Tritium eher eignen. Auch Tritium wird in der Natur durch die kosmische Strahlung ständig neu gebildet.

Da es schon innerhalb von zwölf Jahren zerfällt, ist wegen des geringen Nachschubes nie viel davon in der Natur vorhanden. Man schätzt, daß in der gesamten Erdatmosphäre vielleicht nur drei Gramm Tritium zu finden sind. Trotzdem ist überall, wo wir Wasserstoff haben, auch ein Anteil an Tritium dabei, auch im Wein. Wahrscheinlich läßt sich anhand des Tritiums nicht genau festlegen, wann er abgefüllt und das in ihm gespeicherte Wasser vom Wasserkreislauf der Natur abgeschnitten wurde, doch wenn ein Wein angeblich 50 Jahre oder älter sein soll, könnte man das an seinem Tritiumgehalt nachprüfen.

## Wie alt ist die Erde?

Mit dem Zerfall des radioaktiven Kohlenstoffs kann man Zeiträume bis zu einigen tausend Jahren erfassen. Für längere Zeitspannen wird das Kohlenstoff-Chronometer immer ungenauer. Es liefert schließlich keine Daten mehr, wenn in der zu untersuchenden Stoffmenge kaum noch ein $^{14}$C-Atom zu finden ist. Doch es ticken noch andere Uhren.

Das Nuklid $^{238}$U zerfällt mit einer Halbwertszeit von 4.5 Milliarden Jahren und wird auf die in der Abbildung 10.6 angegebene Weise schließlich zum Bleiisotop $^{206}$Pb. Nehmen wir etwa einen Steinmeteoriten, der aus dem Weltall auf die Erde fiel. Er möge bei seiner Bildung – wie immer er auch entstanden ist – kein $^{206}$Pb enthalten haben. Wenn wir heute die Atome der beiden Nuklide $^{238}$U und $^{206}$Pb in ihm zählen und nur wenige Bleiatome finden, dann ist der Stein erst vor kurzer Zeit entstanden, denn nur wenig Uran ist zu Blei geworden. Finden wir dagegen wenig $^{238}$U-Atome und viele des $^{206}$Pb, dann ist die Probe alt, denn viel Uran hat sich in Blei verwandelt. Es ist wie bei einer Eieruhr, der Sand im oberen Teil des Glases entspricht dem Uran, der im unteren dem Blei (vgl. Abb. 16.2). Je größer die Öffnung zwischen den beiden Teilen, um so kürzer die »Halbwertszeit« des Sandes oben. Am Anfang ist aller Sand im oberen Teil (man hat nur Uranatome), im Laufe der Zeit füllt sich der untere Teil (es entstehen immer mehr Bleiatome). Die Menge des Sandes in den beiden Teilen der Eieruhr sagt uns, wann die Uhr auf den Kopf gestellt wurde.

Doch das gilt nur, wenn am Anfang wirklich aller Sand oben war, also unser Stein bei seiner Geburt kein $^{206}$Pb mitbekommen hat. Was aber, wenn der Stein schon am Anfang auch $^{206}$Pb enthielt? Dann hatte die Eieruhr anfangs bereits Sand im unteren Teil des Glases. Wer das nicht berücksichtigt, muß ein schlabbriges Frühstücksei schlürfen. Wer

302

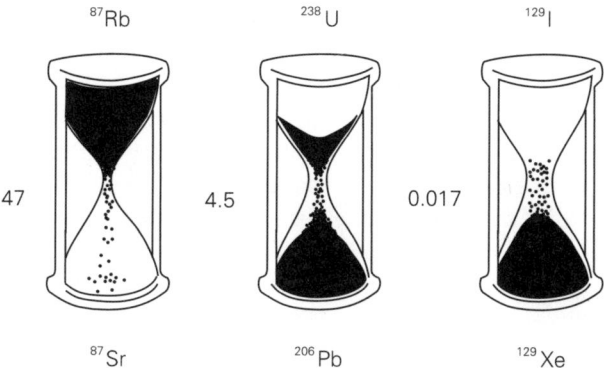

$^{87}$Rb $\qquad$ $^{238}$U $\qquad$ $^{129}$I

47 $\qquad$ 4.5 $\qquad$ 0.017

$^{87}$Sr $\qquad$ $^{206}$Pb $\qquad$ $^{129}$Xe

**Abb. 16.2:** Verschiedene radioaktive Stoffe entsprechen verschieden langsam laufenden kosmischen Uhren. Die für $^{87}$Rb, $^{238}$U und $^{129}$I charakteristischen Zeiten sind jeweils links in Einheiten von Milliarden Jahren angegeben.

an dem Verhältnis $^{238}$U/$^{206}$Pb das Alter einer Probe bestimmen will, muß wissen, wie dieses Verhältnis am Anfang war. Das $^{206}$Pb könnte ja in der Geschichte des Weltalls, lange vor der Bildung des Steins, auch noch auf andere Weise entstanden sein. Es ist aber auch denkbar, daß in der Geschichte des Steins das Verhältnis von $^{238}$U und $^{206}$Pb auf andere Weise verändert worden ist. Uran und Blei haben verschiedene physikalische und chemische Eigenschaften. Uran schmilzt erst bei mehr als 1000 °C, Blei kann man schon bei 327 °C weich machen. Dazu genügt eine Kerzenflamme, wie jeder weiß, der schon einmal zu Silvester Blei gegossen hat. In der Geschichte des Meteoriten könnte das Material des Steins schon einmal so erhitzt worden sein, daß ein Teil des Bleis geschmolzen und weggeflossen ist, während das Uran zurückblieb. Blei und Uran gehen verschiedene chemische Verbindungen ein, die wiederum verschiedene Eigenschaften haben. Im Laufe der Zeit könnte sich also das Mischungsverhältnis Uran zu Blei auf nicht-radioaktive Weise geändert haben, was wiederum die Altersbestimmung verfälscht.

Es ist so, als würde jemand, während wir das Ei im kochenden Wasser beobachten, hinter unserem Rücken die Eieruhr für einige Zeit umdrehen. Glücklicherweise haben die verschiedenen Isotope des Bleis, das natürliche und das aus dem Uranzerfall, nahezu gleiche physikalische und chemische Eigenschaften; schmilzt $^{206}$Pb, so schmilzt auch das Bleiisotop $^{204}$Pb. Normalerweise findet man in einem Gramm natürlichen Bleis 1.4 Prozent dieses Isotops, das selbst nicht zerfällt, das aber auch nicht vom Zerfall anderer Atome herrührt. Das

303

$^{204}$Pb, das man heute findet, war von Anfang an da. Es enthält also sozusagen die nicht-radioaktive Geschichte des Bleis. Es häufte sich dort an oder floß in geschmolzenem Zustand ab, wo auch das $^{206}$Pb sich anreicherte oder wegströmte. Hat man ein solch »beständiges« Isotop eines Tochternuklids, dann kann man feststellen, ob sich das Isotopenverhältnis auch noch anders als durch radioaktiven Zerfall verändert hat. So läßt sich aus einer Probe, in der das $^{204}$Pb an verschiedenen Stellen verschieden stark konzentriert ist, durch Messung der Häufigkeit von $^{238}$U und $^{206}$Pb an der jeweils gleichen Stelle der Zeitpunkt bestimmen, zu dem der Körper erstarrt ist und von dem ab nur noch radioaktive Prozesse die Häufigkeitsverhältnisse geändert haben können.

Es gibt noch mehr kosmische Uhren (vgl. Abb. 16.2), etwa das Rubidium $^{87}$Rb, dessen Halbwertszeit bei etwa fünfzig Milliarden Jahren liegt. Das ist wesentlich länger als die 15 bis 20 Milliarden Jahre, die nach Meinung der Astronomen seit der Entstehung des Weltalls verstrichen sind. Das Jod $^{129}$I, das mit einer Halbwertszeit von 17 Millionen Jahren zu Xenon wird, verhält sich zum Rubidium wie die Stoppuhr zum Kalender. Je mehr verschiedene radioaktive Elemente man zum Zeitvergleich benutzt, um so leichter lassen sich nicht-radioaktive Manipulationen der Natur an der Probe berücksichtigen.

Wir wissen heute, daß die Steine der Erde vor etwa 4$^1$/$_2$ Milliarden Jahren erstarrt sind und daß die 400 Kilogramm Mondgestein, welche die Apollo-Astronauten zur Erde brachten, etwa das gleiche Alter haben. Ebenso alt sind die auf die Erde gefallenen Meteoriten. Es scheint, daß die festen Körper unseres Sonnensystems alle zur gleichen Zeit gebildet wurden. Damit stimmt auch das geschätzte Alter der Sonne überein, das man mit gänzlich anderen Methoden ermittelt hat.

## Napoleons Mörder

Der Graf Montholon soll es gewesen sein. Die Historiker sind sehr skeptisch, und französische Geschichtsforscher mögen die Geschichte schon gar nicht. Doch ich erzähle sie, selbst wenn sie vielleicht nicht ganz stimmen sollte.[71]

Da lebte in den fünfziger Jahren in Göteborg in Schweden der Zahnarzt Sten Forshufvud, den schon in jungen Jahren die Persönlichkeit des großen Korsen fasziniert hatte. Als er das Tagebuch des Kammerdieners las, der den auf St. Helena in Gefangenschaft gehaltenen Napoleon Bonaparte bis zu seinem Tode versorgt und gepflegt hatte. Da fiel es ihm wie Schuppen von den Augen. Die Krankheitssymptome, die in den Aufzeichnungen beschrieben werden, deuteten zweifellos auf eine Vergiftung mit Arsen hin. Sollte Napoleon etwa nicht an Magenkrebs gestorben sein, wie man bisher geglaubt hatte? Wie konnte Forshufvud beweisen, daß er mit seiner Vermutung recht hatte, daß jemand über Jahre hinweg den Verbannten mit Arsen vergiftet hatte, mit einem Mittel, das alle bei Napoleon aufgetretenen Erscheinungen hervorrufen konnte, auch die Fettleibigkeit gegen Ende seines Lebens?

Um das zu beweisen, wäre es das einfachste gewesen, den Leichnam Napoleons auf Arsen zu untersuchen – wenn die französische Regierung gestattet hätte, dafür die 35 Tonnen wiegende Grabplatte im Dôme des Invalides in Paris vorübergehend zu entfernen und die Überreste des Korsen untersuchen zu lassen. Dafür bestand keinerlei Aussicht, abgesehen davon, daß der Körper vorher lange Jahre in der Erde von St. Helena gelegen hatte und man nicht wußte, inwieweit dort das Wasser im Boden zusätzliches Arsen im Leichnam abgelagert hat. Doch es gibt auch andere Überreste vom Körper Napoleons. Besuchern auf St. Helena hatte er öfters Strähnen seines Haares als Souvenir geschenkt. Auch nach seinem Tod hatte der Leibdiener Haare vom Haupt des Verstorbenen abrasiert. Die kostbaren Haarlocken Napoleons wurden von Generation zu Generation vererbt.

Der schwedische Zahnarzt wurde mehrerer Haarproben habhaft, aber es waren immer nur einzelne Haare, viel zu wenig, um sie mit chemischen Methoden auf Arsen zu untersuchen. Doch seit etwa 20 Jahren wußte man von der künstlichen Radioaktivität. Auch wußte man, daß natürliches Arsen, das aus dem stabilen Isotop $^{75}$As besteht, beim Beschuß mit Neutronen in das Isotop $^{76}$As übergeht, ein Betastrahler, der mit einer Halbwertszeit von 26.4 Stunden zum stabilen Selen $^{76}$Se wird. Zwar konnte man das ursprüngliche Arsen in den Haaren nicht chemisch nachweisen, doch reichte bereits ein einzelnes Haar, um das nach der Bestrahlung mit Neutronen entstandene radioaktive $^{76}$As an seiner Betastrahlung zu erkennen. Im Herbst 1961 konnte Forshufvud, unterstützt von zwei Ärzten der Universität Glasgow, in einer britischen Wissenschaftszeitschrift berichten, daß das Haar Napoleons, das man einen Tag lang dem Strom der Neutronen im Reaktor von Harwell ausgesetzt hatte, das 13fache der Arsenmenge enthielt, die man normalerweise in einem Menschenhaar findet.[72]

Doch der Zahnarzt ging noch weiter: Schneidet man das Haar in klcine Stücke, die man einzeln untersucht, so kann man die Verteilung des ursprünglichen Arsens längs des Haares bestimmen. Da man weiß, daß das menschliche Kopfhaar im Mittel täglich um etwa 0.35 mm wächst, konnte er später an einer Haarsträhne, die an einem bestimmten Tag direkt an der Kopfhaut abrasiert worden war, erkennen, zu welchen Zeiten die Konzentration des Arsens in Napoleons Körper besonders stark gewesen ist. Es zeigten sich unregelmäßige Anhäufungen, die Forshufvud mit Berichten über den Gesundheitszustand des Verbannten verglich. Und siehe da, Tage höheren Arsengehalts im Körper fielen genau mit denen zusammen, an denen der Gesundheitszustand des besiegten Staatsmannes besonders schlecht war. Haarlokken aus verschiedenen Zeiten ließen darauf schließen, daß dem Körper mindestens während der letzten fünf Lebensjahre Arsen zugeführt worden sein muß. Damit konnte Forshufvud eine Anzahl von Verdächtigen ausschließen. Weitere Argumente halfen, den Kreis zu verkleinern. Schließlich blieb nur der Graf von Montholon übrig. Er muß es gewesen sein. Ich sagte schon, die Historiker folgen dieser merkwürdigen Geschichte nicht ganz.

## Die radioaktiven Ringe der Bäume

Von Jahr zu Jahr wird der Stamm eines Baumes dicker, von Jahr zu Jahr setzt er außen eine neue Schicht frisch gewachsenen Holzes an. Die Jahresringe der Bäume wurden zu einem unverzichtbaren Hilfsmittel der Archäologen, nachdem der amerikanische Astronom Andrew E. Douglass (1867–1962) erkannte, daß man aus der Folge von dick und dünn in den Jahresringen gefällter Bäume praktisch mit freiem Auge sehen kann, wann sie geschlagen worden sind, denn das Klima eines jeden Jahres bestimmt die Dicke des jeweils entstehenden Ringes. War es in einem Jahr für den Baum günstig, so ist der neue Jahresring dicker. Vergleicht man den Stamm eines vor Jahren gefällten Baumes mit dem eines anderen, der eben geschlagen worden ist, so kann man den klimatischen Rhythmus an der Dicke der Jahresringe beider Stämme erkennen. Der zuletzt gefällte Baum weist außen mehr Ringe auf, entsprechend den Jahren, die er länger lebte. Die Anzahl der zusätzlichen äußeren Ringe verrät uns, um wieviel Jahre ein Baum den anderen überlebt hat.

So gelang es Douglass in mühevoller Arbeit, aus Hölzern, die in Amerika gefunden wurden – teils waren es Balken in alten Indianerpueblos, teils Stämme aus den Ruinen der von den Azteken errichteten Bauwerke – eine lückenlose Jahresringfolge aufzustellen, die nahezu 2000 Jahre überdeckte.* Douglass konnte damals noch nicht wissen, daß die Jahresringe mehr Information enthalten als nur eine Aussage über das Klima vergangener Zeiten. Jeder Baum nimmt während seiner Lebenszeit Kohlendioxid aus der Luft auf. Der Kohlenstoff im Holz eines jeden Jahresringes enthält also auch einen Anteil des radioaktiven $^{14}C$. Je älter der Jahresring ist, um so mehr davon ist zerfallen. Da man aber nach der Methode von Douglass das Alter jedes Jahresringes bestimmen kann, und da man weiß, nach welchem Gesetz der radioaktive Kohlenstoff zerfällt, kann man zurückrechnen und bestimmen, wie hoch der Anteil des $^{14}C$ am Kohlenstoff der Luft in all den Jahren bis fast zur letzten Eiszeit jeweils gewesen ist. Die aus den Jahresringen bestimmten geringfügigen Schwankungen des $^{14}C$-Gehaltes der Atmosphäre in der Vergangenheit muß man bei genaueren Altersbestimmungen anderer Materialien berücksichtigen.

Wie wir schon sahen, entsteht in der Atmosphäre das $^{14}C$ durch geladene Teilchen der kosmischen Strahlung. Sie durchfliegen das Magnetfeld der Erde und werden wie die Teilchen in Lawrences Zyklotron aus ihrer geraden Bahn abgelenkt. Nur ein Teil dringt in die Atmosphäre ein. Gasströme, die von der Sonne ausgehen, bringen darüber hinaus weitere Magnetfelder von dort in Erdnähe, die gleichfalls den Strom der aus dem Weltall kommenden Teilchen ablenken. So läßt sich im $^{14}C$-Gehalt der Jahresringe auch die jeweilige Stärke der magnetischen Aktivität der Sonne erkennen. In Jahren, in denen sie viele Flecken zeigt, kommen mehr magnetische Wolken in die Nähe der Erde, lenken die Teilchen der kosmischen Strahlung ab und verringern die $^{14}C$-Produktion.

Wenn man den $^{14}C$-Gehalt vergangener Jahrtausende betrachtet, so findet man Schwankungen, die zum Teil auf das Ausbleiben der Sonnenflecken über längere Zeiträume zurückzuführen sind. So zeigten sich zum Beispiel während der Regierungszeit Ludwigs XIV., des Sonnenkönigs, also von 1643 bis 1715, kaum Flecken auf der Sonnenscheibe. Prompt war die $^{14}C$-Häufigkeit damals etwas größer. Geht man in den Jahrtausenden weiter zurück, so findet man, daß vor 7000 Jahren der $^{14}C$-Gehalt besonders hoch war. Schuld daran ist wohl das Magnetfeld der Erde, das sich in der Vergangenheit mehrmals umgepolt

---

* Heute kann man die Folge der Jahresringe über insgesamt neun Jahrtausende verfolgen.

hat. Wo heute der magnetische Nordpol ist, war früher einmal der Südpol, noch früher aber wieder der Nordpol. Hunderte, ja wahrscheinlich tausende Male wechselten die magnetischen Pole. Dazwischen war das Feld vorübergehend schwach, und die Teilchen der kosmischen Strahlung konnten ungehindert eindringen und $^{14}$C erzeugen, wie wohl vor etwa 7000 Jahren.

Vergleicht man die $^{14}$C-Häufigkeit der Vergangenheit mit der des jetzt zu Ende gehenden Jahrhunderts, so fällt auf, daß heutzutage der $^{14}$C-Gehalt der Luft sehr viel geringer ist als früher. Das rührt von der Industrialisierung her. Wir blasen mit dem Kohlendioxid, das bei der Verbrennung fossiler Brennstoffe wie Kohle und Erdöl anfällt, Kohlenstoff in die Atmosphäre, der seit Millionen Jahren keine Zufuhr aus der Luft mehr erhielt. Alles $^{14}$C aus der Zeit, in der die inzwischen zu Kohle gewordenen Pflanzen noch lebten, ist längst zerfallen. Nun verdünnt dieser alte, $^{14}$C-freie Kohlenstoff der fossilen Brennstoffe das von der kosmischen Strahlung ständig neu erzeugte $^{14}$C.

Die Radioaktivität in den Baumringen hat kürzlich in einem ganz anderen Zusammenhang Aufsehen erregt. In der niedersächsischen Gemeinde Elbmarsch erkrankten zwischen 1989 und 1991 sechs Jugendliche an Leukämie. Nach dem Landesdurchschnitt wäre im Mittel lediglich ein Krankheitsfall in 15 Jahren zu erwarten. Die Häufigkeit dieser Krankheit schwankt aus Gründen, die wir heute noch nicht verstehen, sehr stark. An manchen Orten bleibt sie jahrelang unter dem Durchschnitt, an anderen tritt sie gehäuft auf. Der Fall der Kranken von Elbmarsch erfordert jedoch besondere Aufmerksamkeit. In der Nähe steht der Siedewasserreaktor Krümmel. Tatsächlich glaubte man, in den Jahresringen der Bäume aus der Elbmarsch einen erhöhten Tritiumgehalt gemessen zu haben. Sollte dem Kraftwerk bei einem der Öffentlichkeit verschwiegenen Störfall Tritium entkommen sein, das die Gegend radioaktiv verseuchte und für die Krankheitsfälle verantwortlich ist? Der schleswig-holsteinische Umweltminister veröffentlichte alarmierende Ergebnisse über in Baumringen gespeichertes Tritium, ohne sie vorher nachprüfen zu lassen.[73] Doch die angewandte Meßmethode erwies sich als unzuverlässig. Die zur Kontrolle an Instituten der Technischen Universität München und der Universität Göttingen durchgeführten Messungen zeigten, daß der Tritiumgehalt der Baumringe kein Anzeichen für den vermuteten Störfall bietet. Um Aufklärung der Ursachen für solche seltenen, unvorhersehbaren Leukämieanhäufungen, die auch in Gegenden ohne Kernenergieanlagen vorkommen, bemühen sich zur Zeit Forscher in mehreren Ländern.

# Die Zugstraßen der Elemente

Freiburg 1933. Als die Nazis in Deutschland die Macht übernahmen, war für György von Hevesy (1885–1966), Professor für physikalische Chemie, kein Platz mehr an der Universität. Er ging zu seinem Freund Niels Bohr nach Kopenhagen. Als neun Jahre später die Deutschen Dänemark besetzten, floh er nach Schweden.

Die Freundschaft zwischen Bohr und Hevesy ging schon auf das Jahr 1912 zurück. Damals arbeiteten beide am Rutherfordschen Laboratorium in Manchester. Man wußte schon, daß es Isotope gibt, doch es stand noch nicht fest, ob sich die Isotope eines Elements nicht doch in gewissen chemischen Eigenschaften voneinander unterscheiden. Da erhielt das Labor eine Probe Blei aus Wien, die man bei der Uranherstellung gewonnen hatte. Natürliches Blei war mit einem radioaktiven Stoff vermischt, dessen Strahlung so abgeschirmt wurde, daß die Physiker in Manchester sie kaum untersuchen konnten. »Wenn Sie das Salz in der Suppe wert sein wollen«, soll Rutherford zu Hevesy gesagt haben »dann müssen Sie die radioaktive Substanz vom Blei trennen.« Es gelang Hevesy jedoch nicht, den radioaktiven Stoff vom Blei chemisch zu separieren, denn es handelte sich um das Bleiisotop $^{210}Pb$, einen Betastrahler der Halbwertszeit von 22.3 Jahren. Wohin es immer bei einer chemischen Reaktion ging, das stabile Blei folgte ihm. Hevesy erkannte, daß die Eigenschaft des radioaktiven Bleis, mit dem anderen Blei untrennbar verbunden zu sein, wissenschaftlich von großer Bedeutung sein würde. Fügt man natürlichem Blei eine Spur des radioaktiven Bleis zu, so kann man den Weg des Bleis mit einem Geigerzähler verfolgen.

Löst man zum Beispiel mit dem radioaktiven Isotop angereichertes Blei in Salpetersäure auf und fügt ein Bleisalz hinzu, dessen Atome nicht radioaktiv sind, und trennt man nach einer Weile Salz und Lösung wieder voneinander, so enthält das Salz plötzlich radioaktives Blei. Offensichtlich haben zahlreiche Bleiatome in der Lösung und im Salz ihre Plätze gewechselt. Ohne die »radioaktive Markierung« hätte man das niemals herausfinden können.

So wie der Ornithologe die Zugstraßen der Vögel dadurch ermittelt, daß er dem Schwarm beringte Tiere zugesellt, die mit den anderen fliegen, so kann der Physiker einem chemischen Element Atome eines radioaktiven Isotops hinzufügen und so den Weg dieses Elements mit dem Geiger-Zähler verfolgen. Dreißig Jahre später erhielt Hevesy den Nobelpreis für die Entwicklung dieser sogenannten *Indikatormethode*, mit der man durch radioaktive Spuren den Weg der Stoffe, auch im menschlichen Körper, verfolgen kann.

Es gibt aber auch Methoden, bei denen man Stoffe nicht radioaktiv kennzeichnen muß. Wenn die Wassermoleküle in einem Glas besonders viele Deuteriumatome enthalten haben, mehr als natürlicherweise vorkommen, so läßt sich, wenn jemand das Glas leergetrunken hat, dieses Wasser im Körper wiedererkennen. Allerdings kann das nicht mehr mit dem Geiger-Zähler geschehen, da Deuterium nicht strahlt. Jetzt müssen die Moleküle in einem Massenspektrographen voneinander getrennt werden.

Wer Fisch ißt, nimmt Phosphor auf. Fügt man der Nahrung Spuren radioaktiven Phosphors $^{32}$P bei, einen Betastrahler der Halbwertszeit von 14.3 Tagen, so erfährt man, daß der Phosphor vor allem in die Knochen geht. Jod dagegen sammelt sich in der Schilddrüse. Gibt man einem Patienten Wasser zu trinken, das mit einer Spur radioaktiv markierten Jods versetzt ist, so kann man mit einem über den Kehlkopf gehaltenen Geiger-Zähler erkennen, wie sich das eben aufgenommene Jod in der Schilddrüse sammelt. Die sich dort anhäufende Jodmenge gibt Aufschluß über die Funktionsfähigkeit des Organs, etwa darüber, ob es wegen einer starken Überfunktion mehr Jod sammelt als bei einem gesunden Menschen. Erkrankt der Patient an Schilddrüsenkrebs, der an anderen Stellen im Körper Metastasen erzeugt, so sammelt sich auch in ihnen Jod. Mit radioaktiv markiertem Jod lassen sich Metastasen aufspüren. Phosphor wandert nicht nur in die Knochen, auch zahlreiche Krebsarten speichern ihn. Durch Markieren mit radioaktivem Phosphor lassen sich Krebswucherungen erkennen. Allerdings besitzt die Betastrahlung des $^{32}$P nur eine geringe Reichweite. Am lebenden Körper kann man damit normalerweise nur unmittelbar unter der Hautoberfläche sitzende Krebsgeschwüre bemerken.

Der Mensch atmet Sauerstoff ein und Kohlendioxid aus. Doch der ausgeatmete Sauerstoff im Kohlendioxid ist nicht der, den wir eingeatmet haben. Er kommt aus den Kohlenwasserstoffen unseres Körpers und nicht aus der eingeatmeten Luft. Auch das hat man durch radioaktive Kennzeichnung herausgefunden.

Die radioaktiven Dosen müssen natürlich so gewählt werden, daß der Patient keinen Schaden davonträgt. Man kann etwa die Dosis so klein halten, daß sie in der natürlichen Radioaktivität, welcher der Patient ausgesetzt ist, untergeht. Ob eine Untersuchung zweckmäßig ist oder nicht, muß eine Abschätzung des Verhältnisses von Risiko zu Notwendigkeit der Diagnose entscheiden.

## Ein Atom namens Astrid

Waren es nur wenige Atome eines Nuklids, die den Verdacht nahelegten, daß Napoleon vergiftet worden ist, so ist man heute in der Lage, sogar einzelne Atome zu isolieren und für Wochen einzeln aufzubewahren. Auch Positronen lassen sich im Vakuum isoliert halten. Physiker der Universität in Seattle im US-Staat Washington hielten ein Positron drei Monate lang im leeren Raum in der Schwebe, ohne daß es Gelegenheit gehabt hätte, mit einem Elektron in einem Strahlungsblitz aufzugehen. Während dieser Zeit war es den Physikern so vertraut geworden, daß sie ihm den Namen »Priscilla« gaben. An der gleichen Universität gelang es auch, ein einzelnes Bariumatom in der raffinierten Anlage durch geeignete elektrische Kraftfelder im leeren Raum, fernab von allen Gefäßwänden, zu balancieren. Dieses Bariumatom, das sie »Astrid« nannten, strahlte im blauen Licht, wenn es zum Leuchten angeregt wurde. Der Physiker Hans-Christian von Baeyer beschreibt den Anblick eines gefangenen Quecksilberatoms, das ihm ein Kollege in Boulder im US-Staat Colorado in der Atomfalle zeigte: »Direkt in der Mitte der Falle erschien ein kleiner Stern. Zunächst kaum erkennbar in all den flackenden Reflexionen rundum, doch dann mit zunehmender Intensität gab das Quecksilberatom sein Licht ab. Fest umschlossen von elektrischen Kräften, die sich zwischen seiner und der Ladung der Metallwände seiner Falle entfalteten, rührte es sich nicht von der Stelle. . . . Während ich es beobachtete, bemerkte ich, daß es blinkte. . . . bald wurde deutlich, daß das Quecksilberatom – mehrere Male pro Sekunde – an- und ausging.[74]« Was sah er? Das Atom wurde mit ultraviolettem Licht bestrahlt. Von Zeit zu Zeit wurde ein Quant dieser Strahlung vom Atom absorbiert. Ein Elektron ging dabei von einer inneren auf eine äußere Bahn. Wenn es später wieder in eine innere Bahn zurückfiel, sandte es ein Quant sichtbaren Lichtes aus.

An der Schwelle des 20. Jahrhunderts haben große Wissenschaftler wie der Chemiker Wilhelm Ostwald (1853–1932) und der Physiker Ernst Mach (1836–1936) noch an der Realität der Atome gezweifelt. Der Österreicher Mach soll jede Diskussion über Atome mit den ärgerlichen Worten unterbrochen haben: »Hams eins gsehn?« Heute, am Ausgang des Jahrhunderts, kann man Atome einzeln, wie Tiere im Zoo, gefangenhalten und studieren.

# 17. Die Energie der Sterne

Schon vor Jahren hat man die Aufgabe gelöst, Fusionsenergie in einer Explosion freiwerden zu lassen. Sie langsam und kontrolliert zu befreien, ist eine ungleich schwierigere Aufgabe. Das steht in scharfem Kontrast zur Geschichte der Atomspaltung. Da genügte ein Jahr intensiver Arbeit, um im frühen Winter 1942 den ersten Kernreaktor entstehen zu lassen, während es mehrerer Jahre bedurfte, bis die erste Atomexplosion gelang.

*Edward Teller, 1958*

Im alten Ägypten war die Sonne ein Gott, der das Leben auf der Erde ermöglichte. Als solcher war sie den Naturgesetzen nicht unterworfen. Ein Gegenstand der Physik wurde sie erst im 17. Jahrhundert, als man merkte, daß die Kraft, mit der sie die Planeten an sich bindet, von derselben Art ist wie die Kraft, die uns an der Erdoberfläche festhält. Dann erkannte man, daß die anderen Sterne gleichfalls Sonnen sind und wie die unsere Licht und Wärme abstrahlen. Doch wie die Sonne beschaffen ist, darüber wußte man am Anfang des 19. Jahrhunderts fast nichts.

## Woher kommt die Energie der Sonne?

Der englische Astronom John Herschel (1792–1871) war der Meinung, daß die Sonnenenergie von innen her kommt und daß im Inneren der Sonne ein gewaltiges Feuer für die hohen Temperaturen verantwortlich ist. Er schreibt: »Das große Räthsel liegt jedoch daran, wie eine so ungeheure Verbrennung (wenn eine solche auf der Sonne wirklich stattfindet) unterhalten werden kann. Jede Entdeckung der Chemie läßt uns hier völlig im Stich und scheint uns vielmehr die Aussicht auf eine genügende Erklärung ferner zu rücken.«[75] Herschel versucht bereits zu erklären, woher die Energie kommt. Noch ist der Satz von der Erhaltung der Energie nicht bekannt. Julius Robert Mayer (1814–

1878), der Mann, der dieses fundamentale Gesetz acht Jahre später bekanntgeben soll, studiert zur Zeit des Erscheinens der deutschen Auflage von Herschels Buch noch Medizin in Tübingen und wird wegen seiner Zugehörigkeit zu einer verbotenen Studentenverbindung gerade vorübergehend exmatrikuliert. Herschel fühlt sich aber schon genötigt, die Herkunft der Energie der Sonne zu erklären – eine Vorahnung des Energiesatzes. Er weiß, daß chemische Prozesse nicht genügend Energie liefern. Bestünde die Sonne aus bester Kohle und dem zum Brennen nötigen Sauerstoff, sie könnte ihre Strahlungsleistung mit Kohlefeuerung nur einige tausend Jahre lang bestreiten. Aber da er den Satz von der Erhaltung der Energie noch nicht kennt, sucht Herschel statt der Verbrennung elektrische Ströme dafür verantwortlich zu machen, von denen man schon wußte, daß sie Wärme erzeugen können.

Doch wenige Jahre später bringt Mayer die Energien unter einen Hut, die der Wärme, des Magnetismus, der Elektrizität, die Energie, die in einem bewegten Körper ist, die Energie, die der Körper besitzt, weil er in einem Schwerefeld fallen kann, und schließlich auch die chemische Energie. In der Natur können diese Energieformen ineinander umgewandelt werden, aus Bewegung kann Wärme werden, wie man bemerkt, wenn man ein durch die Hand laufendes Seil zu bremsen versucht, aus Wärme Bewegung, wie die Dampfmaschine zeigt. Es kann aber keine Energie neu entstehen, ebensowenig wie vorhandene Energie verschwinden kann. Mit dem Satz von der Erhaltung der Energie standen die Naturforscher vor der Frage, woher die Energie der Sonne kommt. Niemand wußte die Antwort, niemand konnte sich ein im Inneren der Sonne verborgenes Energiereservoir vorstellen, das ihre Strahlungsleistung über viele Jahrmillionen bestreiten kann.

Es gab längst Hinweise auf den Zeitraum, über den die Sonne in der Vergangenheit die Erde warmgehalten hat. Wie kommt das Salz ins Meer? Es wird durch Flüsse, die es im Gebirge auswaschen, in die Ozeane gebracht. Da es bei der Verdunstung des Meerwassers nicht wieder in die Luft gelangen kann, sind die Meere von Jahrmillion zu Jahrmillion salziger geworden. Die Salzmenge des Seewassers ist eine Uhr, die uns verrät, wie lange die Sonne das Wasser der Erde flüssig gehalten hat. Wie lange braucht ein Fluß wie der Neckar, um alle Täler und Gräben auszuwaschen, durch die er heute fließt? Welche Zeit war nötig, um die Sedimentschichten der heutigen Ozeane auf die heutigen Dicken wachsen zu lassen? Um die Mitte des 19. Jahrhunderts schätzte man den Zeitraum auf mindestens hundert Millionen Jahre. Niemand konnte sich vorstellen, woher die Sonne ihre Energie für so lange Zeiten nimmt.

Die Lösung kam nach der Entdeckung der Radioaktivität. Als die Curies feststellten, daß beim Zerfall des Radiums auch Wärme frei wird, schien es auf den ersten Blick, als ob der Satz von der Energie falsch wäre. Plötzlich schien Energie aus dem Nichts zu entstehen. Woher kommt die Energie sich erwärmenden Radiums? Heute wissen wir es: Zu den von Robert Mayer aufgeführten Energieformen gehört noch eine weitere, die Energie der Atomkerne. Damit war das Rätsel im Prinzip schon in den zwanziger Jahren gelöst. Die Sonne, und allem Anschein nach auch die Sterne, decken ihre Strahlungsleistung durch Kernenergie.

In Kapitel 8 sahen wir, daß bei der Umwandlung von Wasserstoff in Helium 0.75 Prozent der Masse in Energie übergehen. Nehmen wir an, die Sonne bestünde vollständig aus Wasserstoff. Dann würden 0.75 Prozent bei der Umwandlung von Wasserstoff in reine Energie übergehen. Im Prinzip würde das ausreichen, um die Strahlung der Sonne über einen Zeitraum von 100 Milliarden Jahren zu decken – eine 1 mit 11 Nullen! Das ist allerdings überschätzt, denn die Sonne besteht nicht vollständig aus Wasserstoff, und die ersten Altersgebrechen wird sie schon zeigen, wenn nur wenige Prozent ihres Wasserstoffvorrates verbraucht sind. Die wahre Lebensdauer der Sonne liegt etwa bei 13 Milliarden Jahren.

### Sir Arthur behält recht

Mit der Erkenntnis, daß in den Atomen Energie steckt, war die Frage nach der Herkunft der Energie der Sonne schon im Jahre 1926 beantwortet, als der englische Astrophysiker Arthur Eddington (1882 bis 1944) sein inzwischen klassisch gewordenes Buch über den inneren Aufbau der Sterne schrieb. Für ihn stand fest: Die Sterne leben von der Energie ihrer Atome. Doch damals glaubten die Physiker noch nicht, daß im Inneren der Sonne Kernreaktionen ablaufen können. Der Grund war einleuchtend, und wir können ihn uns leicht veranschaulichen.

Die Astronomen hatten längst herausgefunden, welche Temperaturen in den Zentren der Sterne herrschen. Zwar kann niemand der Sonne ins Herz blicken, doch man kann auch auf andere Weise etwas über den Bereich erfahren, in den unser Blick nicht eindringen kann.

Wir kennen die Masse der Sonne, sie macht sich durch ihr Schwerefeld bemerkbar, in dem die Erde ihre Bahn zieht. Wir wissen, mit welcher Kraft die gasförmige Materie der Sonne auf ihren Mittelpunkt zu gezogen wird. Die Schwerkraft möchte alle Massen auf den Mittelpunkt hin konzentrieren. Dazu müßte das Gas unendlich stark zusammengepreßt werden. Jedes Gas wehrt sich gegen Kompression durch Gegendruck.

Der Gasdruck der Sonnenmaterie verhindert, daß die Sonne auf einen winzigen Punkt zusammengepreßt wird. In ihr halten Schwerkraft und Gasdruck einander die Waage. Da der Gasdruck von der Temperatur abhängt, können wir abschätzen, wie heiß es im Inneren der Sonne ist. Die Temperaturen sind hoch. Eddington schätzte, daß im Zentrum Temperaturen von 40 Millionen Grad herrschen. Heute glauben wir zwar, daß es dort etwas »kühler« ist, nur 16 Millionen Grad, doch die Atomkerne des Wasserstoffs bewegen sich bei dieser Temperatur mit einer Geschwindigkeit von 500 km/s, in etwas über einer Sekunde von Hamburg nach München! Können sie sich, wenn sie mit diesem Tempo aneinander vorbeifliegen, trotz der abstoßenden elektrischen Kräfte gelegentlich einander so nähern, daß die Kernkräfte sie verschmelzen lassen?

Gehen wir zurück zu unserem anschaulichen Beispiel von Kapitel 8, bei dem wir uns die Atomkerne so stark vergrößert vorstellten, daß Protonen so groß wie Boccia-Kugeln sind. Wenn man nur die abstoßenden elektrischen Kräfte betrachtet, reicht die Geschwindigkeit der Protonen niemals aus, das Geschoß so nahe an den Atomkern heranzubringen, daß die anziehenden Kernkräfte die abstoßenden elektrischen Kräfte übersteigen und das Proton eindringen kann. So gut wie kein Proton würde mit einem anderen verschmelzen. Finden also doch keine Kernreaktionen im Inneren der Sonne statt? Woher aber nimmt sie dann ihre Energie? Eddington war überzeugt, daß es doch Kernenergie sein muß, mit der die Sonne täglich auf uns herabscheint.

Das Rätsel löste sich mit der neuen Quantenmechanik. Wir hatten schon in Kapitel 8 bei unserem Fußball-Atomkern darauf hingewiesen, daß nach der Wellenmechanik gelegentlich ein Proton in den Kern eindringen kann, auch wenn seine Geschwindigkeit eigentlich nicht ausreicht. Das ist der Tunneleffekt, bei dem das Proton plötzlich auf der anderen Seite des Kraterwalls auftaucht, so als hätte es einen Tunnel benutzt. Reichen die Geschwindigkeiten der Teilchen nicht aus, um eine merkliche Anzahl von Kernreaktionen stattfinden zu lassen, weil die Abstoßung der Kerne zu stark ist, so zeigt die Quantenmechanik, daß wegen des Tunneleffekts sehr viel mehr Protonen eindringen können, als man nach der klassischen Physik erwartet.

Im Jahre 1929 zeigten die Physiker Robert Atkinson (1898–1982) und Fritz Houtermans (1903–1966), daß Gamows Tunneleffekt die Reaktionsrate in der Sonne drastisch erhöht: In jeder Sekunde können so viele Atomkerne verschmelzen, daß die Energie freiwird, die sie abstrahlt. Damit war das alte Rätsel gelöst. Sterne sind Kernkraftwerke. Man wußte allerdings vorläufig nur, woher die Sterne ihre Energie nehmen, die Prozesse selbst waren im einzelnen noch unbekannt. Welche Atome reagieren mit welchen? Das lernte man erst etwa zehn Jahre später.

## Die Kochrezepte der Sterne

Das Wissen über die wichtigsten Kernreaktionen in den Sternen verdanken wir zwei Männern: Hans Bethe und Carl Friedrich von Weizsäcker. Unabhängig voneinander fragten sie, der eine in den USA, der andere in Deutschland, nach welchen Regeln sich vier Wasserstoffkerne zu einem Heliumkern zusammenfinden. Können im Durcheinander der Bewegungen im Inneren der Sterne irgendwann einmal vier Protonen einander so nahe kommen, daß der Tunneleffekt sie schließlich zu einem einzigen Atomkern vereinigt? Man hätte dann aus vier Protonen einen Heliumkern erhalten. Doch die Wahrscheinlichkeit, daß sich vier Protonen im gleichen Augenblick am gleichen Punkt treffen, ist verschwindend klein. Für die nötige Energieproduktion müssen in jedem Gramm in der Sekunde 24 000 Heliumkerne entstehen – so oft treffen vier Protonen nicht durch Zufall aufeinander. Bethe und von Weizsäcker merkten, daß in den Sternen die Umwandlung von Wasserstoff in Helium nur auf Umwegen möglich ist.

Die Materie der Sonne und der anderen Sterne enthält neben Wasserstoff und Helium noch weitere Elemente, zum Beispiel Kohlenstoff in Form von $^{12}$C. Er kann ein Proton in sich aufnehmen und wird dann zum Stickstoffatom $^{13}$N. Für einen Kohlenstoffkern in der Sonne geschieht das sehr selten: Es vergehen im Durchschnitt mehr als zehn Millionen Jahre, ehe ein bestimmter Kohlenstoffkern sich ein Proton einverleibt – doch es gibt genügend Kohlenstoffatome. Das dann entstehende $^{13}$N sendet ein Positron aus und wird zu $^{13}$C. Die weitere Geschichte ist in der Abbildung 17.1 dargestellt. Am Ende hat man ein $^{15}$N-Atom, das, nachdem es ein weiteres Proton aufgenommen hat, einen Heliumkern abgibt und wieder zu $^{12}$C wird. Der Kreis des Kohlenstoffs ist geschlossen. Diese Folge von Kernreaktionen heißt daher *Kohlenstoffzyklus*. Insgesamt haben sich während des Kreislaufs vier Protonen an den Kern angelagert, zwei Positronen haben positive Ladungen weggetragen, ein Heliumkern wurde abgestoßen, und am Schluß blieb wieder ein Kern des $^{12}$C übrig. Die mit den Protonen aufgenommene Masse ging in den Heliumkern. Die Kerne des Kohlenstoffs, des Stickstoffs und des Sauerstoffs stellten gewissermaßen nur den Mutterleib zur Verfügung, in dem der Heliumkern ausgetragen wurde.

Das Kochrezept, das mit den Worten beginnt, »Man nehme einen $^{12}$C-Kern ...«, hat sich bewährt. Doch es ist nicht das einzige. Es gibt

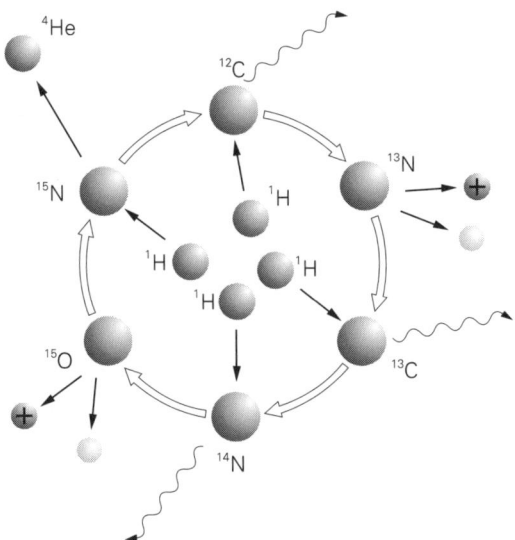

**Abb. 17.1:** Im Inneren vieler Sterne läuft die Fusion des Wasserstoffs zu Helium auf Umwegen über die Elemente Kohlenstoff, Stickstoff und Sauerstoff ab. Ein Proton trifft auf einen $^{12}$C-Kern, der ein Positron zusammen mit einem Neutrino (kleine graue Kugel) abgibt und zum $^{13}$N wird. In der Folge darauf werden mehrfach Protonen von den Kernen aufgenommen und gelegentlich Positronen abgestoßen. Innerhalb eines Zyklus werden vier Wasserstoffkerne aufgenommen und ein Heliumatomkern, zwei Positronen, zwei Neutrinos und drei Strahlungsquanten abgegeben. Der $^{12}$C-Kern, von dem der Zyklus ausging, ist am Ende wieder vorhanden. Von den schweren Elementen geht nichts verloren. Sie spielen die Rolle von Katalysatoren.

noch eine weitere Prozeßreihe, die ebenfalls vom Wasserstoff zum Helium führt, ohne daß man andere Atome als Katalysatoren benötigt. So wie sich im Kohlenstoffzyklus Reaktionen von nicht mehr als zwei Atomkernen aneinanderreihen, so geht auch die in der Abbildung 17.2 dargestellte Reaktionskette, die von Bethe und Charles Louis Critchfield gefunden wurde, nur über Stöße zwischen zwei Partnern. Sie scheint bei Sternen von der Masse der Sonne die wesentliche Reaktion zu sein. Massereichere Sterne, wie etwa Spica, der hellste Stern im Sternbild Jungfrau, der etwa das Zehnfache der Sonnenmasse in sich vereinigt, bestreiten ihre Energie aus dem Kohlenstoffzyklus. Die Folge der Reaktionen der Abbildung 17.2, die keine Atome höherer Elemente als Leihmütter benötigt, nennt man die *Proton-Proton-Reaktion.*

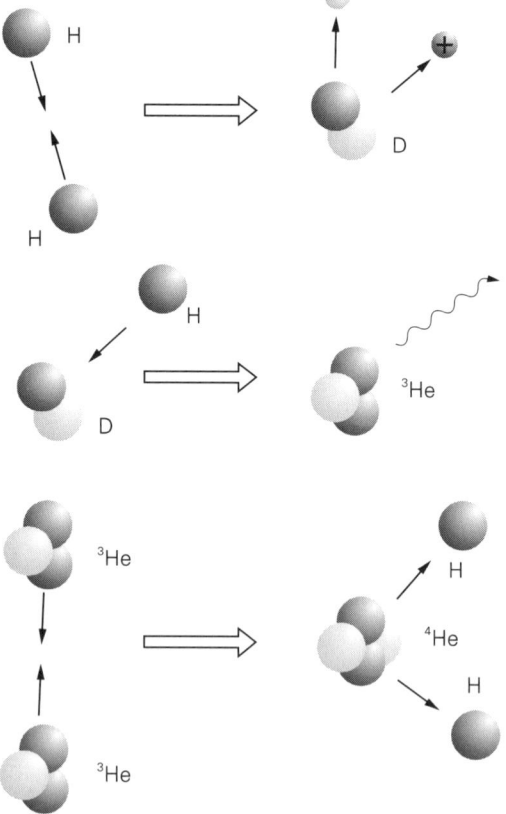

**Abb. 17.2:** Wie in der Proton-Proton-Kette Wasserstoff zu Helium wird. In drei Stufen, über Deuterium und $^3$He, wird ein $^4$He-Kern aufgebaut. Insgesamt wird aus vier Wasserstoffkernen ein $^4$He-Kern, wobei ein Positron ausgesandt wird.

Würde man mit einem Stern beginnen, der aus reinem Wasserstoff besteht, so müßte er anfangs seine Energie allein aus der Proton-Proton-Reaktion bestreiten. Hat man einen Stern, der bei seiner Geburt schon Spuren höherer Elemente mitbekommen hat, dann kann er im Prinzip seine Energie auch aus dem Kohlenstoffzyklus decken.

Die Sonne kann über viele Milliarden Jahre hin ihren Energievorrat aus der Fusion des Wasserstoffs zu Helium decken. Massereichere Sterne geben ihre Kernenergie viel leichtsinniger aus und sind früher mit ihrem Kernbrennstoff am Ende. Dann steigt in ihrem Zentrum die Temperatur so stark an, daß neue Reaktionen stattfinden: Drei Helium-atome können sich über einen Zwischenschritt zu einem Kohlenstoff-atom vereinigen, Kohlenstoffatome können Heliumkerne in sich auf-nehmen, sie können aber auch miteinander reagieren. So bauen sich immer höhere Elemente in Inneren der Sterne auf. Wir werden im nächsten Kapitel darauf zurückkommen.

**Die gebändigte Sonne**

Wir haben gesehen, auf welchem Weg man gelernt hat, die Energieer-zeugung der Sonne durch Kernprozesse zu verstehen. Die Fusion von Wasserstoff zu Helium ist die ergiebigste Reaktion, mit der man Kern-energie frei machen kann, ergiebiger als die Spaltung des Urans. Kann man auf der Erde Kraftwerke bauen, welche wie die Sonne Energie aus der Fusion des Wasserstoffs gewinnen?

In der Sonne und in den Sternen geht dieser Prozeß ganz von selbst vor sich. Wer aber auf der Erde diese Kernreaktionen nachahmen will, braucht hohe Temperaturen, denn jeder Atomkern ist elektrisch positiv geladen, und die gegenseitige Abstoßung erschwert die Fusion. Wie aber soll man Wasserstoff bei einigen Millionen Grad so beisammen-halten, daß genügend viele Kerne aufeinandertreffen, ohne daß das Gas seine Wärme an die Gefäßwände überträgt und mit den verdampfenden Wänden in den Raum entweicht?

Man muß die elektrischen Eigenschaften der Atomkerne ausnutzen. Ein heißes Gas ist ionisiert, besteht also aus positiven Ionen und von Atomen abgetrennten Elektronen. Ein solches Gas nennt man ein *Plasma*. Es verhält sich im Magnetfeld ganz anders als ein normales Gas, denn die Teilchen des Plasmas sind elektrisch geladen. Sie können sich nicht ungehindert in einem Magnetfeld bewegen, vor allem nicht quer zu den Feldlinien. Sie werden immer wieder von ihrem geraden

Weg abgelenkt und beschreiben Kreisbahnen (vgl. Abb. 4.3). Wie hoch die Temperatur und wie groß damit die Geschwindigkeit der Teilchen eines Gases auch ist, Atomkerne und Elektronen können sich im Plasma nur in Spiralbahnen längs der Feldlinien bewegen. Deshalb behindern starke Magnetfelder ein Plasma in seiner Bewegung.

Wer ein heißes Plasma von den Gefäßwänden fernhalten will, braucht Magnetfelder von besonderer Gestalt. Wenn man durch elektrische Ströme ein Feld erzeugt, dessen Feldlinien in sich geschlossen sind und deshalb weder Anfang noch Ende haben, bleibt auch der ionisierte Wasserstoff an den Magnetfeldlinien hängen und kann nicht entweichen. Man gibt deshalb dem Magnetfeld eine ringförmige Struktur. In ihr wird das Plasma nicht mehr von stofflichen Wänden gefangengehalten, die verdampfen können, sondern von Magnetfeldern. Gibt man dem Magnetfeld eine ringförmige Struktur, bleibt das Plasma in einem Raumbereich eingeschlossen, dessen Form dem Inneren eines Autoreifens ähnelt. Man spricht von einem *Torus*. Die magnetischen Feldlinien verlaufen kreisförmig im Inneren des Reifens. Um solch ein Magnetfeld zu erzeugen, bedarf es einer Reihe von Magnetspulen, die sich um den Autoreifen schließen (vgl. Abb. 17.3). Damit das Gas im Torus gefangenbleibt, muß es heiß sein, denn nur dann ist es ein Plasma, nur dann sind seine Atome in negative Elektronen und positive Ionen gespalten, sind also elektrisch geladen und werden vom Magnetfeld festgehalten. Neutrale Teilchen, also etwa Neutronen oder Wasserstoffatome, bei denen das Elektron noch um den Atomkern kreist, spüren das Magnetfeld nicht und entweichen. Um aus der Fusion des Wasserstoffs Energie zu gewinnen, muß man das heiße Plasma über längere Zeit auf Temperaturen von etwa zehn Millionen Grad halten. Das hat bis heute noch niemand erreicht, doch man kommt dem Ziel langsam näher.

Als geeignetster »Brennstoff« bietet sich statt des normalen Wasserstoffs eine Mischung aus Deuterium und Tritium an. Man bedient sich des gleichen Tricks wie bei der Wasserstoffbombe. Der Plasmatorus erhält einen Mantel aus Lithium. Beginnt man mit einem Deuterium-Tritium-Gemisch, so vereinigen Atomkerne sich zu einem Heliumatom und stoßen ein Neutron ab (vgl. Abb. 14.3, oben), das aus dem Torus herausfliegt. Es trifft im Mantel auf ein Lithiumatom und erzeugt aus diesem einen Helium- und einen Tritiumkern (vgl. Abb. 14.3, unten). Führt man diesen wieder dem Plasma zu, so vereinigt er sich mit einem Deuteriumkern zu Helium, wieder unter Abgabe eines Neutrons, das im umgebenden Lithium ein neues Tritiumatom erbrütet.

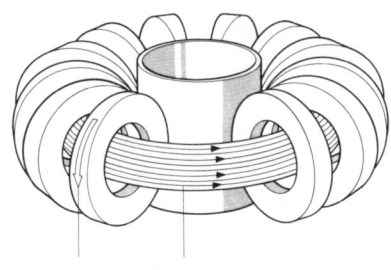

**Abb. 17.3:** In einem Fusionsreaktor will man mit Hilfe von starken Magnetfeldern Wasserstoffgas kurzzeitig auf Temperaturen des Inneren der Sonne bringen. Vorläufig experimentiert man mit Deuterium-Tritium-Gemischen, um die Reaktion in der Abbildung 14.3 (oben) herbeizuführen. Später wird man den Torus mit einem Lithiummantel umgeben, um das nötige Tritium gemäß der Reaktion in der Abbildung 14.3 (unten) zu erbrüten.

Spulenstrom    Feldlinien

Soll ein Fusionsreaktor ans Netz gehen, muß die bei den Reaktionen freiwerdende Energie nicht nur ausreichen, das Plasma selbst heiß zu halten, es muß auch Energie abgeführt werden können, um elektrischen Strom zu erzeugen. Noch sind die bisherigen Versuchsanordnungen weit von diesem Ziel entfernt. Recht nahe kam ihm das Plasma im europäischen Forschungszentrum in Culham in Großbritannien. Dort wird in der Versuchsanordnung JET (Joint European Torus) seit 1983 Plasma erhitzt und für eine gewisse, vorläufig noch recht kurze Zeit von einem starken Magnetfeld am Entweichen gehindert. Lange begnügte man sich mit Deuteriumfüllungen, die wesentlich schwerer reagieren als ein Deuterium-Tritium-Gemisch. Man kann aber bereits mit Deuterium die Eigenschaften eines Plasmas bei höheren Temperaturen untersuchen. Im November 1991 fügte man dem Deuterium 13 Prozent Tritium bei. Für etwa zwei Sekunden blieb das Plasma beisammen, und während dieser Zeit konnten Fusionsreaktionen nachgewiesen werden. Neutronen flogen aus dem Plasma heraus – bei einem wirklichen Fusionsreaktor hätten sie im Lithiummantel neues Tritium erbrütet. Etwa 1.8 Megawatt Energie wurden bei dem Versuch freigesetzt, allerdings noch wenig im Vergleich zu den 16 Megawatt, mit denen man zuvor das Plasma aufheizen mußte, um die Reaktionen in Gang zu setzen. Aber noch fuhr man mit gebremstem Motor, noch wollte man nur studieren, wie sich das heiße Plasma verhält. Erst mit einer größeren Beigabe von Tritium wird sich JET den wirklichen Reaktorbedingungen nähern.

Im Dezember 1993 füllten die Fusionsforscher in Princeton im US-Staat New Jersey zum erstenmal ein Gemisch aus Deuterium und

Tritium in ihren Torus und erreichten eine Temperatur von 300 Millionen °C, das Zwanzigfache der Temperatur des Sonneninneren! Die dabei ablaufenden Fusionsreaktionen lieferten mehr als 3 Megawatt. Allerdings waren noch immer 30 Megawatt nötig, um das Plasma so aufzuheizen, daß die Reaktionen in Gang kamen. Doch das Experiment war noch nicht darauf angelegt, die Kernreaktionen durch die Fusionsenergie selbst in Gang zu halten.

So einfach es klingt, wie ein Plasma mit Magnetfeldern gefangengehalten werden kann, so schwierig ist es in Wirklichkeit. Auch im Plasma fließen elektrische Ströme, die selbst wieder Magnetfelder erzeugen, welche wiederum die Felder des magnetischen Gefängnisses, in dem das Plasma sitzt, verbiegen. Fast immer gelingt es dem gefangenen Gas, durch seine eigenen Magnetfelder die magnetischen Gitterstäbe seines Gefängnisses zu überlisten und schließlich zu entweichen. In jahrzehntelanger Forschung haben die Plasmaphysiker Formen von Magnetfeldern gefunden, die dem Plasma die Flucht erschweren und schließlich unmöglich machen sollen.

Es gibt Überlegungen, die Bedingungen im Inneren der Sonne auch ohne Magnetfelder zu erreichen. Wenn man kleine Kugeln eines gefrorenen Tritium-Deuterium-Gemischs, sogenannte *Pellets*, von allen Seiten gleichmäßig mit intensivem Laserlicht bestrahlt, erhitzen sich ihre Oberflächen, und es entsteht eine Dampfschicht, die sowohl nach außen abzuströmen versucht, als auch nach innen, auf das Kügelchen, drückt. Eine Druckwelle preßt und erhitzt das Gemisch so stark, daß die Fusion einsetzen kann. Die Untersuchungen dazu sind noch in den Anfängen.*

## Die Radioaktivität der Fusionsreaktoren

Die fossilen Brennstoffe, die wir heutzutage zur Deckung unseres Energiebedarfs verfeuern, vergiften die Atmosphäre. Werden sie in Zukunft überflüssig? Wird man auch alle unsere jetzigen Kernkraftwerke verschrotten und das Trauma von Tschernobyl vergessen können? Brennstoff für Fusionsreaktoren ist genügend vorhanden. Das Deuterium kann man aus dem Wasser der Ozeane gewinnen, Lithium

---

* Eine sehr ausführliche Darstellung des augenblicklichen Standes der Fusionsforschung findet man bei Eckhard Rebhan, Heißer als das Sonnenfeuer. München 1992.

in hinreichender Menge fördern. Das Endprodukt Helium ist ein harmloses Gas, das in der Atmosphäre keinen Schaden anrichten kann. Werden wir in Zukunft dank der Fusionsreaktoren wirklich alle unsere Sorgen vergessen können, die uns die schwindenden irdischen Energievorräte, die Abgase und schließlich die Endlagerung radioaktiver Überreste bereiten?

Leider bereiten auch Fusionsreaktoren Probleme. Das Zwischenprodukt Tritium ist radioaktiv und kann, durch Luft und Wasser in den Körper aufgenommen, gefährlich werden. Es ist im Reaktor nicht ganz leicht zu bändigen. Wie Wasserstoff findet es seinen Weg durch die Metallwände geschlossener Gefäße. Außerdem machen die bei den Reaktionen freiwerdenden Neutronen, die nicht vom Lithium eingefangen werden, Metallteile der Apparatur radioaktiv. Nur wenn man besondere Materialien, etwa Vanadium, verwendet, kann man die Radioaktivität des späteren Fusionskraftwerksschrotts reduzieren.

Auch Fusionsreaktoren sind also nicht ganz ungefährlich. Einen Vorteil aber werden sie haben. Wann immer etwas schiefgeht, setzen die Reaktionen aus, der Fusionsreaktor schaltet sich von selbst ab. Es gibt keine Nachzerfallswärme, die nach dem Abschalten noch Trägerstrukturen schmelzen läßt und den Betonboden angreift.

Als Mitte der fünfziger Jahre die Idee von der Fusion als nahezu unerschöpflicher Energiequelle aufkam, schätzten die Beteiligten, daß es wohl an die dreißig Jahre dauern würde, bis der Durchbruch erzielt ist. Das sollte sich über lange Zeit als eine im wahrsten Sinne des Wortes bleibende Wahrheit herausstellen. Fragt man heute einen Fusionsphysiker, so sagt er noch immer, daß es etwa 30 Jahre dauern wird, bis die Fusionsenergie genutzt werden kann. Doch ohne Zweifel sind wir heute dem Ziel wesentlich näher als früher.

Sind Fusionsreaktoren die nahezu unerschöpfliche Energiequelle der Zukunft? Die Antwort hängt nicht allein davon ab, ob der Fusionsreaktor machbar ist, es wird auch darauf ankommen, ob unsere Gesellschaft bereit sein wird, ihn zu akzeptieren.

# 18. Wie die Atome in die Welt kamen

Man kann die Tabelle der Häufigkeiten der verschiedenen Atomsorten als die älteste Chronik des Weltalls ansehen.

*George Gamow*[76]

Jeder von uns würde gerne wissen, wie auf der Erde das Leben entstanden ist. Muß uns da nicht auch die Frage nach der Herkunft der chemischen Elemente bewegen, der Stoffe, aus denen sich später Sterne, Sonne, Planeten und auch die lebende Materie bildeten? Hat Gott mit der Welt auch alle Atomsorten des Periodensystems, so wie wir sie heute in der Natur vorfinden, geschaffen?

## Das kosmische Stoffgemisch

Seit der Mitte des 19. Jahrhunderts untersuchen die Astrophysiker die Spektren des Lichtes der Sterne. Aus den Linien, die sie in den verschiedenen Farbbereichen des Spektrums erkennen, schließen sie auf die Atome in den leuchtenden Atmosphären der Himmelskörper. Sie können sogar die Häufigkeitsverhältnisse, mit denen die Atome der verschiedenen chemischen Elemente dort auftreten, bestimmen. Der Wasserstoff ist die Nummer 1 im Weltall, nicht nur im Periodischen System. Merkwürdigerweise war die Nummer 2, das Helium, das zweithäufigste Element im Weltall, lange Zeit unbekannt. Im Jahre 1868 entdeckte man eine Linie dieses Gases im gelben Bereich des Sonnenspektrums. Den bis dahin unbekannten Stoff nannte man Helium, »Stoff der Sonne«. Erst ein Vierteljahrhundert später fand man es auch auf der Erde. Es ist leichter als Luft. Heute trägt es Luftschiffe und kühlt Versuchsanordnungen, deren Temperatur man nahe an den absoluten Nullpunkt heranbringen will. Inzwischen hat man die Atome nahezu aller chemischen Elemente im Spektrum der Sonne wiedergefunden, nur die kurzlebigsten radioaktiven Stoffe fehlen. Sollte es sie früher gegeben haben, so sind sie längst zerfallen. Die Spektren anderer Sterne zeigen im großen und ganzen, daß auch dort die verschiedenen Atome im gleichen Häufigkeitsverhältnis vorkommen wie auf der Sonne. Auch die Erde und die erdähnlichen Planeten wie Merkur, Venus und Mars zeigen, abgesehen von Wasserstoff und Helium, die chemische Zusammensetzung der Sonne. Das rührt daher, daß diese Gase sich leicht verflüchtigen. Offensichtlich ist bei der Bildung der Erde ein Großteil des Wasserstoffs und des Heliums in den Raum entschwunden. Übrig blieben die anderen chemischen Elemente, sie scheinen tatsächlich untereinander im gleichen Mischungsverhältnis zu stehen wie in der Sonne.

Heute kann man mit Fernrohren weit hinaus ins Weltall blicken und die Spektren entfernter Sterne studieren. So reicht die chemische Analyse der Astrophysiker bis in Bereiche, aus denen das Licht Milliarden von Jahren zu uns unterwegs war. Das verblüffende Ergebnis: Die chemischen Mischungsverhältnisse sind überall nahezu die gleichen. Blickt man zu den fernsten Sternsystemen, die man noch analysieren kann, so findet man keine Objekte, die nur aus Quecksilber bestehen oder nur aus Sauerstoff. Nahezu immer sind unter den Elementen Wasserstoff das häufigste und Helium das zweithäufigste. Die anderen zeigen untereinander nahezu diejenigen Häufigkeitsverhältnisse, die wir auch im Erdkörper finden, in den Meteoriten und in den Proben, welche die Apollo-Astronauten vom Mond zur Erde gebracht haben.

Das Ergebnis der chemischen Analyse des Weltalls ist recht einheitlich: Wasserstoff und Helium machen 99.8 Prozent der Atome der sichtbaren Materie aus, wobei sich ihre Häufigkeit wie 10:1 verhält. Mit ansteigender Massenzahl sinkt die Häufigkeit der Elemente, bis man zum Element der Massenzahl 50 kommt. Das ist die Gegend von Vanadium und Chrom. Nur die drei Elemente Lithium, Beryllium und Bor fallen aus dieser Verteilung heraus – sie sind etwa 100 000mal seltener als die anderen Elemente im Bereich ihrer Atomgewichte (vgl. Abb. 18.1). Zwischen den Massenzahlen 50 und 70 erreicht die Häufigkeitskurve ein scharfes Maximum, dessen Gipfel beim Eisen $^{56}$Fe liegt. Danach sinkt die Häufigkeit wieder, doch zeigt sie mehrere Spitzen bei den Elementen, deren Massenzahlen etwa bei 80, 140 und 200 liegen, dort, wo die Neutronenzahlen die magischen Zahlen 50, 82 und 126 annehmen. Davon abgesehen aber sinkt die Häufigkeitskurve nach größeren Massenzahlen hin. So gibt es im Mittel auf hundert Milliarden Atome Wasserstoff nur ein Wolframatom. Wer die Entstehung der che-

**Abb. 18.1:** Die Häufigkeit der Atome im Weltall – nach ihrer Massenzahl geordnet. Die vom Wasserstoff, dem häufigsten Element, nach höheren Massenzahlen hin absteigende Kurve besitzt mehrere Maxima. Eine Spitze liegt beim Eisen (etwa bei der Massenzahl 60). Zwei deutliche Doppelspitzen liegen bei den Massenzahlen um 80 und um 140. Eine dritte, bei der die zweite Spitze nur angedeutet ist, liegt bei der Massenzahl 200. Das sind die Bereiche der Nuklidkarte, wo die Nukleonenzahlen magisch sind, also die Werte 50, 82 und 126 annehmen. Eine Sonderstellung nehmen die leichten Elemente Deuterium, Lithium, Beryllium und Bor ein. Die Häufigkeiten sind jeweils auf hundert Milliarden Wasserstoffatome bezogen.

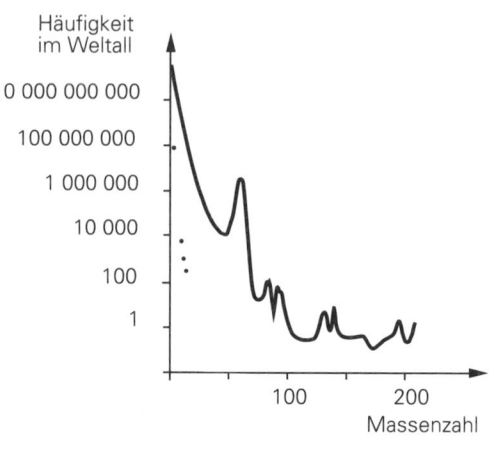

mischen Elemente im Weltall erklären will, muß sagen können, wie diese Häufigkeitsverteilung zustande kommt.

Natürlich gibt es Ausnahmen. In unserer Milchstraße gibt es alte Sterne und junge. Sie unterscheiden sich in ihrer chemischen Zusammensetzung. Zwar sind in jedem Fall Wasserstoff und Helium am häufigsten, doch sind die anderen Elemente bei den jungen Sternen häufiger als bei den alten. Das kann bis zu einem Faktor 1000 ausmachen. Untereinander dagegen sind die schwereren Elemente bei den alten wie bei den jungen Sternen ungefähr gleich verteilt. Die jüngsten Sterne sind vor einer Million Jahren entstanden, die ältesten vor 18 Milliarden. Die Sonne zählt mit ihren 4.6 Milliarden Jahren zur reiferen Jugend.

Vereinzelt gibt es auch Sterne, bei denen sich die Häufigkeitsverhältnisse der schwereren Elemente von der Standardhäufigkeit unterscheiden. Besonders interessant sind die sogenannten *S-Sterne*. Ihre Spektren zeigen die Linien des Elements *Technetium*, des Masuriums der Noddacks (vgl. S. 214). Dieses Element, das in der Natur nur in Spuren vorkommt, war 1937 künstlich durch Beschuß des Metalls Molybdän mit Protonen erzeugt worden. Technetium besitzt 22 Isotope. Alle sind sie radioaktiv. Am langsamsten zerfällt $^{98}$Tc, seine Halbwertszeit liegt bei 1.2 Millionen Jahren. Wir wissen, daß man das Alter der Sterne, in denen man Technetium beobachtet, in Jahrmilliarden mißt. Also muß bei diesen Sternen das Technetium der Sternoberfläche, das dem Licht seine Spektrallinien aufprägt, erst »kürzlich« entstanden sein. Da in den Sternatmosphären wegen der relativ niedrigen Temperaturen keine Kernreaktionen stattfinden, muß man schließen, daß das Technetium im Inneren dieser Sterne durch Kernprozesse gebildet wird und dann irgendwie an die Oberfläche gelangt. So zeigt uns das Technetium Mischprozesse im Inneren dieser Sterne an, in deren tiefere Schichten der Blick des Astronomen nicht dringen kann.

**Begann die Materie mit dem Urknall?**

Woher kommen die Atome? Enthielt die erste Materie bereits Sauerstoff und Stickstoff, war Blei schon da? Gab es Uran, und ist unser heutiges Uran nur der klägliche Rest des inzwischen zerfallenen Urans der ersten Stunde?

Die meisten Astronomen sind heute der Ansicht, daß die Welt vor endlicher Zeit entstanden ist. Dafür gibt es genügend Hinweise. Wann, wissen sie nicht genau, vielleicht vor 15, vielleicht vor 20 Milliarden Jahren. Sie schließen es, weil die Welt heutzutage auseinanderfliegt. Alle Ansammlungen von Materie, die wir beobachten und die nicht durch ihre Schwereanziehung zusammengehalten werden, entfernen sich voneinander. Wenn man zurückrechnet, wann diese Ausdehnung des Weltalls begann, kommt man auf die oben genannten Zeiten. Die Unsicherheit in der Bestimmung des Zeitraums, der seither verstrichen ist, liegt daran, daß die Astronomen die Entfernungen der fernsten Sternsysteme nur sehr schlecht bestimmen können. Was immer damals geschah und wie der Vorgang im einzelnen auch ablief, die Materie der ersten Stunde entstand in einer gewaltigen Explosion, dem *Urknall*. Es begann mit einer Strahlungswolke unvorstellbar hoher Temperatur. Innerhalb von Bruchteilen der ersten Sekunde entstanden aus den Photonen dieser Strahlung Materieteilchen, so wie auch heute noch aus den Photonen der Gammastrahlung Elektronen- und Positronenpaare entstehen. Schließlich bildeten sich die ersten Protonen, Neutronen und Elektronen.

Man müßte erwarten, daß aus der heißen Strahlung gleich viel Materie wie auch Antimaterie ausflockten, doch glauben die Physiker heute, daß es schon am Anfang der Welt nicht ganz gerecht zugegangen ist und daß die Materie gegenüber der Antimaterie geringfügig bevorzugt wurde. Im Laufe der Zeit vernichteten sich Materie und Antimaterie gegenseitig und wandelten sich wieder in Strahlung um. Nur die überschüssige Materie fand keinen Partner zur Vernichtung und blieb am Leben. Das alles muß während Bruchteilen der ersten zehntausendstel Sekunde geschehen sein. Danach gab es Elektronen, Protonen und Neutronen und natürlich die Photonen der Strahlung.

Noch existierten keine Atome in unserem Sinne. Zwar konnten sich Protonen und Elektronen zu einem neutralen Wasserstoffatom paaren, doch dieses blieb nicht lange am Leben. Die Temperaturen waren noch viel zu hoch. Jedes Elektron, das sich anschickte, seine Bahn um ein Proton zu ziehen und damit ein neutrales Wasserstoffatom zu bilden, wurde unweigerlich entweder von einem vorbeikommenden anderen Teilchen oder von einem Photon, dem es in den Weg kam, wieder von seinem Atomkern weggestoßen. Die Materie war ionisiert. Ich hatte von der Materie der ersten Stunde gesprochen. Vorläufig sind wir aber erst bei der Materie der ersten Sekunde. Infolge der Ausdehnung des Weltalls kühlte sich das Materie-Strahlungs-Gemisch immer mehr ab. Konnten sich vorher nicht einmal Proton und Neutron in einem Atomkern des Deuteriums halten, so begannen nun die ersten Kernreaktionen. Kam zum Deuterium noch ein weiteres Neutron hinzu, so entstand Tritium. Im nächsten Schritt bildete sich Helium.

Nur im Schoße eines Atomkerns ist das Neutron geborgen. Neutronen, die nicht in einem Atomkern gebunden sind, zerfallen nahezu alle innerhalb der nächsten Viertelstunde in ein Proton und ein Elektron. Es blieb nicht viel Zeit zur Bildung von Helium. Zum anderen bedarf es aber einiger Zeit, bis genügend viele Neutronen in Atomkernen Unterschlupf gefunden haben und überleben können. Wäre die Ausdehnung und die damit verbundene Abkühlung des Weltalls nach dem Urknall zu rasch vor sich gegangen, dann wäre die Materie auseinandergeflogen, ehe die Neutronen Gelegenheit hatten, mit Protonen zu reagieren. Sie wären dann freie Neutronen geblieben und hätten nicht überlebt, es wäre nur wenig Helium entstanden. Wäre die Ausdehnung dagegen langsamer vor sich gegangen, so hätten nahezu alle Neutronen in Heliumatomen überleben können – es wäre reichlich Helium entstanden. So sagt uns die heutige Heliumhäufigkeit etwas über die Geschwindigkeit, mit der die Materie in jenem sagenhaften Urknall auseinandergeflogen ist.

**In kleinen Schritten zum Uran?**

Doch wie im einzelnen entstanden die Atome der verschiedenen Nuklide? Sagt uns die Häufigkeit des Goldes im Weltall etwas über einen Vorgang vor unvorstellbar langer Zeit? Die Arbeiten Bethes und von Weizsäckers hatten den Physikern Mut gemacht. Doch woher kam der Kohlenstoff, der als Katalysator für den Kohlenstoff-Zyklus nötig ist? Beachten wir, daß dieser Prozeß die Katalysatorelemente Kohlenstoff, Stickstoff und Sauerstoff weder vermehrt noch erniedrigt. Die Proton-Proton-Kette, die mit Atomen auskommt, die sich kurz nach dem Urknall gebildet haben, liefert Helium, aber keinen Kohlenstoff. Woher also stammt der Kohlenstoff, den wir in der Natur finden? George Gamow und seinem Schüler Ralph Alpher war aufgefallen, daß Nuklide in der Natur besonders häufig sind, wenn sie Neutronen schlecht einfangen können, zum Beispiel, weil sie eine »magische« Anzahl von Neutronen besitzen.

Das legte den Gedanken nahe, daß höhere Atomkerne dadurch entstehen, daß sie Neutronen in sich aufnehmen und damit ihre Massenzahl jeweils um 1 erhöhen. Nehmen wir an, am Anfang der Welt hätte es neben der Strahlung und den Elektronen noch Protonen und Neutronen gegeben. Aus den Protonen und den Neutronen hätte sich dann Deuterium gebildet. Deuteriumkerne hätten weitere Neutronen aufgenommen und wären wie in der Proton-Proton-Kette zu Helium geworden. Könnte es nicht so gewesen sein, daß in den ersten Minuten Neutronen auch in die $^4$He-Kerne eindrangen? Da sie neutral sind, werden Neutronen durch die elektrische Abstoßung des Atomkerns nicht behindert. Wie es weitergehen könnte, zeigt die Abbildung 18.2.

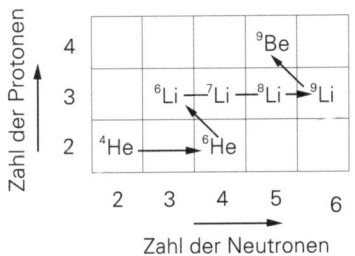

**Abb. 18.2:** Wie man sich den Aufbau der Elemente aus leichteren zu schwereren vorstellen könnte. Die Elemente nehmen Neutronen auf, bewegen sich also in der Nuklidkarte nach rechts und geben von Zeit zu Zeit ein Elektron in einem Betazerfall ab. Dann führen sie einen Sprung nach links oben aus. Doch dieses Bild ist nur teilweise richtig. Die Massenzahlen 5 und 8 kann man auf diesem Weg nicht überschreiten. Deshalb können die chemischen Elemente nicht aus Wasserstoff allein durch Einfang von Neutronen, gefolgt von Betazerfällen, entstanden sein.

Vielleicht dringen gleich zwei Neutronen in den Heliumkern ein. Dann entsteht $^6$He. Es ist ein Betastrahler. In weniger als einer Sekunde wandelt er sich in $^6$Li um. Das aber ist stabil. Wenn dieser Kern ein weiteres Neutron einfängt, wird es zum $^7$Li, gleichfalls ein stabiles Isotop. Ein weiteres Neutron macht es zum $^8$Li. Dieser Kern ist radioaktiv, doch ehe er zerfällt, könnte er ein weiteres Neutron in sich aufnehmen. Das neue Gebilde ist dann $^9$Li, ein Betastrahler, der zu Beryllium $^9$Be wird. Vergegenwärtigen wir uns, daß die rechts der Mitteldiagonalen des Schachbrettes liegenden Nuklide Betastrahler sind, deren Zerfall die Kerne wieder näher zur Mitte bringt. Wir haben es schon in Kapitel 10 gesehen. Wenn ein Atom ein oder zwei Neutronen aufgenommen und sich damit von der Mitteldiagonalen entfernt hat, erleidet es früher oder später einen Betazerfall, der es wieder zur Mitte bringt. Da der Atomkern beim Betazerfall die Ordnungzahl um eine Einheit erhöht, bewegt sich der Kern in kleinen Schritten längs der Diagonalen nach rechts oben.

Erreicht er einen Zustand, in dem er nur schlecht weitere Neutronen aufnehmen kann, besitzt er also eine »magische« Anzahl von Neutronen, dann bleibt er besonders lange in diesem Zustand. Im Laufe der Zeit entstehen immer neue Kerne. Da aber nur wenige durch einen neuen Neutroneneinfang weiterverwandelt werden, stauen sich die Kerne bei den magischen Neutronenzahlen. Das ist der Grund, warum die Kerne dieser Neutronenzahl besonders häufig sind.

Im Jahre 1948 hatten Alpher und Gamow ihre Theorie zusammengefaßt, welche die Bildung der chemischen Elemente kurz nach dem Urknall durch Einfangen von Neutronen zu erklären versucht. Damals kannte man zwar die in der Abbildung 18.1 dargestellte kosmische Häufigkeitskurve noch nicht so genau, doch man wußte schon, daß Nuklide mit magischer Neutronenzahl besonders häufig sind. Schritt für Schritt entstanden bei Alpher und Gamow die Kerne der chemischen Elemente: Neutroneneinfang, Betazerfall, Neutroneneinfang, . . . Doch ganz so einfach geht das nicht. Sie werden vielleicht bemerkt haben, daß ich mich um den Schritt herumgemogelt habe, bei dem die Massenzahl des sukzessive aufgebauten Kerns gleich 5 ist. Es gibt keine Nuklide der Massenzahl 5, es ist unmöglich, an einen $^4$He-Kern ein Neutron anzuheften, es bleibt nicht kleben. Zur Not kann man die Massenzahl 5 überspringen, wenn auch nicht durch eine Folge von Neutroneneinfängen. Haben sich $^4$He und Tritium gebildet, so können sie zu $^7$Li verschmelzen. Doch es wird auch schwierig, die Massenzahl des $^7$Li-Kerns um 1 zu erhöhen. Beim Einfang eines Neutrons entsteht radioaktives $^8$Li, das beim Betazerfall, bei dem es eigentlich zu $^8$Be werden sollte, sofort in zwei Alphateilchen zerplatzt – es gibt eben kein $^8$Be, wie man aus dem Schachbrett der Abbildung 10.1 erkennt. Wenn man die Atome aus Wasserstoff und Helium durch Einfangen einzelner Neutronen und anschließenden Betazerfall erklären will, kommt man nur schwer über die Massenzahl 5. Bei der Massenzahl 8 aber steht man dann vor einem unüberwindlichen Graben. Hätten sich die Nuklide nur bei der Entstehung des Weltalls gebildet, dann wäre das Periodische System kurz und die Chemie einfach. Wasserstoff, Helium und Lithium wären die einzigen stabilen Elemente der Welt.

Mit der Verbesserung der Meßmethoden konnte man die Häufigkeitsverteilung der Elemente im Kosmos genauer bestimmen. Die Physiker Hans Eduard Süß und Harold Urey (1893–1981) haben sie bestimmt, die Abbildung 18.1 beruht auf ihren Ergebnissen. Nach wie vor sind die häufigsten Elemente Wasserstoff und Helium. Auch bei der neueren Bestimmung fällt die Kurve nach höheren Massenzahlen hin stark ab. Nach wie vor liegen Lithium, Beryllium und Bor weit unterhalb der Häufigkeitskurve, und wie schon vorher findet man beim Eisen eine Spitze. Außerdem lösen sich die Spitzen in der Nähe magischer Neutronenzahlen jenseits des Eisens in jeweils zwei auf. Das erfordert eine Erklärung, welche die Idee von der Entstehung der chemischen Elemente offensichtlich nicht geben kann. Gamows Theorie war in Schwierigkeiten.

In den fünfziger Jahren hatten Astrophysiker in England ein neues Weltmodell erfunden, in dem es gar keinen Urknall gab, das sogenannte *stationäre Universum,* dessen Einzelheiten ich ausführlicher an anderer Stelle beschrieben habe.[77] Ich will hier dazu nur anmerken, daß spätere Beobachtungen das Modell des stationären Universums sehr unwahrscheinlich gemacht haben.

### Bequadratefha

Einer der Erfinder des ohne Urknall auskommenden Modells war der große englische Astrophysiker Fred Hoyle. So mag es kein Zufall sein, daß zu den vier Autoren einer Arbeit, die versucht, die Entstehung der Elemente ohne den Urknall zu erklären, auch Sir Fred zählt. Demnach sind nahezu alle chemischen Elemente im Inneren der Sterne bei Kernprozessen zusammengekocht worden. Zu den Autoren zählten Margret Burbidge und ihr Gatte Geoffry, beide stammen aus England, leben aber in den USA. Sie ist eine erfahrene Beobachterin, ihr Mann kam von der Physik her in die Astronomie. Zu ihnen gesellte sich als vierter William Fowler vom California Institute of Technology in Pasadena. Er hatte sich als Kernphysiker auf die Reaktionen spezialisiert, die in der Astrophysik, vor allem bei den Vorgängen im Inneren der Sterne, eine Rolle spielen. Astronomen bezeichnen die inzwischen klassisch gewordene Arbeit der vier Autoren, deren Anfangsbuchstaben in alphabetischer Reihenfolge B, B, F, H sind, in Anlehnung an die mathematische Schreibweise $B^2FH$ (sprich bequadratefha).

Man schrieb das Jahr 1957, als die Autoren am Anfang ihrer Einleitung die Situation zusammenfaßten: »Der Mensch bewohnt ein Weltall, das aus einer großen Anzahl verschiedener Elemente und ihrer Isotope besteht. 90 Elemente wurden auf der Erde gefunden, und eines, das Technetium, entdeckte man in Sternen. Nur Promethium hat man in der Natur noch nicht gefunden. Etwa 272 stabile und 55 natürliche radioaktive Isotope fand man auf der Erde. Darüber hinaus war der Mensch in der Lage, künstlich das Neutron, das Technetium, das Promethium und zehn transuranische Elemente zu erzeugen. Die Zahl der radioaktiven Isotope, die er erzeugt hat, ist zur Zeit 871, und sie steigt weiter an.«[78] So kommen sie auf etwa 1200 verschiedene Nuklide, von denen 327 in der Natur zu finden sind. Einige sind im Weltall häufig, andere sind nur in Spuren zu finden. Die gegenwärtige Heliumhäufigkeit im Weltall kann nur mit der Idee von Gamow erklärt werden, daß es sich gleich nach dem Urknall gebildet hat. Dann aber kam der Aufbau von Atomen bei der Massenzahl 5 nahezu und beim Wert von 8 völlig zum Erliegen. Höhere Elemente konnten nicht entstehen. Die ersten Sterne, die sich aus der Urmaterie bildeten, haben also bei ihrer Geburt schon eine Portion Helium mit auf den Weg bekommen. Man schätzt, daß im Kilogramm Materie etwa 240 Gramm Helium waren.

Die Sterne begannen als Gaskugeln, mit einer verhältnismäßig niedrigen Temperatur. Sie wurden durch ihre eigene Anziehungskraft zusammengehalten. Doch dann zogen sie sich langsam zusammen und erhitzten sich, bis in ihrem Zentralgebiet Temperaturen von etwa zehn Millionen Grad herrschten. Nun begann die Fusion des Wasserstoffs gemäß der Proton-Proton-Kette, es bildete sich weiteres Helium. Deuterium, das kurz nach dem Urknall entstanden war, wurde bei den hohen Temperaturen im Inneren der Sterne wieder zerstört. Wenn im Zentralgebiet eines Sterns aller Wasserstoff zu Helium geworden ist, dann kontrahiert sein Zentralgebiet und erhitzt sich weiter, bis bei etwa 100 Millionen Grad aus drei $^4$He-Atomen Kohlenstoff $^{12}$C wird. Deshalb kann der Wasserstoff neben der Proton-Proton-Kette jetzt auch über den Kohlenstoff-Zyklus zu Helium werden. Der Katalysator $^{12}$C ist ja jetzt vorhanden. Im Laufe des Lebens eines Sterns, vor allem wenn hinreichend viel Masse in ihm vereinigt ist, lagern sich an den Kohlenstoff Heliumkerne an, und Kohlenstoffkerne reagieren miteinander. Es entstehen Sauerstoff $^{16}$O und nach weiterem Anlagern eines Alphateilchens Neon $^{20}$Ne, Magnesium $^{24}$Mg, Silizium $^{28}$Si, Schwefel $^{32}$S, Argon $^{36}$Ar und Kalzium $^{40}$Ca. Bei all diesen Reaktionen wird Energie frei, wenn auch bei weitem nicht so viel wie bei der Fusion des Wasserstoffs. Bei höheren Temperaturen entstehen die verschiedensten Elemente bis hinauf zum Eisen $^{56}$Fe. Mit fortschreitendem Aufbau höherer Nuklide steigen die Temperaturen an, bis die Strahlungsquanten so energiereich sind, daß sie Atomkerne zerstören können. Es überleben vor allem die Kerne, deren Bindungsenergie pro Nukleon höher ist als die der anderen. Nach der Abbildung 8.7 sind das die Elemente mit Massenzahlen um 60, also Kerne in der Nähe des Eisens und des Nickels. Der Verschmelzung leichterer Kerne zu schwereren ist beim Eisen eine Grenze gesetzt.

Dieser eiserne Vorhang läßt sich nur mit Hilfe von Neutronen überschreiten. Sie spüren nichts vom elektrischen Feld, können daher ungehindert in die Kerne eindringen und die Massenzahl erhöhen. Freie Neutronen gibt es, sie entstehen zum Beispiel, wenn das vom Kohlenstoffzyklus übriggebliebene $^{13}$C mit einem Heliumkern verschmilzt und $^{16}$O bildet, wobei ein Neutron frei wird. Mit Neutroneneinfängen und Betazerfällen kann sich ein Atomkern Schritt für Schritt in der Nuklidkarte von links unten nach rechts oben emporarbeiten (vgl. Abb. 18.3), so wie es schon bei Alpher und Gamow war. Das scheint zu erklären, warum es auch höhere Elemente in den Sternen gibt. Das Technetium, das man in den Sternen beobachtet, zeigt uns sogar, daß in den Sternen ständig Elemente jenseits des Eisens neu gebildet werden. Vom Technetium wissen wir, daß dieser Aufbau mindestens bis zu Massenzahlen um 100 geht.

Erklärt der geschilderte Weg, der in kleinen Schritten zu immer höheren Elementen führt, die Geschichte der Atome und erklärt er die Spitzen in der Häufigkeitskurve? Auf jeden Fall erklärt er, warum die Spitzen bei den magischen Neutronenzahlen liegen. Führt die schrittweise Neutronenanreicherung auf einer Treppenlinie längs der Mittellinie schließlich zu *allen* Elementen, auch zum Uran? Die Radioaktivität der höheren Kerne bildet ein Hindernis. Hat sich ein Kern längs der Mittellinie nach oben gearbeitet und erreicht er das Wismut $^{209}$Bi, das einzige stabile Isotop dieses Elements, dann ist sein Aufstieg vorerst beendet. Nimmt er ein weiteres Neutron auf und wird so zum $^{210}$Bi, so geht er nach etwa fünf Tagen in Polonium $^{210}$Po über. Das ist ein Alphastrahler. Nach Abgabe eines Heliumkerns wird er zum Bleiisotop $^{206}$Pb, ist also in der Reihe der Elemente wieder hinter das Ausgangs-$^{209}$Bi zurückgefallen. Bei Wismut haben wir eine Grenze, die mit dem Schritt-für-Schritt-Einfang von Neutronen nicht überwunden werden kann. Wie also sollen die Elemente jenseits der Wismutgrenze entstanden sein? Der bisher beschriebene Aufbau der Elemente in kleinen Schritten hat noch einen weiteren Mangel. Er erklärt nicht, woher die Doppelstruktur der Maxima in der Häufigkeitsverteilung jenseits der Eisenspitze rührt. Um dieses Problem zu lösen, mußte die Gruppe B$^2$FH noch nach einem weiteren Mechanismus suchen.

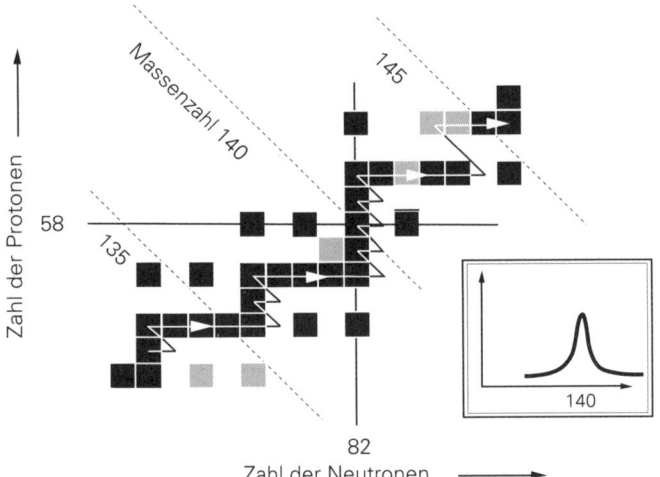

**Abb. 18.3:** Im Inneren der Sterne fangen Atomkerne vereinzelt immer wieder Neutronen ein (langsamer Neutroneneinfang). Die Abbildung zeigt den Weg, den ein Kern in der Nuklidkarte dabei beschreibt. Bei Einfang geht er einen Schritt nach rechts. Ist das neue Nuklid stabil (schwarzes Quadrat) oder hat es eine sehr lange Halbwertszeit (grau), so kann es ein weiteres Neutron einfangen und wieder einen Schritt nach rechts gehen. Ist es instabil, so folgt ein Betazerfall, noch ehe das nächste Neutron gefangen wird. Da die Kerne mit magischer Neutronenzahl, etwa die mit 82 Neutronen, nur schlecht Neutronen einfangen können, stauen sich dort die Kerne. Sie sind also dort besonders häufig. Die Häufigkeitskurve (im Teilbild rechts unten, sie ist gewissermaßen ein Ausschnitt aus der Abbildung 18.1) hat deshalb ein Maximum bei der Massenzahl 140.

## Die Geburt der schweren Elemente

Wenn der Neutronenstrom hinreichend stark ist, so stark, daß der Atomkern vor dem Zerfall mehrere Neutronen einfängt, läuft der Aufbau anders ab. Es macht einen Unterschied, ob die Neutronen so spärlich eintreffen, daß jeder Kern, nachdem er ein Neutron aufgenommen hat, erst einmal Zeit für einen Betazerfall hat, bevor das nächste Neutron kommt, oder ob die Neutronen scharenweise eintreffen. Dann beschreibt der Kern einen anderen Weg auf dem Schachbrett. Mit dem Gewinn von mehr und mehr Neutronen entfernt er sich vorerst von der Mittellinie. Der neue Weg des Kerns ist in der Abbildung 18.4 dargestellt. Ein Kern, der ursprünglich im Bereich der Mittellinie sitzt, bewegt sich mit dem Einfang mehrerer Neutronen nach rechts.

Das gleiche gilt für den Alphazerfall der Atome jenseits der Wismutgrenze. Kommen die Neutronen spärlich, so hat der Kern nach jedem Einfang Zeit, durch Beta- und anschließendem Alphazerfall wieder unter die Wismutgrenze geworfen zu werden. Kommen aber die Neutronen so dicht aufeinander, daß vor einem Zerfall 5 Neutronen oder mehr eingefangen sind, dann fällt der Kern nicht mehr hinter die Wismutlinie zurück. Kann es sein, daß in Sternen Vorgänge ablaufen, bei denen die Materie einem intensiven Neutronenstrom ausgesetzt ist?

Seit langem hat man Sternexplosionen beobachtet, der Astronom spricht von einer *Supernova*. Innerhalb von Stunden steigt die Leuchtkraft eines Sterns auf das Millionenfache an. Die Hülle des Sterns wird mit Geschwindigkeiten von Tausenden von Kilometern pro Sekunde in den Raum geschleudert. Man glaubt heute, daß von dort auch die energiereichen Teilchen der kosmischen Strahlung kommen, die, bei der Explosion ausgeschleudert, von den Magnetfeldern unseres Milchstraßensystems gefangen gehalten werden wie die Teilchen des Plasmas in den Magnetfeldern eines Fusionsreaktors.

Im Inneren des explodierenden Sterns aber herrschen Temperaturen von mehr als einer Milliarde Grad, und die Dichte des innersten Bereiches ist größer als eine Tonne im Kubikzentimeter. Unter diesen Bedingungen vereinigen sich Protonen und Elektronen zu Neutronen. Wenn diese in rascher Folge auf die Atomkerne der Sternmaterie treffen, läuft der eben beschriebene Prozeß ab: Die Alpha- und Betazerfälle können den Neutroneneinfängen nicht mehr folgen. Es entstehen nicht nur die Atomkerne jenseits der Wismutlinie, alle Atomkerne sind dem Neutronenbad ausgesetzt. Sie wandern in der Nuklidkarte nach rechts. Mit wachsender Entfernung von der Mitte nimmt ihre Bin-

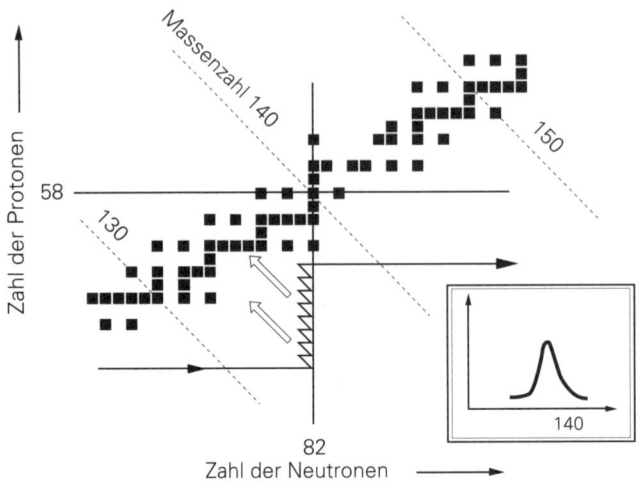

**Abb. 18.4:** Bei einer Sternexplosion (Supernova) ist der Neutronenstrom extrem hoch (rascher Neutroneneinfang). Ein Kern kann viele Neutronen einfangen, ehe er einen Betazerfall erleidet oder Gammastrahlen ein Neutron aus seinem Inneren herausschlagen. Dementsprechend bewegt er sich in der Nuklidkarte im wesentlichen horizontal nach rechts (im unteren Teil des Bildes stark vereinfacht gezeichnet). Schließlich erreicht er eine magische Neutronenzahl und wird zum schlechten Neutronenfänger. Ehe er ein weiteres Neutron aufnehmen kann, erleidet er einen Betazerfall, springt also einen Schritt nach links oben. Dann aber ist seine Neutronenzahl nicht mehr magisch, er kann wieder Neutronen einfangen, springt horizontal nach rechts und wird wieder zum schlechten Neutronenfänger. So folgen Neutroneneinfang und Betazerfall mehrfach aufeinander. Der Kern bewegt sich in der Nuklidkarte in einer Zickzackkurve nach oben, bis er in die Nähe des stabilen Bereichs kommt. Dort werden die Betazerfallszeiten immer länger, und es kann passieren, daß der Kern einmal zwei Neutronen hintereinander einfängt. Dann aber hat er die Linie der Kerne der magischen Neutronenzahl (z.B. 82, wie im Bild) überschritten, ist also ein guter Neutronenfänger geworden und bewegt sich im wesentlichen horizontal nach rechts, bis er die nächste magische Neutronenzahl erreicht. Wenn der starke Neutronenstrom versiegt, stehen besonders viele Kerne auf der vertikalen Zickzacklinie, erleiden Betazerfälle und bewegen sich daher nach links oben, wie die schrägen Pfeile andeuten. Sie erreichen schließlich den Stabilitätsstreifen (schwarze Quadrate). Dort erhöhen sie die Häufigkeit der stabilen Nuklide. In der Häufigkeitskurve bilden sie ein Maximum, so wie es im rechten unteren Teilbild angedeutet ist. Dieses Maximum, das vom *raschen* Einfang der Neutronen herrührt, liegt links von dem in der Abbildung 18.3 dargestellten Maximum, das von einem *langsamen* Neutroneneinfang herrührt. Beide Effekte zusammen ergeben zwei Spitzen in der Häufigkeitskurve, so wie sie in der Abbildung 18.1 zu sehen sind.

dungsenergie ab. Schließlich schlagen Strahlungsquanten Neutronen aus den Kernen heraus. Nur wenn die Kerne eine magische Anzahl von Neutronen erreichen und damit nur noch schlecht neue Neutronen aufnehmen können, kann der Abbau durch Betazerfälle mit dem Aufbau durch eingefangene Neutronen Schritt halten. Ist also ein magischer Kern erreicht, dann folgen Einfang und Zerfall in einzeln aufeinanderfolgenden Schritten, denn während der Einfang die Neutronenzahl um 1 erhöht, erniedrigt sie der Betazerfall wieder um 1. War die Neutronenzahl magisch und der Kern deshalb ein schlechter Neutronenfänger, so bleibt er es auch nach Einfang und anschließendem Zerfall, da sich die Neutronenzahl dabei nicht ändert. Deshalb bewegt er sich, nachdem ihn in rascher Folge eingefangene Neutronen auf eine magische Neutronenzahl gebracht haben, im Schachbrett so, daß die magische Neutronenzahl vorerst nicht nach oben überschritten wird. In der Abbildung 18.4 ist gezeigt, wie er sich in einer Folge von Neutroneneinfängen (Schritt nach rechts) und Betazerfällen (Schritt nach links oben) der Mittellinie der Stabilität nähert. Wenn der Neutronenstrom versiegt, wandern die Kerne in aufeinanderfolgenden Betazerfällen nach links oben zu den stabilen Nukliden hin. Es bildet sich in der Häufigkeit ein Maximum bei Massenzahlen, das etwas links vom Maximum des langsamen Neutroneneinfanges liegt. So erklärt sich die Doppelstruktur der Maxima der Häufigkeitskurve. Das Doppelmaximum sagt uns, daß die Materie der Welt mindestens einmal an einer Supernova-Explosion beteiligt war.

Die Arbeit von B²FH, die weitere Feinheiten enthält, auf die hier nicht eingegangen werden kann, sagt uns, wie die chemischen Elemente in die Welt gekommen sind. Sie erklärt die Häufigkeit der verschiedenen Atomsorten und sie ist mit unseren Vorstellungen vom Aufbau und von der Entwicklung der Sterne und mit unseren Kenntnissen der Vorgänge bei Sternexplosionen vereinbar.

Die Atome, denen wir unsere Existenz verdanken, die uns aber seit einigen Jahrzehnten auch bedrohen, sind teilweise am Anfang des Universums in die Welt gekommen oder, soweit sie höhere Massenzahlen als 8 besitzen, später in Sternen entstanden. Auch unsere Körper sind aus Stoffen, die im Inneren der Sterne gebrodelt haben. Der Kohlenstoff in uns ist durch die Fusion von Wasserstoff zu Helium und von Helium zu Kohlenstoff entstanden. Gold, Platin und Quecksilber jedoch liegen ihrer Massenzahl nach in einem Maximum der Häufigkeit, genauer in einer durch den raschen Neutroneneinfang hervorgerufenen Spitze. Sie haben also sicher schon eine Sternexplosion erlebt.

# Schlußwort

» ... und was haben Atome mit Faszination zu tun?« fragte mich ein Bekannter, als ich ihm den Titel meines Buches nannte. Der Begriff Atom ist negativ besetzt. Atom, das ist Schrecken, das sind Hiroshima und Tschernobyl, das sind die Stoffe, die uns alle krank machen. – Wer denkt daran, daß alle materielle Welt aus Atomen besteht, auch unser Körper? Wer denkt daran, daß alles Geschehen durch die Gesetze bestimmt wird, denen die Atome gehorchen? Kein Telefon, kein Radio, kein modernes medizinisches Gerät würde funktionieren, wäre es niemals gelungen, Atome gezielt in geeignete Halbleiterkristalle einzuschleusen. Keinen chemischen Prozeß könnten wir verstehen, wenn wir nicht wüßten, wie und warum Atome mit anderen reagieren. Wir können die Atome nicht ignorieren. Wer nichts von ihnen wissen will, steckt den Kopf in den Sand. Anfangs handelte es sich nur um die Gesetze, denen die Hüllen der Atome genügen. Seit Beginn dieses Jahrhunderts aber trat der Atomkern immer mehr in das Zentrum des Interesses der Physiker. Damit kam der Begriff der Radioaktivität auf, der nahezu alle Arbeiten mit Atomkernen belastet.

Ich habe mehrere Jahre lang Material für dieses Buch gesammelt. Niemals habe ich versucht, den Leser in die eine oder andere Richtung zu drängen. Viele Dinge, die ich vorher für richtig hielt, halte ich zwar heute noch für richtig – bei anderen aber habe ich dazugelernt und meine Meinung geändert. Ich glaube, ich schulde es meinen Lesern, auch davon zu berichten.

Ich bin meiner Ausbildung nach Mathematiker und Astrophysiker. Ich habe mich in meinen Berufsjahren hauptsächlich dem Studium der Vorgänge in Sternen gewidmet, die nach dem Erschöpfen des stellaren Kernenergievorrates ablaufen, denn Sterne sind Kernreaktoren. Aufgrund dieser meiner Vorgeschichte glaube ich, daß ich mehr über die Atome weiß als der durchschnittliche Bürger. Das hat mich ermutigt, dieses Buch zu schreiben. Wenn ich mich aber etwa zur Frage des Risikos der Nutzung der Kernenergie äußere, fühlte ich mich keineswegs kompetenter als die meisten meiner Mitbürger. Die Frage, ob wir weiterhin Kernkraftwerke betreiben sollen oder nicht, hängt nur teilweise von physikalischen Vorgängen ab. Das Risiko ist kein physikalischer Begriff. Wie wahrscheinlich ist es, daß der Schichtleiter in der Warte eines Kernkraftwerkes ein Warnlicht falsch interpretiert? Über rote Lichter kann jeder Verkehrspolizist mehr sagen als ein Physiker. Ich bitte das zu berücksichtigen, wenn ich meine Meinung über das Problem des Umgangs mit den Atomen erläutere.

Sich eine Meinung über Atomwaffen zu bilden, ist leicht. Man ist dagegen, man ist froh, daß die nukleare Ost-West-Konfrontation der Vergangenheit angehört, und weiß sich damit in guter Gesellschaft. Die Raketen mit Atomsprengköpfen in der ehemaligen Sowjetunion sind aber nicht verschwunden, und es ist schwer abzuschätzen, wie groß heute die Gefahr ist, daß eine Atomrakete versehentlich abgeschossen wird. Außerdem wird durch die nukleare Abrüstung das Plutonium noch lange nicht aus der Welt geschafft. Man kann es nicht aus den Bomben nehmen und einfach wegwerfen, auch nicht in Bergwerken vergraben, wenn man sicher sein will, daß es niemand wieder herausholt, um neue Bomben zu bauen. Man kann Plutonium in Kernkraftwerken vernichten, doch das kann keinesfalls von heute auf morgen geschehen. Ein Leichtwasserreaktor von 1000 Megawatt – das entspricht drei Vierteln der Leistung des Druckwasserreaktors von Grohnde – könnte jährlich nur etwa 300 Kilogramm Waffenplutonium verheizen. Die Kernkraftwerke Rußlands würden 40 Jahre benötigen, um die 100 Tonnen Waffenplutonium, die in Rußland durch die nukleare Abrüstung freiwerden, zu vernichten[79]. Die Abrüstung allein also schafft kein spaltbares Material aus der Welt. So hortet Rußland zur Zeit das freiwerdende Plutonium; es könnte ja noch einmal gebraucht werden. Auch in den USA wird das freiwerdende Waffenplutonium vorläufig erst einmal zwischengelagert.

Wie viele Staaten besitzen heimlich Atomwaffen? Wie steht es mit Pakistan und Israel? Wird dort intensiv am Bau der Bombe gearbeitet – oder hat man dieses Problem schon gelöst? Der Bau von Atomwaffen wird von Jahr zu Jahr leichter. Nordkorea brach im September 1993 Verhandlungen über mögliche internationale Kontrollen seines Nuklearprogramms ab[80]. Ich kann nicht glauben, daß es in Nagasaki zum letzten Mal war, daß Menschen gezielt mit Kernenergie umgebracht worden sind.

Die Meinungsbildung in bezug auf die friedliche Verwendung der Kernenergie ist ungleich schwieriger als im Fall der Bombe. Das Thema ist politisch und ideologisch aufgeheizt. Nach Tschernobyl schwenkten viele, die sich noch keine eigene Meinung gebildet hatten, auf die Seite der Kernkraftgegner über. Ich selbst habe mich bei den Recherchen, die ich zu diesem Buch ausführte, von der Seite der Zweifler etwas mehr in Richtung der Befürworter bewegt. Es handelt sich dabei um eine Meinungsänderung, die ich nicht so sehr aufgrund meines Wissens als Physiker vollzogen habe, sondern viel eher, weil mir persönlich viele der Argumentationen der Gegner stärker ideologisch gefärbt erschienen als die der Befürworter. Bei dieser Meinungsänderung hat mich niemand beeinflußt, ebensowenig wie ich jemandem meine Meinung aufdrängen will. Ich habe den Eindruck gewonnen, daß bei der polemischen Aufrechnung der Gefahren der friedlichen Nutzung von den Medien oft Vorteile aus der Unwissenheit der Menschen gezogen werden. In konventionellen Kohlekraftwerken geschehen wie überall in der Industrie gelegentlich Unfälle, bei denen Menschen ihr Leben verlieren. Wenn in einem Kernkraftwerk ein solcher Unfall geschieht, etwa weil Arbeiter von entweichendem (nicht radioaktivem) Dampf verbrüht werden, so ist der Nachrichtenwert dieses Vorfalles ungleich größer, und er wird ausführlicher verbreitet, obwohl er überhaupt nichts mit der Problematik der Kernenergie zu tun hat. »Nur wer Strahlenangst sät, kann mit reicher Ernte rechnen«, schrieb vor einiger Zeit eine bekannte deutsche Tageszeitung[81].

Ich will die wirkliche Gefahr, die von Kernkraftwerken ausgehen kann, nicht herunterspielen, doch auch die Kohle ist nicht ungefährlich. Sowohl die Arbeit unter Tage, nicht nur die Gefahr eines Bergwerksunglücks, auch die Schäden, die beim Umgang mit der Kohle auftreten, wie die sogenannte Staublunge und die Arbeit in den Kraftwerken, fordern ihre Opfer. Dem stehen die Opfer in den Uranminen, in den Kernkraftwerken und in den Aufarbeitungsanlagen gegenüber – und natürlich die Opfer, wie sie etwa Tschernobyl gefordert hat. Das britische Wissenschaftsmagazin *New Scientist* schrieb kürzlich[82], daß im Mittel die Todesliste eines Kohlekraftwerkes fünfzigmal so lang sei wie die eines Kernkraftwerkes gleicher Leistung. Ich kann die Zahl nicht nachkontrollieren und stehe dafür nicht ein. Doch sind wir uns eigentlich der Opfer bewußt, die wir bei der konventionellen Energie auf uns nehmen?

Im Jahre 1992 arbeiteten auf unserem Planeten 422 Kernkraftwerke, 21 davon in der Bundesrepublik Deutschland. Die weltweite nukleare Gesamtleistung lag bei 328 008 Megawatt. Von der auf der Erde verbrauchten elektrischen Energie kamen 1991 17 Prozent aus der Bindungsenergie der Atome. In Frankreich war der Anteil 73, in

Deutschland 32 Prozent. Ob wir aus der Kernkraft aussteigen oder nicht, ob heute oder erst in 30 Jahren, jenseits unserer Grenzen wird die Bindungsenergie des $^{235}$U und zum Teil die des $^{238}$U wirtschaftlich genutzt. Selbst wenn wir unsere Kernkraftwerke schließen, die anderen werden weiter bestehen – und auf deren Sicherheit haben wir nur wenig Einfluß. Im Februar 1994 meldeten die Nachrichten, daß in China ein neues Kernkraftwerk feierlich in Betrieb genommen wurde. Rußland will bis zum Jahre 2010 zwei Dutzend neue Kernkraftwerke in Betrieb nehmen.

Nehmen wir an, wir würden unsere Anlagen schließen. Würden die anderen uns als nachahmenswertes Beispiel sehen und deshalb auch auf die Atomenergie verzichten? Ich glaube nicht, daß uns irgend jemand nacheifern würde. Oder haben etwa die Völker des ehemaligen Jugoslawien aus der Geschichte gelernt? Haben sie sich etwa Preußen und Österreich zum Vorbild genommen, die seit 1866 nicht mehr gegeneinander in den Krieg gezogen sind?

Wer bei uns die Kernkraftwerke trotzdem abschaffen will, muß erklären, woher danach der bisher aus Kernkraft gewonnene Strom kommen soll. Wir wissen zwar alle, daß bei uns eine große Menge Energie vergeudet wird. Doch wer ist bereit zu sparen? Haben wir etwa begonnen, den Autoverkehr merklich einzuschränken, weil wir jetzt wissen, was wir damit unserer Umwelt antun? Allein die Einsicht, daß Energie gespart werden muß, würde wohl kaum genügen. Freiwillig geschieht gar nichts. Man könnte es aber von oben her zu dirigieren versuchen, etwa besonders stark stromfressende Heizungen verbieten, die Stromtarife ändern, damit erhöhter Stromverbrauch nicht belohnt wird. Man könnte die Leistung der vorhandenen konventionellen Kraftwerke steigern. Würde man dazu noch Energie sparen, so könnte man vielleicht unseren Energieverbrauch ohne Kernenergie decken.

Ein besserer Ausweg scheinen mir alternative Energieformen zu bieten, vor allem die Solarenergie. Ich habe schon früher beklagt, daß meiner Meinung nach nicht genügend in ihre Entwicklung investiert wird. Doch bis jetzt ist sie bei weitem nicht in der Lage, die beim Abschalten der Kernkraftwerke notwendigen 32 Prozent unseres Strombedarfes zu decken. Vorläufig ist sie teurer als herkömmliche Energieformen. Zur Zeit schätzt man, daß die Kilowattstunde Solarstrom erst im Jahre 2010 unter einer Mark liegen wird. Doch selbst wenn man versucht, mit aller Macht die Nutzung alternativer Energieformen zu forcieren – die Kernkraftwerke sind in der Welt da, und deshalb muß man alles daransetzen, sie so sicher wie möglich zu machen.

In der stark emotionsgeladenen Diskussion zwischen Befürwortern und Gegnern kursieren von beiden Seiten her Argumente, denen ich nicht immer folgen kann. In einer Risikostudie des Jahres 1982 wurde die Wahrscheinlichkeit einer Kernschmelze in einem Reaktor abgeschätzt. Man kam auf einen Zahlenwert, der besagte, daß pro Reaktor erst alle 10 000 Jahre die immer wieder auftretenden kleinen Pannen und Versehen, die im einzelnen keine größeren Folgen haben, allesamt gleichzeitig auftreten können, so daß es zu einem Unfall mit Kernschmelze kommt. Es klingt gut, daß das nur so selten – fast nie – eintritt. Nicht ganz so gut klingt es, wenn man es anders formuliert, etwa daß bei 10 000 Reaktoren in jedem Jahr durchschnittlich einer hochgeht (obwohl es mathematisch dieselbe Aussage ist). Zur Zeit gibt es nicht 10 000, sondern nur etwas mehr als 400 Kernkraftwerke. Das würde bedeuten, daß die Risikostudie auf der Erde im Mittel alle 25 Jahre eine Kernschmelze nicht ausschließt; zwei hatten wir bereits. Man kann nur hoffen, daß die Risikostudie die Wahrscheinlichkeit überschätzt hat und daß von Jahr zu Jahr Verbesserungen in der Reaktortechnik die Wahrscheinlichkeit solch eines Unfalles vermindern.

Deshalb ist meiner Meinung nach der Ruf nach verstärkter Erforschung aller denkbaren Unfallursachen ungleich wichtiger als die Forderung, in unserem Land alle Reaktoren stillzulegen. Wir müssen darauf hinwirken, daß alle Reaktoren der Welt nach den jeweils neuesten Erkenntnissen so sicher wie nur möglich gemacht werden. Wenn die Kombination von verschiedenen Pannen, die eintreten können, zu neuen, bisher noch nicht in Betracht gezogenen Störfällen führen, so muß man neue Sicherungssysteme entwickeln, die solch einen Fall verhindern. Die Entwicklung der modernen Flugzeuge ist ein Beispiel dafür, wie technische Systeme im Laufe der Zeit immer sicherer gemacht werden können. Sie werden dabei allerdings auch immer komplizierter und teurer.

Zu den Argumenten, die für die Kernenergie vorgebracht werden, zählt auch, daß der Ausstoß an Kohlendioxid, der bei den fossilen Brennstoffen unsere Atmosphäre belastet und deshalb den Treibhauseffekt fördert, bei der Kernenergie entfällt. Dabei ist allerdings zu beachten, daß bisher nur *elektrische Energie* aus Kernkraftwerken kommt. Diese macht aber nur einen Bruchteil unseres gesamten Energieverbrauches aus. Wir betreiben unsere Autos mit fossilen Brennstoffen und heizen zum größten Teil mit ihnen unsere Häuser. Würde man in der Bundesrepublik *alle* benötigte Energie aus Kernkraftwerken decken, so brauchte man zur Zeit 364 Kraftwerke vom Typ Brokdorf. Ganz

Deutschland wäre mit einem Netz von Kernkraftwerken überzogen, im Mittel wäre eines vom anderen nur 36 Kilometer entfernt.[83] Natürlich stimmt es, daß Kernkraftwerke kein Kohlendioxid erzeugen, doch wir sind weit davon entfernt, selbst bei einem größeren Ausbau, den Kohlendioxidausstoß in Deutschland drastisch zu reduzieren.

Die bei der Gewinnung von Kernenergie freiwerdende Radioaktivität ist gefährlich. Wir müssen uns mit dieser Gefahr auseinandersetzen – aber weder dadurch, daß wir sie bagatellisieren, noch dadurch, daß wir Angst schüren. Wir müssen alles daransetzen, um die friedliche Nutzung von Kernenergie sicher zu machen. Wir müssen allen möglichen Gefahrenquellen nachgehen und sie ausschalten – auch auf die Gefahr hin, daß die Energie teurer wird, denn wir sind noch weit von der Schmerzgrenze entfernt. Wir müssen endlich klären, wo der radioaktive Müll hin soll, der bei der Erzeugung entsteht. Dieses Problem löst man nicht damit, daß Entscheidungen hinausgeschoben werden, denn der radioaktive Müll entsteht jetzt und heute, und das Problem wird von Tag zu Tag brisanter.

Ich habe in diesem Buch Plus- und Minuspunkte für die Kernenergie gesammelt. Der Leser wird vielleicht enttäuscht sein, daß ich ihm nicht sage, auf welche Seite er sich schlagen soll. Ich kann aber nur versuchen, ihm Informationen zu geben, die ihm helfen, sich seine eigene Meinung zu bilden.

Werden wir in Zukunft mit Kernenergie, vielleicht mit Fusionsenergie, leben? Werden Kernwaffen für immer von der Erde verschwinden? Der Mensch hat gelernt, wie die Atome gebaut sind. Er hat an ihnen neue Naturgesetze gefunden, welche die physikalische Welt beherrschen. Er hat gelernt, in den Prozeß der Bildung der Elemente einzugreifen und Atome des einen Elements in die eines anderen zu verwandeln. Er hat neue Atome geschaffen, die in der Natur nicht vorkommen. Der Mensch hat gelernt, die Energie, die seit dem Urknall in den Atomen steckt, freizumachen und für sich zu nutzen. Es wird an ihm liegen, ob er damit das Leben auf der Erde erhält oder vernichtet.

# Anhang

## Die Chemischen Elemente

Der Reihe nach sind der Name, das chemische Zeichen, die Ordnungszahl und das der Häufigkeit in der Natur entsprechende Atomgewicht angegeben. Bei relativ kurzlebigen Elementen gibt die Tabelle statt des Atomgewichts die Massenzahl des langlebigsten Nuklids (in Klammern) wieder.

| | | | | | | | | |
|---|---|---|---|---|---|---|---|---|
| Actinium | Ac | 89 | (227) | | Hafnium | Hf | 72 | 178.49 |
| Aluminium | Al | 13 | 26.98 | | Hahnium | Ha | 105 | (262) |
| Americium | Am | 96 | (243) | | Hassium | Hs | 108 | (265) |
| Antimon | Sb | 51 | 121.75 | | Helium | He | 2 | 4.00 |
| Argon | Ar | 18 | 9.95 | | Holmium | Ho | 67 | 164.93 |
| Arsen | As | 33 | 74.92 | | Indium | In | 49 | 114.82 |
| Astat | At | 85 | (210) | | Iridium | Ir | 77 | 192.2 |
| Barium | Ba | 56 | 137.34 | | Jod | I | 53 | 126.90 |
| Berkelium | Bk | 97 | (247) | | Kalium | K | 19 | 39.10 |
| Beryllium | Be | 4 | 9.01 | | Kalzium | Ca | 20 | 40.08 |
| Blei | Pb | 82 | 207.19 | | Kobalt | Co | 27 | 58.93 |
| Bor | B | 5 | 10.81 | | Kohlenstoff | C | 6 | 12.01 |
| Brom | Br | 35 | 79.90 | | Krypton | Kr | 36 | 83.80 |
| Cadmium | Cd | 48 | 112.40 | | Kupfer | Cu | 29 | 63.55 |
| Caesium | Cs | 55 | 132.90 | | Lanthan | La | 57 | 138.91 |
| Californium | Cf | 98 | (251) | | Lawrencium | Lr | 103 | (260) |
| Cer | Ce | 58 | 140.12 | | Lithium | Li | 3 | 6.94 |
| Chlor | Cl | 17 | 36.45 | | Lutetium | Lu | 71 | 174.97 |
| Chrom | Cr | 24 | 52.00 | | Magnesium | Mg | 12 | 24.30 |
| Curium | Cm | 96 | (247) | | Mangan | Mn | 25 | 54.94 |
| Dysprosium | Dy | 66 | 162.50 | | Meitnerium | Mt | 109 | (266) |
| Einsteinium | Es | 99 | (254) | | Mendelevium | Md | 101 | (258) |
| Eisen | Fe | 26 | 55.85 | | Molybdän | Mo | 42 | 95.94 |
| Erbium | Er | 68 | 167.26 | | Natrium | Na | 11 | 22.99 |
| Europium | Eu | 63 | 151.96 | | Neodym | Nd | 60 | 144.24 |
| Fermium | Fm | 100 | (257) | | Neon | Ne | 10 | 20.18 |
| Fluor | F | 9 | 19.00 | | Neptunium | Np | 93 | (237) |
| Francium | Fr | 87 | (233) | | Nickel | Ni | 28 | 58.71 |
| Gadolinium | Gd | 64 | 157.25 | | Niels-Bohrium | Ns | 107 | (262) |
| Gallium | Ga | 31 | 69.72 | | Niob | Nb | 41 | 92.91 |
| Germanium | Ge | 32 | 72.59 | | Nobelium | No | 102 | (259) |
| Gold | Au | 79 | 196.97 | | Osmium | Os | 76 | 190.2 |

| | | | | | | | | |
|---|---|---|---|---|---|---|---|
| Palladium | Pd | 46 | 106.4 | Silizium | Si | 14 | 28.09 |
| Phosphor | P | 15 | 30.97 | Stickstoff | N | 7 | 14.01 |
| Platin | Pt | 78 | 195.09 | Strontium | Sr | 38 | 87.62 |
| Plutonium | Pu | 94 | (244) | Tantal | Ta | 73 | 180.95 |
| Polonium | Po | 84 | (209) | Technetium | Tc | 43 | 98.91 |
| Praseodym | Pr | 59 | 140.91 | Tellur | Te | 52 | 127.60 |
| Promethium | Pm | 61 | (145) | Terbium | Tb | 65 | 158.92 |
| Protactinium | Pa | 91 | (231) | Thallium | Tl | 81 | 204.37 |
| Quecksilber | Hg | 80 | 200.59 | Thorium | Th | 90 | 232.04 |
| Radium | Ra | 88 | 226.03 | Thulium | Tm | 69 | 168.93 |
| Radon | Rn | 86 | (222) | Titan | Ti | 22 | 47.90 |
| Rhenium | Re | 75 | 186.2 | Uran | U | 92 | 238.03 |
| Rhodium | Rh | 45 | 102.90 | Vanadium | V | 23 | 50.94 |
| Rubidium | Rb | 37 | 85.47 | Wasserstoff | H | 1 | 1.01 |
| Ruthenium | Ru | 44 | 101.07 | Wismut | Bi | 83 | 208.98 |
| Rutherfordium | Rf | 104 | (261) | Wolfram | Wa | 74 | 183.85 |
| Samarium | Sm | 62 | 150.35 | Xenon | Xe | 54 | 131.30 |
| Sauerstoff | O | 8 | 16.00 | Ytterbium | Yb | 70 | 173.04 |
| Scandium | Sc | 21 | 44.96 | Yttrium | Y | 39 | 88.90 |
| Schwefel | S | 16 | 32.06 | Zink | Zn | 30 | 65.38 |
| Selen | Se | 34 | 78.96 | Zinn | Sn | 50 | 118.69 |
| Silber | Ag | 47 | 107.87 | Zirkonium | Zr | 40 | 91.22 |

## Anmerkungen

[1] Richard Rhodes, Die Atombombe. Nördlingen 1988, S. 723.
[2] Paul W. Tibbets, Mission: Hiroshima. Stein and Day paperback edition 1985, S.225.
[3] Elke Tashiro, Jannes K. Tashiro, Hiroshima – Menschen nach dem Atomkrieg. München 1982, Abb. 7.
[4] R. Rhodes, S. 725
[5] Erwin Wickert, Der fremde Osten. Stuttgart 1988.
[6] R. Rhodes, S. 739.
[7] Otto Hahn, Mein Leben. München 1968, S. 173.
[8] Kurd Lasswitz, Geschichte der Atomistik vom Mittelalter bis Newton. Hamburg und Leipzig 1890, Bd. I, S.110.
[9] K. Lasswitz, Bd. I, S.93f.
[10] K. Lasswitz, Bd. II, S. 59.
[11] K. Lasswitz, Bd. II, S, 88.
[12] Hermann Römpp, Hermann Raaf, Chemische Experimente mit einfachen Mitteln. München 1971, S. 131.
[13] Eugen Kuntze, Jürgen Morgenstern, Physik Grundkurs. Atomphysik. München 1990, S. 25.
[14] Brief an F. F. Wolff vom 30.12.1784.
[15] Wilhelm Schütz, Michael Faraday. Leipzig 1982, S. 16.
[16] Fritz Fraunberger, Illustrierte Geschichte der Elektrizität. Köln 1985, S. 593.
[17] Lothar Meyer (Hrsg.), Die Anfänge des natürlichen Systems der chemischen

Elemente. Ostwalds Klassiker der exakten Naturwissenschaften Nr. 30, Leipzig 1891.

[18] *Angewandte Chemie*, 19. Mai 1934, S.301.

[19] Károli Simonyi, Kulturgeschichte der Physik, Frankfurt 1990, S.377.

[20] Steven Hoffmaster: *Sceptical Inquirer*, Vol. 15, Nr. 1, 1990. S. 62.

[21] F. Fraunberger, S.601.

[22] Emilio Segrè, Die großen Physiker und ihre Entdeckungen, Bd. 2. München 1981, S. 51.

[23] Friedrich L. Boschke, Kernenergie. Basel 1988, S. 54.

[24] E. Segrè, S. 49.

[25] Pierre Curie, A. Laborde, Comptes Rendus 1903.

[26] R. Rhodes, S. 35.

[27] R. Rhodes, S. 47

[28] Friedrich Hund, Geschichte der Quantentheorie. Mannheim 1967, S. 5.

[29] Armin Hermann, Rolf Schumacher (Hrsg.), Das Ende des Atomzeitalters? München 1987, S. 63.

[30] E. Segrè, S.161.

[31] Werner Heisenberg, Der Teil und das Ganze. München 1972, S. 30.

[32] *Physics World*, Oktober 1991, S. 31.

[33] Viktor F. Hess, Über Beobachtungen der durchdringenden Strahlung bei sieben Ballonflügen, *Phys. Zeitschr.* XIII (1912), S. 1084.

[34] Isaac Asimov, Grenzfälle der Naturwissenschaften. München 1992.

[35] E. Segrè, S. 190.

[36] Herwig Schopper, Materie und Antimaterie. München 1989.

[37] *McClure's Magazine*, Heft 6, April 1896, S. 403.

[38] Hans Dominik, Atomgewicht 500. Berlin 1935.

[39] Illobrandt von Ludwiger, Der Stand der UFO-Forschung. Frankfurt/M. 1992, S. 32.

[40] Laura Fermi, Atoms in the Family. Chicago 1954, S. 98.

[41] Hans Dominik, Vom Schraubstock zum Schreibtisch. Berlin 1945, S. 278.

[42] *Angewandte Chemie* 47, Jahrgang 1934, Nr. 37, S. 653.

[43] Fritz Krafft, Im Schatten der Sensation. Leben und Wirken von Fritz Straßmann. Weinheim, 1981, S. 316.

[44] C. Keller, *bild der wissenschaft* 1988, S.102.

[45] L. Fermi, Atoms in the Family. Chicago 1954, S. 130.

[46] Brief vom 21.12.1938, zitiert in *MPG-Spiegel* 1/89, S.56.

[47] Carl Seelig (Hrsg.), Helle Zeit – dunkle Zeit. In Memoriam Albert Einstein. Zürich 1956, S. 106-110.

[48] *Die Naturwissenschaften*, 9.6.1939, S.402.

[49] *MPG Spiegel* 1/89, S. 60.

[50] Brief an den Historiker Hermann Heimpel, Helmut Rechenberg MPI -PAE/PTh 10/89.

[51] *Deutsche Allgemeine Zeitung* vom 15. August 1939.

[52] R. Rhodes, S. 704.

[53] Christa Wolf, Störfall. Berlin 1987.

[54] Th. Mayer-Kuckuk, Kernphysik. 5. Auflage. Stuttgart 1992.

[55] Wolfgang H. K. Panofsky, Disposition and Management of Excess Nuclear Weapons Material. VI. Amaldi Conference, Sept 1993.

[56] J. Carson Mark, Explosive Properties of Reactor-Grade Plutonium, *Science & Global Security*, vol. 3, S. 1 (1992).

[57] *WAK-Information* vom 24.9.1991, *New Scientist*, 5. Okt.1991, S.12.

[58] *Der Spiegel*, Nr. 15, S. 265 (1990).

[59] A Herrmann, R. Schumacher, S. 121 ff.

[60] J. Schell, Das Schicksal der Erde. München 1982, S.213.

[61] *New Scientist* 27.03.1980, S.995.

[62] Herbert Rosendorfer, Vier Jahreszeiten im Irrwental. München 1986.

[63] Maria Riva, Meine Mutter Marlene. München 1992, S. 735.

[64] *New Scientist*, 17. 10. 1992, S.8.

[65] Ludwig Rausch, Strahlenrisiko. München 1979, S. 35.

[66] L. Rausch, S. 43.

[67] Friedrich-Ernst Stieve (Hrsg.), Strahlenschutzkurs für Ärzte. Berlin 1974.

[68] Otto Hahn, Kobalt 60, Gefahr oder Segen für die Menschheit? Göttingen 1955.

[69] C. W. Ceram, Der erste Amerikaner. Hamburg 1972, S. 139.

[70] Kapitel 19, Vers 40.

[71] Ben Weider, David Hapgood, Der Mörder Napoleons. Bayreuth 1983.

[72] *Nature*, 14. Oktober 1961, S. 103.

[73] *Frankfurter Allgemeine Zeitung* vom 2.12.1992.

[74] Hans Christian von Baeyer, Das Atom in der Falle. Hamburg 1993.

[75] John F. W. Herschel, Populäre Astronomie. Leipzig 1838, S.254.

[76] George Gamow, The Creation of the Universe. Viking Press, New York 1960, S. 49.

[77] Rudolf Kippenhahn, Licht vom Rand der Welt. Stuttgart 1984.

[78] Margret E. Burbidge, Geoffry R. Burbidge, William A. Fowler, Fred Hoyle, *Review of Modern Physics* 29, S. 547.

[79] *Scientific American*, August 1993, S.32

[80] *Frankfurter Allgemeine Zeitung* vom 28.9.1993

[81] *Frankfurter Allgemeine Zeitung* vom 2.12.1993

[82] *New Scientist* 6.11.1993, S. 3.

[83] Rudolf Kippenhahn, Der Stern, von dem wir leben. Stuttgart 1990, S. 298

# Register